装备科技译著出版基金

智能自主飞行器

——无人机飞行控制与规划

Smart Autonomous Aircraft
Flight Control and Planning for UAV

【法】 Yasmina Bestaoui Sebbane 著

刘树光　李强　茹乐　等译

国防工業出版社

·北京·

著作权合同登记　图字:军 -2016 -141 号

图书在版编目(CIP)数据

智能自主飞行器:无人机飞行控制与规划/(法)亚斯米娜·贝斯塔维·塞班著;刘树光等译.—北京:国防工业出版社,2022.3

书名原文:Smart Autonomous Aircraft:Flight Control and Planning for UAV

ISBN 978 -7 -118 -12364 -7

Ⅰ.①智… Ⅱ.①亚… ②刘… Ⅲ.①无人驾驶飞机 -研究 Ⅳ.①V279

中国版本图书馆 CIP 数据核字(2022)第 029674 号

Smart Autonomous Aircraft by Yasmina Bestaoui Sebbane
ISBN 978 -1 -4822 -9916 -8

※

国防工业出版社 出版发行
(北京市海淀区紫竹院南路 23 号　邮政编码 100048)
北京龙世杰印刷有限公司印刷
新华书店经售

*

开本 710 × 1000　1/16　**印张** 23½　**字数** 420 千字
2022 年 3 月第 1 版第 1 次印刷　**印数** 1—2000 册　**定价** 119.00 元

(本书如有印装错误,我社负责调换)

国防书店:(010)88540777　　书店传真:(010)88540776
发行业务:(010)88540717　　发行传真:(010)88540762

译者序

智能自主飞行器是随着自主控制和人工智能技术的大量运用，赋予飞行器具备一定程度的智能化指挥决策和自主化行动能力，从而产生能够自主和协同完成进攻与防御作战任务的飞行装备。作为智能自主飞行器典型代表的无人机，机上无人、复杂任务以及高对抗战场环境决定了无人机必须具备很高的自主性。自主性能力成为无人机的典型作战能力，体现了无人机处理不同任务与环境的复杂性、动态性和不确定性的能力。同时，人工智能的显著进步使无人机的自主性达到了更高水平，人工智能技术的深度运用加速了指挥决策的智能化，实现由经验决策向智能决策转变，智能性成为未来无人机的又一典型特征。随着战场环境的高度动态、不确定性及飞行任务的复杂性，从技术角度提升无人机的智能化指挥决策和自主化行动能力，无疑具有重要的军事意义和现实价值。

无人机飞行控制、规划与安全技术是无人机智能性和自主性提升的关键技术和有效途径，是涉及多感知系统、人工智能、控制理论、运筹学、健康管理等领域的交叉技术。本书以智能自主飞行器——无人机为研究对象，引入智能自主飞行器的相关概念，建立无人机运动学与动力学模型，重点阐述无人机在不同环境下的智能自主飞行控制、规划与安全方面的相关理论和设计方法，给出了具体的智能仿真方法和算法设计。全书包括无人机运动学与动力学模型、自主飞行控制方法、智能飞行规划算法、安全飞行策略四部分内容。纵观全书，作者并不拘泥于复杂、晦涩的理论阐述，而是通过严谨翔实、循序渐进的理论推导娓娓道来，与读者分享飞行控制、规划与安全策略的整个设计及改进过程，帮助读者理解复杂的专业理论。本书体系完整，层次分明，注重学术性和系统性，突出理论联系实际，可供从事智能无人系统相关技术研究的科研人员和工程设计人员参考，也可作为高等院校和科研院所相关专业的研究生教材。

本书由空军工程大学刘树光、李强、茹乐、常迁臻等翻译，刘树光负责全书的统稿工作，王欢、张博洋、严惊涛、刘荣华等研究生参与了有关章节的翻译、校对和整理工作，程艳伟老师对全书公式和符号进行了校对。感谢国防工业出版社牛旭东编辑在本书出版过程中的辛勤劳动。本书的出版得到了军委装备发展部“十三五”装备预研共用技术项目（41411 × × × ×04）、国防重点科研项目

(KJ2018－2019××××、KJ20201A03××××、210003××××)、国防技术基础项目(182KJ11×××)、航空科学基金(20155896025)、国家自然科学基金(61973253)、国家社会科学基金(20BGL307)等项目的支持,并获得中央军委装备发展部装备科技译著出版基金资助,在此一并表示感谢。

由于译者水平有限,译文难免会有不妥和疏漏之处,恳请各位专家和读者批评指正。

刘树光

2022年2月于西安浐河畔

前　　言

智能自主飞行器由于其重要的应用潜力，已经成为学术研究和教育领域的新焦点。它们提供了在诸如搜寻与营救、观测与定位、突发事件与消防、飓风处置等领域执行自主任务的新机会。

智能自主飞行器在执行任务过程中无须任何人为干预。在机上无人驾驶的情况下，飞行器要么从地面通过无线电操控员进行操控，要么通过其自身智能实现自主飞行。自主性定义为系统在没有人为干预情况下完成感知、通信、规划、决策和执行的能力。自主性的最终目标是使机器具有智能和接近人类的行为。智能性必须具有以下特征：

(1) 为获得最优的燃油消耗量，基于具有导引与跟踪控制功能的导航，实现对其自身航线跟踪的任务规划。

(2) 根据天气变化和空中交通情况完成航路规划与航路点生成。

(3) 应用飞行控制系统实现模式切换和控制重构决策。

(4) 保持飞行器在其飞行包线内。

(5) 存在外部异常情况时，能够正确规避障碍物或避开威胁。

(6) 存在内部异常情况时，能够通过重构控制装置实现安全持续飞行或着陆。

(7) 能够对执行上述功能的多种信号源数据进行解析。

本书的目标是给出有关自主飞行器的跨学科观点，瞄准建立飞行器模型，并阐述智能自主飞行器的不同飞行控制与规划方法，给出若干研究实例。

本书涉及的主体内容源于作者在智能航空航天自主系统方面多年来的研究与教学工作，也有一部分来自该领域的相关重要文献。本书主要适用于高年级研究生、博士生及相关研究人员，至少需要在工程方面具有大学水平。

作　者

Yasmina Bestaoui Sebbane(法国)教授于1989年在法国南特国立高等机械学院(现为南特中央学院)获得控制与计算机工程专业博士学位,1989年至1998年在南特大学机械工程系工作,1997年9月至1998年7月担任蒙特雷海军研究生院计算机科学系(位于美国加利福尼亚州)副教授,1999年至今在埃夫里大学电气工程系工作,从2000年开始从事机器人相关研究工作。

Sebbane教授主要从事无人系统(特别是无人机和机器人)的控制、规划与决策研究,出版无人飞行器领域专著2部:*Lighter than aerial robots*(2012年由Springer出版社出版)和*Planning and Decision Making for Aerial Robots*(2014年由Springer出版社出版),参与撰写8部著作的部分章节,在无人飞行器领域发表40篇期刊论文和80篇会议论文。她曾与波兰波兹南理工大学合作,主讲智能航空航天与自主系统。

Sebbane教授现为AIAA高级会员,IEEE高级会员,并于2008年1月至2012年12月担任国际期刊*IEEE Transactions on Control Systems Technology*的副主编,她的事迹曾被写入《世界名人录》和《工程名人录》。

目　　录

第 1 章 绪 论

1.1 无人机发展现状

美国国防部[22]对无人飞行器定义如下:一种无须搭载操控人员,且能在远程控制与自主编程下实现飞行的飞行器。无人飞行器是执行枯燥、肮脏或危险任务的首选替代品,并且其在机动性和响应时间[5-7]上具有很大的灵活度。这些优势有利于降低无人机执行任务的成本,并使其在之前不可能的时间范围内可以成功获取信息[36]。美国航空航天学会(AIAA)对无人机定义如下:无人机的设计及改进都不考虑搭载人类飞行员,其操控通过向飞行控制器或机载自主飞行管理系统输入的电信号来实现。近 10 年来,人们致力于提高无人机的飞行续航能力和有效载荷,出现了各种尺寸、续航水平、性能配置不同的无人机。典型的无人机平台包括固定翼无人机、旋翼无人机、飞艇(轻于空气的无人机)以及扑翼无人机四类,本书主要研究固定翼无人机。

无人机在民用方面的功能可以归为以下 4 类。

(1) 科学研究方面,如环境监测[21]、气候监测、污染监测[26]、污染物估算[56]。

(2) 安全方面,如监控[16,37]、通信[29]、管道检查。

(3) 承包商提供飞行服务方面,如结构检测[39,44,46]、农业和农场管理[47,53,63]、桥梁监测[10]。

(4) 安全方面,如天气和飓风监测[55]。

无人飞行器通常配备互补传感器,用于提供飞行器位置及其图像信息,同时支持任务规划和路径跟踪[8,15,17]。当前,多光谱和超光谱相机都可用于小型无人机。飞行器用于收集相关的传感器信息,并将信息传送到地面控制站做进一步处理。例如,先进的传感器正在服务于精准农业,用来确定农作物的营养水平、水分流失、虫害影响以及其他影响产量的因素。为了获得可靠的无人飞行器产品,需要在平台设计、图像地理定位标准化和信息提取工作流方面取得技术进步[64]。

无人机的特点表现为以下几点。

(1) 在大型户外环境中操作。

(2) 三维运动意味着规划空间必须是四维的。

(3) 处于不确定的动态运行环境中。

(4) 存在影响其飞行的运动障碍物和环境因素,如风和天气条件变化。

(5) 有运动的微分约束。

根据无人机的重量、地面以上作业高度和任务航时,可以将无人机大致分为以下几类。

(1) 微型/微小型战术无人机(总质量小于 10kg)。

(2) 小型战术无人机(总质量为 10 ~ 20kg)。

(3) 战术无人机(总质量小于 500kg)。

(4) 持续型无人机(总质量大于 500kg,飞行等级小于 FL180)。

(5) 渗透型无人机(总质量大于 500kg,飞行等级大于 FL180)。

民用方面主要是第(1)类至第(3)类无人机。无人机系统(UAS)是系统中的系统,这些系统采用了大量技术,这些技术并非仅限于航空领域,其中涉及机器人学、嵌入式系统、控制理论、计算机科学与技术,其中的许多技术是跨学科交叉技术。

无人飞行器主要依靠制导导航和控制传感器、微处理器、通信系统和地面站指挥控制通信(C3)系统执行任务。微处理器使无人机在几乎没有人为干预的情况下自主完成整个任务[42]。通信技术的主要问题是解决带宽、频率和信息/数据流的灵活性、适应性、安全性和可控性。离线指挥、控制和通信的关键在于人机接口、多机指挥/控制和通信、目标识别、地面设备小型化。

导航用于确定飞行器的相对位置,引导飞行器到达目的地,并控制飞行器保持在正确的轨迹上。态势感知用于任务规划和飞行模式选择,构成高层控制要素。就有人驾驶飞行器而言,飞行员会根据各种来源数据执行对应功能。这些数据大多用于飞行前或任务前规划,并随着任务的进行在飞行器上保持更新。执行任务阶段,遇到异常情况时,切换飞行模式,这些操作构成中层控制要素。在有人驾驶飞行器上,飞行员操控飞行器借助飞行控制系统来进行必要的模式切换和控制重构决策,这些操作构成底层控制要素,用于飞行模式之间的平滑转换,如从起飞到水平飞行再到着陆的转换以及保持飞行器在飞行包线内飞行。飞行员可对外部异常情况采取避免碰撞、规避障碍物或排除威胁等正确措施,也会对可能发生的机载部件故障或失灵等内部异常情况采取措施。此外,飞行员会通过一系列重构控制,继续保持飞行器安全飞行或着陆。

在飞行器上没有飞行员的情况下,机载计算架构必须提供可重用性和可重构性的环境。高层监控控制器接收来自指挥控制岗位的任务指令,并将其分解为子任务，再将子任务分配给相应的功能模块。从监控器接收到起始点和终止点后，路径规划人员以航路点形式生成飞行器的最佳跟踪路径，此时需要为路径规划人员提供数字化地图形式的地形数据库。

目前，无人飞行器的自主功能包括关键的飞行操作、导航、起飞和着陆以及通信中断时要求执行返航程序的识别[54,60]。可自主操纵的无人飞行器通常完全借助预编程执行已规划好的行动，且不受外界影响[14]。这种行为被描述为自动驾驶或自动调节，主要跟踪事先给定的路径，同时补偿由外界干扰导致的小偏差影响。当前的自主系统需要高度结构化和可预测的环境，在无人飞行器执行任务时，大量的人力投入到任务执行、数据采集与分析以及规划与重规划的过程中[9]。

无人机系统由控制无人机所需的设备、网络和人员组成[5]。无人技术的创新正在蓬勃发展，一些无人机平台可在多种高度上广域飞行长达数个小时。执行这些任务需要准确、及时的天气预报，以便用于改进规划和数据采集，避免发生与天气有关的潜在事故[62]，准确的天气预报也同步支持地面和飞行规划。无人机系统通过几种特有功能的整合取代了机载飞行员。从决策的角度看，包括远程操控员和基于信息技术的自主功能。由于系统必须补偿因使用远程飞行操控而导致的诸多限制[25]，使得自主功能尤为重要。随着无人机续航能力的提升，为避免潜在的天气因素事故，天气预报必须做到准确，同时，也必须改进协调飞行和地面操控[34]。无人机比现有的有人机更有潜力，更具成本效益。在枯燥、肮脏和危险任务中，无人机比有人机更有效，并且有能力完成有人机无法执行的任务。

1.2 自主飞行器

在人类社会发展背景下，自主是理性个体做出的明智的、不受强迫的决定，或根据不断变化的环境给出自身行为规则的能力[33]。具有自主性的技术系统需要具备类似人类自主行为的思维推理能力。而且，像人类和动物社会一样，它们必须遵守个体成员之间和群体之间相互作用的规则集或法律体系。

自动化的研究和开发正在从需要人为控制的自动化系统状态向无须人为交互而做出决策和反应的自主系统状态发展[2]。技术的进步使传感器、照相机和其他设备从模拟状态转换为数字状态，它们将变得更小、更轻、更节能和更实用。

自主性是一系列功能的集合，可以在没有人类直接干预的情况下执行任务。自主性可以定义为：为实现其目标而感知、理解、分析、通信、规划、决策和行动的无人系统能力[40-41]。自主性是通过一系列技术，如感知、智能、可靠性和持久力得以实现的[50]。

不同等级的自主性可以定义如下[22,58]。

（1）人类做出一切决定。

（2）计算机计算出一套完整的备选方案。

（3）计算机选择一套备选方案。

（4）计算机建议另一种选择方案。

（5）经批准，计算机执行建议。

（6）人类可以在一定的时间范围内否决计算机做出的决策。

（7）计算机执行后反馈给人类。

（8）计算机仅在被要求时提交报告。

（9）计算机仅在其自身需要时提交报告。

（10）计算机不考虑人类需求。

在当前技术状态下，自主性的最后5个等级还没有达到。

自主能力需要一套完备的信息技术才能得以实现。决策循环的4个要素为观察、判断、决策和行动（OODA），它是所有人类在日常生活中实现目标的统一行动流程。就自主系统而言，以机器为基础的要素，必须执行相同的功能才能实现期望的结果。在这种情况下，观察功能由一个或多个传感器共同执行。判断功能涉及异步数据的聚集与融合、态势和环境的上下文评估以及决策步骤相关假设的提出。决策功能包括建立相关决策准则，正确衡量各种因素以产生最佳决策运算，精准确定行动时间，以及预测下一个决策循环的行动结果。行动功能由一个或多个与系统剩余部分相互作用的执行器执行[32]。

自主性根据任务复杂度、环境复杂性和完成任务的人机交互程度进行等级划分。在确保任务成功和效率的前提下，自主性表现为自身状况的自我认识和分析、自我学习和自我决策，同时尽量减少人为干预[58]。自主性是在运行时无须持续的人为监控就可以进行操作的能力[26]。

自主飞行器通过选择其必须遵循的行为来实现人为确定目标的自我行动。自主飞行器可以在意想不到的情况下，以目标导向的方式优化自身行为。在既定目标下，必须找到最佳的解决方案，通过连续过程来确保决策过程的准确性和正确性[30]。

无人机系统法规的主要目标是保证无人机安全运行，这个目标量化为与有人机一致的等效安全水平（ELOS）。无人机系统依靠机载飞行控制系统和通信链路进行操作，这样会引入额外的故障模式，使得在相同的可靠性要求下可能会增加事故总数。无人机不搭载人员，因此与通用航空器相比，事故后伤亡的概率会大大降低。主要事故有撞地、空中碰撞和意外运动，次生事故包括残骸掉落造成的死亡或受伤、财产损失、系统毁坏/损失、环境影响和社会影响。

由于不能直接使用相同尺寸的有人机所指定的故障频率,因此需要使用其他方式来获得无人机飞行的故障频率。安全工程中常用的方法是根据预计最坏结果发生的可能性来定义特定事故的安全约束,从而确定最大故障频率。

无人机的飞行环境是确定完成任务所需的自主性等级和机动能力的关键因素。为了能够在任何空域飞行,无人机系统需要得到适航认证。适航认证是获得系统安全性的基本途径和工程过程,它要考虑空域内的可能物质、使用寿命和任务要求,认证等级取决于系统的任务要求。飞机结构、推进系统、控制冗余、软件和控制链路都必须通过技术适航局(TAA)规定的标准认证[18]。

无人机系统由无人机平台、地面控制站以及其他保证飞行所需的系统单元组成(如指挥与控制链路、发射回收单元)。一套无人机系统可能会有多个地面控制站、指挥与控制链路以及发射回收单元[23]。

由于无人机机上无人,其适航目标主要针对地面人员和财产的保护。与同类有人机相比,民用无人机系统一定不能增加对地面人员或财产造成的危险。

无人机的飞行终止系统应考虑持续安全飞行和着陆;否则其适用性将会受到质疑。当无人机发生故障时,无论其所处位置在哪里,都应立即降落飞行,紧急降落地点应为人口稀少地区。在确定无人机的紧急降落位置时,应考虑无人机的滑翔能力和应急电源容量(如在断电的情况下)等因素。

无人机系统的自主性等级可能会受到人机接口与航空交通管制(ATC)指令的符合性、指挥与控制链路的完整性、符合安全目标的无人机系统故障处理以及满足碰撞规避、空域类型、噪声敏感区域规避等保证安全飞行所必需的专用自主性技术(如不确定性算法)几个认证问题的影响。如果无人机平台及其所有相关单元都处于安全运行状态,则无人机适航。

考虑到无人机必须在 FAA/EASA 联邦航空条例(FAR)/联合航空管制(JAR)规范内的国家航空空间(NAS)中飞行,故而对无人机的运行提出了严格要求。无人机的使用者必须考虑公众安全[20,24]。感知与规避(SAA)能力是一种缩小联邦航空条例/联合航空管制要求差异,以满足驾驶舱中飞行员视域、规避和无人机系统无人操控属性要求的技术[38]。感知与规避模块是无人机系统中一种分散式的独立安全保证系统,用于无人机与地形的即时或短期碰撞消解。当中期分离确认程序失败时,该模块立即启动干预机制,该机制启动依托于两类信息,即周围的交通信息和地形数据库。地形数据库以特定分辨率存储地面物体的位置与高度的空间模型。交通信息从周边飞行器的 ADS - B 应答器获取。该模块支持广播式自动相关监视 ADS - B 的接收和发射应用,这种技术允许飞机自身与地面部分之间进行数据传输[49]。

机载感知与规避系统的重点是实现自我分离和碰撞规避的机载能力，以确保适当的安全水平，以及使飞机具备对冲突识别和反应的自主行动能力[4,11,19]。复杂的感知与规避系统可以实现编队飞行，包括的空中规则有探测与规避、空中交通管制许可、500 英尺规则、1000 英尺规则、飞行前天气核实、燃油水平检查、环境核实、导航、规划。

根据定义，自主系统要实现的目标必须来自于人类操纵者，而且使用自主系统可以提高安全性和运行效率。无人机上自主系统的使用总是伴有飞行员的超控功能应用，即远程操控的飞行员可以在任何时候对无人机进行控制[59]。理性智能体非常适用于自主无人机，它能够为作业或任务提供总体方向和控制，并通过分析定义其行为的信念、目标、意图和计划来解释其行为。信息可以从外部环境无障碍流入飞行控制系统和理性智能体，飞行员与理性智能体进行通信，就任务进度做出抽象决策，再将这些抽象决策传输给飞行控制系统。

自主飞行器的重要特征是在不可预测的情况下具有目标定位能力[19,27]。与自动控制系统的性能相比，该能力是一种显著提升的性能。自动控制系统不能根据某一给定目标定义路径，也不能选择指定路径的目标。而自主系统能够基于一组规则和约束条件做出决策[54]。理想情况下，无人机系统必须能够适应任何环境。由于在全天候、从低海拔到高海拔和拥挤空域进行操控等原因，导致它们的物理操控环境可能存在很大的差异[51]。

小型无人机系统需要在物理和网络组件上进行协同设计，以最大限度地利用系统效率。整体系统的任务目标实现和成功越来越依赖于计算资源的合理分配，以平衡物理驱动系统的需求。一种共同优化方案由此产生，即对满足控制要求的物理驱动成本与满足获取和处理输入信息的计算成本之间的代价进行权衡[12]。

自主飞行器在动态和非结构化环境中应用其硬件和软件平台完成给定任务。自主飞行器的体系结构，可以看作软件体系结构内的软件运行集合，并在硬件体系结构上运行[41]。提升自主飞行器性能的关键技术是自主性和认知行为、通信系统、互操作性和模块化[22]。

自主系统可以根据意外事件改变其行为，而自动控制系统不管系统或其周围环境发生什么变化都会做出相同的反应[43]。文献[5]中给出了自主性的另一个定义：如果无人机系统具有智能和经验，能够以合理的方式对计划外的情况做出快速反应，那么它就是自主的。为了使无人机系统能够自主运行，需要人工智能技术以及专家经验的支撑。

无人飞行器中已经确定的 3 个主要的自主性等级如下。

(1) 反应层面。

① 飞行控制系统、执行器功能、发动机或推进控制。

② 飞机飞行力学和空中数据采集。

(2) 反射层面。

① 飞行路径指令和性能包线保护,如航点跟踪系统以及制导和导航功能。

② 健康管理和容错控制,以便检测并对可能的系统故障和失灵采取相应措施。

(3) 决策层面。

① 故障检测与识别。

② 态势感知管理。

③ 任务目标管理。

所采用的理论框架借鉴了航空、自动控制、机器人、计算机科学与工程、人工智能、运筹学等多个学科。它集成了任务规划、轨迹生成、健康监测、路径跟踪、自适应控制理论、容错控制等算法,实现了快速、鲁棒的自适应。总之,这些技术产生了一种控制体系架构,可以在复杂飞行器动力学和部分模块故障的情况下满足所需的性能要求。其中一个关键要求是所有机动飞行都必须实现碰撞规避。因此,时间和空间分配有时是分开的[61]。

注 1.1 结构力学、空气动力学和推进系统对飞机极为重要。此外,对于无人机,计算、规划、通信、传感器和其他基于信息技术的能力同等重要。无人机系统通过几种特有的综合能力替代了机载飞行员的功能。

1.3 智能自主飞行器

智能技术就是为应用程序添加智能。本书的目标是创建足够智能的应用程序,它应该既能理解操作的动作,又能理解从传感器接收到的数据,并能自动使用这些信息完成交付的任务。

智能系统的起源可以追溯到一个研究领域,该领域设想的设备和材料可以模仿人类的肌肉和神经系统。其基本思想是产生一个模仿生物功能的非生物系统。智能系统由传感器和执行器组成,这些传感器和执行器要么是嵌入式的,要么与系统相连作为系统的一部分。它们对刺激和环境变化做出反应,并根据这些变化改变和激活它们的功能。智能结构是一个集成了传感和驱动功能的系统,包括数据采集、数据传输、指挥和控制单元、数据指令、动作装置[1]。具有自适应性、学习性功能的系统的研究正在不断发展。但是,我们需要更高层级的包含认知和推理能力的自主性。正如文献[3]所述,在某种意义上,一切都将是智能的。也就是说，每一个产品、每一项服务和每一个基础设施都将适应它所服务的人类需求，其行为也将适应这些需求。

无人航空器或空中机器人的主要目标是使自主无人飞行器更加智能。智能化包括提出研究和开发项目的创新思维、方法、技术、发现和成果。

智能和可持续飞行器的发展已经成为未来10年最基本的社会挑战之一。飞行器应该更安全、更环保。因此，开发创新性自主飞行器和监测飞机状态及其周围环境遍布的传感器非常重要[45,48]。智能结构是一个带有内置智能执行器、传感器和控制器的系统，它包括分布式执行器和用于分析传感器获取信息的微处理器，它应用综合控制理论驱动执行器改变系统响应，如智能材料执行器的使用被认为是控制面驱动的有效解决方案。

注1.2 智能可以扩展到结构健康监测（SHM）领域，通过使用传感器网络、执行器和计算能力来使自主飞行器实现自我诊断，即能实现关键健康状态、定位和分类损害的早期预警，甚至预测剩余生命期限的目标[35]。

智能材料可用于振动控制、主动形变控制和能量收集。这些材料具有将一种形式的能量转换成另一种形式的能力，进而使其成为有用的执行器和传感器[13,31,52,57]。实现目标的能力表征了智能行为的特征[28]，可以分为以下3个类别。

（1）驱动编码：系统的需求如何表示。

（2）目标生成：参考当前状态，如何从驱动器生成特定的目标实例。

（3）目标选择：系统如何确定要执行哪些目标实例。

因此，智能自主飞行器具有以下特点。

（1）体积更小、重量更轻、速度更快、操作和维护更容易。

（2）可以感知风的存在并描述其对飞机性能、稳定性和控制的影响。

（3）具有独立的路径规划功能。

（4）具有改进的制导技术。

（5）可以对来自多传感器的信息进行快速评估。

（6）具备操控保护系统，提供飞机包线保护，并当预期性能和控制可能出现某些退化时调整飞行控制。

（7）具备激活和管理保护系统，并可以向自动驾驶仪提供系统状态的反馈信息。

（8）可以使用飞行控制系统调整飞机飞行包线，以避免可能发生的飞行不可控的情况。

（9）可以调整飞行控制系统，使之能够在减小的飞行包线中保持安全飞行。

（10）可以自动生成飞行计划，将多个目标优化为预定的任务目标。

（11）可以基于天气优化高度转换。

（12）可以通过增强的自动化传感器系统来传送可执行的智能信息，以代替传送原始信息。

（13）可以通过态势感知和天气感知提高任务性能。

（14）可以使用先进的机载感知规避技术。

（15）可以检测、跟踪和识别时敏目标。

（16）可以基于不确定信息进行任务规划，满足不同的、可能存在冲突的决策目标。

（17）可以将验证方法应用到以上算法中。

本书通过对无人机系统特有任务性能的讨论，以及为提高效率、效力和生存能力而开发这些功能的过程的阐述，提出了本书的观点。

1.4 章节结构

本书分为 6 章。

第 1 章是绪论。介绍本书的写作目的和内容范围。综述当前无人机系统的发展情况，同时简要阐述自主系统和智能飞行器的区别。

第 2 章介绍模型建立。本章的主要内容包括参考坐标系、运动学模型和动力学模型。本书中，飞行运动限制在大气层内。飞行模型涉及带有状态和输入约束的高阶非线性动力学。对于平移动力学，习惯上通过假设姿态瞬时改变或将飞机姿态动力学作为导航控制系统的执行器而完全忽略旋转动力学。接着，在平面非旋转地球上，将固定翼飞机的六自由度非线性运动方程描述为 12 个状态方程。然后提出 Takagi - Sugeno 建模、模糊建模和线性混合自动装置等更加创新的建模方法，并给出了任务工具。最后介绍大气环境模型。

第 3 章介绍飞行控制。本章为了实现运动自主性，考虑并解决了飞机控制问题。飞机常用的控制系统策略是两回路结构，即姿态动力学由内回路控制、位置动力学由外回路控制。在低层控制系统中，算法依赖于飞机的类型、动力学模型、控制设计的类型以及输入和传感器选择。自主飞行器在大气飞行环境中可能会遭遇各种各样的飞行条件，在某些情况下，扰动可能会与小型飞机自身的控制力一样强大。首先介绍与经典线性和非线性控制方法相关的内容，然后引入模糊控制和滤波。本章以专题研究形式阐述所提出的理论方法。

第 4 章讲述飞行规划。飞行规划定义为将初始状态转换为期望目标状态的一系列行动。本章从路径和航迹规划开始，即在没有风的情况下按照机动修正航迹。该优化方法可以实现最小时间航迹或最小能量，以提高飞机的续航能力。

航迹生成是指在飞机初始配置与最终配置(满足其运动学和动力学约束)之间的自由配置空间中确定路径。接着考虑策梅洛问题,研究风影响下的飞机飞行航迹。本章中间部分讲述制导、碰撞消解和障碍物规避问题。航迹规划是自主飞行器制导的基本问题之一,可以认为是一种初步的飞行制导律方案。制导系统可以说是利用姿态控制系统对飞行器进行旋转,使飞行器行驶在一条无形的空中高速公路上。制导是自动驾驶仪发出指令以完成特定飞行目标的逻辑行为。算法的设计和执行满足自主飞行器跟踪给定命令信号时的运动约束要求。当在初始路径上检测到障碍物时,飞行规划基于一套预定义的标准为自主飞行器自动生成替代路径。飞机在有静态和动态障碍物的三维环境中飞行,必须规避湍流和风暴影响。当飞机在环境中运动或者障碍物的位置随时间变化时,需要检测到障碍物,因此必须对轨迹进行更新,并满足边界条件和运动约束。接着,从路径优化和模糊规划两个方面介绍任务规划。整个章节通过案例研究来说明本章中所提出的方法。

第 5 章介绍飞行安全。本章首先介绍态势感知。综合导航系统是重要的组成部分。态势感知用于低层级飞行控制和由飞行任务规划构成的高层级控制要素。数据来自不同种类的传感器以及每种传感器测量环境的不同属性。综合这些传感器的数据,能够增强自主飞行器感知的鲁棒性,并获得新的信息。由于数据采集和处理的不确定性和不精确性,必须对单个信息数据源进行适当的集成和验证。这些数据的一部分用于飞行前或任务前规划,并随着任务进展在飞机上进行更新。导航问题是寻找一条期望轨迹及其开环操纵控制。综合导航系统组合了加速度计和陀螺惯性传感器提供的位置、速度和姿态,组合过程是通过使用不同的卡尔曼滤波算法和蒙特卡罗方法来实现的。其次介绍 SLAM 算法和地理定位。在自主飞行器中,机载控制系统应能理解系统健康信息,并决定适当的行动。这就要求在无人平台上进行额外操作来处理和解释健康信息,并要求能够集成健康监测和机载控制系统。将健康监测和无人系统指挥与控制系统集成的好处是,能通过匹配任务需求与平台能力来实现装备的健康管理。这样可以减少由于组件故障而导致的任务失败和平台损坏的概率。然后研究集成系统健康监控,提出了一些诊断工具和方法。由于信息中存在不确定性,通常需要提出几个方案,并最终提供一个折中的解决方案。智能自主飞行器必须能够克服建模错误、外部干扰和不完全态势感知等环境不确定性。然后针对 LTI 和 LPV 模型提出了容错飞行控制,接着是模型参考自适应控制和机动包线确定。最后介绍容错规划器,详细介绍了修正状态、可靠性分析、避障安全性分析和任务决策。

第 6 章是总结。给出了本书的结论,同时简要预测智能自主飞行器未来潜在的应用领域。

参考文献

[1] Akhras, G. (2008): *Smart materials and smart systems for the future*, Canadian Military Journal, pp. 25 - 32.

[2] Angulo, C.; Goods, L. (2007): *Artificial Intelligence Research and Development*, IOS Press.

[3] Astrom, K. J.; Kumar, P. R. (2014): *Control: a perspective*, Automatica, vol. 50, pp. 3 - 43.

[4] Atkins, E. M.; Abdelzaher, T. F.; Shin, K. G.; Durfee, E. H. (2001): *Planning and resource allocation for hard real time fault tolerant plan execution*, Autonomous Agents and Multi - Agents Systems, Vol. 4, pp. 57 - 78.

[5] Austin, R. (2010): *Unmanned Aircraft Systems: UAVs Design, Development and Deployement*, AIAA Press.

[6] Beard, R.; Kingston, D., Quigley, M.; Snyder, D.; Christiansen, R.; Johnson, W.; McLain, T.; Goodrich, M. (2005): *Autonomous vehicle technologies for small fixed - wing UAVs*, AIAA Journal of Aerospace Computing, Information and Communication. Vol. 2, pp. 92 - 108.

[7] Beard, R.; McLain, T. (2012): *Small Unmanned Aircraft: Theory and Practice*, Princeton University Press.

[8] Belta, C.; Bicchi, A.; Egersted, M.; Frazzoli, E.; Klavins, E.; Pappas, G. (2007): *Symbolic planning and control of robot motion*, IEEE Robotics and Automation Magazine, vol. 14, pp. 61 - 70.

[9] Bestaoui, Y.; Dicheva, S. (2010): *3D flight plan for an autonomous aircraft*, 48*th* AIAA Aerospace Sciences Meeting Including the New Horizons Forum and Aerospace Exposition, AIAA paper 2010 - 415.

[10] Bestaoui, Y. (2011): *Bridge monitoring by a lighter than air robot*, 49*th* AIAAA aerospace Sciences Meeting, Orlando, Fl, paper AIAA 2011 - 81.

[11] Bollino, K. P.; Lewis, L. R.; Sekhavat, P.; Ross, I. M. (2007): *Pseudo - spectral optimal control: a clear road for autonomous intelligent path planning*, AIAA Infotech@ aerospace conference, Rohnert Park, Ca, USA, AIAA 2007 - 2831.

[12] Bradley, J. M.; Atkins, E. M. (2014): *Cyber - physical optimization for unmanned aircraft systems*, AIAA Journal of Aerospace Information Systems, vol. 11, pp. 48 - 59.

[13] Braggs, M. B.; Basar T.; Perkins W. R.; Selig M. S.; Voulgaris P. C.; Melody J. W. (2002): *Smart icing system for aircraft icing safety*, 40*th* AIAA Aerospace Sciences Meeting and Exhibit, paper AIAA 2002 - 813.

[14] Budiyono, A.; Riyanto, B; Joelianto, E. (2009): *Intelligent Unmanned Systems: Theory and Applications*, Springer.

[15] Bullo, F.; Cortes, J.; Martinez, S. (2009): *Distributed Control of Robotic Networks*; Princeton series in Applied Mathematics.

[16] Cevic, P.; Kocaman, I.; Akgul, A. S.; Akca, B. (2013): *The small and silent force multiplier: a swarm UAV electronic attack*, Journal of Intelligent and Robotic Systems, vol. 70, pp. 595 - 608.

[17] Choset, H.; Lynch, K.; Hutchinson, S.; Kantor, G.; Burgard, W.; Kavraki, L.; Thrun, S. (2005): *Principles of Robot Motion, Theory, Algorithms and Implementation*, The MIT Press.

[18] Clothier, R. A.; Palmer, J. L.; Walker, R. A., Fulton, N. L. (2011): *Definition of an airworthiness certification framework for civil unmanned aircraft system*, Safety Science, vol. 49, pp. 871 - 885.

[19] Dadkhah, N.; Mettler, B. (2012): *Survey of motion planning literature in the presence of uncertainty: considerations for UAV guidance*, Journal of Intelligent and Robotics Systems, vol. 65, pp. 233 - 246.

[20] Dalamagkidis, K. ; Valavanis, K. ; Piegl, L. (2010) : *On Integrating Unmanned Aircraft Systems into the National Airspace System*, Springer.

[21] Dimitrienko, A. G. ; Blinov, A. V. ; Novikov, V. N. (2011) : *Distributed smart system for monitoring the state of complex technical objects*, Measurement Techniques, vol. 54, pp. 235 – 239.

[22] Department of Defense (USA) (2013) : *Unmanned systems integrated roadmap: FY 2013 – 2038*, ref. number 14 – S – 0553 (129 pages).

[23] EASA (2013) : *Airworthiness certification of unmanned aircraft system (UAS)*, European aviation safety agency, report E. Y013 – 01.

[24] Florio, F. (2006) : *Air Worthiness*, Elsevier.

[25] Francis, M. S. (2012) : *Unmanned air systems: challenge and opportunity*, AIAA Journal of Aircraft, vol. 49, pp. 1652 – 1665.

[26] Fregene, K. (2012) : *Unmanned aerial vehicles and control: Lockheed martin advanced technology laboratories*, IEEE Control System Magazine, vol. 32, pp. 32 – 34.

[27] Goerzen, C. ; Kong, Z. ; Mettler, B. , (2010) : *A survey of motion planning algorithms from the perspective of autonomous UAV guidance*, Journal of Intelligent and Robotics Systems, vol. 20, pp. 65 – 100.

[28] Hawes, N. (2011) : *A survey of motivation frameworks for systems*, Artificial Intelligence, vol. 175, pp. 1020 – 1036.

[29] Jawhar, I. ; Mohamed, N. ; Al – Jaroodi, J. ; Zhang, S. (2014) : *A framework for using UAV for data collection in linear wireless sensor networks*, Journal of Intelligent and Robotics Systems, vol. 6, pp. 437 – 453.

[30] Jarvis, P. A. ; Harris, R. ; Frost, C. R. (2007) : *Evaluating UAS autonomy operation software in simulation*, AIAA Unmanned Conference, paper AIAA2007 – 2798.

[31] Jeun, B. H. ; Whittaker, A. (2002) : *Multi – sensor information fusion technology applied to the development of smart aircraft*, Lockheed Martin Aeronautical Systems Marietta Ga report, pp. 1 – 10.

[32] Jonsson, A. K. (2007) : *Spacecraft autonomy: intelligence software to increase crew, spacecraft and robotics autonomy*, AIAA Infotech@ Aerospace Conference and Exhibit, paper AIAA 2007 – 2791.

[33] Knoll, A. (2010) : *The dawn of the age of autonomy*, report TUM – I144, Institut fur informatik, Technische Universitat Munchen.

[34] Krozel, J. ; Penny, S. ; Prete, J. ; Mitchell, J. S. (2007) : *Automated route generation for avoiding deterministic weather in transition airspace.* AIAA Journal of Guidance, Control and Dynamics, vol. 30, pp. 144 – 153.

[35] Kurtoglu, T. ; Johnson, S. B. ; Barszcz, E. ; Johnson, J. R. ; Robinson, P. I. (2008) : *Integrating system health management into the early design of aerospace system using functional fault analysis*, Inter. conference on Prognostics and Health Management.

[36] Lam, T. M. (ed) (2009) : *Aerial Vehicles*, In – Tech, Vienna, Austria.

[37] Lan, G. ; Liu, H. T. (2014) : *Real time path planning algorithm for autonomous border patrol: Design, simulation and experimentation*, Journal of Intelligent and Robotics Systems, vol. 75, pp. 517 – 539, DOI 10. 1007/s10846 – 013 – 9841 – 7.

[38] Lapierre, L. ; Zapata, R. (2012) : *A guaranteed obstacle avoidance guidance system*, Autonomous Robots, vol. 32, pp. 177 – 187.

[39] Li, Z. ; Bruggermann, T. S. ; Ford, J. S. ; Mejias, L. ; Liu Y (2012) : *Toward automated power line corridor monitoring using advanced aircraft control and multisource feature fusion*, Journal of Field Robotics, vol. 29,

pp. 4 – 24.

[40] Ludington, B.; Johnson, E.; Vachtsevanos, A. (2006): *Augmenting UAV autonomy GTMAX*, IEEE Robotics and Automation Magazine, vol. 21, pp. 67 – 71.

[41] Musial, M. (2008): *System Architecture of Small Autonomous UAV*, VDM.

[42] Nonami, K.; Kendoul, F.; Suzuki, S.; Wang, W.; Nakazawa, D. (2010): *Autonomous Flying Robots: Unmanned Aerial Vehicles and Micro – aerial Vehicles*, Springer.

[43] Panella, I. (2008): *Artificial intelligence methodologies applicable to support the decision – making capability onboard unmanned aerial vehicles*, IEEE Bioinspired, Learning and Intelligent Systems for Security Workshop, pp. 111 – 118.

[44] Quaritsch, M.; Kruggl, K.; Wischonmig – Stud, L.; Battacharya, S.; Shah, M.; Riner, B. (2010): *Networked UAV as aerial sensor network for disaster management applications*, Electrotechnik and Informations technik, vol. 27, pp. 56 – 63.

[45] Sanchez – Lopez, T.; Ranasinghe, D. C.; Patkai, B.; McFarlane, D. (2011): *Taxonomy, technology and application of smart objects*, Information Systems Frontiers, vol. 13, pp. 281 – 300.

[46] Song, B. D.; Kim, J.; Park, H.; Morrison, J. R.; Sjin D. (2014): *Persistent UAV service: an improved scheduling formulation and prototypes of system components*, Journal of Intelligent and Robotics Systems, vol. 74, pp. 221 – 232.

[47] Stefanakis, D.; Hatzopoulos, J. N.; Margaris, N.; Danalatos, N. (2013): *Creation of a remote sensing unmanned aerial system for precision agriculture and related mapping application*, Conference on American Society for Photogrammetry and Remote Sensing, Baltimore, Md, USA.

[48] Suzuki, K. A.; Filho, P. K.; Darrison, J. (2012): *Automata battery replacement system for UAV: analysis and design*, Journal of Intelligent and Robotics Systems, vol. 65, pp. 563 – 586.

[49] Tarhan, A. F.; Koyuncu, E.; Hasanzade, M.; Ozdein, U.; Inalhan, G. (2014): *Formal intent based flight management system design for unmanned aerial vehicles*, Int. Conference on Unmanned Aircraft Systems, pp. 984 – 992, DOI 978 – 1 – 4799 – 2376 – 2.

[50] Tavana, M. (2004): *Intelligence flight system (IFSS): a real time intelligent decision support system for future manned spaceflight operations at Mission Control Center*, Advances in Engineering Software, vol. 35, pp. 301 – 313.

[51] Teinreiro Machado, J. A.; Patkai, B.; Rudas, I. (2009): *Intelligent Engineering Systems and Computational Cybernetics*, Springer.

[52] Tewari, A. (2011): *Advanced Control of Aircraft, Spacecrafts and Rockets*, Wiley Aerospace Series.

[53] Tokekar, P.; Vander Hook, H.; Muller, D.; Isler, V. (2013): *Sensor planning for a symbiotic UAV and UGV system for precision agriculture*, Technical report, Dept. of Computer Science and Engineering, Univ. of Minnesota, TR13 – 010.

[54] Valavanis, K.; Oh, P.; Piegl, L. A. (2008): *Unmanned Aircraft Systems*, Springer.

[55] Van Blyenburgh, P. (2012): *European UAS industry and market issues*, ICAO UAS seminar, Lima, Peru, pp. 1 – 29.

[56] Visconti, G. (2008): *Airborne measurements and climatic change science: aircraft, balloons and UAV*, Mem SAIt, vol. 79, pp. 849 – 852.

[57] Wang, Y.; Hussein, I. I.; Erwin, R. S. (2011): *Risk – based sensor management for integrated detection and*

estimation, AIAA Journal of Guidance, Control and Dynamics, vol. 34, pp. 1767 – 1778.

[58] Wang, Y. ; Liu, J. (2012) : *Evaluation methods for the autonomy of unmanned systems*, Chinese Science Bulletin, vol. 57, pp. 3409 – 3418.

[59] Webster, M. ; Cameron, N. ; Fisher, M. ; Jump, M. (2014) : *Generating certification evidence for autonomous unmanned aircraft using model checking and simulation*, AIAA Journal of Aerospace Information System, vol. 11, pp. 258 – 278.

[60] Wu, F. ; Zilberstein, S. ; Chen, X. (2011) : *On line planning for multi – agent systems with bounded communication*, Artificial Intelligence, vol. 175, pp. 487 – 511.

[61] Xargay, E. ; Dobrokhodov, V. ; Kaminer, I. ; Pascoal, A. ; Hovakimyan, N. ; Cao, C. (2012) : *Time critical cooperative control of multiple autonomous vehicles*, IEEE Control Systems Magazine, vol. 32, pp. 49 – 73.

[62] Yanushevsky, R. (2011) : *Guidance of Unmanned Aerial Vehicles*, CRC Press.

[63] Zarco – Tejada, P. J. ; Guillen – Climent, M. L. ; Hernandez – Clemente, R. ; Catalina, A. (2013) : *Estimating leaf carotenoid content in vineyards using high resolution hyperspectral imagery acquired from an unmanned aerial vehicle*, Journal of Agricultural and Forest Meteorology, vol. 171, pp. 281 – 294.

[64] Zhang, C. ; Kavacs, J. M. (2012) : *The application of small unmanned aerial system for precision agriculture: a review*, Precision Agriculture, vol. 3, pp. 693 – 712.

第2章 模型建立

本章主要介绍参考坐标系以及飞机的运动学和动力学模型。在本书中，飞机的飞行只限于大气层内。飞机模型为具有状态和输入约束的高阶非线性动力学模型。考虑到平移动力学，一般来说，要么通过假设姿态的瞬时变化来完全忽略旋转动力学，要么将飞机姿态动力学视为导航控制系统的作动器。不考虑地球转动且在地表上飞行的固定翼飞机，其六自由度非线性运动模型由 12 个状态方程描述。本章还将介绍新颖的多模型方法，如 Takagi - Sugeno 建模、模糊建模和线性混合自动装置，并给出对应的任务工具，最后简要介绍大气环境模型。

2.1 概述

对基本物理现象的建模是许多控制和规划算法的核心内容，而建模是一个庞大的知识领域，本章仅介绍了有关智能自主飞行器的一些基本内容。

在系统架构上设置分层结构是降低大规模系统复杂性的基本方法。例如，在常见的双层规划和控制结构中，规划层级使用比控制层级更粗略的系统模型。此外，一般来说，飞行器有内环控制和外环控制两种不同类型的控制系统。研究的难点之一是在各种抽象层级提取相应层次结构的模型，同时保留研究所关注的属性。抽象指的是将系统状态划分为相应的种类，而层次结构则是抽象的有限序列。

一致性抽象是保留属性的抽象，可以是离散的或连续的[66]。固定翼飞机有 4 个制动器，即向前的推力装置、副翼、升降舵和方向舵。飞机的推力装置提供向前的加速度，控制舵面在飞机上施加各种力矩，包括产生偏航力矩的方向舵、产生侧倾力矩的副翼以及产生俯仰力矩的升降舵。通用飞机有 6 个维度，3 个用于定位、3 个用于定向。固定翼飞机是一个具有 6 个自由度 4 个控制输入的欠驱动系统。飞机动力学模型通常根据刚体动力学原理分析建立，如牛顿 - 欧拉定律。其中动态系统的参数一般通过昂贵且耗时的风洞测试确定。上述方法虽然有效，但在应用于小型自主飞行器时具有局限性，主要由以下差异造成[62,69]。

(1) 低雷诺数和空速。

(2) 由于质量和惯性矩减小使得动态速率增加。

(3) 推进动力和力矩比空气动力和力矩对于飞行器更具主导性。

(4) 不对称或非经典气动设计。

(5) 有人机不可能进行的特技飞行。

关于经典飞行器建模的更多资料可以在一些教科书中找到[4,18,27,38,74,104]，本章主要介绍新型的小型自主飞行器建模方法。

2.2 参考坐标系

参考系是由相对固定的点组成的物理模型，而坐标系是一种数学抽象。参考系是一种物理参考模型，而坐标系则建立了与欧几里得空间的关联[104]。参考系是一组相关的固连点，可用于描述距离和方向。惯性系是一种适用于牛顿－欧拉定律的参考系[4,58]。所有重要的物理现象都能在坐标系中清晰表示。

对笛卡儿坐标参考系的精确定义是飞机性能、导航、飞行和任务规划过程的基础[72]。其中，飞机性能是相对于大气的位置和速度而言的。而对于导航、飞行和任务规划，位置和速度则是相对于地球而言的。根据不同的对象，可能存在一些特殊坐标系，其中的位置和速度有其特殊意义。有许多对于导航、制导控制有用的参考坐标系，如日心坐标系、惯性坐标系、地球坐标系、地理坐标系、机体坐标系、风相对坐标系[17,33,36,41,94]。各个坐标系是正交的右手坐标系坐标轴的集合。一般可以将地球表示为扁平的、圆形或扁圆形、旋转或不旋转[27,38,86,97]。

注 2.1 由于本书仅限于大气层内的飞行，本章仅详细介绍一些特定参考系。

2.2.1 惯性坐标系

惯性参考系(i－frame)是适用于牛顿运动定律的坐标系，它既不旋转也没有加速度。原点的位置可以是没有加速度(惯性)的任意点，如银河系中心。

2.2.2 地球中心参考坐标系

对于在地球上的导航，有必要定义坐标系，使其能够进行与地球的基本方向相关的惯性测量。而对于地球上的导航，基本方向具有重要物理意义。

1. 以地球为中心的惯性坐标系

以地球为中心的惯性坐标系(gi－frame)的原点在地球中心[72]，并且其坐标轴相对于固定恒星不旋转，由轴线 O_{xi}、O_{yi}、O_{zi} 定义，O_{zi} 与地球的极轴(假定方向不变)一致。它是一个固连于固定恒星的惯性参考系,坐标系的原点位于地球中心,文献[72]将其表述为地心惯性参考系(ECIF)。

2. 地球坐标系

地球坐标系(e - frame)的原点位于地球中心,其坐标轴固连于假定分布均匀的地球,由轴线 O_{xe}、O_{ye}、O_{ze} 定义。轴 O_{xe} 沿着地球赤道平面与格林尼治子午线平面的交线。轴 O_{ze} 沿着地球的极轴。地球坐标系相对于惯性坐标系以 ω_{ec} 的速率绕轴线 O_z 旋转。文献[72]将其表述为地心参考系(ECEF)。

2.2.3 地理坐标系

1. 导航坐标系

导航坐标系(n - frame)是局部地理参考系,其原点 P 可以固定到相对于地球自由移动的任意点,假定地球为均匀球体。坐标轴与北向、东向和垂直向下(NED)或东向、北向和垂直向上(ENU)的方向对齐,均被定义为右手参考系。经度和纬度线组成了覆盖地球表面的网格,可以确定地球上任何点。经度被分为 0° ~180°不同的子午线,从格林尼治子午线开始向东(东经)为正方向、向西(西经)为负方向。纬度从赤道开始测量,向北 0° ~90°为正值(北纬)、向南为负值(南纬)。

从地球坐标系转换到地理坐标系时,通常是首先进行经度转换,然后进行纬度转换。地理坐标系相对于地球坐标系的坐标变换矩阵为

$$\boldsymbol{R}_{\mathrm{GE}} = \begin{pmatrix} -\sin\lambda\cos\ell & -\sin\lambda\sin\ell & \cos\lambda \\ -\sin\ell & \cos\ell & 0 \\ -\cos\lambda\cos\ell & -\cos\lambda\sin\ell & -\sin\lambda \end{pmatrix} \tag{2.1}$$

式中:λ 为纬度;ℓ 为经度。

导航坐标系相对于地球固定参考系的转弯速率 ω_{en} 由点 P 相对于地球的运动(通常称为传输率)来控制。

2. 切面相切平面坐标系

切面相切平面坐标系(t - frame)是一个原点固连于地球表面的地理坐标系,该坐标系固连于与机体质心一起运动的具有北向、东向和垂直向下(NED)固定轴的参考系。坐标轴与北向、东向和垂直向下(NED)或东向、北向和垂直向上(ENU)的方向对齐,均被定义为右手参考系。

飞行航迹坐标系通过飞行航迹角 γ 和航向角 χ 将飞机相对于地球的速度矢量与地理坐标系相关联。航向角 χ 为北向与速度 V(飞机速度相对于风)在局部切平面中投影的夹角,飞行航迹角 γ 垂直于 V。变换矩阵为

$$
\boldsymbol{R}_{VG}=\begin{pmatrix}\cos\gamma & 0 & -\sin\gamma\\ 0 & 1 & 0\\ \sin\gamma & 0 & \cos\gamma\end{pmatrix}\begin{pmatrix}\cos\chi & \sin\chi & 0\\ -\sin\chi & \cos\chi & 0\\ 0 & 0 & 1\end{pmatrix}=\begin{pmatrix}\cos\gamma\cos\chi & \cos\gamma\sin\chi & -\sin\gamma\\ -\sin\chi & \cos\chi & 0\\ \sin\gamma\cos\chi & \sin\gamma\sin\chi & \cos\gamma\end{pmatrix} \tag{2.2}
$$

地理地平线视线(LOS)由相对于地理坐标系、NED 坐标系的方位角和俯仰角来定义。

2.2.4 机体坐标系

在机体坐标系(b - frame)中,坐标系的原点和轴线相对于飞机的标称几何形状是固定的。坐标轴可以与飞机参考方向或飞机稳定性轴系对齐。因为飞机通常具有对称平面,x_B和 z_B位于该对称面内。x_B 轴沿着飞机的主对称轴向前。机体坐标系的原点通常定义为一个不变点,如飞机的体积中心或者质心处。

注 2.2 在飞机动力学中,飞机的瞬时加速旋转中心(IACR)是飞机上瞬时加速度为零的点。刚体的瞬时加速度旋转中心与旋转中心相关,但又不同于旋转中心[99]。

方向余弦矩阵、四元数、欧拉角可以描述坐标系之间的有限转换。刚体姿态通常用 3 个或 4 个参数来表示。欧拉参数的 3 × 3 刚体方向余弦矩阵可以用于描述相对于一些固定坐标系 3 次连续旋转后的机体方位。由 3 个位置坐标向量 $\eta_1=(x,y,z)^{\mathrm{T}}$能够确定飞机的位置[37-38,97,104]。单位四元数和轴线角形式需要 4 个参数来描述机体姿态。姿态的 3 个参数包括欧拉角或罗德古斯参数。这 3 个参数集可以被视为三维空间的子集,从而使其适用于欧几里得空间的分析方法。方位的最简表述通常由 3 个欧拉角给出,即滚转角 ϕ、俯仰角 θ 和偏航角 ψ。

机体坐标系是正交参考系,其坐标轴分别沿着飞机的滚转轴、俯仰轴和偏航轴。刚体的所有点相对于惯性坐标系的位置可以通过机体坐标系相对于机体自身的方位及其原点相对于参考坐标系的位置确定。根据公式,旋转矩阵 R 可以写为

$$
\boldsymbol{R}_{GB}=\boldsymbol{R}(\eta_2)=\boldsymbol{R}_z(\psi)\boldsymbol{R}_y(\theta)\boldsymbol{R}_x(\phi) \tag{2.3}
$$

其中,

$$
\boldsymbol{R}_x(\phi)=\begin{pmatrix}1 & 0 & 0\\ 0 & \cos\phi & -\sin\phi\\ 0 & \sin\phi & \cos\phi\end{pmatrix}
$$

$$\boldsymbol{R}_y(\theta)=\begin{pmatrix}\cos\theta & 0 & \sin\theta\\ 0 & 1 & 0\\ -\sin\theta & 0 & \cos\theta\end{pmatrix}$$

$$\boldsymbol{R}_z(\psi)=\begin{pmatrix}\cos\psi & -\sin\psi & 0\\ \sin\psi & \cos\psi & 0\\ 0 & 0 & 1\end{pmatrix}$$

这种变换形式也称为方向余弦矩阵(DCM),可表示为

$$\boldsymbol{R}_{\mathrm{GB}}=\boldsymbol{R}_{\mathrm{BG}}^{\mathrm{T}}=\boldsymbol{R}(\eta_2)=\begin{pmatrix}\cos\psi\cos\theta & \boldsymbol{R}_{12} & \boldsymbol{R}_{13}\\ \sin\psi\cos\theta & \boldsymbol{R}_{22} & \boldsymbol{R}_{23}\\ -\sin\theta & \cos\theta\sin\phi & \cos\theta\cos\phi\end{pmatrix} \tag{2.4}$$

式中:R_{ij}为$\boldsymbol{R}_{\mathrm{GB}}$中第$i$行第$j$列的元素:

$$\boldsymbol{R}_{12}=-\sin\psi\cos\phi+\cos\psi\sin\theta\sin\phi$$

$$\boldsymbol{R}_{13}=\sin\psi\cos\phi+\cos\psi\sin\theta\cos\phi$$

$$\boldsymbol{R}_{22}=\cos\psi\cos\phi+\sin\psi\sin\theta\sin\phi$$

$$\boldsymbol{R}_{23}=-\cos\psi\sin\phi+\sin\psi\sin\theta\cos\phi$$

欧拉角可以通过以下关系式获得,即

$$\phi=\arctan2(\boldsymbol{R}_{32},\boldsymbol{R}_{33}) \tag{2.5}$$

$$\theta=\arcsin(-\boldsymbol{R}_{31}) \tag{2.6}$$

$$\psi=\arctan2(\boldsymbol{R}_{21},\boldsymbol{R}_{11}) \tag{2.7}$$

函数 arctan2(y,x)计算y/x的反正切值,通过参数的符号来确定该角度的象限。

2.2.5 风坐标系

风坐标系(w - frame)固连于机体,其中x_{w}坐标轴在飞机相对于空气流的速度矢量的方向上。z_{w}轴在机体对称平面内,y_{w}轴位于机体对称平面右侧。在飞机风轴系中,飞机相对于空气的运动产生空气动力和力矩,而这取决于飞机相对于气流的方向。因此,需要用相对于来流的两个定向角来指定空气动力和力矩,即迎角α和侧滑角β。相对于主体坐标风的变换矩阵由下式给出,即

$$R_{\mathrm{WB}}=R_{\mathrm{BW}}^{\mathrm{T}}=\begin{pmatrix}\cos\alpha\cos\beta & \sin\beta & \sin\alpha\cos\beta\\ -\cos\alpha\sin\beta & \cos\beta & -\sin\alpha\sin\beta\\ -\sin\alpha & 0 & \cos\alpha\end{pmatrix} \tag{2.8}$$

注 2.3 在飞行动力学问题中,机身与气流的瞬时相互作用需要引起重视。为了应对风、阵风和湍流的影响,大气可以看作一个添加适当额外条件的独立的地球固连系统。

2.2.6 特殊欧几里得群

刚体变换组形成特殊欧几里得群[37]。飞机的轨迹可以在 3 阶特殊欧几里得群上表示,$\boldsymbol{SE}(3)=\mathbb{R}^3\times SO(3)$,其中包括刚体的位置和方向。

定义 2.1 特殊正交矩阵组 $SO(3)$(Special Orthogonal Matrix Group $SO(3)$):旋转矩阵 $\boldsymbol{R}$ 为正交矩阵,该矩阵生成特殊正交矩阵组 $SO(3)$,定义为

$$SO(3)=\{\boldsymbol{R}\in\mathbb{R}^{3\times3},\boldsymbol{R}\boldsymbol{R}^{\mathrm{T}}=\boldsymbol{R}^{\mathrm{T}}\boldsymbol{R}=\boldsymbol{I}_{3\times3},\det(\boldsymbol{R})=1\} \tag{2.9}$$

对于矩阵 $\boldsymbol{R}\in\mathbb{R}^{3\times3}$,其对称和反对称矩阵为

$$P_{\mathrm{s}}(\boldsymbol{R})=\frac{1}{2}(\boldsymbol{R}+\boldsymbol{R}^{\mathrm{T}}) \tag{2.10}$$

$$P_{\mathrm{a}}(\boldsymbol{R})=\frac{1}{2}(\boldsymbol{R}-\boldsymbol{R}^{\mathrm{T}}) \tag{2.11}$$

可以通过齐次矩阵公式,将方位矩阵和机体坐标系原点相对于惯性坐标系的位置矢量 $\eta_1=(x,y,z)^{\mathrm{T}}$相关联,从而完全定义飞机的状态,即

$$\boldsymbol{A}_M=\begin{pmatrix}\boldsymbol{R}(\eta_2) & \eta_1\\ \boldsymbol{0}_{3\times3} & 1\end{pmatrix} \tag{2.12}$$

定义 2.2 特殊欧几里得群 $\boldsymbol{SE}(3)$(**Special Euclidean Group** $\boldsymbol{SE}(3)$):三维刚体变换的特殊欧几里得群 $\boldsymbol{SE}(3)$定义为

$$\boldsymbol{SE}(3)=\left\{\boldsymbol{A}_M\,|\,\boldsymbol{A}_M=\begin{pmatrix}\boldsymbol{R}(\eta_2) & \eta_1\\ \boldsymbol{0}_{3\times3} & \boldsymbol{1}\end{pmatrix}\boldsymbol{R}\in\boldsymbol{SO}(3)\,\eta_1\in\mathbb{R}^3\right\} \tag{2.13}$$

定理 2.1 集合 $\boldsymbol{SE}(3)$是李群。李群由$(\boldsymbol{R},\boldsymbol{b})$组成,$\boldsymbol{R}$ 为旋转矩阵,$\boldsymbol{b}$ 为向量,o 为二元运算:

$$(\boldsymbol{R}_1,\boldsymbol{b}_1)\,\mathrm{o}\,(\boldsymbol{R}_2,\boldsymbol{b}_2)=(\boldsymbol{R}_1\boldsymbol{R}_2,\boldsymbol{R}_1\boldsymbol{b}_2+\boldsymbol{b}_1) \tag{2.14}$$

其逆矩阵为

$$(\boldsymbol{R},\boldsymbol{b})^{-1}=(\boldsymbol{R}^{-1},-\boldsymbol{R}^{-1}\boldsymbol{b}) \tag{2.15}$$

定义 2.3 李代数(Lie Algebra):$\boldsymbol{SO}(3)$的李代数由 $so(3)$表示,由下式给出,即

$$so(3)=\{\boldsymbol{R}\in\mathbb{R}^{3\times3},\boldsymbol{R}=-\boldsymbol{R}^{\mathrm{T}}\} \tag{2.16}$$

$\boldsymbol{R}$ 为反对称矩阵。

给定曲线 $\boldsymbol{C}(t):[-a,a]\rightarrow \boldsymbol{SE}(3)$，可以通过以下方式将李代数 $\boldsymbol{se}(3)$ 的元素 $S(t)$ 与任意 $A(t)$ 的切向量 $\dot{\boldsymbol{C}}(t)$ 相关联，有

$$S(t)=\boldsymbol{A}_M^{-1}(t)\dot{\boldsymbol{A}}_M(t)\begin{pmatrix}\boldsymbol{Sk}(\Omega) & \boldsymbol{R}^{\mathrm{T}}\dot{\boldsymbol{\eta}}_1\\ 0 & \boldsymbol{0}\end{pmatrix} \tag{2.17}$$

其中，

$$\boldsymbol{Sk}(\Omega)=\boldsymbol{R}^{\mathrm{T}}(t)\dot{\boldsymbol{R}}(t) \tag{2.18}$$

是一个 3 阶斜对称向量，定义为

$$\boldsymbol{Sk}(\Omega)=\boldsymbol{Sk}((p,q,r)^{\mathrm{T}})=\begin{pmatrix}0 & -r & q\\ r & 0 & -p\\ -q & p & 0\end{pmatrix} \tag{2.19}$$

于是，有

$$\forall x,y\in\mathbb{R}^3:\boldsymbol{Sk}(y)x=y\times x \tag{2.20}$$

旋转矩阵的导数可以推导为

$$\dot{\boldsymbol{R}}(t)=\boldsymbol{Sk}(\Omega)\boldsymbol{R}(t) \tag{2.21}$$

非对称或斜对称矩阵 $\boldsymbol{so}(3)$ 的向量空间的特征量由旋转角和旋转轴的参数给出，即

$$\boldsymbol{R}(\theta,U)=\boldsymbol{I}_{3\times3}+\sin\theta\boldsymbol{Sk}(U)+(1-\cos\theta)\boldsymbol{Sk}(U)^2 \tag{2.22}$$

式中：$U\in S^2$ 为旋转轴；$\theta\in[0,\pi]$ 为旋转角[14]。

$\boldsymbol{SE}(3)$ 描述的曲线表示刚体的物理运动。如果 $(V(t),\Omega(t))$ 是对应于 $S(t)$ 的对，则 V 是机体坐标系的原点 O_m 相对于惯性坐标系的线速度，而 Ω 对应刚体的角速度。

2.3 运动模型

运动学不考虑力的作用，通过引入时间建立飞机的运动模型。

2.3.1 平移运动学

有两个关键的参考坐标系，即固连于地面的惯性坐标系（在这种情况下，为北－东－下坐标系）和飞机相对于周围空气运动的空气坐标系。相对空气航

迹角 γ 是速度矢量相对于风的爬升角。类似地，相对空气航向角 χ 是相对于侧向风的航向角。倾斜角 σ 是升力绕速度矢量的旋转角。风定义在惯性空间中，表示大气相对于地面固定惯性坐标系的运动。

运动学方程组的推导涉及 3 个速度概念，即惯性速度、局部速度和风相对速度。飞机的运动方程通常在固连于机体的速度坐标系中描述，而惯性坐标系中的风速及其分量为 $\boldsymbol{W}=\begin{pmatrix} W_{\mathrm{N}} \\ W_{\mathrm{E}} \\ W_{\mathrm{D}} \end{pmatrix}$。

假设在局部坐标系 NED 中描述飞机的位置，单位向量 $\boldsymbol{n}$、$\boldsymbol{e}$、$\boldsymbol{d}$ 分别指向北、东和向下。考虑到风的影响，飞机的运动可以用以下方程表示，即

$$
\begin{aligned}
\dot{x} &= V\cos\chi\cos\gamma + W_{\mathrm{N}} \\
\dot{y} &= V\sin\chi\cos\gamma + W_{\mathrm{E}} \\
\dot{z} &= -V\sin\gamma + W_{\mathrm{D}}
\end{aligned}
\tag{2.23}
$$

飞机的相对速度矢量由空速 V 定义。变量 x、y、z 是飞机的惯性系坐标。通常选择使 xy 平面水平的 x、y 轴方向，其中，x 轴方向沿飞机的主对称轴向前，z 轴方向垂直向下。

2.3.2 六自由度方程

不同速度之间的运动学关系为

$$
\begin{pmatrix} \dot{\eta}_1 \\ \dot{\eta}_2 \end{pmatrix} = \boldsymbol{R}\boldsymbol{V} = \begin{pmatrix} \boldsymbol{R}_{\mathrm{GB}} & 0_{3\times 3} \\ \boldsymbol{0}_{3\times 3} & \boldsymbol{J}(\eta_2) \end{pmatrix} \begin{pmatrix} \boldsymbol{V} \\ \Omega \end{pmatrix}
\tag{2.24}
$$

式中：矩阵 $\boldsymbol{R}_{\mathrm{GB}}$ 已在式(2.4)中定义；矩阵 $\boldsymbol{J}(\boldsymbol{\eta}_2)$ 定义为

$$
\boldsymbol{J}(\eta_2) = \begin{pmatrix} 1 & 0 & -\sin\theta \\ 0 & \cos\phi & \sin\phi\cos\theta \\ 0 & -\sin\phi & \cos\phi\cos\theta \end{pmatrix}^{-1} = \begin{pmatrix} 1 & \sin\phi\tan\theta & \cos\phi\tan\theta \\ 0 & \cos\phi & -\sin\phi \\ 0 & \dfrac{\sin\phi}{\cos\theta} & \dfrac{\cos\phi}{\cos\theta} \end{pmatrix}
\tag{2.25}
$$

线速度 $V=(u,v,w)^{\mathrm{T}}$ 和角速度 $\Omega=(p,q,r)^{\mathrm{T}}$ 都在机体坐标系中表示。矩阵 $\boldsymbol{J}(\boldsymbol{\eta}_2)$ 有一个奇点 $\theta=\pm\dfrac{\pi}{2}$。

注 2.4　欧拉角在运动学上是唯一的，因为欧拉角的时间变化率到角度矢

量的变换不是全局定义的。

固连于机体的角速度矢量 $\boldsymbol{\Omega}=(p,q,r)^{\mathrm{T}}$ 与欧拉角速度 $\dot{\boldsymbol{\eta}}_2=(\dot{\phi},\dot{\theta},\dot{\psi})^{\mathrm{T}}$ 之间的关系可以通过将欧拉率分解到机体参考坐标系来确定,有

$$\begin{cases} p=\dot{\phi}-\dot{\psi}\sin\theta \\ q=\dot{\theta}\cos\phi+\dot{\psi}\sin\phi\cos\theta \\ r=-\dot{\theta}\sin\phi+\dot{\psi}\cos\phi\cos\theta \end{cases} \tag{2.26}$$

2.3.3 特殊欧几里得空间

在特殊的欧几里得空间中,飞机的运动学模型可以表示为

$$\dot{\boldsymbol{R}}=\boldsymbol{R}\boldsymbol{Sk}(\omega)=-\boldsymbol{Sk}(\omega)\boldsymbol{R} \tag{2.27}$$

式中:$\boldsymbol{R}\in \boldsymbol{SO}(3)$为描述机体坐标系相对于惯性坐标系位置的旋转矩阵。该方程称为泊松方程。

2.3.4 曲率和转矩

不考虑风的影响,运动学模型可以由以下等式给出,即

$$\dot{x}=V\cos\chi\cos\gamma \tag{2.28}$$

$$\dot{y}=V\sin\chi\cos\gamma \tag{2.29}$$

$$\dot{z}=-V\sin\gamma \tag{2.30}$$

由此可以推导出两个不完全约束条件[8],即

$$\begin{cases} \dot{x}\sin\chi-\dot{y}\cos\chi=0 \\ (\dot{x}\cos\chi+\dot{y}\sin\chi)\sin\gamma+\dot{z}\cos\gamma=0 \end{cases} \tag{2.31}$$

使用 Frenet - Serret 方程,可推导出曲率 κ[7,79],即

$$\kappa=(\dot{\gamma}^2+\dot{\chi}^2\cos^2\gamma)^{-1/2} \tag{2.32}$$

以及转矩 τ,即

$$\tau=\frac{\dot{\chi}\ddot{\gamma}\cos\gamma+2\dot{\chi}\dot{\gamma}^2\sin\gamma-\dot{\gamma}\ddot{\chi}\cos\gamma}{\dot{\gamma}^2+\dot{\chi}^2\cos^2\gamma}+\frac{-\dot{\gamma}\dot{\chi}^2\cos\chi\cos\gamma\sin^2\gamma\sin\chi+\dot{\chi}^3\sin\gamma\cos^2\gamma}{\dot{\gamma}^2+\dot{\chi}^2\cos^2\gamma} \tag{2.33}$$

注 2.5 当曲线完全笔直或曲率瞬间消失时,Frenet 基本方程是无效的。

2.4 动力学模型

动力学研究力对质量的作用,飞行动力学则利用牛顿和欧拉定律研究三维空间中飞机的运动。牛顿第二定律控制平移运动,欧拉定律控制动态姿态。两者都必须参考惯性参考系,包括线性和角度动量及其时间导数[104]。在经典矢量力学中,刚体的加速度通过机体上指定点的线性加速度和作用于整个机体的角加速度矢量来表示。$\boldsymbol{P}$ 为线性动量矢量,$\boldsymbol{f}$ 为外力矢量,线性动量的时间变化率为

$$[\boldsymbol{f}]_{\mathrm{I}} = \left[\frac{\mathrm{d}\boldsymbol{P}}{\mathrm{d}t}\right]_{\mathrm{I}} \tag{2.34}$$

时间导数相对于惯性参考系 I 确定。如果参考系变为飞机的机体参考系 B,则牛顿定律可以写为

$$\begin{aligned}[\boldsymbol{f}]_{\mathrm{B}} &= \left[\frac{\mathrm{d}\boldsymbol{P}}{\mathrm{d}t}\right]_{\mathrm{B}} + [\Omega]_{\mathrm{B}} \times [\boldsymbol{P}]_{\mathrm{B}} = \left[\frac{\mathrm{d}\boldsymbol{P}}{\mathrm{d}t}\right]_{\mathrm{B}} + [\boldsymbol{Sk}(\Omega)]_{\mathrm{B}}[\boldsymbol{P}]_{\mathrm{B}} = \\ &= \boldsymbol{R}_{\mathrm{BI}}\left[\frac{\mathrm{d}\boldsymbol{P}}{\mathrm{d}t}\right]_{\mathrm{B}} + [\boldsymbol{Sk}(\Omega)]_{\mathrm{B}}[\boldsymbol{P}]_{\mathrm{B}}\end{aligned} \tag{2.35}$$

式中:$\boldsymbol{Sk}(\Omega)$ 为以机体坐标表示的 Ω 的不对称形式;$\boldsymbol{R}_{\mathrm{BI}}$ 为机体坐标相对于惯性坐标的变换矩阵。位置的动力学方程由下式给出,即

$$m\dot{\boldsymbol{V}} + \Omega \times m\boldsymbol{V} = \boldsymbol{F} \tag{2.36}$$

式中:m 为飞机的质量;$\boldsymbol{V}$ 为飞机的线速度。姿态的动力学方程由欧拉方程给出,即

$$\boldsymbol{I}\dot{\Omega} + \Omega \times \boldsymbol{I}\Omega = \boldsymbol{M} \tag{2.37}$$

式中:Ω 为机体相对于惯性参考系的角速度;$\boldsymbol{I}$ 为惯性矩阵;$\boldsymbol{M}$ 为扭矩。若考虑风的影响,飞机重心相对于空气的速度由下式给出,即

$$\boldsymbol{V}_{\mathrm{R}} = \boldsymbol{V}_{\mathrm{B}} - \boldsymbol{R}_{\mathrm{BG}}\begin{pmatrix} W_{\mathrm{N}} \\ W_{\mathrm{E}} \\ W_{\mathrm{D}} \end{pmatrix} \tag{2.38}$$

当该方程引入平地方程时,风分量必须作为输入量,于是在空气动力和力矩的计算中必须使用 $\boldsymbol{V}_{\mathrm{R}}$ 而不是 $\boldsymbol{V}_{\mathrm{B}}$[55,73-74,84]。

作为解析法和风洞测试的替代方法,系统辨识提供了一种建立动态系统模

型和识别其参数的方法[39]。系统辨识是通过分析测量的输入信号和系统的输出状态来确定动态系统数学模型的过程[44]。它使用输入量和状态来建立描述输入信号和系统响应之间关系的模型。当自动驾驶仪开始工作使得自主飞行器完成机动后，记录控制舵面和执行器的信号，还可以记录控制舵面的实际偏转。然后通过各种传感器记录小型自主飞行器的以下状态信息：线性和角加速度、线速度和角速度、位置、气动角度和相对于地球表面的角度[6]。

系统辨识有 6 个主要元素。

(1) 输入信号。

(2) 数据收集。

(3) 模型结构的选择。

(4) 系统辨识方法的选择。

(5) 用系统辨识方法优化模型。

(6) 模型结构和数据测试。

本节引出了对控制、制导和导航意义重大的气动力/力矩、质点模型和六自由度模型。

2.4.1 气动力和力矩

飞机上产生的气动力和力矩取决于飞机的几何形状、气流的姿态、空速以及飞行时所经过的周围气团的特性。空气是一种流体，它的压力、温度、密度、黏度和所飞行高度的声速都是其重要的特性[64]。气动力是用无量纲系数定义的；飞行动压和参考面积的关系为

$$\begin{cases} X = C_x \bar{q} S & \text{轴向力} \\ Y = C_y \bar{q} S & \text{横力} \\ Z = C_z \bar{q} S & \text{法向力} \end{cases} \tag{2.39}$$

式中：$\bar{q}$ 为动压；S 为机翼表面面积；C_x、C_y、C_z为 $x-y-z$ 气动力系数。

气动力矩分量也用无量纲系数表示，其中飞行动压参考面积为 S，特征长度为 ℓ，有

$$\begin{cases} L = C_l \bar{q} S\ell & \text{滚转力矩} \\ M = C_m \bar{q} S\ell & \text{俯仰力矩} \\ N = C_n \bar{q} S\ell & \text{偏航力矩} \end{cases} \tag{2.40}$$

式中：C_l、C_m、C_n 为滚转、俯仰和偏航力矩系数。

对于飞机,参考面积 S 被视为机翼平面面积,特征长度 ℓ 为产生滚转和偏航力矩的翼展和产生俯仰力矩的平均弦长。

空气动力系数 C_x、C_y、C_z、C_l、C_m、C_n主要受马赫数 M、雷诺数 $\Re$、迎角 α 和侧滑角 β 的影响,也受迎角和侧滑角的时间变化率以及飞机角速度的影响。这些系数还受控制面偏转的影响;否则,飞机将不可控。它们还受其他因素的影响,如发动机功率、配置效应(如起落架、副油箱)和地面邻近效应。由于空气动力系数具有复杂的函数依赖性,每个系数的模型为独立的、含有较少变量分函数的模型之和。

飞机需要能够全天候飞行,风的强度是需要考虑的最重要的因素之一。由于作用于飞机上的力仅与相对/局部空气运动有关,飞机在恒定风中的飞行对其空气动力学特性几乎没有影响。此外,风也会影响飞机相对于地面的爬升性能[45]。

将飞机相对大气运动产生的合成气动力分解为沿着风轴的分量。沿着 x 轴的分量称为阻力 D,它与速度相反,并且阻碍飞机的运动。沿着 z 轴(垂直于飞机速度)的分量称为升力 L,升力通常垂直向上,其功能是克服飞机的重力,将飞机维持在空中。沿着 y 轴的第三个分量是当飞机的速度不在对称平面中时,即存在侧滑角[36]时出现的侧向力。

1. 可忽略的侧滑角

升力和阻力可以表示为无量纲阻力系数 C_L、C_D的函数,即

$$\begin{cases} L = \dfrac{1}{2}\rho V^2 S C_L(V,\alpha) \\ D = \dfrac{1}{2}\rho V^2 S C_D(V,\alpha) \end{cases} \tag{2.41}$$

式中:S 为空气动力学参考面积;ρ 为空气的密度。

使用普通近似来估算阻力系数,其中,有效阻力系数 C_D是涡流系数 $C_{D,0}$和升力诱导阻力系数 $C_{D,i}$的和。诱导阻力是升力系数 C_L、展弦比 A_R和效率因子 e 的函数,有

$$C_D(V,\alpha) = C_{D,0} + C_{D,i} = C_{D,0} + \frac{C_L^2}{\pi A_R e} = C_{D,0} + KC_L^2 \tag{2.42}$$

密度 ρ 由下面的关系式给出(单位为 $\mathrm{kg/m^3}$),即

$$\rho = \frac{P}{RT} \tag{2.43}$$

马赫数为

$$M = \frac{V}{a} \tag{2.44}$$

为速度与声速的比值，声速表示为 $a = \sqrt{\gamma_{\mathrm{air}} RT}$ ($\mathrm{m/s^2}$)；R 为气体常数；$\gamma_{\mathrm{air}} = 1.4$，空气的热容比；$T$ 为空气的温度。动压由下式给出，即

$$\bar{q} = \frac{\rho}{2} V^2 \tag{2.45}$$

用过载代替升力系数，阻力 D 可以表示为

$$D = \frac{1}{2} \rho VSC_{D_0} + 2K \frac{L^2}{\rho V^2 S} \tag{2.46}$$

作用在飞机上的空气动力和力矩可以通过乘以无量纲系数[24]表示为无量纲力和力矩，于是力和力矩由下式给出，即

$$\begin{pmatrix} X \\ Y \\ Z \end{pmatrix} = \bar{q} S \begin{pmatrix} \cos\alpha & 0 & -\sin\alpha \\ 0 & 1 & 0 \\ \sin\alpha & 0 & \cos\alpha \end{pmatrix} \begin{pmatrix} -C_D \\ C_Y \\ C_L \end{pmatrix} \tag{2.47}$$

$$\begin{pmatrix} L \\ M \\ N \end{pmatrix} = \bar{q} S \begin{pmatrix} b_{\mathrm{ref}} C_l \\ C_{\mathrm{ref}} C_m \\ b_{\mathrm{ref}} C_n \end{pmatrix} \tag{2.48}$$

式中：C_L、C_Y、C_D分别为升力、侧向力和阻力系数；b_{ref}为翼展；C_{ref}为平均气动力弦。无量纲力系数 C_L、C_Y、C_D和力矩系数 C_l、C_m、C_n是控制输入和飞机状态的函数。

空气动力效率为升力和阻力的比值，即

$$E = \frac{L}{D} = \frac{C_L}{C_D} \tag{2.49}$$

当 α 增加时，升力和阻力通常随之增加。

2. 不可忽略的侧滑角

飞机的有效迎角 α_e和侧滑角 β_e包含风的分量。可以将飞机升力 L、阻力 D 和侧向力 C 定义为以上角度的函数，即

$$\begin{cases} L = \bar{q} SC_L(\alpha_e, \beta_e) \\ D = \bar{q} SC_D(\alpha_e, \beta_e) \\ C = \bar{q} SC_C(\alpha_e, \beta_e) \end{cases} \tag{2.50}$$

式中,气动力系数 C_L、C_D、C_C是风坐标系和飞机机体坐标系中的气动力分量的转换系数,由下式给出,即

$$\begin{pmatrix} D' \\ C' \\ L' \end{pmatrix} = R \begin{pmatrix} D \\ C \\ L \end{pmatrix} \tag{2.51}$$

式中:$\boldsymbol{R} = \boldsymbol{R}_1 \boldsymbol{R}_2$

$$\boldsymbol{R}_1 = \begin{pmatrix} \cos\alpha\cos\beta & \sin\beta & \sin\alpha\cos\beta \\ -\cos\alpha\sin\beta & \cos\beta & -\sin\alpha\sin\beta \\ -\sin\alpha & 0 & \cos\alpha \end{pmatrix} \tag{2.52}$$

$$\boldsymbol{R}_2 = \begin{pmatrix} \cos\alpha_e\cos\beta_e & -\cos\alpha_e\sin\beta_e & -\sin\alpha_e \\ \sin\beta_e & \cos\beta_e & 0 \\ \sin\alpha_e\cos\beta_e & -\sin\alpha_e\sin\beta_e & \cos\alpha_e \end{pmatrix} \tag{2.53}$$

同时,

$$\bar{q} = \frac{\rho}{2}V^2 \tag{2.54}$$

$$\begin{cases} C_L = C_x\sin\alpha - C_z\cos\alpha \\ C_D = -C_x\cos\alpha\cos\beta - C_y\sin\beta - C_z\sin\alpha\cos\beta \\ C_C = C_x\cos\alpha\sin\beta - C_y\cos\beta + C_z\sin\alpha\sin\beta \end{cases} \tag{2.55}$$

机身及其控制装置的空气动力学对飞机的稳定性和控制特性有着至关重要的作用。通常将空气动力学以空气动力学稳定性和控制导数的形式结合在运动方程中。飞行动力学的一个重要研究方向是将气动导数定义为一般含空气动力学参数的函数。

2.4.2 平移动力学:协同飞行

在飞机导航系统的研究中,通常采用质点模型。在质点模型中,装有自动驾驶仪的姿态控制系统通过自动驾驶仪,以理想状态快速控制姿态。因此,在许多情况下,飞机可以由质点近似,并且仅考虑其平移运动。

注 2.6 在测定长距离导航的最佳飞行航迹时,应采用完整运动平移方程。

在协同飞行中,飞行方向被限制在侧力为零的对称平面内。为了实现协同飞行并实现最大空气动力学效率,飞机需要精确的姿态控制。在没有侧向力的情况下,使飞机在协同飞行中水平转动的唯一方式是使机翼倾斜,即倾斜机体对称面,使得其与机体垂直平面形成角度 σ,称为倾斜角。倾斜角是飞机升力和重

力向量之间的夹角。重力是由于地心引力产生的力,并且指向地球的质心。在本节中,由于智能飞行器相对于飞行路径尺寸较小,可假定地球为平坦地球模型。本节使用的动态模型是空气动力质点模型,施加于机体的力为空气动力(可分解成升力 L 和阻力 D)、推力和重力。空气动力是飞机相对于周围空气的运动并考虑飞机的物理性质(形状、尺寸和表面特性)的函数。升力定义为垂直作用于空气相对速度矢量的气动力分量。机体的作用力不考虑侧滑的影响。阻力方向与运动方向相反[104]。

$$m\boldsymbol{R}^{\mathrm{E}}\boldsymbol{V}_{\mathrm{B}}^{\mathrm{E}}=f_{\mathrm{a,p}}+mg \tag{2.56}$$

式中:$f_{\mathrm{a,p}}$为空气动力和推进力的总和。对于大地惯性参考系 E 采用旋转时间导数,可以通过欧拉变换,将其改变为速度坐标系 V。角速度由$\begin{pmatrix}-\dot{\chi}\sin\gamma\\ \dot{\gamma}\\ \dot{\chi}\cos\gamma\end{pmatrix}$给出,可得

$$\boldsymbol{R}^{\mathrm{V}}\boldsymbol{V}_{\mathrm{B}}^{\mathrm{E}}+\boldsymbol{\Omega}^{\mathrm{V_E}}[\boldsymbol{V}_{\mathrm{B}}^{\mathrm{E}}]^{\mathrm{E}}=\frac{f_{a,p}}{m}+[\boldsymbol{g}]^{\mathrm{V}} \tag{2.57}$$

相对于惯性参考系的空气变换表示为 R_{AI},由标准旋转变换矩阵 $\boldsymbol{R}_x$、$\boldsymbol{R}_y$、$\boldsymbol{R}_z$ 表示,即

$$\boldsymbol{R}_{\mathrm{AI}}=\boldsymbol{R}_z(\chi)\boldsymbol{R}_y(\gamma)R_x(\sigma) \tag{2.58}$$

空气相对速度可以用空速 V、航向角和航迹角来表示,即

$$\boldsymbol{V}_{\mathrm{a}}=\boldsymbol{R}_{\mathrm{AI}}\begin{pmatrix}V\\0\\0\end{pmatrix}=\begin{pmatrix}V\cos\gamma\cos\chi\\V\cos\gamma\sin\chi\\-V\sin\gamma\end{pmatrix} \tag{2.59}$$

重力由下式表示,即

$$f_{\mathrm{g}}=\begin{pmatrix}\cos\gamma\cos\chi & \cos\gamma\sin\chi & -\sin\gamma\\ -\sin\chi & \cos\chi & 0\\ \sin\gamma\cos\chi & \sin\gamma\sin\chi & \cos\gamma\end{pmatrix}\begin{pmatrix}0\\0\\mg\end{pmatrix} \tag{2.60}$$

气动力 f_{a} 和推力 f_{p} 在机体坐标系中给出,即

$$f_{\mathrm{ap}}=f_{\mathrm{a}}+f_{\mathrm{p}}=\begin{pmatrix}T\cos\alpha-D\\(T\sin\alpha+L)\sin\sigma\\(T\sin\alpha+L)\cos\sigma\end{pmatrix} \tag{2.61}$$

式中：T 为推力；D 为阻力；L 为升力；m 是飞机质量；g 为重力加速度；α 为迎角。

推力取决于高度 z 和油门设定值 η，通过已知关系 $T=T(z,V,\eta)$ 得出。此外，假设阻力是速度、高度和升力的函数，即 $D=D(z,V,L)$。若飞机平飞，并且保持稳定飞行，则阻力的任何不确定性对飞机动力学的影响最大[103]。

如果不考虑风的影响，力可以写成

$$F_x = m\dot{V} = T\cos\alpha - D - mg\sin\gamma \tag{2.62}$$

$$F_y = mV\cos\gamma\dot{\chi} = (L + T\sin\alpha)\sin\sigma \tag{2.63}$$

$$F_z = mV\dot{\gamma} = (L + T\sin\alpha)\cos\sigma - mg\cos\gamma \tag{2.64}$$

考虑风时，考虑仅包含与控制外环设计有关的状态变量的动态模型，即

$$\dot{V} = -g\sin\gamma + \frac{1}{m}(T\cos\alpha - D) - (\dot{W}_{\mathrm{N}}\cos\gamma\cos\chi + \dot{W}_{\mathrm{E}}\cos\gamma\sin\chi - \dot{W}_{\mathrm{D}}\sin\gamma) \tag{2.65}$$

$$\dot{\chi} = \frac{L + T\sin\alpha}{mV\cos\gamma}(\sin\sigma) + \left(\frac{\dot{W}_{\mathrm{N}}\sin\chi + \dot{W}_{\mathrm{E}}\cos\chi}{V\cos\gamma}\right) \tag{2.66}$$

$$\dot{\gamma} = \frac{T\sin\alpha + L}{mV}\cos\sigma - \frac{g}{V}\cos\gamma - \frac{1}{V}(\dot{W}_{\mathrm{N}}\sin\gamma\cos\chi + \dot{W}_{\mathrm{E}}\sin\gamma\sin\chi + \dot{W}_{\mathrm{D}}\cos\gamma) \tag{2.67}$$

该质点模型采用迎角 α、倾斜角 σ 和推力 T 这 3 个控制变量。飞机进行转弯运动时，假设侧滑角 β 被控制为 0。若迎角小，则风可忽略，可简化为标准公式，即

$$\dot{V} = \frac{T - D}{m} - g\sin\gamma \tag{2.68}$$

$$\dot{\chi} = g\frac{n_z\sin\phi}{V\cos\gamma} \tag{2.69}$$

$$\dot{\gamma} = \frac{g}{V}(n_z\cos\phi - \cos\gamma) \tag{2.70}$$

式中：n_z 为过载。

定义 2.4 过载（Load Factor）：飞机过载 n_z 定义为升力 L 与重力 W 的比值。

联立微分方程式（2.23），并将方程组（2.41）～（2.46）代入 V、χ、γ 的动力学方程，假设迎角和风可忽略不计，飞机的运动模型可由下式给出，即

$$\ddot{x} = \frac{T}{m}\cos\gamma\cos\chi - \frac{D}{m}\cos\gamma\cos\chi - \frac{L}{m}(\sin\sigma\sin\chi + \cos\sigma\sin\gamma\cos\chi) \tag{2.71}$$

$$\ddot{y} = \frac{T-D}{m}\cos\gamma\sin\chi + \frac{L}{m}(\sin\sigma\cos\chi + \cos\sigma\sin\gamma\sin\chi) \tag{2.72}$$

$$\ddot{z} = g - \frac{T-D}{m}\sin\gamma - \frac{L}{m}\cos\gamma\cos\sigma \tag{2.73}$$

注 2.7 在协同飞行中,风的强度或方向的变化表现为迎角和侧滑角的变化,并导致空气动力的变化。地面轨迹受恒定风的影响。在无风情况下,飞机的基诺动力方程可以表示为

$$\dot{x} = V\cos\chi\cos\gamma \tag{2.74}$$

$$\dot{y} = V\sin\chi\cos\gamma \tag{2.75}$$

$$\dot{z} = -V\sin\gamma \tag{2.76}$$

$$\dot{V} = -g\sin\gamma + \frac{1}{m}(T\cos\alpha - D) \tag{2.77}$$

$$\dot{\chi} = \frac{L + T\sin\alpha}{mV\cos\gamma}(\sin\sigma) \tag{2.78}$$

$$\dot{\gamma} = \frac{T\sin\alpha + L}{mV}\cos\sigma - \frac{g}{V}\cos\gamma \tag{2.79}$$

等价于

$$x' = \frac{dx}{ds} = \cos\chi\cos\gamma \tag{2.80}$$

$$y' = \frac{dy}{ds} = \sin\chi\cos\gamma \tag{2.81}$$

$$z' = \frac{dz}{ds} = -\sin\gamma \tag{2.82}$$

$$V' = \frac{dV}{ds} = -\frac{1}{V}g\sin\gamma + \frac{1}{mV}(T\cos\alpha - D) \tag{2.83}$$

$$\chi' = \frac{d\chi}{ds} = \frac{L + T\sin\alpha}{mV^2\cos\gamma}(\sin\sigma) \tag{2.84}$$

$$\gamma' = \frac{d\gamma}{ds} = \frac{T\sin\alpha + L}{mV^2}\cos\sigma - \frac{g}{V^2}\cos\gamma \tag{2.85}$$

式中:$dt = \frac{ds}{V}$, $ds = \sqrt{dx^2 + dy^2 + dz^2}$,

$$\psi = \arctan\left(\frac{dy}{dx}\right) = \arctan\left(\frac{y'}{x'}\right) \tag{2.86}$$

$$\gamma = \arctan\left(\frac{\mathrm{d}z}{\sqrt{\mathrm{d}x^2 + \mathrm{d}y^2}}\right) = \arctan\left(\frac{x'}{\sqrt{x'^2 + y'^2}}\right) \tag{2.87}$$

也可以表示为

$$\psi' = \frac{1}{1 + \left(\frac{y'}{x'}\right)^2} \frac{y''x' - y'x''}{x'^2} = \frac{y''x' - y'x''}{x'^2 + y'^2} \tag{2.88}$$

$$\gamma' = \frac{z''x'^2 + z''y'^2 - z'x''x' - z'y''y'}{\sqrt{x'^2 + y'^2}} \tag{2.89}$$

$$t^*(s) = \int_{s_0}^{s} \mathrm{d}t = \int_{s_0}^{s} \frac{\mathrm{d}s}{V^*(s)} \quad s_0 \leqslant s \leqslant s_{\mathrm{f}} \tag{2.90}$$

$$\phi^*(s) = -\arctan\left(\frac{\cos\gamma(s)\psi'(s)}{\gamma'(s) + g\frac{\cos\gamma(s)}{V^{*2}(s)}}\right) \tag{2.91}$$

飞机机动性受失速速度、最小可控速度、发动机、结构[73-74]等的限制。物理限制指的是最大升力受最大升力系数 $C_{L,\max}$ 和过载约束($n_{\min}, n_{\max}$)的限制,有

$$|C_L| \leqslant C_{L,\max} \quad n_{\min} \leqslant n_z \leqslant n_{\max} \tag{2.92}$$

速度不能过小以防止失速,有

$$0 < V_{\mathrm{stall}} \leqslant V \leqslant V_{\max} \tag{2.93}$$

为了防止失速,并确保飞行航迹保持在物理限制内,航迹角速率不能过大,有

$$|\dot{\gamma}| \leqslant \dot{\gamma}_{\max} \tag{2.94}$$

1. 定高飞行飞机

为了保持飞机水平飞行或定高飞行,飞机产生的升力必须等于飞机的重力。对于给定的高度和空速,使得升力系数需为

$$C_L = 2\frac{mg}{\rho V^2 S} \tag{2.95}$$

水平飞行的阻力为

$$D = C_{D_0}\frac{\rho V^2 S}{2} + 2\frac{(mg)^2}{\pi A \rho V^2 S} \tag{2.96}$$

式中:A 为展弦比。

定高飞行的飞机模型可表示为

$$
\begin{cases}
\dot{x} = V\cos\chi \\
\dot{y} = V\sin\chi \\
\dot{V} = U_1 - aV^2 - \dfrac{b}{V^2}\sin\chi \\
\dot{\chi} = U_2
\end{cases}
\tag{2.97}
$$

对其求导,可以获得以下关系,即

$$
\ddot{x} = U_1\cos(\arctan2(\dot{x},\dot{y})) - \left(a(\dot{x}^2 + \dot{y}^2) + \frac{b}{\dot{x}^2 + \dot{y}^2}\right)
$$

$$
\cos(\arctan2(\dot{x},\dot{y})) - \dot{y}\,U_2 \tag{2.98}
$$

$$
\ddot{y} = \left(U_1 - a(\dot{x}^2 + \dot{y}^2) - \frac{b}{\dot{x}^2 + \dot{y}^2}\right)\sin(\arctan2(\dot{x},\dot{y})) + \dot{x}\,U_2 \tag{2.99}
$$

2. 垂直飞行飞机

三自由度的质点模型常被用于描述飞机运动,用于轨迹预测[91]。以下方程组描述的是飞机质心的运动。当飞机的推力平行于飞机气动速度时,飞机在垂直平面中对称飞行的运动方程为

$$
\begin{cases}
\dot{x} = V\cos\gamma \\
\dot{z} = -V\sin\gamma \\
m\dot{V} = T - D(V,z,L) - mg\sin\gamma \\
mV\dot{\gamma} = L - mg\cos\gamma
\end{cases}
\tag{2.100}
$$

式中:V 为气动速度;γ 为航迹角;m 为飞机质量;x、z 分别为水平距离和高度;g 为重力加速度;T、L、D 分别为推力、升力和气动阻力;控制变量为 T 和 L。

2.4.3 平移动力学:非协同飞行

以下研究中所有坐标的原点均为飞机的质心。

$$
\begin{cases}
\dot{x} = V\cos\chi\cos\gamma + W_{\mathrm{N}} \\
\dot{y} = V\sin\chi\cos\gamma + W_{\mathrm{E}} \\
\dot{z} = -V\sin\gamma + W_{\mathrm{D}}
\end{cases}
\tag{2.101}
$$

在这种研究方法中,假定侧滑角可忽略。在这一质点模型中,控制输入量取为 T、α、β、σ,飞机的运动方程为[43]

$$\dot{V} = -g\sin\gamma + \frac{1}{m}(T\cos\alpha\cos\beta - D') +$$

$$-(\dot{W}_{\mathrm{N}}\cos\gamma\cos\chi + \dot{W}_{\mathrm{E}}\cos\gamma\sin\chi - \dot{W}_{\mathrm{D}}\sin\gamma) \tag{2.102}$$

$$\dot{\chi} = \frac{1}{mV\cos\gamma}(T(\sin\alpha\sin\sigma - \cos\sigma\cos\alpha\sin\beta) + L'\sin\sigma - C'\cos\sigma) +$$

$$\frac{1}{V\cos\gamma}(\dot{W}_{\mathrm{N}}\sin\chi - \dot{W}_{\mathrm{E}}\cos\chi) \tag{2.103}$$

$$\dot{\gamma} = \frac{1}{mV}(T(\sin\alpha\cos\sigma + \sin\alpha\cos\alpha\sin\beta) + (L'\cos\sigma + C'\sin\sigma)) - \frac{1}{V}g\cos\gamma +$$

$$-\frac{1}{V}(\dot{W}_{\mathrm{N}}\sin\gamma\cos\chi + \dot{W}_{\mathrm{E}}\sin\gamma\sin\chi + \dot{W}_{\mathrm{D}}\cos\gamma) \tag{2.104}$$

飞机的有效迎角、有效侧滑角、相对速度及其3个分量和动压为

$$\alpha_{\mathrm{e}} = \arctan\left(\frac{V\sin\alpha\cos\beta - W_{\mathrm{D}}}{V\cos\alpha\cos\beta - W_{\mathrm{N}}}\right) \tag{2.105}$$

$$\beta_{\mathrm{e}} = \arcsin\left(\frac{V\sin\beta - W_{\mathrm{E}}}{V_{\mathrm{a}}}\right) \tag{2.106}$$

$$\begin{aligned} V_{\mathrm{ax}} &= V\cos\alpha\cos\beta - W_{\mathrm{N}} \\ V_{\mathrm{ay}} &= V\sin\beta - W_{\mathrm{E}} \\ V_{\mathrm{az}} &= V\sin\alpha\cos\beta - W_{\mathrm{D}} \\ V &= \sqrt{V_{\mathrm{ax}}^2 + V_{\mathrm{ay}}^2 + V_{\mathrm{az}}^2} \end{aligned} \tag{2.107}$$

$$\bar{q} = \frac{1}{2}\rho V^2 \tag{2.108}$$

$$\begin{aligned} C_L &= C_x\sin\alpha - C_z\cos\alpha \\ C_D &= -C_x\cos\alpha\cos\beta - C_y\sin\beta - C_z\sin\alpha\cos\beta \\ C_C &= C_x\cos\alpha\sin\beta - C_y\cos\beta + C_z\sin\alpha\sin\beta \end{aligned} \tag{2.109}$$

式中：C_x、C_y、C_z为 x、y、z 轴方向上的气动系数。

注2.8 该模型采用迎角、侧滑角、倾斜角和推力作为4个控制变量，并且可以引入风和主动侧滑角进行精确控制。

2.4.4 六自由度动力学

固定翼飞机在平坦、非旋转地球上的非线性运动方程也可以通过12个状态方程来建立模型。固定翼飞机的动态建模通常涉及建立流体/稳定坐标系（其

坐标是迎角 α 和侧滑角 β)[82]。在稳定坐标系中,可以计算气动系数,并且可以相对于机体坐标系确定气动力(升力、阻力和侧向力)和气动力矩(俯仰、滚转和偏航)。刚体模型的运动方程在许多教科书中已有所介绍[4,82,104]。

1. 一般运动方程

平移运动可以表示为

$$\begin{pmatrix} \dot{x} \\ \dot{y} \\ \dot{z} \end{pmatrix} = \boldsymbol{R}_{\mathrm{BG}} \begin{pmatrix} u \\ v \\ w \end{pmatrix} \tag{2.110}$$

$$\dot{u} = rv - qw - g\sin\theta + \frac{\bar{q}S}{m}C_x + \frac{X_T}{m} \tag{2.111}$$

$$\dot{v} = pw - ru + g\cos\theta\sin\phi + \frac{\bar{q}S}{m}C_y + \frac{Y_T}{m} \tag{2.112}$$

$$\dot{w} = qu - pv + g\cos\theta\cos\phi + \frac{\bar{q}S}{m}C_z + \frac{Z_T}{m} \tag{2.113}$$

式中,u、v、w 为飞机的 3 个速度分量;C_x、C_y、C_z 为飞机机体轴线 x_{b}、y_{b}、z_{b} 方向的气动系数;S 为机翼面积;$\bar{q}$ 为动压,矩阵 $\boldsymbol{R}_{\mathrm{BG}}$ 由式(2.4)给出。

旋转动力学模型可表示为

$$\boldsymbol{I}\dot{\boldsymbol{\Omega}} = \boldsymbol{I\Omega} \times \boldsymbol{\Omega} + \boldsymbol{M} \tag{2.114}$$

式中:$\boldsymbol{M}$ 为力矩,如由重力引起的力矩、气动力矩、推力和控制力矩、气流干扰力矩等。动态方程可写为另一种形式,即

$$\dot{\boldsymbol{V}}_{\mathrm{B}} = -\boldsymbol{Sk}(\boldsymbol{\Omega})\boldsymbol{V}_{\mathrm{B}} + \boldsymbol{R}_{\mathrm{BE}}g_0 + \frac{\boldsymbol{F}_{\mathrm{B}}}{m} \tag{2.115}$$

$$\dot{\boldsymbol{\Omega}} = -\boldsymbol{I}^{-1}\boldsymbol{Sk}(\boldsymbol{\Omega})\boldsymbol{I\Omega} + \boldsymbol{I}^{-1}\boldsymbol{T}_{\mathrm{B}} \tag{2.116}$$

式中:$\boldsymbol{F}_{\mathrm{B}}$和 $\boldsymbol{T}_{\mathrm{B}}$分别为作用于飞机重心的力和扭矩。

旋转方程为

$$\dot{p} = \frac{I_{xz}(I_x - I_y + I_z)}{I_x I_z - I_{xz}^2}pq - \frac{I_z(I_z - I_y) + I_{xz}^2}{I_x I_z - I_{xz}^2}qr + \frac{\bar{q}Sb}{I_x}C_l \tag{2.117}$$

$$\dot{q} = \frac{(I_z - I_x)}{I_y}pr + \frac{I_{xz}}{I_y}(r^2 - p^2) + \frac{\bar{q}S\bar{c}}{I_y}C_m \tag{2.118}$$

$$\dot{r} = \frac{(I_x - I_y)I_x + I_{xz}^2}{I_x I_z - I_{xz}^2} pq - I_{xz}\frac{I_x - I_y + I_z}{I_x I_z - I_{xz}^2} qr + \frac{\bar{q}Sb}{I_z}C_n \tag{2.119}$$

$$\dot{\phi} = p + (q\sin\phi + r\cos\phi)\tan\theta \tag{2.120}$$

$$\dot{\theta} = q\cos\phi - r\sin\phi \tag{2.121}$$

$$\dot{\psi} = \frac{1}{\cos\theta}(q\sin\phi + r\cos\phi) \tag{2.122}$$

式中：I_x、I_y、I_z、I_{xz}为飞机惯性矩阵的分量；b 为翼展气动弦；C_l、C_m、C_n分别是滚转、俯仰和偏航气动力矩系数。

注 2.9 参数不确定性包括调整飞机的参数以及缩放非维度系数。

2. 庞加莱方程

在欧拉角中，模型也可以用庞加莱方程的形式生成，即

$$\begin{cases} \dot{\boldsymbol{Q}} = \boldsymbol{V}(\boldsymbol{Q})\boldsymbol{P} \\ \boldsymbol{M}(\boldsymbol{Q})\dot{\boldsymbol{P}} + \boldsymbol{C}(\boldsymbol{Q},\boldsymbol{P})\boldsymbol{P} + \boldsymbol{F}(\boldsymbol{P},\boldsymbol{Q},\boldsymbol{U}) = 0 \end{cases} \tag{2.123}$$

式中：$\boldsymbol{Q} = (\phi,\theta,\psi,x,y,z)^{\mathrm{T}}$为广义坐标向量；$\boldsymbol{P} = (p,q,r,u,v,w)^{\mathrm{T}}$为速度向量。公式中运动矩阵 $\boldsymbol{V}$、惯性矩阵 $\boldsymbol{M}(\boldsymbol{Q})$ 和陀螺矩阵 $\boldsymbol{C}$[47] 为关键参数。力函数 $\boldsymbol{F}(\boldsymbol{P},\boldsymbol{Q},\boldsymbol{U})$包括所有空气动力、发动机推力和重力及其产生的力矩。发动机推力和空气动力取决于控制输入 $\boldsymbol{U}$。将运动学和动力学结合可得到状态方程为

$$\dot{\boldsymbol{X}} = \boldsymbol{f}(\boldsymbol{X},\boldsymbol{U},\boldsymbol{\mu}) \tag{2.124}$$

式中：状态方程 $\boldsymbol{X} = (\phi,\theta,\psi,x,y,z,p,q,r,u,v,w)^{\mathrm{T}}$；控制输入 $\boldsymbol{U} = (T,\delta_e,\delta_a,\delta_r)^{\mathrm{T}}$；参数$\boldsymbol{\mu} \in \mathbb{R}^k$为区分飞机参数的特征向量。多变量正交函数建模可以应用于风洞数据库，以识别可用于多种飞机的通用全局空气动力学模型结构。成熟的通用模型结构必须满足几个实用性要求。由于其应该适用于每架飞机的大部分飞行包线，故其应具有全局性。该方法还应该以能够基本理解功能依赖性的方式来制定[32]。

3. 纵向模型

纵向模型适用于从性能分析到自动控制系统设计的各种场景[82]。纵向变量为 $\boldsymbol{X}_{\mathrm{long}} = (x,z,u,w,\theta,q)^{\mathrm{T}}$。刚性飞机的纵向动力学模型可以通过将运动限制到纵向变量后，从六自由度模型导出。当载入飞行航迹坐标时，纵向模型采用以下形式，即

$$\dot{x} = V\cos\gamma \tag{2.125}$$

$$\dot{z} = -V\sin\gamma \tag{2.126}$$

$$\dot{\theta} = q \tag{2.127}$$

$$\dot{V} = \frac{1}{m}(T\cos\alpha - D - mg_D\sin\gamma) \tag{2.128}$$

$$\dot{\gamma} = \frac{1}{mV}(T\sin\alpha + L - mg_D\cos\gamma) \tag{2.129}$$

$$\alpha = \theta - \gamma \tag{2.130}$$

$$\dot{q} = \frac{M}{I_y} \tag{2.131}$$

$$M = \frac{1}{2}\rho V^2 S_c C_M + \frac{1}{2}\rho V^2 S_c C_z \tag{2.132}$$

作为纵向模型的替代形式,常使用飞行航迹角代替俯仰姿态作为状态变量,即

$$m\dot{V}_T = F_T\cos(\alpha + \alpha_T) - D - mg_D\sin\gamma \tag{2.133}$$

$$m\dot{\gamma}V_T = F_T\sin(\alpha + \alpha_T) + L - mg_D\cos\gamma \tag{2.134}$$

$$\dot{\alpha} = q - \dot{\gamma} \tag{2.135}$$

$$\dot{q} = \frac{m}{I_y} \tag{2.136}$$

变量 V_T、α、β 描述相对风的大小和方向。推力向量位于 $x_b - z_b$ 平面中,但相对机身参考线倾斜 α_T,使得正值角度 α_T对应于 z_b轴反向的推力分量。在过载坐标系中,由此产生的气动力的两个分量分别为升力和阻力,即

$$\boldsymbol{f}_a = \bar{q}S(-C_D \quad 0 \quad -C_L)^{\mathrm{T}} \tag{2.137}$$

4. 侧向模型

侧向变量为 $\boldsymbol{X}_{\mathrm{lat}} = (y, v, \phi, \psi, r)^{\mathrm{T}}$。侧向方程为

$$\dot{y} = u_N\sin\psi + v\cos\phi\cos\psi \tag{2.138}$$

$$\dot{\psi} = r\cos\phi \tag{2.139}$$

$$\dot{\phi} = p \tag{2.140}$$

$$\dot{v} = \frac{Y_b}{m} + g\sin\phi - ru_N \tag{2.141}$$

$$\dot{p} = \frac{I_{zz}L + I_{xz}N}{I_{xx}I_{zz} - I_{xz}^2} \tag{2.142}$$

$$\dot{r} = \frac{I_{xz}L + I_{xx}N}{I_{xx}I_{zz} - I_{xz}^2} \tag{2.143}$$

2.4.5 不确定性

飞机必须处理典型的不确定性[101],包括以下几种。

(1) 飞机动力学的不确定性和指令跟踪中的精度限制。

(2) 环境的不确定性(对于固定或移动障碍物,需考虑防碰撞问题)。

(3) 飞行环境(风、大气湍流)的干扰。

(4) 模型参数的不确定性。

由于时间变化、非线性、干扰、测量噪声、条件恶化、环境的不确定性在建立数学模型时产生的近似,最终引入了这些不确定性,使得系统复杂性存在未知的增加。复杂的飞机效应是另一不确定性,如飞机结构及其产生的振动。

产生不确定性的方式有多种。结构不确定性是由系统动力学的不精确造成的,而输入不确定性与外部信号相关,如使飞机偏离其预定动作的外部干扰。目前已经运用多种方法来构造不确定性集合。其中一些方法是基于与数据相符的参数集合上限的推导,是确定性的;而其他方法允许用户根据风险测度进行选择[29]。

(1) 当在描述结构性和概率性的不确定性时,可以使用平均法。当不确定性与干扰信号相关时,通常采用此方法。平均法也可用于结构不确定性。

(2) 当不确定性水平较高时,最坏情况方法是一种合适的设计方法,能确保在所有不确定性情况下仍能满足性能要求。但对于其他问题,由于不确定性要大得多,该方法变得过于保守。

(3) 调制鲁棒性方法使用概率来量化达到某个性能要求的概率,可应用于飞行控制。评估实现某种性能的概率方法之一,是随机化样本和确定样本数量界限。该方法可量化实现某项性能的概率,可以用于解决概率化的可行性问题。

不确定性评估有以下 3 个步骤。

(1) 利用置信水平的不确定性百分比进行不确定性表征。

(2) 基于误差传播技术的不确定性分析。

(3) 基于二分迭代搜索算法的灵敏度分析。

将动力系统的参数不确定性表示为向量 $\boldsymbol{q}$,其中的每个元素表示不确定参数的基准值。主要有以下 3 种类型的不确定性。

盒形,即

$$q_{i_{\min}} \leqslant q_i \leqslant q_{i_{\max}} \tag{2.144}$$

球形，即

$$\| q_i \|_2 \leqslant r \tag{2.145}$$

菱形，即

$$\| q_i \|_\infty \leqslant r \tag{2.146}$$

通常，定义不确定性为连接集。

定义信号的不同范数如下。

H_1 范数，有

$$\| u \|_1 = \int_0^{+\infty} |u(t)| \mathrm{d}t \tag{2.147}$$

H_2范数，即

$$\| u \|_2 = \sqrt{\int_0^{+\infty} u\ (t)^2 \mathrm{d}t} \tag{2.148}$$

H_∞ 范数，即

$$\| u \|_\infty = \sup_t \geqslant o |u(t)| \mathrm{d}t \tag{2.149}$$

不确定性可以通过多种方式处理。

（1）生成概率图形模型描述了如何通过经典分布函数得到数据。对于具体问题，可以考虑利用度量学习技术生成模型。

（2）判别模型不去尝试生成建模数据，其重点在于学习如何在属于不同类别或级别的数据之间判别，以基于有限样本训练集识别动作。

（3）非精确概率模型假设数据是概率性的，但不足以估计精确的概率分布。

主要有 3 种方法来处理不确定性，即贝叶斯概率、模式匹配和问题牵引等处理不确定性[51,71]。不确定性是物理世界中存在的重要属性：环境是随机的和不可预测的，物理传感器仅能提供有限的噪声信号和不准确的信息，物理执行器产生有限、带有噪声和不准确的动作，并且模型通常会被简化。

如果认为飞机的位置是概率密度函数，则 3D 高斯概率密度函数为

$$\Pr(\boldsymbol{X}) = \frac{1}{2\pi\ \sqrt{\det \boldsymbol{P}}} \exp\left(-\frac{1}{2}(\boldsymbol{X}-\mu_X)^{\mathrm{T}} \boldsymbol{P}^{-1} (\boldsymbol{X}-\mu_X) \right) \tag{2.150}$$

式中：$\mu_X \in \mathbb{R}^3$ 为 $\boldsymbol{X}$ 的平均值；$\boldsymbol{P} \in \mathbb{R}^{3\times 3}$ 为协方差矩阵。这种椭圆体表示位置不确定性，椭圆对应于位置的不确定性，以椭球体的体积度量总不确定度。因为飞机模型是复杂的机翼机体结构，可以将不确定性建模的重点放在用于空气动力学

模型的不确定性建模上。运动的一般气动弹性方程可写为[98]

$$\boldsymbol{M}q + \boldsymbol{M}_c\delta + \boldsymbol{C}\dot{q} + \boldsymbol{K}q = \boldsymbol{F}_q + \boldsymbol{F}_\delta \tag{2.151}$$

基于模态的双格方法(DLM)是一种广泛应用的非定常空气动力学的计算方法。在双格方法框架下,频域中的气动力 $\boldsymbol{F}_q$ 由下式表示,即

$$\boldsymbol{F}_q = \frac{1}{2}\rho V^2 \boldsymbol{\Phi}_p^{\mathrm{T}} S \boldsymbol{C}_p(Ma, ik) q \tag{2.152}$$

$C_p(Ma, ik) \in \mathbb{R}^{n_a \times n}$ 表示在给定低频 k 下,由于谐波模态运动,空气动力学元件的动压系数。$\boldsymbol{F}_\delta$ 的表达式与该式类似。

考虑到计算的不确定性或误差,$\boldsymbol{C}_p(Ma, ik)$ 可改写为

$$\boldsymbol{C}_p = \boldsymbol{C}_{p_0} + \boldsymbol{W}_{\mathrm{cpl}} \cdot \boldsymbol{\Delta}_{\mathrm{cp}} \cdot \boldsymbol{W}_{\mathrm{cpr}} \tag{2.153}$$

$\boldsymbol{W}_{\mathrm{cpr}}$ 和 $\boldsymbol{W}_{\mathrm{cpl}}$ 与压力扰动成比例,故 $\boldsymbol{\Delta}_{\mathrm{cp}}$ 满足 $\| \boldsymbol{\Delta}_{\mathrm{cp}} \| \leqslant 1$。在该模型中,$\boldsymbol{\Delta}_{\mathrm{cp}}$ 为考虑了所选空气动力学元件动压不确定性后的对角复数值矩阵。建立准确的空气动力学不确定性模型的关键是确定方程式(2.153)中的左右权重矩阵。

鲁棒优化在于优化一些期望可观测量的均值,并将可观测量的方差最小化。因此,即使仅需优化单个主要的可观测量,鲁棒优化本质上是多目标的优化。由于必须将方差最小化,故任何鲁棒优化问题至少需两个目标。多目标优化通常不给出单个解决方案或设计点,而给出一组非支配解。对于具有两个目标的优化问题,如果一个目标具有较高的值,而另一个目标具有较低的值,则两个设计点(1 和 2)是彼此非支配的。例如,当升阻比最小化(L/D)并最小化其方差时,如果$(L/D)_1 > (L/D)_2$ 且 $\sigma_1 > \sigma_2$,则两个解互不支配。非支配解决方案通常用表现为两个或多个目标权重的帕累托集表示。因为鲁棒优化涉及优化一个或多个可观察量的均值和方差,所以底层系统必须依据类似的输入量计算这些信息。对于每个目标评估函数,底层系统接受所定义的平均值和方差的高斯随机变量。其中,高斯随机变量表示翼型边缘厚度的几何不确定性以及翼型升阻比(L/D)的算术平均值和方差信息,但要获得所需方差信息需建立随机系统模型。有几种用于随机系统建模的方法,其中蒙特卡罗仿真(MCS)是最准确、最直接的,但它通常需要数千次确定性运行以获得单个设计点的准确输出统计值。优化程序通常需要评估几百或几千个设计点。如果使用蒙特卡罗仿真来算得均值和方差,会使计算成本变得过高。另一个解决方案是找到获取系统方差信息的非侵入式随机多项式方法,应用前景广。单目标评估函数仍然需要几次确定性运行,但其数量级一般只有 10 位,这使得鲁棒优化在计算量上是可行的。随机环境中序列资源分配的问题仍在探索[31]。

2.5 多模型方法

2.5.1 局部模型的全局表示

飞机的运动可用以下模型表示,即

$$\begin{cases}\dot{\boldsymbol{X}}(t)=\boldsymbol{f}(\boldsymbol{X}(t),\boldsymbol{U}(t))\\ \boldsymbol{Y}(t)=\boldsymbol{h}(\boldsymbol{X}(t),\boldsymbol{U}(t))\end{cases} \tag{2.154}$$

假设传递函数 $\boldsymbol{f}$ 和输出函数 $\boldsymbol{h}$ 未知[87],目标是找到能描述飞机在飞行包线中运动的多模型。飞行包线可被细分为 N 个局部区间,记为 $\mathbb{D}_i$,$\mathbb{D}=\boldsymbol{U}_i\mathbb{D}_i$。在每个区间中,可建立飞机的运动模型,即

$$\begin{cases}\dot{\boldsymbol{X}}(t)=\boldsymbol{f}_i(\boldsymbol{X}(t),\boldsymbol{U}(t))\\ \boldsymbol{Y}(t)=\boldsymbol{h}_i(\boldsymbol{X}(t),\boldsymbol{U}(t)) \quad i=1,2,\cdots,N\end{cases} \tag{2.155}$$

其中,

$$\begin{aligned}&\forall\boldsymbol{\zeta}\in\mathbb{D}_i\ \|\boldsymbol{f}-\boldsymbol{f}_i\|<M_f\\ &\|\boldsymbol{h}-\boldsymbol{h}_i\|<M_h\end{aligned} \tag{2.156}$$

标量 M_f、M_h 表示 f、h 上的误差上限。

令 $\mu_i(\boldsymbol{\zeta})>0$,表示区间中局部模型 i 有效性的函数,即

$$\mu_i(\boldsymbol{\zeta}):\mathbb{D}\to[0,1] \tag{2.157}$$

使得 $\mu_i(\boldsymbol{\zeta})\approx1$,式中,$\boldsymbol{\zeta}\in\mathbb{D}_i$,且在 $\mathbb{D}_i$ 区间外迅速收敛为零。可以使用以下不同的函数。

(1) 高斯函数,即

$$\mu_i(\boldsymbol{\zeta})=\prod_{j=1}^{\dim(\boldsymbol{\zeta})}\exp\left(-\frac{1}{2}\left(\frac{\zeta_j-m_i^j}{\sigma_i^j}\right)^2\right) \tag{2.158}$$

(2) 三角函数,即

$$\mu_i(\boldsymbol{\zeta})=\prod_{j=1}^{\dim(\boldsymbol{\zeta})}\max\left(\min\left(\frac{\zeta_j-a_i^j}{b_i^j-a_i^j},\frac{c_i^j-\zeta_j}{c_i^j-b_i^j}\right),0\right) \tag{2.159}$$

(3) 梯形函数,即

$$\mu_i(\boldsymbol{\zeta})=\prod_{j=1}^{\dim(\boldsymbol{\zeta})}\max\left(\min\left(\frac{\zeta_j-a_i^j}{b_i^j-a_i^j},1,\frac{c_i^j-\zeta_j}{c_i^j-b_i^j}\right),0\right) \tag{2.160}$$

式中：$\boldsymbol{\zeta}=(\zeta_1,\zeta_2,\cdots,\zeta_{\dim(\zeta)})^{\mathrm{T}}$。

为了获得一般形式的多模型，即

$$\begin{cases}\dot{\boldsymbol{X}}(t)=\hat{\boldsymbol{f}}(\boldsymbol{X}(t),\boldsymbol{U}(t))\\ \boldsymbol{Y}(t)=\hat{\boldsymbol{h}}(\boldsymbol{X}(t),\boldsymbol{U}(t))\end{cases} \tag{2.161}$$

式中，

$$\forall\boldsymbol{\zeta}\in\mathbb{D}_i \quad i=1,2,\cdots,N \quad \hat{\boldsymbol{f}}=\boldsymbol{f}_i$$

$$\hat{\boldsymbol{h}}=\boldsymbol{h}_i \tag{2.162}$$

必须受以下表达式的约束，即

$$\forall\boldsymbol{\zeta}\in\mathbb{D} \quad \hat{\boldsymbol{f}}=\sum_{i=1}^{N}\boldsymbol{f}_i\,\boldsymbol{\varpi}_i(\boldsymbol{\zeta}) \tag{2.163}$$

$$\forall\boldsymbol{\zeta}\in\mathbb{D} \quad \hat{h}=\sum_{i=1}^{N}h_i\,\boldsymbol{\varpi}_i(\boldsymbol{\zeta}) \tag{2.164}$$

$$\forall\boldsymbol{\zeta}\in\mathbb{D} \quad i=1,2,\cdots,N \quad \boldsymbol{\varpi}_i(\boldsymbol{\zeta})=\frac{\mu_i(\boldsymbol{\zeta})}{\sum_{j=1}^{N}\mu_i(\boldsymbol{\zeta})} \tag{2.165}$$

式中：$\boldsymbol{\varpi}_i(\boldsymbol{\zeta})$为插值函数。

2.5.2 线性近似模型

非线性状态空间方程式(2.111)至式(2.122)可表示为

$$\boldsymbol{f}(\dot{\boldsymbol{X}},\boldsymbol{X},\boldsymbol{U})=0 \tag{2.166}$$

式中：$\boldsymbol{X}$为状态空间变量；$\boldsymbol{U}$为控制变量。它们的具体定义取决于所用模型。

线性模型的状态空间表达式为

$$\boldsymbol{E}\dot{\boldsymbol{X}}=\boldsymbol{A}'\boldsymbol{X}+\boldsymbol{B}'\boldsymbol{U} \tag{2.167}$$

其中，

$$\boldsymbol{E}=\frac{\partial\boldsymbol{f}}{\partial\dot{\boldsymbol{X}}}\bigg|\boldsymbol{X}=\boldsymbol{X}_{\mathrm{ref}},\boldsymbol{U}=\boldsymbol{U}_{\mathrm{ref}} \tag{2.168}$$

$$\boldsymbol{A}'=\frac{\partial\boldsymbol{f}}{\partial\boldsymbol{X}}\bigg|\boldsymbol{X}=\boldsymbol{X}_{\mathrm{ref}},\boldsymbol{U}=\boldsymbol{U}_{\mathrm{ref}} \tag{2.169}$$

$$B' = \frac{\partial f}{\partial U} | X = X_{\text{ref}}, U = U_{\text{ref}} \tag{2.170}$$

该一般性公式可表示线性纵向模型和横向模型。

固定翼飞机的纵向和横向动力学模型由线性方程给出，即

$$\dot{u} = X_u u + X_w w + X_q q + X_\theta \theta + X_{\delta_e} \delta_e + X_t T \tag{2.171}$$

$$\dot{v} = Y_v v + Y_p p - (u_0 - Y_r) r + Y_\phi \phi + Y_\psi \psi + Y_{\delta_a} \delta_a + Y_{\delta_r} \delta_r \tag{2.172}$$

$$\dot{w} = Z_u u + Z_w w + Z_q q + Z_\theta \theta + Z_{\delta_e} \delta_e + Z_t T \tag{2.173}$$

$$\dot{p} = L_v v + L_p p + L_r r + L_{\delta_a} \delta_a + L_{\delta_r} \delta_r \tag{2.174}$$

$$\dot{q} = M_u u + M_w w + M_q q + M_\theta \theta + M_{\delta_e} \delta_e + M_t T \tag{2.175}$$

$$\dot{r} = N_v v + N_p p + N_r r + N_{\delta_a} \delta_a + N_{\delta_r} \delta_r \tag{2.176}$$

式中：$\delta_{\text{inputs}} = (\delta_e, \delta_a, \delta_r, T)$分别为对应于升降舵、副翼、舵偏角和推力的控制输入。该动态线性模型中引入的稳定性和控制导数，由线性化处理后的非线性UAV模型给出。因此，这些导数取决于物理参数和空气动力系数X_u、X_w、Z_u、Z_w、X_t、Z_{δ_e}、Y_v、Y_{δ_a}、Y_{δ_r}，这些参数与气动系数成正比，与飞机质量成反比。

稳定性分析是所有飞机设计的重要组成部分，为了线性稳定性判据，需要将运动方程线性化。线性方程的特征值表示频率和阻尼。

1. 线性纵向模型

线性纵向模型是一种经典方法，其中，状态变量为$X = \begin{pmatrix} \alpha \\ q \\ v_T \\ \theta \end{pmatrix}$，控制变量为$U = \begin{pmatrix} \delta_e \\ \delta_t \end{pmatrix}$，矩阵为

$$E = \begin{pmatrix} V_{T_e} - Z_{\dot{\alpha}} & 0 & 0 & 0 \\ -M_{\dot{\alpha}} & 1 & 0 & 0 \\ 0 & 0 & 1 & 0 \\ 0 & 0 & 0 & 1 \end{pmatrix} \tag{2.177}$$

$$
\boldsymbol{A}' = \begin{pmatrix} Z_{\alpha} & V_{T_{\mathrm{e}}} + Z_q & Z_V - X_{T_V}\sin(\alpha_{\mathrm{e}} + \alpha_T) & -g_D\sin\gamma_{\mathrm{e}} \\ M_{\alpha} + M_{T_{\alpha}} & M_q & M_V + M_{T_V} & 0 \\ X_{\alpha} & 0 & X_V + X_{T_V}\cos(\alpha_{\mathrm{e}} + \alpha_T) & -g_D\cos\gamma_{\mathrm{e}} \\ 0 & 1 & 0 & 0 \end{pmatrix} \tag{2.178}
$$

$$
\boldsymbol{B}' = \begin{pmatrix} Z_{\delta_{\mathrm{e}}} & -X_{\delta_T}\sin(\alpha_{\mathrm{e}} + \alpha_T) \\ M_{\delta_{\mathrm{e}}} & M_{\delta_T} \\ X_{\delta_{\mathrm{e}}} & X_{\delta_T}\cos(\alpha_{\mathrm{e}} + \alpha_T) \\ 0 & 0 \end{pmatrix} \tag{2.179}
$$

式中，空气动力学导数常数为 X、Y、Z、L、M、N、α、$\boldsymbol{\beta}$、δ_{e}、δ_{t}、δ_{a}、δ_{r}。关于它们的更多推导过程可在文献[82]中找到。

2. 线性横侧向模型

在线性横侧向模型状态空间方程中，状态变量为 $\boldsymbol{X} = \begin{pmatrix} \beta \\ \phi \\ p_{\mathrm{s}} \\ q_{\mathrm{s}} \end{pmatrix}$，控制变量为 $\boldsymbol{U} = \begin{pmatrix} \delta_{\mathrm{a}} \\ \delta_{\mathrm{r}} \end{pmatrix}$，矩阵为

$$
\boldsymbol{E} = \begin{pmatrix} V_{T_{\mathrm{e}}} & 0 & 0 & 0 \\ 0 & 1 & 0 & 0 \\ 0 & 0 & 1 & 0 \\ 0 & 0 & 0 & 1 \end{pmatrix} \tag{2.180}
$$

$$
\boldsymbol{A}' = \begin{pmatrix} Y_{\beta} & g_D\cos\theta_{\mathrm{e}} & Y_p & Y_r - V_{T_{\mathrm{e}}} \\ 0 & 0 & \dfrac{\cos\gamma_{\mathrm{e}}}{\cos\theta_{\mathrm{e}}} & \dfrac{\sin\gamma_{\mathrm{e}}}{\cos\theta_{\mathrm{e}}} \\ L_{\beta} & 0 & L_p & L_r \\ N_{\beta} & 0 & N_p & N_r \end{pmatrix} \tag{2.181}
$$

$$
\boldsymbol{B}' = \begin{pmatrix} Y_{\delta_a} & Y_{\delta_r} \\ 0 & 0 \\ L_{\delta_a} & L_{\delta_r} \\ N_{\delta_a} & N_{\delta_r} \end{pmatrix} \tag{2.182}
$$

3. 线性平移模型

飞机的动态平移模型可为

$$
\begin{cases} \dot{x} = V\cos\gamma\cos\chi \\ \dot{y} = V\cos\gamma\sin\chi \\ \dot{z} = -V\sin\gamma \end{cases} \tag{2.183}
$$

$$
\dot{V} = \frac{T - D - mg\sin\gamma}{m} \tag{2.184}
$$

$$
\dot{\chi} = \frac{L\sin\sigma}{mV\cos\gamma} \tag{2.185}
$$

$$
\dot{\gamma} = \frac{L\cos\sigma - mg\cos\gamma}{mV} \tag{2.186}
$$

考虑到

$$
\begin{cases} L = n_z mg \\ C_L = \dfrac{2n_z mg}{\rho V^2 S} \\ C_D = C_{D_0} + KC_L^2 \\ D = \dfrac{1}{2}\rho V^2 SC_{D_0} + K\dfrac{4n_z^2 m^2 g^2}{\rho^2 V^4 S^2} \end{cases} \tag{2.187}
$$

动态模型可改写为

$$
\begin{cases} \dot{x} = V\cos\gamma\cos\chi \\ \dot{y} = V\cos\gamma\sin\chi \\ \dot{z} = -V\sin\gamma \end{cases} \tag{2.188}
$$

$$
\dot{V} = \frac{T}{m} - aV^2 - b\,\frac{n_z^2}{V^2} - g\sin\gamma \tag{2.189}
$$

$$\dot{\chi}=\frac{n_z g\sin\sigma}{V\cos\gamma} \tag{2.190}$$

$$\dot{\gamma}=g\frac{n_z\cos\sigma-\cos\gamma}{V} \tag{2.191}$$

式中：参数 $a=\frac{\rho SC_{D_0}}{2m}$、$b=\frac{4mg^2K}{\rho^2S^2}$。通过选择状态变量 $\boldsymbol{X}=(x,y,z,V,\chi,\gamma)^{\mathrm{T}}$ 和控制输入 $\boldsymbol{u}=\left(\frac{T}{m},n_z,\sigma\right)^{\mathrm{T}}$，可获得平衡航迹，即

$$\begin{cases}u_{1r}=aV_r^2+b\dfrac{\cos^2\gamma_r}{V_r^2}+g\sin\gamma_r\\ u_{2r}=n_{zr}=\cos\gamma_r\\ u_{3r}=\sigma_r=0\end{cases} \tag{2.192}$$

线性平移模型由下式给出，即

$$\dot{\boldsymbol{X}}=\boldsymbol{AX}+\boldsymbol{BU} \tag{2.193}$$

由评估参考航迹和输入量的雅可比矩阵可得出状态矩阵为

$$\boldsymbol{A}=\begin{pmatrix}0&0&0&\cos\gamma\cos\chi&-V\cos\gamma\sin\chi&-V\sin\gamma\cos\chi\\0&0&0&\cos\gamma\sin\chi&V\cos\gamma\cos\chi&-V\sin\gamma\sin\chi\\0&0&0&-\sin\gamma&0&-V\cos\gamma\\0&0&0&-2aV+b\dfrac{n_z^2}{V^3}&0&-g\cos\gamma\\0&0&0&0&0&0\\0&0&0&0&0&g\dfrac{\sin\gamma}{V}\end{pmatrix} \tag{2.194}$$

和输入矩阵

$$\boldsymbol{B}=\begin{pmatrix}0&0&0\\0&0&0\\0&0&0\\1&-2b\dfrac{n_z}{V^2}&0\\0&0&g/V\\0&g/V&0\end{pmatrix} \tag{2.195}$$

这些线性模型的特性将在第3章中研究。

2.5.3 线性参数时变模型：Takagi - Sugeno 方程

在很多情况下，由于变量可能在远离平衡点的较大范围内变化，仅仅在平衡点附近简单地对系统线性化是不够的。这样的局部模型能够描述围绕给定点的较小区间中系统的输入输出关系。相反，全局模型则描述了整个输入空间内系统的输入输出关系。特别地，非线性全局模型通常可以通过基于函数逼近规则的一组线性局部模型来近似。Takagi - Sugeno(TS)方法通过允许子区域与相邻子区域部分重叠来泛化经典分割[83]。

Takagi - Sugeno 模型可以应用如数据挖掘等强化学习技术[3]。通过用一组约束建立该模型，将非线性系统表示为通过隶属函数连接的一组局部映射模型。这种建模方法提供了一种替代技术来描述复杂的非线性系统，并减少高阶非线性系统建模中的约束数量。

注 2.10 Takagi - Sugeno 模型能够将任何平滑非线性函数在所有凸面闭合区域内以任何精度逼近，已成为一种通用逼近函数。这一结论为应用 Takagi - Sugeno 模型来描述复杂的非线性系统提供了理论基础。

已得到了关于 Takagi - Sugeno 模型识别的一些结论，这些结论主要基于以下两种方法。

① 系统的模型已知时，在不同运行点上线性化原始非线性系统。

② 当模型未知时，基于从原始非线性系统收集的输入输出数据。

Takagi - Sugeno 模型是描述非线性动力学的特定数学形式，有至少两种方法用于从一般非线性状态空间动力学构建 Takagi - Sugeno 模型。

(1) 扇形非线性，是一种建立 Takagi - Sugeno 模型的方法，该模型是非线性系统方程的精确数学描述。

(2) 局部近似法，用模糊分区空间生成一个 Takagi - Sugeno 模型，它可以捕获任何设计者更加关注的非线性动力特性，因此使用该方法可以识别系统最突出的非线性效应，同时忽略次要的影响。这种方法可以建立更简单、计算量更少的模型，且正因如此，实际应用中通常优先使用该方法。

定义 2.5 扇区非线性(Sector Nonlinearity)：将连续映射 $\phi: R \to R$ 看作$[\alpha, \beta]$中的扇区非线性。其中，$\phi(0)=0 \quad \alpha U^2 \leqslant U\phi(U) < \beta U^2, \quad \forall U \neq 0$。

为了生成 Takagi - Sugeno 模型，将系统动力学改写为

$$\begin{aligned} \dot{\boldsymbol{X}} &= \boldsymbol{A}(\boldsymbol{X},\boldsymbol{U})\boldsymbol{X}(t) + \boldsymbol{B}(\boldsymbol{X},\boldsymbol{U})\boldsymbol{U}(t) \\ \boldsymbol{Y}(t) &= \boldsymbol{C}\boldsymbol{X}(t) \end{aligned} \tag{2.196}$$

式中：$\boldsymbol{A}(\boldsymbol{X},\boldsymbol{U})$、$\boldsymbol{B}(\boldsymbol{X},\boldsymbol{U})$矩阵是非线性的，并且可以取决于系统的状态和输入的方式。

Takagi - Sugeno 模型背后的思想是将模型中重要的非线性标记为前提变量，可以在预定范围内的任何运行条件下评估前提变量。为了捕获和评估所有前提变量，Takagi - Sugeno 模型定义了一组 if - then 规则，其对应于每个前提变量在重要的预定义范围内的最小值和最大值以及前提变量间的各个组合关系。每个规则具有与其对应的相关联的线性系统，其表示前提变量的最小边界和最大边界的组合。然后线性系统的这些规则通过子函数加权，并最终求和。其最终效果等效于非线性系统，虽然 Takagi - Sugeno 模型由一组加权求和的线性系统组成，由于权重是状态和输入的函数，故最终结果是非线性的。

Takagi - Sugeno 公式是线性模型的组合，能较为准确地描述将复杂性和误差折中优化的非线性模型。它可以通过以下分布式形式来描述，即

$$\dot{\boldsymbol{X}}(t) = \sum_{i=1}^{r} \boldsymbol{\varpi}_i(\boldsymbol{\zeta}(t)) = (\boldsymbol{A}_i\boldsymbol{X}(t) + \boldsymbol{B}_i\boldsymbol{U}(t)) \tag{2.197}$$

$$\boldsymbol{Y}(t) = \sum_{i=1}^{r} \boldsymbol{\varpi}_i(\boldsymbol{\zeta})\boldsymbol{C}_i\boldsymbol{X}(t) \tag{2.198}$$

式中：$\boldsymbol{X}(t)$、$\boldsymbol{Y}(t)$为状态和输出向量；$\boldsymbol{\zeta}=(\zeta_1(t),\zeta_2(t),\cdots,\zeta_p(t))^{\mathrm{T}}$为可能取决于状态向量的前提向量；$\boldsymbol{A}_i$、$\boldsymbol{B}_i$、$\boldsymbol{C}_i$为常数矩阵。规则用 r 表示，它们的数量为 $2^{|\zeta|}$，式中$|\boldsymbol{\zeta}|$表示所考虑的非线性的数量。此外，归一化加权函数由下式定义，即

$$\begin{cases} \boldsymbol{\varpi}_i(\boldsymbol{\zeta}(t)) = \dfrac{\mu_i(\boldsymbol{\zeta}(t))}{\sum\limits_{i=1}^{r}\mu_i(\boldsymbol{\zeta}(t))} \\ \mu_i(\boldsymbol{\zeta}(t)) = \prod\limits_{j=1}^{p} M_{ij}(\zeta_j(t)) \end{cases} \tag{2.199}$$

式中：$M_{ij}(\boldsymbol{\zeta}(t)) \in [0,1]$表示前提变量 $\zeta_j(t) \in M_{ij}$的隶属函数的排序；$\boldsymbol{\varpi}_i(\boldsymbol{\zeta}(t))$满足所有 t 的凸和属性。运用扇区非线性法的状态空间变量，可将非线性系统在紧域中建模为 Takagi - Sugeno 模型。

为飞机非线性系统开发等效 Takagi - Sugeno 模型，通常有 4 个重要的步骤。

（1）定义非线性系统的前提变量以及计算其紧致域。

（2）确定隶属函数。

（3）确定涉及的规则数量和关于前提变量间可能关联的规则。

(4) 计算前提变量紧致域 $\boldsymbol{A}_i$、$\boldsymbol{B}_i$、$\boldsymbol{C}_i$。

这种方法可以保证近似的精确。然而,通常很难找到适用于一般非线性系统的总体扇形。由于非线性系统中的变量可以是有界的,故利用局部扇区,这意味着将每个有界非线性项(前提变量)在其边界的凸组合中分解。实质上,前提变量的紧致域应该是先验已知的,以便与之前保持一致[76]。

注 2.11 在一些情况下,为了获得 LPV 形式,需要将系统的不同状态变量分类。为了分类需要一些附加条件:这些状态变量必须不为零。为了解决这个问题,可以进行转化:如果$[-\alpha_1,\alpha_2]$是这些变量之一 X_1 的变化域,式中 α_1、$\alpha_2>0$,则可以实现以下转化,即

$$\bar{X}_d = X_d + \alpha_1 + \epsilon \text{thus} \bar{X}_d \in [\epsilon, \alpha_1 + \alpha_2 + \epsilon], \epsilon > 0$$

将 X_d 替换为 $\bar{X}_d$,可以得到适当的 LPV 形式。

1. 纵向模型

因为创建 Takagi - Sugeno 模型所需的规则数量至少为 2^p,其中 p 是前提变量的数量,所以需要在具有较少前提变量的数学近似 Takagi - Sugeno 模型之间进行权衡,计算和找到更可行的李雅普诺夫函数以满足稳定性和实现控制目的。由于这些原因,只将影响飞机角速度最突出的非线性在 Takagi - Sugeno 模型中建模,并将其他非线性项线性化[68]。

在矩阵 A 的第一行和第二行中,已经存在重力项的 2 阶近似[12]。这是因为重力的零阶和平衡升力抵消了这些项的 2 阶近似,而抵消零阶项需要方程中具有常数并且在飞行包线中保持足够的精度。如果俯仰率在前提变量中定义为

$$\begin{cases} \zeta_1 = \dfrac{SC_{\text{mac}}}{I_y} \bar{q} C_{M_\alpha} \\ \zeta_2 = \dfrac{SC_{\text{mac}}}{2VI_y} \bar{q} C_{M_q} \\ \zeta_3 = \dfrac{SC_{\text{mac}}}{I_y} \bar{q} C_{M_{\delta_e}} \end{cases} \tag{2.200}$$

以及 $U=\delta_e$,$\boldsymbol{X}=\begin{pmatrix} V \\ \alpha \\ q \\ \theta \\ h \end{pmatrix}$,则矩阵 $\boldsymbol{A}(\boldsymbol{X},U)$ 由下式给出,即

$$\boldsymbol{A}(\boldsymbol{X},U)=\begin{pmatrix}0 & \boldsymbol{A}_{12} & 0 & \boldsymbol{A}_{14} & 0\\ 0 & \boldsymbol{A}_{22} & 1 & \boldsymbol{A}_{24} & 0\\ 0 & \boldsymbol{A}_{32} & \boldsymbol{A}_{33} & 0 & 0\\ 0 & 0 & 1 & 0 & 0\\ 0 & \boldsymbol{A}_{52} & 0 & \boldsymbol{A}_{54} & 0\end{pmatrix} \tag{2.201}$$

矩阵元素为

$$\boldsymbol{A}_{12}=g\cos\theta\frac{\sin\alpha}{\alpha}-\frac{F_T\alpha}{m}-\frac{S}{m}\bar{q}\,C_{D_\alpha}$$

$$\boldsymbol{A}_{14}=-g\cos\alpha\frac{\sin\theta}{\theta}$$

$$A_{22}=-g\frac{\alpha}{2}+g\theta-\frac{F_T}{mV}\frac{\sin\alpha}{\alpha}-\frac{S}{mV}\bar{q}\,C_{L_\alpha}$$

$$\boldsymbol{A}_{24}=-g\frac{\theta}{2}$$

$$\boldsymbol{A}_{32}=\frac{SC_{\text{mac}}}{I_y}\bar{q}\,C_{M_\alpha}$$

$$\boldsymbol{A}_{33}=\frac{SC_{\text{mac}}C_{\text{mac}}}{2VI_y}\bar{q}\,C_{M_q}$$

$$\boldsymbol{A}_{52}=-V\cos\theta\frac{\sin\alpha}{\alpha}$$

$$\boldsymbol{A}_{54}=V\cos\alpha\frac{\sin\theta}{\theta}$$

矩阵$\boldsymbol{B}(\boldsymbol{X},U)$由以下矩阵给出，即

$$\boldsymbol{B}(\boldsymbol{X},U)=\begin{pmatrix}-\dfrac{S}{m}\bar{q}\,C_{D_e}\\ -\dfrac{S}{mV}\bar{q}\,C_{L_e}\\ \dfrac{SC_{\text{mac}}}{I_y}\bar{q}\,C_{M_e}\\ 0\\ 0\end{pmatrix} \tag{2.202}$$

在选择要引入的非线性项时，常采用反馈俯仰速率的全部项。这样做的原

因是通过控制飞机的俯仰速率来控制纵向稳定性。因此，最重要的就是根据所需最大非线性区域，以最大精度控制俯仰速率。

在文献[57]中采取了另一种方法。对于建模和控制器设计而言，引入全部空气动力系数过于复杂，所以通常需要通过两步简化研究获得飞机的低保真模型。首先，进行每个稳定性导数相对于总空气动力系数标称值重要性的分析研究。其次，进行开环时间仿真以改进低保真度模型，并确定最终简化集的有效性。

2. 横侧向模型

横侧向 Takagi－Sugeno 模型通过选择影响并决定侧倾率的前提变量以及影响偏航率最突出的非线性来构造方向舵输入项。为了引入所有此类非线性项，可以定义以下前提变量，即

$$\begin{cases} \zeta_1 = I_z C_{L_\beta} + I_{xz} C_{N_\beta} \\ \zeta_2 = I_z C_{L_{\delta_a}} + I_{xz} C_{N_{\delta_a}} \\ \zeta_3 = I_z C_{L_{\delta_r}} + I_{xz} C_{N_{\delta_r}} \\ \zeta_4 = I_{xz} C_{L_{\delta_r}} + I_x C_{N_{\delta_r}} \end{cases} \tag{2.203}$$

并且，$\boldsymbol{U} = \begin{pmatrix} \delta_a \\ \delta_r \end{pmatrix}$；$\boldsymbol{X} = \begin{pmatrix} \beta \\ p \\ r \\ \phi \\ \psi \end{pmatrix}$。

式中：参数 $C_1 = \dfrac{S\bar{q}_T}{mV_T}$；$C_2 = Sb\bar{q}_T \dfrac{1}{I_x I_z - I_{xz}^2}$。

动力学主要针对平衡速度 $V_T = V(\text{trim})$ 和角 $\alpha_T = \alpha(\text{trim})$。状态矩阵 $\boldsymbol{A}(\boldsymbol{X},\boldsymbol{U})$ 由下式给出，即

$$\boldsymbol{A}(\boldsymbol{X},\boldsymbol{U}) = \begin{pmatrix} \boldsymbol{A}_{11} & \boldsymbol{A}_{12} & \boldsymbol{A}_{13} & \boldsymbol{A}_{14} & 0 \\ \boldsymbol{A}_{21} & \boldsymbol{A}_{22} & \boldsymbol{A}_{23} & 0 & 0 \\ \boldsymbol{A}_{31} & \boldsymbol{A}_{32} & \boldsymbol{A}_{33} & 0 & 0 \\ 0 & 1 & 1 & 0 & 0 \\ 0 & 0 & \cos\phi & 0 & 0 \end{pmatrix} \tag{2.204}$$

其中，矩阵元素

$$A_{11} = C_1 C_{Y_\beta}$$

$$A_{12} = \sin\alpha_T$$

$$A_{13} = -\cos\alpha_T$$

$$A_{14} = \frac{g}{V_T}\cos\beta \frac{\sin\beta}{\beta}$$

$$A_{21} = C_2 (I_z C_{L_\beta} + I_{xz} C_{N_\beta})$$

$$A_{22} = \frac{C_2 b}{2V_T}(I_z C_{L_p} + I_{xz} C_{N_p})$$

$$A_{23} = \frac{C_2 b}{2V_T}(I_z C_{L_r} + I_{xz} C_{N_r})$$

$$A_{31} = C_2 (I_{xz} C_{L_\beta} + I_x C_{N_\beta})$$

$$A_{32} = \frac{C_2 b}{2V_T}(I_{xz} C_{L_p} + I_x C_{N_p})$$

$$A_{33} = \frac{C_2 b}{2V_T}(I_{xz} C_{L_r} + I_x C_{N_r})$$

控制矩阵 $\boldsymbol{B}(\boldsymbol{X},\boldsymbol{U})$ 由下式给出，即

$$\boldsymbol{B}(\boldsymbol{X},\boldsymbol{U}) = \begin{pmatrix} C_1 C_{Y_{\delta_a}} & C_1 C_{Y_{\delta_r}} \\ C_2 (I_z C_{L_{\delta_a}} + I_{xz} C_{N_{\delta_a}}) & C_2 (I_z C_{L_{\delta_r}} + I_{xz} C_{N_{\delta_r}}) \\ C_2 (I_{xz} C_{L_{\delta_a}} + I_x C_{N_{\delta_a}}) & C_2 (I_{xz} C_{L_{\delta_r}} + I_x C_{N_{\delta_r}}) \\ 0 & 0 \\ 0 & 0 \end{pmatrix} \tag{2.205}$$

3. 定高飞行飞机跟踪误差模型的多模型方法

飞机模型可以用 Takagi – Sugeno 模型表示。通过 Takagi – Sugeno 模型进行的推理是所有相关线性模型的插值。相关度为插值处理中的权重。

注 2.12 即使 Takagi – Sugeno 模型中的规则全为模型输入的线性组合，整个模型也是非线性的。

飞机在恒定高度的运动方程由下式给出，即

$$\begin{cases} \dot{x} = V\cos\chi \\ \dot{y} = V\sin\chi \\ \dot{\chi} = \omega \end{cases} \tag{2.206}$$

参考轨迹满足

$$\begin{cases} \dot{x}_r = V_r \cos \chi_r \\ \dot{y}_r = V_r \sin \chi_r \\ \dot{\chi}_r = \omega_r \end{cases} \tag{2.207}$$

在二维空间中,误差姿态模型可以写为

$$\begin{pmatrix} e_x \\ e_y \\ e_\chi \end{pmatrix} = \begin{pmatrix} \cos\chi & \sin\chi & 0 \\ -\sin\chi & \cos\chi & 0 \\ 0 & 0 & 1 \end{pmatrix} \begin{pmatrix} x_r - x \\ y_r - y \\ \chi_r - \chi \end{pmatrix} \tag{2.208}$$

求微分为

$$\begin{pmatrix} \dot{e}_x \\ \dot{e}_y \\ \dot{e}_\chi \end{pmatrix} = \begin{pmatrix} \omega e_y - V + V_r \cos e_\chi \\ -\omega e_x + V_r \sin e_\chi \\ \omega_r - \omega \end{pmatrix} \tag{2.209}$$

考虑到输入是 $\boldsymbol{U} = \begin{pmatrix} V \\ \omega \end{pmatrix}$。如果选择预定动作,如 $\boldsymbol{U} = \boldsymbol{U}_B + \boldsymbol{U}_F$,式中 $\boldsymbol{U}_F = \begin{pmatrix} V_r \cos e_\chi \\ \omega_r \end{pmatrix}$,则系统式(2.209)可以写为

$$\begin{pmatrix} \dot{e}_x \\ \dot{e}_y \\ \dot{e}_\chi \end{pmatrix} = \begin{pmatrix} 0 & \omega_r & 0 \\ -\omega_r & 0 & V_r \dfrac{\sin e_\chi}{e_\chi} \\ 0 & 0 & 0 \end{pmatrix} \begin{pmatrix} e_x \\ e_y \\ e_\chi \end{pmatrix} + \begin{pmatrix} -1 & e_y \\ 0 & -e_x \\ 0 & -1 \end{pmatrix} U_B \tag{2.210}$$

非线性模型可以用于观测器控制律的设计。这种方法可以证明全局控制结构的稳定性[34]。

误差假定受以下限制,即

$$|e_x| \leqslant e_{\max} \quad |e_y| \leqslant e_{\max} \quad |e_\chi| \leqslant \frac{\pi}{2}\text{rad} \tag{2.211}$$

而输入限制由下式给出,即

$$0 < V_{\text{stall}} \leqslant V_r \leqslant V_{\max} \quad |\omega_r| \leqslant \omega_{\max} \tag{2.212}$$

考虑到跟踪误差的模型,有 4 个非线性,即

$$n_1 = \omega_r \quad n_2 = V_r \frac{\sin e_\chi}{e_\chi} \quad n_3 = e_y \quad n_4 = e_x \tag{2.213}$$

Takagi-Sugeno 模型通过非线性扇区方法获得。由于存在 4 个非线性,则可以获得 $r = 2^4 = 16$ 个 Takagi-Sugeno 子模型,即

$$\dot{\boldsymbol{e}}(t) = \sum_{i=1}^{16} \varpi_i(\boldsymbol{\zeta}(t))(\boldsymbol{A}_i \boldsymbol{e}(t) + \boldsymbol{B}_i \boldsymbol{U}_B(t)) \tag{2.214}$$

状态和控制矩阵为

$$\boldsymbol{A}_i = \begin{pmatrix} 0 & -\epsilon_i^1 \omega_{r,\max} & 0 \\ \epsilon_i^1 \omega_{r,\max} & 0 & \mu_i \\ 0 & 0 & 0 \end{pmatrix} \tag{2.215}$$

$$\boldsymbol{B}_i = \begin{pmatrix} -1 & -\epsilon_i^2 e_{\max} \\ 0 & -\epsilon_i^3 e_{\max} \\ 0 & -1 \end{pmatrix} \tag{2.216}$$

其中,

$$\epsilon_i^1 = \begin{Bmatrix} +1 & 1 \leqslant i \leqslant 8 \\ -1 & 其他 \end{Bmatrix} \tag{2.217}$$

$$\epsilon_i^2 = \begin{Bmatrix} +1 & i \in \{3,4,7,8,11,12,15,16\} \\ -1 & 其他 \end{Bmatrix} \tag{2.218}$$

$$\epsilon_i^3 = (-1)^{i+1} \tag{2.219}$$

$$\mu_i = \begin{Bmatrix} \frac{2}{\pi} V_{r,\min} & 1 \leqslant i \leqslant 4 \text{ 和 } 9 \leqslant i \leqslant 12 \\ V_{r,\max} & 其他 \end{Bmatrix} \tag{2.220}$$

Takagi-Sugeno 模型的隶属函数为

$$\begin{cases} \varpi_1 = \omega_{01}\omega_{02}\omega_{03}\omega_{04} & \varpi_2 = \omega_{01}\omega_{02}\omega_{03}\omega_{14} \\ \varpi_3 = \omega_{01}\omega_{02}\omega_{13}\omega_{04} & \varpi_4 = \omega_{01}\omega_{02}\omega_{13}\omega_{14} \\ \varpi_5 = \omega_{01}\omega_{12}\omega_{03}\omega_{04} & \varpi_6 = \omega_{01}\omega_{12}\omega_{03}\omega_{14} \\ \varpi_7 = \omega_{01}\omega_{12}\omega_{13}\omega_{04} & \varpi_8 = \omega_{01}\omega_{12}\omega_{13}\omega_{14} \\ \varpi_9 = \omega_{11}\omega_{02}\omega_{03}\omega_{04} & \varpi_{10} = \omega_{11}\omega_{02}\omega_{03}\omega_{14} \\ \varpi_{11} = \omega_{11}\omega_{02}\omega_{13}\omega_{04} & \varpi_{12} = \omega_{11}\omega_{02}\omega_{13}\omega_{14} \\ \varpi_{13} = \omega_{11}\omega_{12}\omega_{03}\omega_{04} & \varpi_{14} = \omega_{11}\omega_{12}\omega_{03}\omega_{14} \\ \varpi_{15} = \omega_{11}\omega_{12}\omega_{13}\omega_{04} & \varpi_{16} = \omega_{11}\omega_{12}\omega_{13}\omega_{14} \end{cases} \tag{2.221}$$

其中，

$$\omega_{01}=\frac{\omega_{r,\max}-\omega_r}{\omega_{r,\max}-\omega_{r,\min}}\quad \omega_{11}=1-\omega_{01} \tag{2.222}$$

$$\omega_{02}=\frac{V_{r,\max}-V_r\dfrac{\sin e_\chi}{e_\chi}}{V_{r,\max}-V_{r,\min}\dfrac{\sin\pi/2}{\pi/2}}\quad \omega_{12}=1-\omega_{02} \tag{2.223}$$

$$\omega_{03}=\frac{e_{\max}-e_x}{2e_{\max}}\quad \omega_{13}=1-\omega_{03} \tag{2.224}$$

$$\omega_{04}=\frac{e_{\max}-e_y}{2e_{\max}}\quad \omega_{14}=1-\omega_{04} \tag{2.225}$$

以上结论均基于所有($\boldsymbol{A}_i,\boldsymbol{B}_i$)的可控性假设。

4. 3D 飞机跟踪误差模型的多模型方法

3D 中飞机运动的动态方程由下式给出，即

$$\begin{cases}\dot{x}=V\cos\gamma\cos\chi\\ \dot{y}=V\cos\gamma\sin\chi\\ \dot{z}=-V\sin\gamma\\ \dot{\chi}=\omega_1\\ \dot{\gamma}=\omega_2\end{cases} \tag{2.226}$$

参考轨迹满足

$$\begin{cases}\dot{x}_r=V_r\cos\gamma_r\cos\chi_r\\ \dot{y}_r=V_r\cos\gamma_r\sin\chi_r\\ \dot{z}_r=-V_r\sin\gamma_r\\ \dot{\chi}_r=\omega_{1r}\\ \dot{\gamma}_r=\omega_{2r}\end{cases} \tag{2.227}$$

在 3D 中，误差姿态模型可以写为

$$\begin{pmatrix} e_x \\ e_y \\ e_z \\ e_\chi \\ e_\gamma \end{pmatrix} = \begin{pmatrix} E_1 & E_2 & -\sin\gamma & 0 & 0 \\ -\sin\chi & \cos\chi & 0 & 0 & 0 \\ E_3 & E_4 & \cos\gamma & 0 & 0 \\ 0 & 0 & 0 & 1 & 0 \\ 0 & 0 & 0 & 0 & 1 \end{pmatrix} \begin{pmatrix} x_r - x \\ y_r - y \\ z_r - z \\ \chi_r - \chi \\ \gamma_r - \gamma \end{pmatrix} \tag{2.228}$$

其中，

$$\begin{cases} E_1 = \cos\gamma\cos\chi \\ E_2 = \cos\gamma\sin\chi \\ E_3 = \sin\gamma\cos\chi \\ E_4 = \sin\gamma\sin\chi \end{cases}$$

求微分，有

$$\begin{pmatrix} \dot{e}_x \\ \dot{e}_y \\ \dot{e}_z \\ \dot{e}_\chi \\ \dot{e}_\gamma \end{pmatrix} = \begin{pmatrix} e_1 \\ e_2 \\ e_3 \\ \omega_{1r} - \omega_1 \\ \omega_{2r} - \omega_2 \end{pmatrix} \tag{2.229}$$

其中，

$$\begin{cases} e_1 = \omega_1 \cos\gamma e_y - \omega_2 e_z - V + V_r \cos\gamma\cos\gamma_r \cos e_\chi + V_r \sin\gamma\sin\gamma_r \\ e_2 = -\omega_1 \cos\gamma e_x - \omega_1 \sin\gamma e_z + V_r \cos\gamma_r \sin e_\chi \\ e_3 = \omega_1 \sin\gamma e_y + \omega_2 e_x + V_r \sin\gamma\cos\gamma_r \cos e_\chi - V_r \cos\gamma\sin\gamma_r \end{cases}$$

考虑到输入为 $\boldsymbol{U} = \begin{pmatrix} V \\ \omega_1 \\ \omega_2 \end{pmatrix}$，如果选择预定动作，如 $\boldsymbol{U} = \boldsymbol{U}_B + \boldsymbol{U}_F$，式中

$$\boldsymbol{U}_F = \begin{pmatrix} V_r \cos\gamma\cos\gamma_r \cos e_\chi + V_r \sin\gamma\sin\gamma_r \\ \omega_{1r} \\ \omega_{2r} \end{pmatrix} \tag{2.230}$$

那么系统式(2.229)可写为

$$\begin{pmatrix} \dot{e}_x \\ \dot{e}_y \\ \dot{e}_z \\ \dot{e}_\chi \\ \dot{e}_\gamma \end{pmatrix} = \boldsymbol{A}_{\text{lin}} \begin{pmatrix} e_x \\ e_y \\ e_z \\ e_\chi \\ e_\gamma \end{pmatrix} + \boldsymbol{B}_{\text{lin}} \boldsymbol{U}_B \tag{2.231}$$

其中，

$$\boldsymbol{A}_{\text{lin}} = \begin{pmatrix} 0 & \omega_{1r}\cos\gamma & -\omega_{2r} & 0 & 0 \\ -\omega_{1r}\cos\gamma & 0 & -\omega_{1r}\sin\gamma & \boldsymbol{A}_{24} & 0 \\ \omega_{2r} & \omega_{1r}\sin\gamma & 0 & \boldsymbol{A}_{34} & \boldsymbol{A}_{35} \\ 0 & 0 & 0 & 0 & 0 \\ 0 & 0 & 0 & 0 & 0 \end{pmatrix} \tag{2.232}$$

矩阵元素为

$$\boldsymbol{A}_{24} = V_r\cos\gamma_r \frac{\sin e_\psi}{e_\chi}$$

$$\boldsymbol{A}_{34} = V_r\cos\gamma_r\sin\gamma \frac{\cos e_\chi}{e_\chi}$$

$$\boldsymbol{A}_{35} = -V_r\sin\gamma_r\cos\gamma \frac{1}{e_\chi}$$

以及

$$\boldsymbol{B}_{\text{lin}} = \begin{pmatrix} -1 & \cos\gamma e_y & -e_z \\ 0 & -e_x\cos\gamma + e_z\sin\gamma & 0 \\ 0 & \sin\gamma e_y & e_x \\ 0 & -1 & 0 \\ 0 & 0 & -1 \end{pmatrix} \tag{2.233}$$

这种非线性模型可用于设计基于观测器的控制律。假定误差受以下限制，即

$$|e_x| \leqslant e_{\max} \quad |e_y| \leqslant e_{\max} \quad |e_z| \leqslant e_{\max} \quad |e_\chi| \leqslant \frac{\pi}{2}\text{rad} \quad |e_\gamma| \leqslant \frac{\pi}{2}\text{rad} \tag{2.234}$$

而输入限制由下式给出，即

$$V_{\text{stall}} \leqslant V_r \leqslant V_{\max} \quad |\omega_{1r}| \leqslant \omega_{\max} \quad |\omega_{2r}| \leqslant \omega_{\max} \tag{2.235}$$

考虑到跟踪误差模型，产生 11 个非线性，表示如下：

$$\begin{cases} n_1 = \omega_{1r}\cos\gamma \\ n_2 = \omega_{1r}\sin\gamma \\ n_3 = \omega_{2r} \\ n_4 = V_r\cos\gamma_r \dfrac{\sin e_\psi}{e_\chi} \\ n_5 = V_r\cos\gamma_r\sin\gamma \dfrac{\cos e_\chi}{e_\chi} \\ n_6 = V_r\sin\gamma_r\cos\gamma \dfrac{1}{e_\chi} \\ n_7 = \cos\gamma e_y \\ n_8 = \sin\gamma e_y \\ n_9 = e_x \\ n_{10} = e_h \\ n_{11} = e_x\cos\gamma + e_z\sin\gamma \end{cases} \tag{2.236}$$

Takagi - Sugeno 模型基于非线性扇形方法建立，由于有 11 个非线性，则可获得 $r = 2^{11} = 2048$ Takagi - Sugeno 子模型，即

$$\dot{\boldsymbol{e}}(t) = \sum_{i=1}^{2048} \varpi_i(\boldsymbol{Z}(t))(\boldsymbol{A}_i\boldsymbol{e}(t) + \boldsymbol{B}_i\boldsymbol{U}_B(t)) \tag{2.237}$$

式中，状态和控制矩阵可由下式表示，即

$$\boldsymbol{A}_i = \begin{pmatrix} 0 & \omega_{\max} & -\omega_{\max} & 0 & 0 \\ -\omega_{\max} & 0 & -\omega_{\max} & V_r\dfrac{\sin e_\psi}{e_\chi} & 0 \\ \omega_{\max} & \omega_{\max} & 0 & V_r\dfrac{\cos e_\chi}{e_\chi} & -V_r\dfrac{1}{e_\chi} \\ 0 & 0 & 0 & 0 & 0 \\ 0 & 0 & 0 & 0 & 0 \end{pmatrix} \tag{2.238}$$

$$
\boldsymbol{B}_i = \begin{pmatrix} -1 & \cos\gamma e_y & -e_h \\ 0 & -e_x\cos\gamma - e_z\sin\gamma & 0 \\ 0 & \sin\gamma e_y & e_x \\ 0 & -1 & 0 \\ 0 & 0 & -1 \end{pmatrix} \tag{2.239}
$$

子模型的数量很重要,但是实施起来并不容易。在这种情况下,有更大影响的非线性模型应该保留,而其他次要模型应通过一阶近似线性化处理。常会用到 $\cos e_\chi \approx 1$ 的近似。

可获得以下方程,即

$$
\begin{pmatrix} \dot{e}_x \\ \dot{e}_y \\ \dot{e}_z \\ \dot{e}_\chi \\ \dot{e}_\gamma \end{pmatrix} = \begin{pmatrix} \omega_1 \cos\gamma e_y - \omega_2 e_z - V + V_r \cos e_\gamma \\ -\omega_1 \cos\gamma e_x - \omega_1 \sin\gamma e_z + V_r \cos\gamma_\gamma \sin e_\chi \\ \omega_1 \sin\gamma e_y + \omega_2 e_x - V_r \sin e_\gamma \\ \omega_{1r} - \omega_1 \\ \omega_{2r} - \omega_2 \end{pmatrix} \tag{2.240}
$$

考虑到输入为 $\boldsymbol{U} = \begin{pmatrix} V \\ \omega_1 \\ \omega_2 \end{pmatrix}$,选择预定动作使得 $\boldsymbol{U} = \boldsymbol{U}_B + \boldsymbol{U}_F$,其中

$$
\boldsymbol{U}_F = \begin{pmatrix} V_r \cos e_\gamma \\ \omega_{1r} \\ \omega_{2r} \end{pmatrix} \tag{2.241}
$$

该误差模型将保留在结论中。

然后,得到系统模型为

$$
\dot{\boldsymbol{e}} = \boldsymbol{A}_{\text{line}} \boldsymbol{e} + \boldsymbol{B}_{\text{line}} \boldsymbol{U} + \begin{pmatrix} \cos e_\gamma \\ \sin e_\gamma \cos\gamma_r \\ -\sin e_\gamma \\ 0 \\ 0 \end{pmatrix} V_r \tag{2.242}
$$

其中，

$$\boldsymbol{A}_{\text{line}}=\begin{pmatrix}0 & \omega_{1r}\cos\gamma & -\omega_{2r} & 0 & 0\\ -\omega_{1r}\cos\gamma & 0 & -\omega_{1r}\sin\gamma & V_r\cos\gamma_r & 0\\ \omega_{2r} & \omega_{1r}\sin\gamma & 0 & 0 & -V_r\\ 0 & 0 & 0 & 0 & 0\\ 0 & 0 & 0 & 0 & 0\end{pmatrix} \tag{2.243}$$

$$\boldsymbol{B}_{\text{line}}=\begin{pmatrix}-1 & 0 & 0\\ 0 & 0 & 0\\ 0 & 0 & 0\\ 0 & -1 & 0\\ 0 & 0 & -1\end{pmatrix} \tag{2.244}$$

出现 3 个非线性参数，即

$$\begin{cases}n_1=\omega_{1r}\cos\gamma\\ n_2=\omega_{1r}\sin\gamma\\ n_3=\omega_{2r}\end{cases} \tag{2.245}$$

则存在 $p=2^3=8$ 个子模型。考虑到 n_1、n_2、n_3的限制以及 $\sin\gamma$ 和 $\cos\gamma$ 达到最大值的互斥现象，可使用以下几种状态矩阵，即

$$\boldsymbol{A}_l=\begin{pmatrix}0 & \epsilon_i\omega_{1r} & -\omega_{2r} & 0 & 0\\ -\epsilon_i\omega_{1r} & 0 & 0 & V_r\cos\gamma_r & 0\\ \omega_{2r} & 0 & 0 & 0 & -V_r\\ 0 & 0 & 0 & 0 & 0\\ 0 & 0 & 0 & 0 & 0\end{pmatrix} \tag{2.246}$$

$\epsilon_i=\pm1$，或者

$$\boldsymbol{A}_l=\begin{pmatrix}0 & 0 & -\omega_{2r} & 0 & 0\\ 0 & 0 & -\epsilon_j\omega_{1r} & V_r\cos\gamma_r & 0\\ \omega_{2r} & \epsilon_j\omega_{1r} & 0 & 0 & -V_r\\ 0 & 0 & 0 & 0 & 0\\ 0 & 0 & 0 & 0 & 0\end{pmatrix} \tag{2.247}$$

$\epsilon_j = \pm 1$,以及

$$\boldsymbol{B}_l = \begin{pmatrix} -1 & 0 & 0 \\ 0 & 0 & 0 \\ 0 & 0 & 0 \\ 0 & -1 & 0 \\ 0 & 0 & -1 \end{pmatrix} \tag{2.248}$$

模型验证是指用实验数据评估模型的预测精度。现有技术通常可以分为以下两类[23]。

(1) 模型摄动的概念是为了解释仿真和实验之间的差异而提出的。如果这种摄动在允许范围内,结论就是有效的。这种方法主要依靠线性矩阵不等式优化,然后得出关于模型质量的严谨结论。

(2) 第二种方法主要依据仿真和实验之间估计输出误差的统计分析。

文献[23]中提出了一种基于间隙度量的方法,用于使用飞行数据验证飞机模型。间隙度量是用来度量统计有效性的,即 Theil 不等系数。它能够将飞机线性时不变模型(系统)与飞行数据进行比较,然后推导一组闭环控制的鲁棒性要求。

线性变参数系统的引出是为了在有限的控制参数空间区域中,使得识别基于数据的控制参数空间扩展区域中全局模型成为可能。对于飞机仿真而言,这可以将飞行特性预测和推断信息传送到以前没有实际数据的控制参数空间[10]。

2.5.4 模糊建模

模糊逻辑是软(近似)计算的一种形式,它可以用模糊隶属函数来更好地兼容不确定性。这使得通过模糊逻辑对复杂系统建模成为可能;可变空间或集合中的每个点与区间[0,1]上的模糊集合都具有一定程度的隶属性。模糊隶属函数也可以将不确定的模型建立为已知的分布。模糊系统分为 3 个阶段,分别阐释了不同的 IF - THEN 规则,即

$$\text{IF}\quad \text{条件}\quad \text{THEN}\quad \text{结论} \tag{2.249}$$

1. 1 型 Mamdani 方法

模糊逻辑是对布尔逻辑或确定逻辑的修正,在真或假的确定性缺失的情况下,模糊逻辑允许不确定推理和常识推理。在确定逻辑中,集合关系为全部属于或全部不属于。相反,模糊逻辑允许局部地属于集合,被称为模糊集,从而形成了模糊系统的基本规则。模糊系统可以处理局部正确和不完整的数据,并且能够生成这些系统在现实世界中运行的精确模型,特别是在没有合适的常规系统

模型时[63]。当输入的值被应用于具有恰当隶属函数的规则中时,系统发挥作用。一旦激活,每个规则将生成一个输出值,这个值是一个局部正确的值。最后,合并这些规则所生成的输出值,并且在某种程度上将其转换为唯一的确定输出值。

总之,模糊系统由以下要素组成。

(1) 一组输入值。

(2) 一个模糊化系统,用来把未经处理的输入值变换为有隶属关系的模糊集。

(3) 一组模糊规则。

(4) 一个推理系统来激活规则并生成输出值。

(5) 一个去模糊化系统来生成一个或多个确定输出值。

粗糙集是模糊集的一种变异。其基本思想就是通过概念和决策值,为集合的上、下边界近似值设计规则。有了这些规则,就可以轻松地把新目标归入其中一个域。粗糙集尤其有助于处理决策情景中模糊性和不确定性问题,并且利于估计缺失值。

Mamdani 型推理的输出值隶属函数为模糊集。经过聚集过程后,每个需要去模糊化的输出变量都会有一个模糊集,这使得将单个峰值作为输出值隶属函数,而不是分布式的模糊集成为可能。这一输出值集合有时被称为单输出值隶属函数,也可以被看作一个预先去模糊化的模糊集。这一模糊集大大简化了更为一般性的 Mamdani 方法所需要的计算,从而提高了去模糊化的效率。

定义 2.6 模糊集(Fuzzy Set):给定一个集合$\mathbb{X}$,基于集合$\mathbb{X}$定义的传统 1 型模糊集$\mathbb{A}$由二维隶属函数给出,也称为 1 型隶属函数。由于基本元素 $X \in \mathbb{X}$,由 $\mu_{\mathbb{A}}(X)$定义的主要隶属函数是[0,1]中一个确定的数字。通常,模糊集$\mathbb{A}$由式(2.250)给出的二元组表示,即

$$\mathbb{A} = \{ (X, \mu_{\mathbb{A}}(X)) \mid \forall X \in \mathbb{X} \} \tag{2.250}$$

模糊集$\mathbb{A}$也可以表示为式(2.251),文献[35]中有详细描述,即

$$\mathbb{A} = \int_{X \in X} \mu_{\mathbb{A}}(X) \mathrm{d}X \tag{2.251}$$

式中:$\int$指代所有允许 X 的并集。

定义 2.7 模糊二元关系(Fuzzy Binary Relation):关系 $R \in \mathbb{U} \times \mathbb{W}$ 是指从$\mathbb{U}$到$\mathbb{W}$的一个模糊二元关系,$R(X,Y)$是 X 和 Y 之间的关联度,式中$(X,Y) \in \mathbb{U} \times \mathbb{W}$。如果每个 $X \in \mathbb{U}$ 都存在 $Y \in \mathbb{W}$,使得 $R(X,Y) = 1$,那么 R 为从$\mathbb{U}$到$\mathbb{W}$的模糊关系。如果$\mathbb{U} = \mathbb{W}$,那么 R 是指$\mathbb{U}$上的模糊关系。如果 $R(X,X) = 1$,

$\forall X \in \mathbb{U}$，则R是指反射模糊关系；如果$R(X,Y)=R(Y,X)$，$\forall X,Y \in \mathbb{U}$，则指对称模糊关系；如果$R(X,Y) \leqslant V_{Y \in U}(R(X,Y) \wedge R(Y,Z))$，$\forall X,Z \in \mathbb{U}$，则指传递模糊关系。

例如，自主导航控制器可包含六元模糊逻辑模块，通过运用误差及误差变化率[25]控制高度、偏航角、滚转角、俯仰角以及沿x、y、z轴进行的运动。

每个输入集合均有以下5个隶属函数。

(1) NB：负大。

(2) N：负。

(3) Z：零。

(4) P：正。

(5) PB：正大。

每个输出集合均有以下7个隶属函数。

(1) NB：负大。

(2) NM：负中。

(3) N：负。

(4) Z：零。

(5) P：正。

(6) PM：正中。

(7) PB：正大。

用于输入和输出的隶属函数采用高斯方法，即

$$\mu_{A_i}=\exp\left(\frac{(c_i-X)^2}{2\sigma_i^2}\right) \tag{2.252}$$

还可为控制器选择平均面积法的去模糊化方法[50]。

2. Takagi－Sugeno模型的模糊估计

对于不确定非线性系统近似而言，模糊Takagi－Sugeno模型是一种非常有效的工具，并且已经成功地运用到控制理论和技术中[46]。

Takagi－Sugeno系统内包含带有模糊规则前件和后件的if－then规则，其中将模糊规则的后件指定为一个仿射函数。更准确地说，对于m维输入变量$X=(X_1,X_2,\cdots,X_n)^{\mathrm{T}} \in \mathbb{R}^n$，第$i$个模糊规则可表示为

$$\begin{aligned}&R^i:\text{IF } X_1 \text{ is } A_{i1},X_2 \text{ is } A_{i2},\cdots,X_n \text{ is } A_{in},\text{THEN}\\&Y=\varpi_{i0}+\varpi_{i1}X_1+\varpi_{i2}X_2+\cdots+\varpi_{in}X_n \quad (i=1,2,\cdots,r)\end{aligned} \tag{2.253}$$

钟形隶属函数可用于描述模糊的语义命题$A_{ij}(X_j)$，例如

$$\mu_{A_{ij}}(X_j)=\exp\left[-\left(\frac{X_j-c_{ij}}{\sigma_{ij}}\right)^2\right] \tag{2.254}$$

式中：c_{ij}和σ_{ij}为相关钟形隶属函数各自的均值和方差。我们也可以使用其他形状的函数。

使用加权平均去模糊化，Takagi – Sugeno 系统的输出函数可分解为

$$\hat{Y}=\sum_{i=1}^{r}\boldsymbol{\Phi}_i(\boldsymbol{X})\boldsymbol{l}_i(\boldsymbol{X}) \tag{2.255}$$

式中：$\boldsymbol{\Phi}_{\rm i}(\boldsymbol{X})$为第 i 个模糊规则关于输入变量 X 的激活强度，即

$$\boldsymbol{\Phi}_i(\boldsymbol{X})=\frac{\mu_i(\boldsymbol{X})}{\sum_{k=1}^{r}\mu_k(\boldsymbol{X})} \tag{2.256}$$

其中，

$$\mu_i(X)=\prod_{j=1}^{n}\mu_{A_{ij}}(X_j) \tag{2.257}$$

以及

$$\boldsymbol{l}_i(\boldsymbol{X})=\boldsymbol{\varpi}_{i0}+\boldsymbol{\varpi}_{i1}X_1+\boldsymbol{\varpi}_{i2}X_2+\cdots+\boldsymbol{\varpi}_{in}X_n=[1,\boldsymbol{X}^{\rm T}]^{\rm T}\boldsymbol{\varpi}_i=\boldsymbol{X}_{\rm e}\boldsymbol{\varpi}_i \tag{2.258}$$

为相关的模糊规则后件，式中，$\boldsymbol{\varpi}_i=(\boldsymbol{\varpi}_{i0},\boldsymbol{\varpi}_{i1},\cdots,\boldsymbol{\varpi}_{in})^{\rm T}$ 表明了第 i 个规则后件部分的参数列向量。假设输入输出数据集为

$$\mathbb{D}=\{(\boldsymbol{X}_k^{\rm T},\boldsymbol{Y}_k^{\rm T})^{\rm T}:\boldsymbol{X}_k=[X_{k1},X_{k2},\cdots,X_{kn}]^{\rm T},k=1,2,\cdots,N\} \tag{2.259}$$

式中：$\boldsymbol{X}_k$和$\boldsymbol{Y}_k$分别代表第 k 个 n 维输入变量和输出变量。$\mathbb{M}_{\mathbb{D}}^r$为从数据集$\mathbb{D}$中获得的有 r 个模糊规则的 Takagi – Sugeno 系统。

假设 $\hat{\boldsymbol{Y}}=[\hat{Y}_1,\hat{Y}_2,\cdots,\hat{Y}_n]$是 Takagi – Sugeno 系统$\mathbb{M}_{\mathbb{D}}^r$的输出值，即

$$\hat{\boldsymbol{Y}}=\sum_{i=1}^{r}\boldsymbol{\Phi}_i\boldsymbol{\varpi}_i=\boldsymbol{\Phi}\boldsymbol{\varpi} \tag{2.260}$$

式中：$\boldsymbol{\Phi}\in\mathbb{R}^{N\times r(n+1)}$，包括 r 个分块，即

$$\boldsymbol{\Phi}_i=\mathrm{diag}(\boldsymbol{\Phi}_i(\boldsymbol{X}_1),\boldsymbol{\Phi}_i(\boldsymbol{X}_2),\cdots,\boldsymbol{\Phi}_i(\boldsymbol{X}_N))X_{\rm e}\quad N=1,2,\cdots,r \tag{2.261}$$

$\boldsymbol{\Phi}$ 称为 Takagi – Sugeno 系统$\mathbb{M}_{\mathbb{D}}^r$的词典，其要素 $\boldsymbol{\Phi}_i$ 是第 i 个模糊规则的子词典。Takagi – Sugeno 模糊系统词典有一个自然分块结构。每个分块都与一个模糊规则的子词典相关联。从这个意义上讲，模糊模型输出 $\hat{\boldsymbol{Y}}$ 可以表达为模糊规则子词典的一个线性组合。模糊聚类法可用于辨识 Takagi – Sugeno 模型，包括规则个数和隶属函数参数的辨识，以及采用最小二乘法来辨识局部线性模型参数，目的是为了使 Takagi – Sugeno 模型以及相关初始非线性系统之间的误差最小

化[24]。也可以使用另一种方法来辨识区间模糊模型。这种方法结合了模糊辨识法和线性规划,但会导致模糊模型的级别高低不一,或者导致模型参数有高有低。还提出了一个运用相关向量学习机(RVM)的模糊建模方法,该方法以基于核的贝叶斯估计为依据,以找到 Takagi - Sugeno 模糊模型的最佳结构,从而为带有测量误差的非线性动态系统建模。隶属函数规则的个数和参数值可以用优化所提出的模糊推理系统(FIS)[15,46,50]中相关向量学习机的边缘相似性确定。

在数据的基础上建立 Takagi - Sugeno 系统可能会出现非线性规划问题,因为确定最佳模糊规则,包括前件隶属函数(AMF)以及相关的后件参数,极具技巧性。一些数值优化的方法,诸如凭借梯度下降优化技术的神经 - 模糊法,平衡模型复杂性和准确度的遗传算法以及列文伯格 - 马夸尔特(Levenberg - Marquardt)算法,均已得到研究并广泛应用于模糊系统的建模[42]。

基于数据的 Takagi - Sugeno 模糊系统(TSFS)建模有两个重要的步骤[85]。

(1) 确定规则隶属函数,把输入空间分为多个区域。

(2) 估计规则的后件参数矢量,用于描述系统在每个区域中的行为。

除了专家运用先验知识可以提供模糊规则外,在输入空间的划分以及模糊规则前件的隶属函数的确定中广泛运用了数理统计和聚类技术。许多熟知的聚类技术被广泛地应用,如 K - 均值算法、模糊 C - 均值算法及其延展算法、减聚类算法和矢量量化(QV)法。在确定模糊规则前件之后,后件参数的预测可被看作给定输入输出数据的乘积空间中的线性回归问题[54]。

给定一个输入输出数据集,Takagi - Sugeno 系统可被辨识为同时可以处理稀疏后件参数的少量规则。为此,Takagi - Sugeno 模型中存在的分块结构信息会被计算在内,并且对 Takagi - Sugeno 系统辨识框架的分块结构稀疏表示也会扩展。作为传统稀疏表示的一种传承,分块结构稀疏表示被引入最小绝对值收缩和选择算子中。它提供了一个回归模型,在这个模型中,许多作用不大的回归系数分块将会精确地收缩为零,并且保持高准确度预测。重要的规则被选取,多余的规则被排除。因此,Takagi - Sugeno 系统建立于拥有最少非零后件参数的少量规则[90]。

3.2 型模糊系统

1 型模糊集通过精确的离散隶属函数来处理模糊系统输入和输出的不确定性,通常认为这些函数可以捕捉不确定性[40]。一旦选定 1 型隶属函数,函数本身的真实度将不确定,这一事实不再以模型的形式在 1 型模糊集中呈现。假定一个给定输入值会产生一个精确的隶属函数单一值。然而,在设计模糊逻辑系统时,与动态非结构化环境相关的语义和数字的不确定性在确定精确、清晰的前件和后件隶属函数时会出现问题。因此,在特定环境和运行条件下,已经设计好的1型模糊集可能是次佳的。这可能会造成模糊系统的性能降低，进而可能导致系统难以控制。

定义2.8 2型模糊集(Type 2 Fuzzy Set):2型模糊集 $\tilde{A}$ 以三维隶属函数为特征，也称为 T_2 隶属函数，其本身就是模糊的。T_2 隶属函数通常表示为 $\mu_{\tilde{A}}(X, U)$，式中 $X \in \mathbb{X}$，$U \in \mathbb{J}_x \subseteq [0,1]$，$(0 \leqslant f_x(U) \leqslant 1)$。二次隶属函数的振幅被称为二级隶属，$\mathbb{J}_x$ 是 X 的一级隶属。

定义2.9 不确定性占用空间(Footprint of Uncertainty):2型模糊集 $\tilde{A}$ 一级隶属中的不确定性由一个称为不确定性占用空间的有界区域来表示，定义为所有一级隶属的并集，即

$$\mathrm{FOU}(\tilde{A}) = \bigcup_{X \in \mathbb{U}} \mathbb{J}_x \tag{2.262}$$

如果一个2型模糊集 $\tilde{A}$ 的所有二级隶属都等于1，即

$$\mu_{\tilde{A}}(X, U) = 1,\ \forall X \in \mathbb{X},\ \forall U \in \mathbb{J}_x \subseteq [0,1] \tag{2.263}$$

则 $\tilde{A}$ 称为区间2型模糊逻辑系统(IT2FLS)。不确定性占用空间由两条称为下级隶属函数和上级隶属函数(分别为 $\underline{\mu}_{\tilde{A}}$，$\bar{\mu}_{\tilde{A}}$)的曲线来界定，$\underline{\mu}_{\tilde{A}}$，$\bar{\mu}_{\tilde{A}}$ 表示不确定性占用空间内嵌入式 T_1 模糊集中隶属函数的最小值和最大值。

2型模糊集的特点是隶属值为模糊隶属函数，因为该集合的每个元素都是[0,1]中的一个模糊集，不像1型模糊集，隶属级别是[0,1]中的一个清晰数字。2型模糊集的隶属函数是三维的，并且包含一个不确定性占用空间。正是2型模糊集的第三维度和不确定性占用空间提供了附加自由度，使得处理不确定性并为不确定性建模成为可能。因此，2型模糊逻辑系统有可能克服1型模糊逻辑系统的局限[40,59]。

去模糊化后的降型(TR)通常用于区间2型模糊逻辑系统(IT2FLS)[59]。一些直接去模糊化的方法忽略了降型，其中最简单的就是Nie - Tan(NT)直接去模糊化法。初始的区间2型模糊逻辑系统既要求降型也要求去模糊化，通过使用迭代Kernel - Mendel(KM)或增强Kernel - Mendel(EKM)算法来实现在数值区间中2型模糊逻辑系统的降型。在这样一个区间2型模糊逻辑系统中，计算出每个规则的激活区间之后，被激活的规则将会以两种不同的方式聚集。

(1) 聚集体 A_1。计算区间2型激活规则输出集；然后取通向单个区间2型模糊逻辑系统的那些集合的并集，通过质心降型的方式来降型区间2型模糊逻辑系统，并最终通过计算两个端点的平均值来使已经降型的集合去模糊化。

(2) 聚集体 A_2。通过集合中心、高度或修改后的高度降型直接降型,然后通过计算已经降型的集合两个端点的平均值来去模糊化。

极大-极小不确定界(UB)的确定为已降型集合两个端点的上、下边界提供闭合解。不确定界计算出来后,去模糊化便很简单,也就是近似降型集合两个端点的平均值:取不确定界,然后去模糊化。

闭合降型和去模糊化方法已经被提出,利用对等级别的1型隶属函数。基本思想是首先找到1型隶属函数对等的级别以及激活区间的激活强度,然后在去模糊化集合的中心使用该激活强度。由于找到1型函数的对等级别很难,闭合降型和去模糊化方法只能用来替代聚集体 A_2。

至于区间2型模糊逻辑系统的质心计算,与区间2型模糊逻辑系统中的激活规则输出集相结合,通过联合计算来给出一个聚集区间2型模糊逻辑系统$\mathbb{A}$。$\mathbb{A}$的去模糊化有两个计算步骤:

(1) 计算质心,这是一个区间集 $C(\mathbb{A})$。

(2) 去模糊化 $C(\mathbb{A})$。

区间2型模糊逻辑系统是笛卡儿乘积的一个二变量函数:$\mu:\mathbb{X}\times[0,1]\to[0,1]$,这里$\mathbb{X}$是一级变量 X 的经验域。$\mathbb{A}$的浮点值表示为

$$\mathbb{A}=\{(X,U),\mu_A(X,U)=1,\forall X\in\mathbb{X},\forall U\in[0,1]\} \tag{2.264}$$

$\mu_{\mathbb{A}}$ 的二维支持称为$\mathbb{A}$的不确定性占用空间(FOU),即

$$\text{FOU}(\mathbb{A})=\{(X,U)\in\mathbb{X},\times[0,1],\mu_{\mathbb{A}}>0\} \tag{2.265}$$

FOU($\mathbb{A}$)由下级和上级边界隶属函数(MF)界定,这两个隶属函数分别由 $\underline{\mu}_{\mathbb{A}}$ 和 $\bar{\mu}_{\mathbb{A}}$ 表示,分别为

$$\bar{\mu}_{\mathbb{A}}=\sup\{U\in[0,1],\mu_A(X,U)>0\} \tag{2.266}$$

和

$$\underline{\mu}_{\mathbb{A}}=\inf\{U\in[0,1],\mu_{\mathbb{A}}(X,U)>0\} \tag{2.267}$$

在 X 经验域中的一级隶属函数$\mathbb{A}$为区间$[\underline{\mu}_{\mathbb{A}},\bar{\mu}_{\mathbb{A}}]$,即

$$\boldsymbol{J}_X=[\underline{\mu}_{\mathbb{A}},\bar{\mu}_{\mathbb{A}}] \tag{2.268}$$

嵌入式1型模糊系统$\mathbb{A}_e^j$是一个范围为区间[0,1]子集的模糊集,由 $\mu_{\mathbb{A}}$ 确定,即

$$\mathbb{A}_{\mathrm{e}}^j=\{(X,U(X)),X\in\mathbb{X},U\in\mathbb{J}_X\} \tag{2.269}$$

这里的一级变量 X 从 N 个值 $X_1,\cdots,X_N$ 中取样,这些值中一级隶属值在 M_i 个值 $\mu_{i1},\cdots,\mu_{iM_i}$ 中取样;那么存在包含在 FOU($\mathbb{A}$)中的 $n_A=\Pi_{i=1}^N M_i$ 个嵌入式1

型模糊系统。

$\mathbb{A}$的波浪式滑动表示为

$$\mathrm{FOU}(\mathbb{A}) = \bigcup_{j=1}^{n_A} \mathbb{A}_e^j \tag{2.270}$$

1 型模糊系统$\mathbb{A} \in \mathbb{X} = \{\mathbb{X}_1, \mathbb{X}_2, \cdots, \mathbb{X}_N\}$的质心 $C(\mathbb{A})$定义为

$$C(\mathbb{A}) = \frac{\sum_{i=1}^{N} X_i \mu_A(x_i)}{\sum_{i=1}^{N} \mu_A(X_i)} \tag{2.271}$$

区间 2 型模糊系统$\mathbb{A}$的质心 $C(\mathbb{A})$是其所有嵌入式 1 型模糊系统 A_e^j 质心的并集。

$$C(\mathbb{A}) = \bigcup_{j=1}^{n_A} C(A_e^j) = [C_l(\mathbb{A}), C_r(\mathbb{A})] \tag{2.272}$$

其中,

$$C_l(\mathbb{A}) = \min_{\forall A_e^j} C_{\mathbb{A}}(\boldsymbol{A}_e^j) \tag{2.273}$$

以及

$$C_r(\mathbb{A}) = \max_{\forall A_e^j} C_{\mathbb{A}}(A_e^j) \tag{2.274}$$

至于连续 Kernel – Mendel 算法,对支持集的连续值域来说 C_l 和 C_r 可以为

$$C_l = \min_{\zeta \in [a,b]} \frac{\int_a^{\zeta_l} x\bar{\mu}_{\mathbb{A}}(X)\,\mathrm{d}X + \int_{\zeta_l}^{b} x\underline{\mu}_{\mathbb{A}}(X)\,\mathrm{d}X}{\int_a^{\zeta_l} \bar{\mu}_{\mathbb{A}}(X)\,\mathrm{d}X + \int_{\zeta_l}^{b} \underline{\mu}_{\mathbb{A}}(X)\,\mathrm{d}X} \tag{2.275}$$

和

$$C_r = \max_{\zeta \in [a,b]} \frac{\int_a^{\zeta_l} x\bar{\mu}_{\mathbb{A}}(x)\,\mathrm{d}x + \int_{\zeta_l}^{b} x\underline{\mu}_{\mathbb{A}}(x)\,\mathrm{d}x}{\int_a^{\zeta_l} \bar{\mu}_{\mathbb{A}}(X)\,\mathrm{d}X + \int_{\zeta_l}^{b} \underline{\mu}_{\mathbb{A}}(X)\,\mathrm{d}X} \tag{2.276}$$

式(2.275)和式(2.276)的解 ζ_l^*、ζ_r^* 称为切换点,并通过连续 Kernel – Mendel 法或连续强化 Kernel – Mendel 法计算。

将质心计算变换为求根问题:与连续 Kernel – Mendel 法(以及连续强化 Kernel – Mendel 法)相关的优化问题可以变换为等价的求根问题。也正是通过这些求根问题给出了 Nie – Tan 法、Kernel – Mendel 法和去模糊化结构法。

采用 Kernel – Mendel 法和去模糊化结构法,$\mathbb{A}$、$m(\,)$的去模糊化值就是 $C(\mathbb{A})$的中心,即

$$m = \frac{1}{2}(C_l + C_r) \tag{2.277}$$

在 Nie - Tan 法中，首先计算均值，即 C_i，为$\mathbb{A}$的低一级隶属函数和高一级隶属函数在每个 X_i 的 C_i，即

$$C_i = \frac{1}{2}(\underline{\mu}_{\mathbb{A}}(X_i) + \bar{\mu}_{\mathbb{A}}(X_i)), \quad i = 1, \cdots, N \tag{2.278}$$

每个 C_i 都是位于 $X = X_i$ 的一个峰值。然后，估算 N 个峰值的重心(COG)，即

$$C_{NT} = \frac{\sum_{i=1}^{N} X_i C_i}{\sum_{i=1}^{N} C_i} \tag{2.279}$$

式(2.279)显示区间 2 型模糊逻辑系统离散输出值的 Nie - Tan 公式仅取决于其 FOU($\mathbb{A}$)的下界和上界[35,40-59]。

2.5.5 线性混合自动装置

典型的飞机动力学方程包括多个飞行模式，如恒速和协调转弯等。

随机线性混合系统模型非常适合描述这类动力学方程，每种离散状态匹配一种飞行模式，每对($\boldsymbol{A}_Q$,$\boldsymbol{B}_Q$)将对不同飞行模式相关的离散时间连续状态演化建模。当没有可获得的飞机目的信息时，模式的转换会与连续状态动态分离。因此，Markov 跳变模式可用于描述飞机飞行模式的转换[49]。

1. 随机线性混合系统

随机线性混合系统(SLHS)模式包含一组离散时间连续状态模型，每个模型对应一个离散状态。当时间为 k，离散时间状态动力学可通过以下不同的方程来描述，即

$$\boldsymbol{X}(k) = \boldsymbol{A}_{Q(k)}\boldsymbol{X}(k-1) + \boldsymbol{B}_{Q(k)}\tilde{\boldsymbol{W}}(k) \tag{2.280}$$

式中：$\boldsymbol{X}(k)$为状态矢量；$\boldsymbol{Q}(k) \in \mathbb{Q} = 1, 2, \cdots, n_d$ 为时间 k 时的离散状态；$\mathbb{Q}$ 为所有离散状态的有限集合；$\boldsymbol{A}_Q$ 和 $\boldsymbol{B}_Q$ 为大小合适的与每个离散状态 $\boldsymbol{Q}$($\boldsymbol{Q} \in \mathbb{Q}$)相关联的系统矩阵；$\tilde{\boldsymbol{W}}(k) \in \mathbb{R}^p$为均值为 0 和协方差为 $\tilde{\boldsymbol{Q}}(k)$的白高斯噪声。假定初始状态与任何 k 的 $\tilde{W}(k)$无关。随机线性混合系统中有以下两种类型的离散转换模型。

(1) Markov 跳变模型。离散状态转换的过程即实现均匀 Markov 链。Markov 链的有限状态空间是离散状态空间$\mathbb{Q}$。假设对于每个时刻 k，概率向量

$\boldsymbol{\pi}(k)=(\boldsymbol{\pi}_1,\cdots,\boldsymbol{\pi}_{nd}(k))^{\mathrm{T}}$,这里每个向量 $\boldsymbol{\pi}_i(k)$ 表示系统的真实离散状态为 k 的概率。然后,下一时刻概率向量更新为

$$\boldsymbol{\pi}(k+1)=\boldsymbol{\Gamma}\boldsymbol{\pi}(k) \tag{2.281}$$

这里,常量矩阵 $\boldsymbol{\Gamma}$ 是 Markov 转移矩阵,有

$$\sum_j \Gamma_{ij}=1 \tag{2.282}$$

Γ_{ij}表示 Markov 转移矩阵 $\boldsymbol{\Gamma}$ 中第 i 行第 j 列的标量。离散状态转换与连续动力学无关。

(2) 状态依赖转换模式。离散状态转换由下式确定,即

$$\boldsymbol{Q}(k+1)=\tilde{\boldsymbol{A}}(\boldsymbol{Q}(k),\boldsymbol{X}(k),\boldsymbol{\theta}) \tag{2.283}$$

式中:$\theta\in\Theta=\mathbb{R}^l$;$\tilde{\boldsymbol{A}}$ 被定义为离散状态转换函数,有

$$\tilde{\boldsymbol{A}}(i,\boldsymbol{X},\boldsymbol{\theta})=j\quad \text{if}\ [\boldsymbol{X}^{\mathrm{T}}\boldsymbol{\theta}^{\mathrm{T}}]^{\mathrm{T}}\in\boldsymbol{G}(i,j) \tag{2.284}$$

式中:$\boldsymbol{G}(i,j)$ 为约束条件。具体的约束条件是随机线性约束条件,有

$$\boldsymbol{G}_{ij}=\left\{\begin{bmatrix}\boldsymbol{X}\\ \boldsymbol{\theta}\end{bmatrix}\middle|\boldsymbol{X}\in\mathbb{X},\boldsymbol{\theta}\in\Theta,\boldsymbol{L}_{ij}\begin{bmatrix}\boldsymbol{X}\\ \boldsymbol{\theta}\end{bmatrix}+\boldsymbol{b}_{ij}\leqslant 0\right\} \tag{2.285}$$

式中:$\boldsymbol{\theta}\approx N(\boldsymbol{\theta},\bar{\boldsymbol{\theta}},\boldsymbol{\Sigma}_{\boldsymbol{\theta}})$ 为一个 l 维高斯随机向量;均值 $\bar{\boldsymbol{\theta}}$ 以及协方差 $\boldsymbol{\Sigma}_{\boldsymbol{\theta}}$ 为约束条件中的不确定性;$\boldsymbol{L}_{ij}$为一个 $\xi\times(n+l)$ 矩阵;$\boldsymbol{b}_{ij}$为 ξ 维向量;ξ 为向量不等式的维度。这里,向量不等式 $\boldsymbol{Y}\leqslant 0$ 是指 $\boldsymbol{Y}$ 的每个标量元素是非正数。

2. 状态转换

这里主要介绍在状态相关转换和约束条件下,用目的信息(或飞行计划)来模拟飞行模式的转换。为了达到这一目的,无人机需要按照给定路线从一个点到另一个点地执行一系列机动过程。当飞机在达到某一指定点时自动改变其飞行模式,该指定点可含有飞机的目的信息(行为)。利用给定的飞机目的信息,就可以用混合系统的离散状态转换对飞行模式的改变进行建模。这时,飞机的飞行模式就取决于目前停留在哪个分区,通过约束条件就可以用数学语言定义分区。飞行模式转换取决于飞机的状态,同时可以用状态相关的离散状态转换函数来建模[44]。

在实际应用中,由于各种不确定因素并不能很精确地在预定点上,而是在其附近进行飞行模式转换。可以设计随机线性约束条件来为飞行模式转换中的这种不确定性进行建模。通过设计高斯随机变量参数 $\boldsymbol{\theta}$,可以解释这种不确定性。根据给定的位置选择参数 $\boldsymbol{\theta}$,并根据飞机的导航能力确定 $\boldsymbol{\Sigma\theta}$:如果飞机导航精

度高，$\boldsymbol{\Sigma\theta}$ 比较小，如果飞机导航精度差，$\boldsymbol{\Sigma\theta}$ 较大。

飞机的动力学（方程）可以由线性混合自动机建模，其中每个控制状态对应于飞行计划中的一个阶段。每个控制状态的动作可用飞机在切平面坐标系上的状态演变函数来描述。假设每个飞行阶段的速度是恒定的，通过以下两种检测来约束连接不同控制状态的过渡点。

（1）飞机位置的测试。当第 n 次飞行阶段通过航行点 $\boldsymbol{WP}_{n+1}=(x_{n+1},y_{n+1},z_{n+1})$ 后，使用这类检测（以上方程都由切线平面坐标系中的坐标指定）。

（2）时钟检测。当规定了第 n 次飞行计划阶段的持续时间，而不是最终航点时，使用这类检测。使用的时钟必须在进入控制位置 n 时进行初始化。

这样建立的模型在风速大小和方向取最大/最小值区间范围内时都为常值。

3. 耗油率

一般来说，飞机的耗油率是关于某些变量和飞行条件的函数，于是可以得到一个非线性混合系统。为了便于分析，该系统必须通过线性混合自动化装置近似建模。这需要通过速率转换技术来实现，用分段线性的耗油率来近似代替非线性耗油率。针对耗油率 s_{fc} 建立的模型反映了它与飞机质量和飞行状况之间的关系，即

$$s_{fc}=\dot{f}=g_u(m)$$

式中：$m=m_e+f$ 为飞机的总质量；m_e 为空载时飞机的质量；f 为当前燃料的质量。$U\in\{$最大航程，持续时间，最大速度，……$\}$ 为确定飞行条件的参数；g_u 为一个随 m 增长而减少的非正函数，可表示为

$$g_u(m)=g_u(m_e)+h_u f$$

式中：$g_u(m_e)$ 是名义耗油率，当飞行条件为 u 和 $h_u f$ 时，它会随着飞机中的燃油量 f 的增加而增加；h_u 为一个负常数。

考虑到每次飞行计划是由多个阶段组成的，每一阶段都有对应的恒定飞行条件，无人机的耗油率可以由非线性混合自动机进行建模，在位置 P_i 阶段，耗油率动态方程由 $s_{fc}=k_{1_i}+k_{2_i}f$ 表示，k_{1_i}、k_{2_i} 是非正常量。对应于 i 的还有 $g_u(m_e)$ 和 h_u 以及飞行条件 u。此外，在任意位置 P_i，f 都被限制在区间 $[0,F]$ 内，其中 F 是飞机上的初始燃油量。

2.6 任务工具

智能无人机的主要目的是为操作载荷提供平台，同时它也使传感器能够在所需位置发挥作用。因此，有效载荷的参数对智能无人机的设计及其操作要求

有很大影响。在设计初期,准确获得有效载荷性能及其对智能无人机设计的影响,就能够设计出更有效的整体系统解决方案。

2.6.1 传感器

无人机结合多种传感器,每种集成数据传感器对应于环境中的不同物理属性,就可以使飞机的感知系统更加敏锐,从而获得最新的信息。目前,传感器是智能无人机中投入成本最大的项目之一,也是导航和任务中不可或缺的。传感器的具体要求如下。

(1) 一体化和环境要求。

① 传感器与飞机的一体化(尺寸、重量等)。

② 传感器在复杂环境下的工作要求。

(2)根据不同任务,传感器的操作要求。

① 电磁辐射的大气传播。

② 在着陆/起飞或航线上(雨、云、雾天气状况下)的恶劣条件。

③ 传感器的图像处理要求。

④ 数据库对传感器的要求。

⑤ 目标区域定位和轨迹控制要求。

最新的传感器技术可以归纳为[11]以下几种。

(1) 光电传感器。

(2) 被动式传感器。

① 可见光相机:CCD 和 CMOS(图像传感器)。

② 适用于夜视的微光相机。

③ 红外摄像机。

(3) 主动系统。

① 镭射激光雷达(障碍物检测)。

② 主动激光成像(主要用于恶劣性条件、雾、雨等)。

(4) 雷达传感器。

① 毫米波雷达(中等范围,约 5km 内的全天候条件,具有良好的分辨率)。

② 合成孔径雷达(大范围,约 100km,但分辨率较低)。

(5) 增强视景系统。

惯性传感器测量的是旋转速度和加速度,这两者都为可变向量[33,60-61,77]。

(1) 陀螺仪是用于测量旋转的传感器。其中,速率陀螺仪测量旋转速率,位移陀螺仪(也称为全角度陀螺仪)测量旋转角。

(2) 加速度计是用于测量加速度的传感器。需要注意的是,加速度计不能测量重力加速度。

空气速度的数据可以通过皮托管获得，但是测量数据可能会受飞机机体的影响。

惯导系统可以估计飞机相对于惯性参考系的速度、方位和位置，没有诸如无线电信号的外部输入信息。惯性导航使用陀螺仪和加速度计来获取惯导系统（INS）对飞机位置、速度、姿态和姿态速率的估计。惯导系统由以下部分组成。

（1）一个惯性测量单元（IMU）或惯性基准单元（IRU），通常包含 3 个加速度计和 3 个陀螺仪。这些传感器安装在公共基座上并保持相同的相对方向。

（2）导航计算机计算重力加速度（不是通过加速度计测量的），并且将净加速度二次整合以保持对飞机位置的估算。

来自不同种类的传感器数据必须经过整合。导航的数据融合有一显著特点，即使用概率技术，如卡尔曼滤波器、高斯近似法、矢量图、网格图。这些定量方法可以完善不完整和不准确的信息，但是其计算成本会很高，不过可以获得更精确和全面的信息，有利于任务的完成。

在飞行过程中，可以通过速率陀螺仪测量飞机角速率 p、q、r。这 3 个正交安装的陀螺仪可以测量角速度 Ω 的分量，并使用离散的矩阵方程

$$\boldsymbol{R}(k+1)=\delta_t\boldsymbol{Sk}(\Omega)\boldsymbol{R}(k)+\boldsymbol{R}(k) \tag{2.286}$$

来持续地计算在惯性参考系下机体参考系的方位矩阵 $\boldsymbol{R}_{\mathrm{E}}^{\mathrm{B}}$。$\delta_t$ 表示时间的增量。从机体参考系所测量的加速度 a^{B} 转换到惯性坐标系，可用以下方程计算得到，即

$$\boldsymbol{a}^{\mathrm{I}}=\boldsymbol{R}_{\mathrm{B}}^{\mathrm{I}}\boldsymbol{a}^{\mathrm{B}} \tag{2.287}$$

然后，可以整合两者的信息以得到飞机在惯性参考系中的位置信息。

球形流量方向传感器可以测量迎角 α 和侧滑角 β 的角度。该传感器通过安装在飞机顶端的球体上的多个压力端口测量的压差来确定气体流动的方向。

全球定位系统（GPS）目前使用大约 30 颗有源卫星，在 6 个轨道上围绕地球运行。GPS 接收机通过测量无线电信号的传播时间来工作，这些信号来自于 4 个或更多轨道位置被 GPS 编码的卫星。利用 4 个已知的空间点和 4 个位置测量的时间差，可以计算飞机的位置和传播时间。如果接收到由表面反射后的 GPS 信号，传播距离会更长，测量的位置可能会有误差[19]。无线电波通过大气时传播速度的变化是位置预测中产生误差的主要原因。不过这些误差随时间慢慢发生变化，并且当测量面积很大时误差近似恒定。于是，差分全球定位系统（DGPS）诞生，其原理是在特定站点测量误差并传输到附近接收机，以抵消上述误差。

各种类型和尺寸的电子传感器也大放异彩。态势感知/认知是确保飞机正常运行所必需的属性。有关航空电子学的更多信息可以在一些教科书中找到,如文献[33]。

在关键的设计初期阶段需要具备一个简单的仿真工具。该工具需要在较低计算成本条件下,快速评估空间设计和竞争设计。理想情况下,基于 Agent 的建模和仿真方法支持通过简单的 Agent 定义创建复杂的操作环境。

现如今随着无人机的流行,越来越多的商业无人机模拟器发展起来并且其数量仍在增长。这些模拟器大多数用于复现当前最先进的无人机训练和操作程序。远程操作系统可以由 5 个主要部分组成,即运动平台、空中平台、含无线控制的机载传感器、PC 到遥控的(RC)电路单元及地面站。

无线传感网络的特点是通过无线连接并且密集部署的传感器节点来观察物理现象。它的主要优点是成本低、部署快、自组织和高容错性。无线传感网络已经成为无人系统环境和态势感知不可或缺的一部分,从而使其可以完全自主地实现智能控制和决策。例如,地面静态传感网络通常可以被用于目标侦测、识别和跟踪。一组智能无人机可以形成无线移动传感网络,来进行合作搜索、探测和监控。

如今有许多针对无线传感网络展开的研究和开发工作,涵盖传感器平台开发、无线通信和网络、信号和信息处理以及网络性能评估和设计。但是在无人系统中,由于网络资源有限(如节点能量和网络带宽)、传感器异构、大规模部署和分布式机制的影响,底层无线传感网络仍然存在一些挑战。比如,由于状态估计、信号处理和传感器融合受有限的传感器资源和网络资源的约束,所以相关算法应与传感器和网络资源共同设计;只有本地信息交流才能确保实现分布式估计,但这应在基本性能与所需的通信和计算开销之间进行权衡;在处理大量传感数据时,往往存在数据丢失、数据转发延迟和硬件带宽限制而导致的压缩处理问题,大数据处理方法显得尤为必要。

2.6.2 相机模型

目前无人机的主要用途就是通过相机来捕获目标位置的图像,从而收集情报。数字成像相机使用多个独立的传感器图像信息来形成最终的图像。各个传感器被布置成矩形阵列,称之为焦平面阵列。焦平面阵列处的视场(FOV)就是焦平面视角。一般而言,传感器的设计决定视场的特性,然后根据无人机制造商的输入指令发出信号[78]。

控制图像质量的基本参数之一就是采样距离(GSD)。这是一个关于聚焦通道阵列、光学和采集几何的函数,即

$$\mathrm{GSD_H}=2\tan\left(\frac{\mathrm{FOV_H}}{2\mathrm{Pix_H}}\right)R \tag{2.288}$$

式中：$\mathrm{GSD_H}$为水平面采样距离；$\mathrm{FOV_H}$ 为水平视场；$\mathrm{Pix_H}$ 为水平传感器像素的数量；R 为倾斜范围。类似地，垂直地面采样距离可以由下列式了给出，即

$$\mathrm{GSD_V}=\frac{2\tan(0.5\mathrm{FOV_V}\mathrm{Pix_H})}{\cos(\theta_{\mathrm{look}})}R \tag{2.289}$$

式中：θ_{look}为视角。但视角和倾斜范围取决于无人机的操作参数，如高度和速度。

无人机和目标对象之间的倾斜范围为

$$R=\sqrt{h^2+GR^2} \tag{2.290}$$

式中：h 为无人机的高度；GR 为无人机到目标的航程距离。

地面采样距离可以作为衡量相机模块性能的一个标准，但不能作为评判图像质量的指标。基于经验方法的图像质量预测比较随意，它定义了辨别对象的3 个层次，即检测、认知和鉴定。

定义 2.10 检测(Detection)是指某一特征被认定属于某一群体中的一部分的概率。通过认知去判别是否属于目标层次，通过鉴定来判定是否属于特定种类。

基于传感器的分辨率来决定检测、识别和鉴定是否准确的概率。目标被黑色和白色条纹所取代，每个条纹为一个循环。给定尺寸目标的总循环次数为

$$d_{\mathrm{c}}=\sqrt{W_{\mathrm{target}}+H_{\mathrm{target}}} \tag{2.291}$$

式中：d_{c} 为目标特征维度；W_{target}、H_{target}分别为目标宽度和高度（通过相机观测得出）。循环数由下式给出：

$$N=\frac{d_{\mathrm{c}}}{2\mathrm{GSD_{avg}}} \tag{2.292}$$

有关相机的更多信息，可参见文献[9,28]。

2.6.3 软件

当今社会，无人机面临任务多样性、飞机需求的复杂性日趋增长的多重挑战，使得无人机行业需要以安全的方式协调发展。人为环境下的验证或认证可以保证其安全性。而在实时嵌入式系统领域中类似的发展也扩大了物理信息融合系统等新兴领域，同时，复杂性也在该领域有相似的发展。其他领域也正在兴起，如自主计算，在其软件架构的设计和实施中也拥有一致的科学研究

目标。

现在，信息处理工具越来越多（如绘图、规划、数据分析、学习等），这些领域的软件架构会将全球范围内的计算机控制系统与现实世界融为一体。研发无人机的经验表明，实现可靠的、可回收并且可扩展的软件架构仍然是一个挑战，因为当前的技术很难将传感器、控制算法和执行器三者拆分。时间和各种其他的限制使得机器人系统紧密耦合。传感器及执行器的特点以及无人机的规格特征都会影响算法、架构、中间件配置和系统方面等的具体解决方案。所以，实施方案开发成本高的现状目前还难以改变。

在这些软件架构的背景下涵盖的主题包括但不限于以下几个。

（1）软件架构的定义。

（2）编程语言和抽象编程。

（3）规范、建模和验证，尤其是考虑其对软件架构的影响和限制。

（4）软件工程方面相关的软件架构有设计、开发、测试、验证、生命周期管理。

（5）这些系统的构成、协调及内部联系。

注 2.13 国家空域是一个相当复杂的系统，在该系统下不同类型的机载载荷和地面设施需要在短暂而有限的时间下有效地进行交互协作。每一个设备都遵循自己的行为规则，其特征体现于自身的动态模型，并且能在高维度和不断变化的环境中运行。因此，经典意义上的系统建模可能不适用于这种大型和多样化的架构。基于 Agent 的建模和仿真则非常适合描述这类系统，因为这种方法充分发挥了分布式概念的优势，通过关注每个 Agent 的微观行为而不是宏观地模拟整个框架的动态，实现 Agent 与 Agent 之间的交互[13]。

设计在城市中飞行的无人机通常需要耗费昂贵的计算费用。要把状态估计传感器、飞行控制传感器和任务管理传感器融合成一个整体已经很复杂，但这些仅仅是基础工作。此外，必须要有障碍侦测和环境制图，才能创造出一个能克服环境影响的控制模式。如果目标区域可能有导致与预定飞行软件产生偏差的因素，则需要进行机载路径规划，其中偏差可能存在于飞行控制器、任务管理、传感器融合、路径规划或者所需的中间件中，所以软件必须分配到不同的计算单元中[21]。

注 2.14 除了应对系统意外故障外，软件使能控制（SEC）程序还需要能够在额定飞行参数的条件下使无人机变得更灵活。当装载这种程序后，无人机将实现新的飞跃，该程序具有很高的自主性，它可以使无人机在具有外部和内部干扰下安全而稳定地运行，在面对各种故障时，性能也不会大幅下降，此外，它还能应对各种意外事件，并最终协调完成各种目标任务。

1. Petri 网

现如今投入用于设计、开发和验证小型软件的软件建模方法是文献[56]中提出的基于 Petri 网的软件建模方法。而区分硬件和软件开发的关键要素包括识别缺陷、架构设计和测试。软件架构可视化设计通常要通过创建功能块、时序、分类和许多其他图表来实现。软件测试的目的是通过尝试识别和测试之前设计中的所有问题案例,然后修正发现的缺陷。硬件测试则是创建虚拟模型来模拟制作和物理测试之前识别设计中的缺陷,并改进设计。Petri 网常用于验证系统属性、模拟并行系统,并分析系统的暂态性能。

Petri 网是一种图形和数学建模工具,可以用作与其他建模符号类似的通信工具,如状态转换模型和实体关系模型。作为数学工具,它可以建立一个数学模型来管理系统行为。这些系统可以是异步的、并发的、并行的、随机的或不确定的。使用 Petri 网的形式可设计出常规的系统结构,使模型更清晰易懂,同时,它还可以用数学形式描述系统的行为。

模糊 Petri 网(FPN)是指使用 Petri 网的形式来实现模糊推理算法的 Petri 网。在模糊 Petri 网中,位置表示命题,转换表示规则,标记表示真值。

通过进一步定义 Petri 网的属性,可以提出模糊推理 Petri 网(FRPN)的概念[53]。

(1) 如果一个位置代表一真度,它最多只能有一个标记。

(2) 模糊推理 Petri 网是无冲突网,因为其中的规则之一就是可以共享命题。

(3) 标记在触发后并不会在输入的位置被删除。

(4) 如果某位置有一个标记,互补弧就不能阻止转换的发生。

2. 中间设备软件

中间件是一种用来描述无人系统内传感、控制以及组件的计算通信之间关系的器件。它能够创建清晰的界面,使得低级别的力学系统和较高级别的逻辑系统实现协同控制。文献[96]为无人系统提供了一个具有特定领域特性的建模环境,能够根据现有的无人系统中间件标准生成计算机间通信所必需的软件。元模型可用于指定特定领域的建模语言,对所使用的消息、组件之间的界面以及收发消息等功能进行建模。生成的代码能够支持无人系统中有损信息的高速数据流传输。与此同时,它还可以提供信息传递所需的基础架构的测试,从而生成最终信息。此外,研究发现,该代码生成过程可以扩展到具有相似本体的任何组件平台。

高度自动化的无人机验证软件受到认证标准和监管规则的限制。作为顶层视角,必须制作出一种工具,以达到软件开发和验证的目的[89]。自动化测试则必须推动任务规划、管理和传感器融合系统的发展。在无人机方面,人们普遍比较关心无人机的适航认证,特别是软件开发和验证问题。与传统载人飞机相比,该软件可能更复杂,其重心更多专注于其安全性方面。自动化软件是非常复杂的,尤其是在其适配性方面,对于传统验证方法和确认方法是一种极端情况,但通过形式化技术(包括运行监控、静态分析、模型检查和定理证明),自动化软件的验证和确认有了一些新的方法,尽管这些方法所需的专业知识水平显著提高。

在文献[30]中,重点提到了价值驱动的设计,如何发展软件工程、原理捕捉、操作模拟和原型机开发,从而创建一个集成的套件来设计和制造低成本民用无人机。价值驱动设计是运用经济理论来改造系统工程,从而更好地优化改进大型系统的设计。可能用到的模块有概念设计、计算机辅助设计、预览器、制造、操作模拟、价值模型、空气动力学、结构、成本、设计原理、可靠性、飞行测试遥测和任务模拟。

2.6.4 人的监控建模

在目前大多数无人机中,人们已逐渐从操作飞机控制器变成了任务管理和自动化监控。各种地面和机载自动化系统可以帮助操作人员进行飞行控制等高频任务,并具有飞行指导、传感器管理和辅助/自动化目标识别等功能。这些系统能够支持在任务执行期间操作员指定的各种任务实现。更高级别的认知任务,如规划、决策和问题解决,仍然需要人力去完成。操作员可使用自动化操作控制飞机,并发出离散且抽象的指令,如航点导航和飞机监督。人为的介入仅仅是为了防止意外情况发生[16]。

人力监管中的一个应用就是以操作员为代理,负责高层次的监督任务(如资源规划、调度和生成新策略)。使用排队框架可以开发出无人机与操作员相互作用的数学模型;外部事件会根据潜在的随机事件发生,而人力主管(也可建模为服务器)则必须服务于这个事件流。排队数学模型可以用于推测人为操作的一些性能限制,并且通过离散事件模拟对参数进行灵敏度分析(如任务完成率的变化)。

事件模型是一种对发生事件的信息流(如数据、知觉对象)进行智能分析的方法,并且能够从中得出结论。它的目标是筛选出有意义的事件,并快速、正确地响应。事件的复杂性可以理解为模拟物理现象(如着火、天气、化学反应、生物过程)的复杂性以及数据的异质性(如数字图像、感知、传感数据、自然语言、半结构化和结构化数据)。此外,研究的重点应放在这些模型的智能化方面,这意味着系统应半自动化地感知周围环境并采取行动。

一个很重要的特征是操作员需要额外地调查来认清目标,才能得出结论,没有足够的信息就无法做出正确的判断。这些复审过程对于减少附带损害和错误是尤为重要的,并且针对检查问题和防止问题发生这两个方面的研究已经有了进展。与此同时,还出现了个别的无人机出现燃料受限的问题。在第一种方法中,操作者主要使用固定混淆矩阵建模,发现错误率主要取决于实际的搜索时间。此外,由于多自主无人机需要实现与其他无人机的任务规划和理解如何重新分配无人机以获得额外信息之间取得良好的平衡,多视频流视觉搜索任务可能会比单无人机任务复杂得多,同时还受到时间的限制[65,103]。

1. 操作员建模

操作员的排队模型最初是在空中交通管制的背景下提出的,操作员可以视为一个串行控制器,只能一次处理一个复杂的任务。操作员模型在人为监督控制多无人机背景下得以发展,从而降低操作员的工作量和处理态势感知问题。简化排队模型可以描述如下:速率为 $\hat{\lambda}$ 的泊松过程产生某个任务/事件,操作员利用决策支持系统(DSS),以一定速率 $\hat{\lambda}_e$ 完成这项任务。而在复杂任务中,操作员会专注于某单个任务,而新的任务则开始排队执行。监管中的一个关键问题是警戒效应,操作员效率会随着时间的推移而下降,所以无人机飞行任务的监管就成了一个关键性问题。在之前的人为介入试验环节中收集的数据表明,随着搜索任务时间的增加,检测概率可能下降。检测概率可以用逻辑回归模型表示,即

$$\hat{P}_d = \frac{1}{1+\exp(\hat{\boldsymbol{\beta}}^{\mathrm{T}}\hat{t})} \tag{2.293}$$

式中:$\hat{t}=[1,t_s]$,t_s 为总的搜索时间;$\hat{\boldsymbol{\beta}}=[\beta_0,\beta_1]$ 为逻辑回归参数向量。观察分析,当一些阈值超出了操作员能力范围时,先暂时放弃搜索任务,过段时间再回头检查的做法最为合理。

2. 再试验排队模型

为了解释排队模型中的复审问题,本小节将此问题视作再试验。操作员的再试验排队模型将人视为服务器,如果服务器可用,则可以立即处理任务。如果服务器不可用,则将任务插入轨道池,以便稍后再进行处理。在此设置中,轨道池可以表示再试验排列目标的列表,也可以表示等待处理的目标。

该模型假设系统中的新任务的泊松抵达率为 $\hat{\lambda}$,进一步假设操作员以速率 $\hat{\lambda}_e$ 处理新任务。对于排队模型,$\hat{\lambda}_e$ 受许多因素影响,其中两个主要因素是操作员的搜索时间和飞机路径策略。因此,如果操作员在搜索任务中效率不高,并且不能沿着有效路径操作飞机,则处理效率可能远比抵达率要低,$\hat{\lambda}_e \ll \hat{\lambda}$,这就会

导致队列不稳定，其中未完成目标的数量将无上限增加。

再试验排队策略是重新查看任务的最重要特征之一，但仍然要通过试验数据完整鉴定后才能使用。然而，从伯努利反馈的排队模型来看，操作员能以一定概率执行复审（即重新排列目标）。在调查空中事故的潜在原因时，发现严重滞后是主要原因，因为人们无法提前获得可能对飞行安全造成影响的飞行数据。文献[100]提出了一种基于生成庞大飞行数据安全分析样本库的人为策略。

2.7 大气环境

大气是围绕着地球的气体膜，在太阳、地球和外层空间之间转移能量起到很重要的作用[75]。同时，它也可以将能源从地球上的一个地区转移到另一个地区，所以地球的大气与海洋和地表密切相关。

由于地球绕其自身的轴线旋转并围绕太阳公转，因此在分析大气扰动时使用固定在地球上的非惯性参考系[55]。该参考系每天旋转一周，气团的运动可由相对于地球表面的参考系测量得到。在这个参考系下气块运动的方程式为

$$\left(\frac{\mathrm{d}\boldsymbol{V}}{\mathrm{d}t}\right)_{\text{rotating}}=\frac{\boldsymbol{F}}{m}-\boldsymbol{\Omega}_{\text{Earth}}\cdot(\boldsymbol{\Omega}_{\text{Earth}}\cdot\boldsymbol{r})-2\boldsymbol{\Omega}_{\text{Earth}}\cdot\boldsymbol{V} \tag{2.294}$$

式中：矢量 Ω_{Earth} 为地球围绕其自身轴线的地球旋转速度；$\boldsymbol{V}$ 为该旋转参考系下气团的速度；$\boldsymbol{r}$ 为地球中心到气团的位置矢量；m 为空气质量；$\boldsymbol{F}$ 为作用在气团上的净作用力。

给出速度方程为

$$\boldsymbol{V}_{\text{inertial}}=\boldsymbol{V}_{\text{relative}}+\boldsymbol{\Omega}_{\text{Earth}}\cdot\boldsymbol{r} \tag{2.295}$$

大气的运动十分复杂，会根据各种因素变化。由于行星旋转、局部大气温度和压力的热力学变化的组合效应，大气总是处于运动状态，从而形成了巨大的水平气流。如果未加考虑，风可能造成飞机的位置出现严重错误，导致航程变短和燃油不足。因此，需要仔细地重复观察沿途选定的气象站测量的风速，在不同高度上采集周期性的高空数据，这对于精确的导航十分重要[1,2,22,70]。不利的天气会以各种形式影响飞机运行，并且会在飞行的不同阶段产生不同的影响。因此，大量特殊的气象因素都存在风险[26,28,80]。风是由力[92]驱动的，这些力可以是以下几个。

（1）气压梯度力，这是由于一定距离的空气压力变化引起的。

（2）由于地球自转而产生的离心力和科里奥利力。

（3）由于地表粗糙度或地表构造产生的地表摩擦力，其在地球表面和附近

的区域最强，称为边界层区域。

一般来说，从赤道到极地的地面风都是东西走向。南半球地面风强于北半球，因为前者陆地面积相对较小，表面阻力较弱[92]。

大气是一个流体系统，能够支持大气大面积的运动，其大小可以从几米的涡流漩涡到地球表面的气流。可以用以下两个框架来描述大气行为[75]。

（1）欧拉描述，从场的性质方面描述大气行为，如温度、运动以及成分的瞬时分布。

（2）拉格朗日描述，根据各个气团的性质，如其瞬时位置、温度和成分浓度来描述大气行为。

注 2.15 地面风不是由风的热平衡造成的。与高空风不同，地面风会受摩擦力影响而逐渐变小。大气中大范围的中纬度气流为湍流，这种湍流既未完全成形也不具各向同性。

定义 2.11 湍流（Turbulence）是流体流动的一种状态，其瞬时速度表现出明显的不规则性和随机波动，所以在实践中只能统计其特性再进行分析。

在对流层，高度小于11000m 的地方，温度 $\tilde{T}$（K）和压力 $\tilde{P}$（Pa）可分别表示为

$$\tilde{T}=288.15-0.0065z \quad \tilde{P}=101325\left(\frac{\tilde{T}}{288.15}\right)^{5.2559} \tag{2.296}$$

式中：高度 z 的单位是 m。

风的平均速度分布会根据表面粗糙度而改变。气流速度与平均气流速度有偏差，如阵风、波浪和波动都会造成这种偏差，这种偏差在幅度、频率、波动数、长度、规模和时间尺度等大范围内都存在各种离散或连续的模式[70]。

飞机的飞行性能大多取决于飞机穿过的大气特性。随着时间的不断变化，如果不先确定大气的状态，就不可能精确地确定飞机性能参数[64]。大气指的是围绕地球的气体膜，由于风和湍流引起的大气混合，在 90000m 的高度处，其成分的相对百分比含量基本上保持不变。

2.7.1 阵风和风切变

大气处于连续的运动状态[64]，大气的空气运动造成的阵风可能会降低飞机的性能和飞行质量。此外，结构设计中必须考虑大气阵风施加在飞机上的载荷。大气气团的运动是由太阳能、地球旋转以及各种化学、热力学因素和电磁过程等共同影响造成的。

文献[95]中提出的阵风模型考虑了高频阵风与低频波动之间风速的联系，其风速由每小时观测得到的平均速度表示，这些观测数据都来自大量气象过程。

风切变是一种关于空间和时间的气流矢量场。风切变是在薄层中发生的大气现象，薄层分成两个气流不同的区域，两个区域可能速度不同、方向不同或两者都不同。通常这些区域之间的气层在流场中有一致的梯度[5]。对流层中的气团不断运动，该区域的特征是不稳定或产生阵风和湍流。风切变是风矢量在大小和方向上的变化，同时，它是由气团之间或气团与地表之间的相对运动产生的。雷暴、锋系和地球边界层都会对低空飞行的飞机产生风切变影响。

如果风矢量存在局部变化，就会存在风切变，而这也一直被认为是航空安全的潜在危险[67]。一般将风切变定义为风矢量的局部变化，也可以将风的大小或方向随时间或空间的变化定义为风切变。通过测量可以得到在垂直方向和水平方向的风速大小和方向的变化[64]。垂直风切变指的是风速大小和方向随高度变化而变化的风切变。水平风切变是指风速大小和方向随水平距离的变化而变化的风切变。风切变是由气团之间或气团与地表之间的相对运动产生的。雷暴、锋系和地球边界层都会对低空飞行的飞机产生风切变，这时对于低空飞行的飞机来说就很危险。雷暴伴随的强烈阵风是由风暴系统内的下降气流造成的。随着下降气流到达地面，它们就开始沿地表向外扩散移动。阵风前端产生的风切变可能变得相当严重，而由锋系产生的风切变则发生在两个不同气团之间的过渡区域。如果过渡区是存在梯度的，则风切变就比较小。但是，如果过渡区域较小，气团的相互冲击会产生非常强的风切变。表面边界层也会产生风切变，其轮廓的形状则主要由局部地形和大气条件决定。当除了内部边界层外，表面粗糙度发生突变时，以及当风向随海拔高度变化时，就会出现其他问题。

为了分析风切变的影响，可以用风速与高度变化量的比值$\dfrac{\mathrm{d}u_{\mathrm{W}}}{\mathrm{d}z}$表示切变大小，其中风切变的绝对值是随着高度的增加而增加的。最为严重的风切变称为下击暴流。

定义 2.12　下击暴流(Downburst)是一种下降的冷空气柱，在到达地面时会沿着径向扩展[67]。根据其水平方向风力大小，下击暴流分为巨爆流和微爆流。巨爆流是一种很大的下击暴流，其中爆发的风在水平方向的延伸会超过 4000m。强烈的巨爆流经常会导致大范围内龙卷风级别的损失。持续 5 ~ 30min 的风力就可能高达 60m/s。微爆流是一种小型的下击爆流，其中爆发的风径向延伸一般不超过 4000m，但其速度变化大于 10m/s。微爆流爆发的风可能达到 70m/s 的强度。

注 2.16　由于强烈的风力梯度影响，微爆流成为最危险的下击爆流，会给飞入其中的飞机带来灾难性的天气条件，特别是对于小型飞机。

本书采用的微爆流模型是由 Vicray 提出的[67,93]。该模型是一种轴对称稳

态模型,它使用相位函数来描述流体的连续性以及边界层效应。该坐标系中 P 点的爆发速度分量由下式给出,即

$$W_x = \frac{\tilde{\lambda} x}{2}\left[e^{c_1(z/z_m)} - e^{c_2(z/z_m)} \right] e^{\frac{2-(x^2+y^2)\alpha/r_p^{2\alpha}}{2\alpha}} \tag{2.297}$$

$$W_y = \frac{\tilde{\lambda} y}{2}\left[e^{c_1(z/z_m)} - e^{c_2(z/z_m)} \right] e^{\frac{2-(x^2+y^2)\alpha/r_p^{2\alpha}}{2\alpha}} \tag{2.298}$$

$$W_z = -\tilde{\lambda}\left\{\frac{z_m}{c_1}\left[e^{c_1(z/z_m)} - 1 \right] - \frac{z_m}{c_2}\left[e^{c_2(z/z_m)} - 1 \right]\right\}\left[1 - \frac{(x^2+y^2)^\alpha}{r_p^{2\alpha}}\right] e^{\frac{2-(x^2+y^2)\alpha/2r_p^{2\alpha}}{2\alpha}} \tag{2.299}$$

该模型中,水平和垂直的风速都是直角坐标系下的函数。垂直风速 W_z 的大小会随高度的增加而增加,并从爆裂中心开始向外递减。水平风速 W_x 的大小会随高度增加直到最大风速对应的 z_m 高度,然后高度进一步增加时风速开始降低。通常 z_m 的值在距离地面 200 ~ 1000m 之间[67]。此外,水平速度会以爆流中心为轴,径向增长到轴半径的 1.2 倍,达到最大。因此,可以通过 4 个参数来描述这个模型,即到爆发中心的径向距离 r_p、距地高度 z_m、最大流出速度 u_m 以及形状参数 α(它的值约等于 2),然后可以从中确定比例因子 $\tilde{\lambda}$,即

$$\tilde{\lambda} = \frac{2u_m}{r_p(e^{c_1} - e^{c_2})e^{1/2\alpha}} \tag{2.300}$$

式中:$c_1 = -0.15$;$c_2 = -3.2175$[67]

海拔高度有 3 种定义,即绝对高度、几何高度和位势高度,它们三者之间的相互关系为

$$h_a = h_G + R_0 \tag{2.301}$$

式中:h_a 为绝对高度;h_G 为几何高度;R_0 为地球半径。

$$h_G = \frac{R_0}{R_0 - h}h \tag{2.302}$$

式中:h 为位势高度。

大多数已知的风和温度模型将平均场周围的波动视为高斯随机场(这些数据都由数字气象预测测量得到)。场的协方差结构直接影响到不确定性对碰撞风险水平的不利影响,它代表了各种模型的主要特征。

2.7.2 湍流

使用具有随机白噪声特性的扰动模型,于是湍流中的速度变化就可以分解

为平均值部分和波动部分。波动的尺度可以在 10^{-2}m 级的小波长到 10^3m 量级的波长之间变化。大气湍流是一种随机现象,所以只能通过统计的方式描述。

为了预测大气扰动对飞机响应的影响,需要建立一个大气湍流的数学模型,这是一个随机过程,风场的数值可以通过统计参数来描述。其中,大气湍流具有一致性和固定性。

定义 2.13 一致性(Homogeneity)指整个目标区域湍流的统计特性是相同的;固定性指统计特性与时间无关。

大气湍流通常会用具有白噪声的高斯滤波来建模,湍流的 3 个分量(即纵向、横向和垂直)都要独立地进行建模。随机连续湍流有两种频谱形式,分别是 Dryden 湍流和 Von Karman 湍流,都用于对作用于飞机的大气湍流建模。

大气中的速度场在空间和时间上会随机变化,这个随机速度场就称为大气湍流。可以提出以下的数学模型,即

$$u = W_h \frac{\ln\left(\frac{z}{z_0}\right)}{\ln\left(\frac{W_h}{z_0}\right)} \quad 1\text{m} \leqslant z \leqslant 300\text{m} \tag{2.303}$$

式中:u 为平均风速;W_h 为在高度 h 处测量的风速;z 为飞机高度;z_0 为与飞行阶段有关的常数。

Dryden 湍流模式是一种常用的大气湍流模型,规定湍流的 3 个分量的频谱为

$$\Phi_{u_g}(\omega_s) = \sigma_u^2 \frac{2L_u}{\pi} \frac{1}{1 + (L_u\omega_s)^2} \tag{2.304}$$

$$\Phi_{v_g}(\omega_s) = \sigma_v^2 \frac{L_v}{\pi} \frac{1 + 3\,(L_v\omega_s)^2}{(1 + (L_v\omega_s)^2)^2} \tag{2.305}$$

$$\Phi_{w_g}(\omega_s) = \sigma_w^2 \frac{L_w}{\pi} \frac{1 + 3\,(L_w\omega_s)^2}{(1 + (L_w\omega_s)^2)^2} \tag{2.306}$$

频谱是以空间频率给出的,乘以飞机的速度即为时间频率 ω_s。

由 Von Karman 湍流模型建立的湍流速度的功率谱密度由下式给出,即

$$\Phi_{u_g} = \sigma_u^2 \frac{2L_u}{\pi} \frac{1}{(1 + (1.339L_u\omega_s)^2)^{5/6}} \tag{2.307}$$

$$\Phi_{v_g} = \sigma_v^2 \frac{2L_v}{\pi} \frac{1 + \frac{8}{3}(1.339L_v\omega_s)^2}{(1 + (1.339L_v\omega_s)^2)^{11/6}} \tag{2.308}$$

$$\Phi_{w_g} = \sigma_w^2 \frac{2L_w}{\pi} \frac{1 + \frac{8}{3}(1.339 L_w \omega_s)^2}{(1 + (1.339 L_w \omega_s)^2)^{11/6}} \tag{2.309}$$

式中：σ 为阵风分量的均方根；ω_s 为由$\frac{2\pi}{\lambda}$定义的空间频率，λ 为正弦分量的波长；L 为湍流的尺度。下标 u、v、w 是指阵风的分量。大气湍流的尺度和强度取决于海拔及湍流的类型，如晴朗的天空（高空或低空）和雷暴湍流都会对其造成影响。

对于穿过阵风的飞机，假设遇到的湍流与时间无关（即湍流是静止的）。空间和时间频率之间的关系由下式给出，即

$$\omega_s = \frac{\omega}{V_0} \tag{2.310}$$

式中：ω 的单位为 rad/s；V_0为飞机对其通过气流的相对速度。

在中高海拔（610m 以上），可以假设湍流是各向同性的，于是每个方向的特征长度和强度都相等。典型的特征长度是 530m。强度可以看作高度的函数。在 610m 处具有均方根强度约 3m/s 的中度湍流，在 18000m 处大致会线性减小到接近于零。

侧向湍流对飞机的速度几乎没有影响，但它对空气速度有直接的影响。可以将白噪声经过以下形式的滤波器获得频谱匹配的纵向湍流，即式（2.304），有

$$\sigma_u = \sqrt{\frac{2L_u}{U_u}} \frac{U_u}{L_u s + U_u} \tag{2.311}$$

式中，垂直湍流对空气速度存在间接影响。

飞机会受到严重的机械湍流的影响。在地表地形以下的位置，涡流几乎是静止的，如高悬崖的背风（称为驻涡）；或者当风向下进入任何驻涡中时，就会形成更常见的短暂漩涡区，经常以不同的方式旋转，形成卡尔曼漩涡列的一部分。

当大气稳定分层时，强风主要产生机械湍流，但空气经过白天太阳能加热与地面接触后，由于浮力上升暖气流以及补偿下降冷气流逐渐增加，从而导致大气的垂直气流变热以及动态不稳定。机械湍流的特征在于有限强度范围内存在稳定而连续的涡流，热湍流的强度和性质很难预测，特别是当湍流刚开始形成，热量从各种地形上升时。通常情况下，热量的线性间距及其大小、形状和垂直速度存在很多可能的变化[102]。

注 2.17　现有的无人机系统平台并不适用于飞机在复杂高度变化的空气动力学环境中自主运行。因此，需要一个准确的高保真气流模型来降低城市无人机系统出现故障的风险，这在城市飞行任务中至关重要。由于几何、物理条件

和变化无常的气象以及城市建筑之间的复杂相互作用都会对飞行造成影响[20]，城市的空气动力学模型特别复杂。

对飞机遇到的大气湍流场的计算仍然是人们感兴趣的一个问题[81]。在气象学中，由于其特殊的时空尺度，湍流已经成为一个人们需要面对的挑战。在数字气象学中，人们能够处理水平尺寸范围从5km到几百公里风的问题。然而，为了准确地判断飞机的局部加速度，分辨率需要精确到50m。事实上，空间分辨率应远低于飞机长度[52]。

从另一个角度来看，飞机实际上是大气环境中的一个大型传感器。穿透湍流空域，飞机会以确定的方式做出响应，而这取决于风场和飞机的空气动力学特性。因此，从飞机的响应中可以识别含湍流的输入。由于大气湍流本质上是随机的，同时它也是由宽频谱组成，响应数据只能估计出风以及低频部分的大气湍流的相关信息。一般情况下，力的系数主要依赖于迎角，而其他参数（如升降和俯仰速率）对力的影响则要小得多。在严重的风暴中，会出现高风速、机械湍流、垂直热力学不稳定性、强降水和雷电等一系列危险因素，这些都是飞机设计中需要不计成本也要规避的风险[48]。

2.8 本章小结

本章以飞机的坐标系、运动学和动力学为基础，介绍了自主飞行器的经典建模方法。首先介绍了经典方法，通过诸如刚体动力学的牛顿－欧拉定律原理分析确定飞机动力学模型。之后介绍了一些不常见的技术原理，如Takagi－Sugeno模型，模糊逻辑建模和线性混合自动系统。接着介绍了任务工具，如传感器、相机、仿真工具和人的监控建模软件。最后，介绍了大气环境建模。其中，需要高度重视所建立的数学模型对自主飞行器控制、规划和安全算法进行分析、仿真和评估的有效性。

参考文献

[1] Abdulwahah, E.; Hongquan, C. (2008): *Aircraft response to atmospheric turbulence at various types of the input excitation*, Space Research Journal, vol. 1, pp. 17－28.

[2] AIAA(2010): *Guide to reference and standard atmosphere models*, AIAA reportG003C－2010.

[3] Al－Hadithi, B.; Jimenez, A.; Matia, F. (2012): *A new approach to fuzzy estimation of Takagi－Sugeno model and its applications to optimal control of nonlinear systems*, Applied Soft Computing, vol. 12, pp. 280－290.

[4] Anderson, J. (1991): *Aircraft Performance and Design*, McGraw－Hill.

[5] Bencatel, R.; Kabamba, P.; Girard, A. (2014): *Perpetual dynamic soaring in linear wind shear*, AIAA Jour-

nal of Guidance, Control and Dynamics, vol. 37, pp. 1712 – 1716, DOI 10. 2514/1. G000425.

[6] Berchtold, M. ; Riedel, T. ; Decker, C; Laerhoeven, K. (2008) : *Gath – Geva specification and genetic generalization of Takagi – Sugeno – Kang fuzzy models*, IEEE Int. Conference on Systems, Man and Cybernetics, pp. 595 – 600.

[7] Bestaoui, Y. (2011) : *3D curves with a prescribed curvature and torsion for an aerial robot*, Int. Journal of Computer Applications, vol. 41, pp. 269 – 274.

[8] Bestaoui, Y. (2012) : *Lighter Than Air Robots*, Springer.

[9] Braunl, T. (2008) : *Embedded Robotics*, Springer.

[10] Buchholz, M. ; Larrimore, W. E. (2013) : *Subspace identification of an aircraft linear parameter varying flutter model*, American Control Conference, Washington, DC, pp. 2263 – 2267.

[11] Burkholder, J. O. ; Tao, G. (2011) : *Adaptive detection of sensor uncertainties and failures*, AIAA Journal of Guidance, Control and Dynamics, vol. 34, pp. 1065 – 1612.

[12] Butler, E. J. ; Wang, H. O. ; Burken, J. J. (2011) : *Takagi – Sugeno fuzzy model based flight control and failure stabilization*, AIAA Journal of Guidance, Control and Dynamics, vol. 34, pp. 1543 – 1555.

[13] CalanniFraccone, G. C. ; Valenzuela – Vega, R. ; Siddique, S. ; Volovoi, V. ; Kirlik, A. (2014) : *Nested modeling of hazards in the national air space system*, AIAA Journal of Aircraft, vol. 50, pp. 370 – 377, DOI: 10. 2514/1. C031690.

[14] Casan, P. ; Sanfelice, R. ; Cunha, R. ; Silvestre, C. (2012) : *A landmark based controller for global asymptotic stabilization on SE(3)*, IEEE Conference on Decision and Control, Hawai, pp. 496 – 501.

[15] Chuang, C. C. ; Su, S. F. ; Chen, S. S. (2001) : *Robust TSK fuzzy modeling for function approximation with outliers*, IEEE Transactions on Fuzzy System, vol. 9, pp. 810 – 821.

[16] Claub, S. ; Schulte, A. (2014) : *Implications for operator interactions in anagent supervisory control relationship*, Int. Conference on Unmanned Aircraft Systems, pp. 703 – 714, DOI 978 – 1 – 4799 – 2376 – 2.

[17] Conway, B. A. (2010) : *Spacecraft Trajectory Optimization*, Cambridge Press.

[18] Cook, M. V(2007) : *Flight Dynamics Principles*, Elsevier.

[19] Corke, P. (2011) : *Robotics, Vision and Control*, Springer.

[20] Cybyk, B. Z. ; McGrath, B. E. ; Frey, T. M. ; Drewry, D. G. ; Keane, J. F. (2014) : *Unsteady airflows and their impact on small unmanned air systems in urban environments*, AIAA Journal of Aerospace Information Systems, vol. 11, pp. 178 – 194.

[21] Dauer, J. C. ; Goorman, L. ; Torens, C. (2014) : *Steps towards scalable and modularized flight software for unmanned aircraft system*, Int. Journal of Advanced Robotic System, vol. 11, pp. 81 – 88, DOI: 10. 5772/58363.

[22] Davidson, P. A; Kaneda, Y. ; Moffatt, K. ; Sreenivasan, K. R. (2011) : *Voyage Through Turbulence*, Cambridge University Press.

[23] Dorobantu, A. ; Balas, G. J. ; Georgiou, T. T. (2014) : *Validating aircraft models in the gap metric*, AIAA Journal of Aircraft, vol. 51, pp. 1665 – 1672, DOI10. 2514/1. C032580.

[24] Dydek, Z. T. ; Annaswamy, A. ; Lavretsky, R. (2010) : *Adaptive control and the NASA X – 15 – 3 flight revisited*, IEEE Control System Magazine, vol. 30, pp. 32 – 48.

[25] Erginer, B. ; Altug, E. (2012) : *Design and implementation of a hybrid fuzzy logic controller for a quad – rotor VTOL vehicle*, Int. Journal of Control, Automation and Systems, vol. 11, pp. 61 – 70.

[26] Etele, J. (2006) : *Overview of wind gust modelling with application to autonomous low level UAV control*, Con-

tract report, DRDC Ottawa, CR 2006 - 211.

[27] Etkin, B. (2000): *Dynamics of Atmospheric Flight*, Dover Publishing.

[28] Gao, Z.; Gu., H.; Liu, H. (2009): *Real time simulation of large aircraft flying through microburst wind field*, Chinese Journal of Aeronautics, vol. 22, pp. 459 - 466.

[29] Garatti, S.; Campi, M. C. (2013): *Modulating robustness in control design*, IEEE Control System Magazine, vol. 33, pp. 37 - 51.

[30] Garissen, D.; Quaranta, E.; Ferraro, M.; Schumann, B.; van Schaik, J.; Bolinches, M.; Gisbert, I.; Keane, A. (2014): *Value - based decision environment vision and application*, AIAA Journal of Aircraft, vol. 51, pp. 1360 - 1372.

[31] Girard, A. R.; Larba, S. D.; Pachter, M.; Chandler, P. R. (2007): *Stochastic dynamic programming for uncertainty handling in UAV operations*, American Control Conference, pp. 1079 - 1084.

[32] Grauer, J. A.; Morelli, E. A. (2014): *Generic global aerodynamic model for aircraft*, AIAA Journal of Aircraft, vol. 52, pp. 13 - 20, DOI: 10. 2514/C032888.

[33] Gruwal, M.; Weill, L. R.; Andrews, A. (2001): *Global Positionning Systems, Inertial Navigation and Integration*, Wiley.

[34] Guechi, E.; Lauber, J.; Dambine, M.; Klancar, G.; Blazic, S. (2010): *PDC control design for nonholonomic wheeled mobile robots with delayed outputs*, Journal of Intelligent and Robotic Systems, vol. 60, pp. 395 - 414.

[35] Halder, A.; Konar, A.; Mandal, R.; Chakraborty, A.; Bhownik P.; Pal N. T.; Nagan, A. K. (2013): *General and interval type 2 fuzzy face space approach to emotion recognition*, IEEE Transactions on Systems Man and Cybernetics, vol. 43, pp. 587 - 597.

[36] Hale, F. J. (1984): *Introduction to Aircraft Performance, Selection and Design*, Wiley.

[37] Heard, W. B. (2006): *Rigid Body Mechanics*, Wiley.

[38] Henderson, D. M. (2006): *Applied Cartesian Tensors for Aerospace Simulations*, AIAA Press.

[39] Hoffer, N.; Coopmans, C.; Jensen, A.; Chen, Y. (2014): *A survey and categorization of small low - cost UAV systems identification*, Journal of Intelligent and Robotic Systems, vol. 74, pp. 129 - 145.

[40] Hogras, H.; Wagner, C. (2012): *Towards the wide spread use of type 2 fuzzy logic systems in real world applications*, IEEE Computational Intelligence Magazine, vol. 7, pp. 14 - 24.

[41] Holzapfel, F.; Theil, S. (eds) (2011): *Advances in Aerospace Guidance, Navigation and Control*, Springer.

[42] Hossain, M. A.; Shill, P. C.; Sarker, B., Murose, K. (2011): *Optimal fuzzy model construction with statistical information using genetic algorithm*, Int. Journal of Computer Science and Information Technology, vol. 3, pp. 241 - 257.

[43] Imado, F.; Heike, Y.; Kinoshita, T. (2011): *Research on a new aircraft point mass model*, AIAA Journal of Aircraft, vol. 48, pp. 1121 - 1130.

[44] Jategaonkar, R. V. (2006): *Flight Vehicle System Identification*, AIAA Press.

[45] Jenkinson, L. R.; Marchman J. F. (2003): *Aircraft Design Projects*, Butterworth - Heinemann.

[46] Kharrati, H.; Khanmohammadi, S.; Pedrycz, W.; Alizadeh, G. (2012): *Improved polynomial fuzzy modeling and controller with stability analysis for nonlinear dynamical system*, Mathematical problems in engineering, DOI. 10. 1155/2012/273631.

[47] Kwatny, H. G.; Dongno, J. E.; Chang, B. C.; Bajpar, G.; Yasar, M.; Belcastro, C. (2013): *Nonlinear anal-*

ysis of aircraft loss of control, AIAA Journal of Guidance, Control and Dynamics, vol. 36, pp. 149 – 162.

[48] Lawrance, N. R. ; Sukkarieh, S. (2011) : *Autonomous exploration of a wind field with a gliding aircraft*, AIAA Journal of Guidance, Control and Dynamics, vol. 34, pp. 719 – 733.

[49] Liu, W. , Hwang I. (2011) : *Probabilistic trajectory prediction and conflict detection for air traffic control*, AIAA Journal of Guidance, Control and Dynamics, vol. 34, pp. 1779 – 1789.

[50] Liu, M. Y. , Xu F. (2013) : *Intelligent digital redesign of fuzzy model based UAV controllers*, 32*nd* Chinese Control Conference, Xian, China, pp. 2251 – 2255.

[51] Lopez, I. , Sarigul – Klijn N. (2010) : *A review of uncertainty in flight vehicle structural damage monitoring, diagnosis and control: challenges and opportunities*, Progress in Aerospace Sciences, vol. 46, pp. 247 – 273.

[52] Lorenz, R. D. (2001) : *Flight power scaling of airplanes, airships and helicopters: application to planetary exploration*, AIAA Journal of Aircraft, vol. 38, pp. 208 – 214.

[53] Lundell, M. ; Tang, J. ; Nygard, K. (2005) : *Fuzzy Petri net for UAV decision – making*, IEEE International Symposium on Collaborative Technologies and Systems, pp. 347 – 352.

[54] Luo, M. ; Sun, F. ; Liu, H. (2013) : *Hierarchical structured sparse representation for Takagi – Sugeno fuzzy system identification*, IEEE Transactions on Fuzzy Systems, vol. 21, pp. 1032 – 1043.

[55] Mak, M. (2011) : *Atmospheric Dynamics*, Cambridge University Press.

[56] Malott, L. ; Palangpou, P. ; Pernicka, H. ; Chellapan, S. (2014) : *Small spacecraft software modeling: a Petri net based approach*, AIAA Journal of Aerospace Information System, DOI 10. 2514/1. I010168.

[57] Marcos, A. ; Galas, G. J. (2004) : *Development of linear parameter varying models for aircraft*, AIAA Journal of Guidance, Control and Dynamics, vol. 27, pp. 218 – 228.

[58] Marsden, J. ; Ratiu, T. S. (1999) : *Introduction to Mechanics and Symmetry*, Springer – Verlag.

[59] Mendel, J. ; Liu, X. (2013) : *Simplified interval type 2 fuzzy logic system*, IEEE Transactions on Fuzzy systems, pp. 1056 – 1069.

[60] Moir, A. ; Seabridge, A. (2006) : *Civil Avionics Systems*, Wiley.

[61] Moir, A. ; Seabridge, A. (2007) : *Military Avionics Systems*, AIAA Press.

[62] Mueller, T. J. ; Kellogg, J. C. ; Ifju, P. G. ; Shkarayev, T. (2006) : *Introduction to the Design of Fixed Wing Micro Air Vehicles*, AIAA Press.

[63] Mumford, C. L. ; Jain, L. C. (eds) (2009) : *Computational Intelligence, Collaboration, Fusion and Emergence*, Springer.

[64] Nelson, R. (1989) : *Flight Stability and Automatic Control*, McGraw Hill.

[65] Ollero, A. ; Maza, I. (2007) : *Multiple Heterogeneous Unmanned Aerial Vehicle*, Springer.

[66] Pappas, G. J. ; Simic, S. (2002) : *Consistent abstractions of affine control systems*, IEEE transactions on Automatic Control, vol. 47, pp. 745 – 756.

[67] Pourtakdoust, S. H. ; Kiani, M. ; Hassanpour, A. (2011) : *Optimal trajectory planning for flight through microburst wind shears*, Aerospace Science and Technology, vol. 15, pp. 567 – 576.

[68] Poussot – Vassal C. , Roos C. (2011) : *Flexible aircraft reduced order LPV model generation from a set of large scale LTI models*, American Control Conference, pp. 745 – 750, DOI 978 – 1 – 4577 – 0081 – 1.

[69] Raymer, D. P. (2006) : *Aircraft Design: a Conceptual Approach*, AIAA Press.

[70] Riahi, D. N. (2005) : *Mathematical Modeling of Wind Forces*, Taylor and Francis.

[71] Riley, M. ; Grandhi, R. (2011) : *Quantification of modeling in aeroelastic analyzes*, AIAA Journal of Air-

craft, vol. 48, pp. 866 – 876.

[72] Rogers, R. M. (2007): *Applied Mathematics in Integrated Navigation Systems*, AIAA Press.

[73] Roskam, J.; Lan, C. T. (1997): *Airplane Aero dynamics and Performance*, DAR Corporation.

[74] Roskam, J. (2001): *Airplane Flight Dynamics and Automatic Control*, DAR Corporation.

[75] Salby, M. L. (2011): *Physics of the Atmosphere and Climate*, Cambridge University Press.

[76] Salman, S. A.; Puttige, V. R.; Anavatti, S. (2006): *Real time validation and comparison of fuzzy identification and state-space identification for a UAV platform*, IEEE Int. Conference on Control Applications, Munich, Germany, pp. 2138 – 2143.

[77] Schetzen, M. (2006): *Airborne Doppler Radar*, AIAA Press.

[78] Schuman, B.; Ferraro, M.; Surendra, A.; Scanlan, J. P.; Fangohr, H. (2014): *Better design decisions through operational modeling during the early designphases*, AIAA Journal of Aerospace Information System, vol11, pp. 195 – 210.

[79] Selig, J. M. (1996): *Geometric Methods in Robotics*, Springer.

[80] Seube, N.; Moitie, G.; Leitman, B. (2000): *Aircraft take off in wind shear: aviability approach*, Set Valued Analysis, vol. 8, pp. 163 – 180.

[81] Sheu, D.; Lan, C. T. (2011): *Estimation of turbulent vertical velocity from nonlinear simulations of aircraft response*, AIAA Journal of Aircraft, vol. 48, pp. 645 – 651.

[82] Stevens, B. L., Lewis, F. L. (2007): *Aircraft Control and Simulation*, Wiley.

[83] Takagi, T.; Sugeno, M. (1985): *Fuzzy identification of systems and its applications to modeling and control*, IEEE Transactions on Systems, Man and Cybernetics, vol. 1, pp. 116 – 132.

[84] Talay, T. A. (1975): *Introduction to the Aerodynamics of Flight*, NASA Report.

[85] Tanaka, K.; Ohtake, H.; Tanaka, M.; Wang, H. O. (2012): *A Takagi – Sugeno fuzzy model approach to vision based control of a micro helicopter*, IEEE Conference on Decision and Control, Maui, HI, pp. 6217 – 6222.

[86] Titterton, D. H.; Weston, J. L. (2004): *Strap down Inertial Navigation Technology*, AIAA Press.

[87] Toscano, R. (2007): *Robust synthesis of a PID controller by uncertain multi – model approach*, Information Sciences, vol. 177, pp. 1441 – 1451.

[88] Toscano, R.; Lyonnet, P. (2009): *Robust PID controller tuning based on the heuristic Kalman algorithm*, Automatica, vol. 45, pp. 2099 – 2106.

[89] Torens, C., Adolf, F. M.; Goorman, L. (2014): *Certification and software verification considerations of autonomous unmanned aircraft*, AIAA Journal of Information Systems, vol. 11, pp. 649 – 664, DOI 10.2514/1.I010163.

[90] Ursem, R. K. (2003): *Models for evolutionary algorithms and their applicationsin system identification and control optimization*, PhD thesis, Univ. of Aarhus, Denmark.

[91] Valenzuela, A.; Rivas, D. (2014): *Optimization of aircraft cruise procedures using discrete trajectory patterns*, AIAA Journal of Aircraft, DOI10.2514/1.C032041.

[92] Vallis, G. K. (2012): *Atmospheric and Oceanic Fluid Dynamics: Fundamentals and Large Scale Circulation*, Cambridge University Press.

[93] Vicroy, D. (1992): *Assessment of microburst models for downdraft estimation*, AIAA Journal of Aircraft, vol. 29, pp. 1043 – 1048.

[94] Vinh, N. X. (1993): *Flight Mechanics of High Performance Aircraft*, Cambridge Aerospace series.

[95] Walshaw, D.; Anderson, C. (2000): *A model for extreme wind gusts*, Journal of the Royal Statistical Society, vol. 49, pp. 499 – 508.

[96] Whitsitt, S.; Sprinkle, J. (2013): *Modeling autonomous systems*, AIAA Journal of Aerospace Information System, vol. 10, pp. 396 – 412.

[97] Wie, B. (1998): *Space Vehicle Dynamics and Control*, AIAA Press.

[98] Wu, Z.; Dai, Y.; Yang, C.; Chen, L. (2013): *Aeroelastic wind tunnel test for aerodynamic uncertainty model validation*, AIAA Journal of Aircraft, vol. 50, pp. 47 – 55.

[99] Yan, J.; Hoagg, J. B.; Hindman, R. E.; Bernstein D. S. (2011): *Longitudinal aircraft dynamics and the instantaneous acceleration center of rotation*, IEEE Control Systems Magazine, vol. 31, pp. 68 – 92.

[100] Yin, T.; Huang, D.; Fu, S. (2014): *Human strategy modeling via critical coupling of multiple characteristic patterns*, AIAA Journal of Aircraft, vol. 52, pp. 617 – 627, DOI 10.2514/1.C032790.

[101] Yokoyama, N. (2012): *Path generation algorithm for turbulence avoidance using real – time optimization*, AIAA Journal of Guidance, Control and Dynamics, vol. 36, pp. 250 – 262.

[102] Zhao, Y. J. (2009): *Extracting energy from downdraft to enhance endurance of Uninhabited Aerial Vehicles.* AIAA Journal of Guidance, Control and Dynamics, vol. 32, pp. 1124 – 1133.

[103] Zhou, Y.; Pagilla, P. R.; Ratliff, R. T. (2009): *Distributed formation flight control using constraint forces*, AIAA Journal of Guidance, Control and Dynamics, vol. 32, pp. 112 – 120.

[104] Zipfel, P. H. (2007): *Modeling and Simulation of Aerospace Vehicle Dynamics*, AIAA Education series, Reston, VA.

第3章　飞行控制

本章将阐述飞行控制的相关问题,以实现飞行器的自主飞行。飞行器的飞行控制系统一般采用内外环控制结构,其中,内环控制姿态变化,外环控制位置改变。在底层控制系统中,控制算法取决于飞机类型、动力学模型、控制设计的类型、最终的输入和传感器选择。难点在于扰动可能与无人机自身的控制力不相上下。本章首先介绍经典线性控制方法和非线性控制方法的相关问题,然后采用模糊控制方法来实现飞行控制。

3.1　引言

成功且高效的飞行需要同时控制好位置、姿态和速度。在保证设计需求和性能标准合格的情况下,控制律的设计才能满意执行。经典控制理论提供了一套标准的解决方法,具体如下。

(1) 建立飞机动力学模型。

(2) 用状态误差描述任务。

(3) 设计控制算法使状态误差减小至零。

(4) 尽可能地测量所有状态。

(5) 实时估计系统状态。

(6) 将状态/输出估计值输入控制算法中,实现整个回路的控制。

无人机属于一种欠驱动的机械系统,其中,欠驱动系统是指控制输入少于自由度的一类系统。对欠驱动系统的控制是一项重要的挑战。

无人机的航迹跟踪控制通常采用两种方法。第一种方法是将制导控制设计问题分解为外环制导和内环控制问题[89]。

(1) 外环控制器的设计用于跟踪给定的位置指令,并在将给定发动机推力、升力和倾斜角作为控制输入的情况下,到达期望位置。另外,发动机推力、迎角和倾斜角的变化使得飞机的导航相对于固定坐标系从一个位置到达另一个位置。预定的位置和速度可以作为标准值在线存储。位置和速度的实际值与标准值的差可以生成加速度控制指令以修正误差。

（2）内环控制器的设计是在控制副翼、升降舵和方向舵的条件下，跟踪外环产生的姿态指令，以实现控制飞机方位的目的。采用欧拉角的连续控制律不能被全局定义，因此，这种方法仅限于局部姿态机动。考虑到姿态控制是非线性控制问题，可以将姿态控制分为以下两种情况[16]。

① 局部姿态控制问题。可以解决在预定姿态和角速度范围内的刚体姿态与角速度变化问题。

② 全局姿态控制问题。可以解决在允许范围内的刚体姿态和角速度任意变化的问题，没有对可能的转动运动进行先验条件限制。

在第二种方法中，将制导控制问题归结在一个整体的统一框架中。无人机飞行控制器通过保持预定的方位和位置来稳定无人机的姿态，同时通过跟踪预定轨迹/路径来进行导航。从线性控制算法到非线性控制算法，多种控制技术用于飞行控制器的设计。

（1）路径跟踪问题在于使飞机收敛并跟随上预定的空间路径，同时跟踪可能与路径有关的预定速度曲线，因此，时间和空间分配要分开考虑。

（2）轨迹跟踪控制的目的在于引导飞机保持在给定的参考轨迹上。由于未考虑模型受到的干扰和模型简化问题，在没有误差反馈的情况下飞机将无法完成轨迹跟踪。因此，必须设计一个用于减小轨迹跟踪误差的控制系统。

注 3.1 在大气层飞行过程中，智能自主飞行器可能遭遇宽范围的飞行条件。在某些情况下，飞行器可能遇到与自身控制力同等强度的扰动。

飞行控制与规划面临的主要挑战包括以下几个。

（1）可行轨迹的生成将涉及飞机动力学和性能。

（2）将制导和控制紧密结合，既保证了飞行安全，又最大限度地提高了飞行性能和机动性。

（3）飞行要满足性能标准和终端状态约束条件。

自主飞行控制系统必须要同时应对天气变化和防止空中相撞，还要兼顾最低油耗要求[2]。飞行任务的不同，设计要求也会有所变化。例如，在动态机动情况下，自动驾驶仪主要考虑施加的控制力和由此产生的 6 个自由度平移加速度和角加速度。在要求精确跟踪的任务中，飞行控制系统的评估更多地受到陆标和飞机对于湍流响应的影响[85]。

飞行模型为具有状态和输入约束的高阶非线性动力学模型。在最近几十年中，对于这些系统的控制大多采用线性化方法，其中，线性系统的控制和状态估计已经取得了大量研究成果，当前的趋势是在系统的控制中采用非线性控制方法和计算智能方法[5,9,37,40,48,72]。

3.2 线性控制方法

线性控制方法一般分为以下几个。

(1) 线性时不变(LTI)控制(在一个工作点附近线性化)。

(2) 线性时变(LTV)控制(沿轨迹线性化)。

(3) 线性变参数(LPV)控制(多模型方法)。

3.2.1 线性系统的特性

线性系统的主要特性包括稳定性、可控性和可观测性。

1. 可控性和可观测性

考虑线性系统为

$$\begin{cases}\dot{\boldsymbol{X}} = \boldsymbol{AX} + \boldsymbol{BU} \\ \boldsymbol{Y} = \boldsymbol{CX}\end{cases} \tag{3.1}$$

式中:变量 $\boldsymbol{X}$、$\boldsymbol{U}$、$\boldsymbol{Y}$ 分别为状态变量、输入或控制变量、输出或可测变量;矩阵 $\boldsymbol{A}$、$\boldsymbol{B}$、$\boldsymbol{C}$ 分别为状态矩阵、控制矩阵和输出矩阵。

定理 3.1 给出了可控性和可观测性的卡尔曼条件。

定理 3.1 可控性。当且仅当可控性判别阵 $\boldsymbol{Co} = [\boldsymbol{B}, \boldsymbol{AB}, \boldsymbol{A}^2\boldsymbol{B}, \cdots, \boldsymbol{A}^{n-1}\boldsymbol{B}]$ 的秩等于 n 时,线性系统式(3.1)可控,即认为矩阵对$(\boldsymbol{A}, \boldsymbol{B})$是可控的。

定义 3.1 可达性(Reachability)是指能否瞬时到达状态空间的所有点的特性。状态的计算可以由动态系统来完成,称之为观测器。

定理 3.2 可观测性。当且仅当可观测性判别阵 $\boldsymbol{Ob} = \begin{bmatrix}\boldsymbol{C} \\ \boldsymbol{CA} \\ \boldsymbol{CA}^2 \\ \vdots \\ \boldsymbol{CA}^{n-1}\end{bmatrix}$ 的秩等于 n 时,线性系统式(3.1)是可观测的,即认为矩阵对$(\boldsymbol{A}, \boldsymbol{C})$是可观测的。

2. 线性系统的稳定性

如果矩阵 $\boldsymbol{A}$ 的特征值具有负实部,则系统式(3.1)是稳定的。该矩阵称为赫尔维茨矩阵。

注 3.2 稳定性包含多种不同的方法,如局部稳定性、渐进稳定性、有界输入有界输出稳定性和绝对稳定性[72]。

还有一种确定系统稳定性的方法,即李雅普诺夫方法。李雅普诺夫方法既是确定系统稳定性的有效方法，也是很多线性和非线性控制方法的基础（如反步控制和滑模控制）。在将李雅普诺夫方法应用到线性系统之前首先引入一些定义和定理。

定义 3.2 正定函数和候选函数（Positive Definite Function and Candidate Function）。若 $\tilde{V}(0)=0$，$\tilde{V}(\boldsymbol{X})>0$，$\forall \boldsymbol{X}\in\mathbb{R}^n-\{0\}$，则函数 $\tilde{V}:\mathbb{R}^n\rightarrow\mathbb{R}$ 是正定函数。若 $\tilde{V}$ 是正定函数且径向无界，则 $\tilde{V}$ 是李亚普诺夫函数。若 $\tilde{V}$ 可微，则向量 $\tilde{V}_X\boldsymbol{X}=\nabla\tilde{V}(\boldsymbol{X})$ 表示 $\tilde{V}$ 关于 $\boldsymbol{X}$ 的导数。

定理 3.3 李亚普诺夫稳定性定理。令 $\tilde{V}$ 是$\mathbb{R}^n$内的非负函数，$\dot{\tilde{V}}$是 $\tilde{V}$ 沿着系统动力学轨迹的时间导数，即

$$\dot{\boldsymbol{X}}=\boldsymbol{f}(\boldsymbol{X})\quad \boldsymbol{X}\in\mathbb{R}^n \tag{3.2}$$

$$\dot{\tilde{V}}=\frac{\partial\tilde{V}}{\partial\boldsymbol{X}}\frac{\mathrm{d}\boldsymbol{X}}{\mathrm{d}t}=\frac{\partial\tilde{V}}{\partial\boldsymbol{X}}=\frac{\partial\tilde{V}}{\partial\boldsymbol{X}}\boldsymbol{f}(\boldsymbol{X}) \tag{3.3}$$

令 $B_R=B_R(0)$为一个以原点为球心、R 为半径的球。若存在 $R>0$，使得 $\tilde{V}$ 是正定函数，且对于所有的 $\boldsymbol{X}\in B_R$，$\dot{\tilde{V}}$是半负定函数，则根据李亚普诺夫函数定义，$\boldsymbol{X}=0$ 是局部稳定的。

若在 B_R 中，$\tilde{V}$ 是正定函数，且 $\dot{\tilde{V}}$是负定函数，则 $\boldsymbol{X}=0$ 是局部渐进稳定的。

注 3.3 李亚普诺夫函数 $\tilde{V}:\mathbb{R}\rightarrow\mathbb{R}$ 是一个能量函数，可以用来确定系统的稳定性。若可以找到一个总是沿着系统轨迹逐渐减小的非负函数，则可以断定该函数的最小值为一个局部稳定的平衡点。

下面的稳定性分析有助于推导线性参数变化系统的线性矩阵不等式。存在自主线性系统，即

$$\dot{\boldsymbol{X}}=\boldsymbol{A}\boldsymbol{X} \tag{3.4}$$

式中：$\boldsymbol{A}$ 为可逆矩阵。该系统有唯一的平衡点 $\boldsymbol{X}=0$。为了研究其稳定性，引入以下二次型，即

$$\tilde{V}(\boldsymbol{X})=\boldsymbol{X}^{\mathrm{T}}\boldsymbol{P}\boldsymbol{X} \tag{3.5}$$

式中：$\boldsymbol{P}$ 为常数对称正定矩阵。该函数的导数可以表示为

$$\dot{\tilde{V}}(\boldsymbol{X})=\boldsymbol{X}^{\mathrm{T}}(\boldsymbol{A}^{\mathrm{T}}\boldsymbol{P}+\boldsymbol{P}\boldsymbol{A})\boldsymbol{X} \tag{3.6}$$

因此，若 $\boldsymbol{P}$ 是对称正定矩阵，使得

$$\boldsymbol{A}^{\mathrm{T}}\boldsymbol{P}+\boldsymbol{P}\boldsymbol{A}<0 \tag{3.7}$$

则原点是一个全局渐进稳定的平衡点，其等价形式为

$$\boldsymbol{A}^{\mathrm{T}}\boldsymbol{P}+\boldsymbol{P}\boldsymbol{A}+\boldsymbol{Q}=0 \tag{3.8}$$

式中：$\boldsymbol{Q}$ 为对称正定矩阵。

二次型稳定意味着平衡点 $\boldsymbol{X}=0$ 是一致渐进稳定的。

注 3.4 主要困难在于：没有可以用于找到任意系统李雅普诺夫函数的一般规则。

对于下列线性时变系统，原点是一致稳定的，因此该线性时变系统是指数稳定的，即

$$\dot{\boldsymbol{X}}=\boldsymbol{A}(t)\boldsymbol{X} \tag{3.9}$$

假设从输出中可以一致地完全观察到，即

$$\boldsymbol{Y}(t)=\boldsymbol{C}(t)\boldsymbol{X}(t) \tag{3.10}$$

若存在一个 $\delta>0$，使得可观测性格拉姆式

$$\boldsymbol{W}_0(t,t+\delta)=\int_t^{t+\delta}\boldsymbol{\Phi}^{\mathrm{T}}(\tau,t)\boldsymbol{C}^{\mathrm{T}}(\tau)\boldsymbol{C}(\tau)\boldsymbol{\Phi}(\tau,t)\mathrm{d}\tau\geqslant k\boldsymbol{I}_{n\times n}\quad\forall t \tag{3.11}$$

是一致正定的，且若存在一致正定有界矩阵 $\boldsymbol{P}\in\mathbb{R}^{n\times n}$ 满足

$$k_1\boldsymbol{I}_{n\times n}\leqslant\boldsymbol{P}(t)\leqslant k_2\boldsymbol{I}_{n\times n} \tag{3.12}$$

则有

$$\dot{\boldsymbol{P}}(t)=\boldsymbol{A}^{\mathrm{T}}(t)\boldsymbol{P}(t)+\boldsymbol{P}\boldsymbol{A}(t)+\boldsymbol{C}^{\mathrm{T}}(t)\boldsymbol{C}(t) \tag{3.13}$$

式中：$(\boldsymbol{A}(t),\boldsymbol{C}(t))$ 为一致完全可观测对[72]。

如果 $(\boldsymbol{A}(t),\boldsymbol{C}(t))$ 是一致完全可观测的，且其可观测性格拉姆式是一致正定，则对于任意的 $\boldsymbol{K}(t)\in\mathbb{R}^{n\times n}$，$((\boldsymbol{A}(t)+\boldsymbol{K}\boldsymbol{C}(t)),\boldsymbol{C}(t))$ 也是一致完全可观测的。

3.2.2 LTI 模型的线性方法

传统的飞行控制设计方法通常采用嵌套式单输入单输出（SISO）控制回路和结构化程度较高的控制体系结构。这些方法基于详细的飞机系统分析，利用弱耦合路径获得传统飞行控制设计的良好结果。使用这些方法已经设计了自动驾驶仪。诸如最优控制和鲁棒控制之类的多变量控制方法，代表了在耦合或不确定系统动力学下实现更复杂的飞行控制任务的技术水平。控制设计方法可以

分为最优控制、自适应控制和鲁棒控制三大类[74]。

定义 3.3 鲁棒性(Robustness)是指当模型不再准确反映实际系统时,设计系统在处于不利条件下仍能保证基本功能的特性。

多种线性控制技术已广泛应用于飞机的线性模型,如在第 2 章中所提到的纵向模型和横侧向模型。有关飞机线性控制的更多资料可以在文献[9,12,18,64,89]中找到。

1. PID 控制方法

最简单的控制律是比例、积分、微分(PID)控制律,其包括 3 种直接反馈增益。

(1) P:测量偏差(使误差最小化)。

(2) I:偏差积分(用来消除干扰)。

(3) D:偏差微分(提供阻尼)。

PID 控制律具有以下形式,即

$$\boldsymbol{U}(t) = \boldsymbol{K}_{\mathrm{P}}\boldsymbol{e}(t) + \boldsymbol{K}_{\mathrm{I}}\int_0^t e(\tau)\mathrm{d}\tau + \boldsymbol{K}_{\mathrm{V}}\frac{\mathrm{d}\boldsymbol{e}(t)}{\mathrm{d}t} \tag{3.14}$$

式中:$e(t)$为误差 $e(t) = \boldsymbol{R}(t) - \boldsymbol{Y}(t)$;$\boldsymbol{R}(t)$为参考信号;$\boldsymbol{Y}(t)$为被测信号;$\boldsymbol{K}_{\mathrm{P}}$、$\boldsymbol{K}_{\mathrm{I}}$、$\boldsymbol{K}_{\mathrm{V}}$ 为增益对角矩阵。

PID 控制的优点是系统调节很容易把物理层和目标联系在一起,而缺点是缺乏控制参数的优化组合以及 3 个控制环节必须串联。但是,可以进行改善,如采用横向加速度反馈。

2. 经典控制方法

很多状态空间方法已经用于设计自动驾驶仪,如直接法、极点配置、基于输出反馈的特征值配置、线性二次型调节器和自适应控制方法。

1) 直接法

直接法是最早出现的控制方法之一,其控制律为静态控制律,即

$$\boldsymbol{U}(t) = \boldsymbol{K}_{\mathrm{r}}\boldsymbol{R}(t) + \boldsymbol{K}_{\mathrm{x}}\boldsymbol{X}(t) \tag{3.15}$$

式中:$\boldsymbol{K}_{\mathrm{x}}$ 为反馈增益矩阵;$\boldsymbol{K}_{\mathrm{r}}$ 为前馈增益矩阵。必须确定这些矩阵使得闭环控制系统具有如下形式,即

$$\begin{cases} \dot{\boldsymbol{X}} = \boldsymbol{A}_{\mathrm{d}}\boldsymbol{X} + \boldsymbol{B}_{\mathrm{d}}\boldsymbol{U} \\ \boldsymbol{Y} = \boldsymbol{C}\boldsymbol{X} \end{cases} \tag{3.16}$$

矩阵 $\boldsymbol{B}$ 通常不可逆,存在以下增益矩阵,即

$$\boldsymbol{K}_{\mathrm{x}} = \boldsymbol{B}^{\mathrm{T}}(\boldsymbol{B}\boldsymbol{B}^{\mathrm{T}})^{-1}(\boldsymbol{A}_{\mathrm{d}} - \boldsymbol{A}) \tag{3.17}$$

$$\boldsymbol{K}_{\mathrm{r}} = \boldsymbol{B}^{\mathrm{T}} (\boldsymbol{B}\boldsymbol{B}^{\mathrm{T}})^{-1} \boldsymbol{B}_{\mathrm{d}} \tag{3.18}$$

由于矩阵 $\boldsymbol{A}_{\mathrm{d}}$、$\boldsymbol{B}_{\mathrm{d}}$ 的选择较为困难,因此这种方法很少使用。

2）极点配置

定理 3.4 极点配置。如果系统式(3.1)中的矩阵对($\boldsymbol{A},\boldsymbol{B}$)是完全可控的,那么对于任何一组关于实轴对称的特征值 $\lambda_1,\lambda_2,\cdots,\lambda_n \in \mathbb{C}$ 都存在一个矩阵 $\boldsymbol{K} \in \mathbb{R}^{n\times n}$,使得 $\boldsymbol{A}+\boldsymbol{B}\boldsymbol{K}$ 的特征值恰好是 $\lambda_1,\lambda_2,\cdots,\lambda_n$。

在该方法中提出以下控制律,即

$$\boldsymbol{U}(t) = -\boldsymbol{K}_{\mathrm{x}}\boldsymbol{X}(t) \tag{3.19}$$

若给定所有的特征值 $\lambda_1,\lambda_2,\cdots,\lambda_n$,则利用特征多项式,有

$$\lambda(s) = \det(s\boldsymbol{I} - \boldsymbol{A} + \boldsymbol{B}\boldsymbol{K}_{\mathrm{x}}) \tag{3.20}$$

或其他方法(如 Bass – Gura 方法)可以解出在给定矩阵 $\boldsymbol{K}_{\mathrm{x}}$ 元素情况下的 n 阶方程的解。

若仅给定 $m<n$ 的特征值,则矩阵 $\boldsymbol{K}_{\mathrm{x}}$ 可以分解成两个向量的乘积,即

$$\boldsymbol{K}_{\mathrm{x}} = \boldsymbol{b}\boldsymbol{d}^{\mathrm{T}} \quad \boldsymbol{b} \in \boldsymbol{R}^{m} \quad \boldsymbol{d} \in \boldsymbol{R}^{n} \tag{3.21}$$

给定闭环系统,即

$$\dot{\boldsymbol{X}} = \boldsymbol{A}\boldsymbol{X} - \boldsymbol{B}(\boldsymbol{b}\boldsymbol{d}^{\mathrm{T}})\boldsymbol{X} = \boldsymbol{A}\boldsymbol{X} - \varphi\,\varpi \tag{3.22}$$

式中:$\varphi = \boldsymbol{B}b$ 且 $\varpi = d^{\mathrm{T}}\boldsymbol{X}$,并满足矩阵对($\boldsymbol{A},\varphi$)可控,则可以设计控制律为

$$\boldsymbol{U} = -\boldsymbol{b}(k_1\,\varpi_1^{\mathrm{T}} + k_2\,\varpi_2^{\mathrm{T}} + \cdots + k_m\,\varpi_m^{\mathrm{T}})\boldsymbol{X} \tag{3.23}$$

其中,

$$k_j = \frac{\prod_{i=1}^{m}(\lambda_i^d - \lambda_j)}{\varphi\,\varpi_j\prod_{i=1,i\neq j}^{m}(\lambda_i - \lambda_j)} \tag{3.24}$$

在其他特征值保持不变的情况下,上述公式给出极点配置 λ_i^d。ϖ_j是与特征值 $\lambda_1,\lambda_2,\cdots,\lambda_m$ 对应的 $\boldsymbol{A}^T$ 的 m 个特征向量。

3）基于输出反馈的特征值配置

如果状态空间变量仅部分可测,则可以设计控制器为

$$\dot{\hat{\boldsymbol{X}}} = \boldsymbol{A}\hat{\boldsymbol{X}} + \boldsymbol{B}\boldsymbol{U} + \boldsymbol{L}(\boldsymbol{Y} - \boldsymbol{C}\hat{\boldsymbol{X}}) = (\boldsymbol{A} - \boldsymbol{B}\boldsymbol{K} - \boldsymbol{L}\boldsymbol{C})\hat{\boldsymbol{X}} + \boldsymbol{L}\boldsymbol{Y} \tag{3.25}$$

且

$$\boldsymbol{U} = -\boldsymbol{K}\hat{\boldsymbol{X}} \tag{3.26}$$

如果系统是可达且可观测的,则闭环系统可以配置任意根。

4）线性二次调节器

线性二次调节器（LQR）作为一种经典的控制方法，常用来解决最优控制问题。最优控制问题可以描述为

$$\min\left(J = \frac{1}{2}\int_0^T (\boldsymbol{X}^{\mathrm{T}}\boldsymbol{Q}\boldsymbol{X} + \boldsymbol{U}^{\mathrm{T}}\boldsymbol{R}\boldsymbol{U})\mathrm{d}t\right) \tag{3.27}$$

满足

$$\dot{\boldsymbol{X}} = \boldsymbol{A}\boldsymbol{X} + \boldsymbol{B}\boldsymbol{U} \tag{3.28}$$

式中：权值矩阵 $\boldsymbol{Q}$ 为对称半正定矩阵；$\boldsymbol{R}$ 为对称正定权值矩阵，可以设计控制律为

$$\boldsymbol{U}(t) = -\boldsymbol{K}\boldsymbol{X} \tag{3.29}$$

同时

$$\boldsymbol{K} = \boldsymbol{R}^{-1}\boldsymbol{B}^{\mathrm{T}}\boldsymbol{P} \tag{3.30}$$

式中：$\boldsymbol{P}$ 为下列黎卡提方程的解，即

$$\dot{\boldsymbol{P}} = \boldsymbol{P}\boldsymbol{A} + \boldsymbol{A}^{\mathrm{T}}\boldsymbol{P} + \boldsymbol{Q} - \boldsymbol{P}\boldsymbol{B}\boldsymbol{R}^{-1}\boldsymbol{B}^{\mathrm{T}}\boldsymbol{P} \tag{3.31}$$

当 $T\to\infty$ 时，下列方程的解一定可以解出

$$\boldsymbol{P}\boldsymbol{A} + \boldsymbol{A}^{\mathrm{T}}\boldsymbol{P} + \boldsymbol{Q} - \boldsymbol{P}\boldsymbol{B}\boldsymbol{R}^{-1}\boldsymbol{B}^{\mathrm{T}}\boldsymbol{P} = 0 \tag{3.32}$$

然后进一步解出代数方程。

3. 自适应控制方法

自适应控制是一种主要的控制方法，在不确定性存在的情况下仍能保持高性能控制器的稳定[28,36,100]。间接自适应控制和直接自适应控制的区别如下。

（1）间接自适应控制包括两个阶段：首先在线估计模型。一旦模型可用，进而生成控制器参数。

① 模型参考自适应控制（MRAC）依靠参考模型，旨在减小飞机实际输出和参考输出之间的跟踪误差。利用模型参考间接自适应控制，可以实现 3 个控制目标，即修正值、输入和输出调节以及自动驾驶命令的闭环跟踪。

② 自校正控制器（STC），旨在通过估计的参数值来调整控制器的 PID 控制增益。通常来说，这种方法更灵活。

（2）直接自适应控制方法可以直接估计控制器中的控制参数，而不需要估计模型，可以通过输出误差和输入误差两种主要方法来实现。

注 3.5 鉴于机动性和基于模型的特性，一般多采用间接自适应控制。

模型参考自适应控制（MRAC）是一种为具有参数不确定性的系统提供反馈

控制器结构和自适应律的方法，当系统参数存在不确定性时，用以确保系统闭环信号的有界性和渐近收敛跟踪。为设计自适应状态反馈控制器，首先要解决相关的非自适应控制问题并假设设备参数已知，以便获得理想的固定状态反馈控制器。该理想或标准的控制器被用作自适应控制方法设计中先验知识的一部分。这种标准控制器的存在等同于一组匹配方程。因此，必须使用参数自适应原理[28]。

给定不确定系统为

$$\dot{\boldsymbol{X}}(t)=\boldsymbol{A}\boldsymbol{X}(t)+\boldsymbol{B}(\boldsymbol{U}(t)+\Delta(\boldsymbol{X}(t))) \tag{3.33}$$

式中：状态向量 $\boldsymbol{X}(t)\in\mathbb{R}^n$ 用于反馈；控制输入 $\boldsymbol{U}(t)\in\mathbb{R}^m$ 仅限于由可测函数组成的可控类；$\boldsymbol{A}\in\mathbb{R}^{n\times n}$、$\boldsymbol{B}\in\mathbb{R}^{n\times m}$ 为已知矩阵；$\boldsymbol{\Delta}$ 为可匹配的不确定性项[100]。假设矩阵对 $(\boldsymbol{A},\boldsymbol{B})$ 是可控的。

定义 3.4 由于干扰和控制在同一通道输入作为控制，故称不确定性与控制输入匹配。

给定参考模型

$$\dot{\boldsymbol{X}}_m(t)=\boldsymbol{A}_m\boldsymbol{X}_m(t)+\boldsymbol{B}_m\boldsymbol{R}(t) \tag{3.34}$$

式中：$\boldsymbol{X}_m(t)\in\mathbb{R}^n$ 为参考状态向量；$\boldsymbol{R}(t)\in\mathbb{R}^r$ 为一个有界连续参考输入；$\boldsymbol{A}_m\in\mathbb{R}^{n\times n}$ 为赫尔维茨矩阵（其特征值的实部为负）且 $\boldsymbol{B}_m\in\mathbb{R}^{n\times r}$，$r\leqslant m$。由于 $\boldsymbol{R}(t)$ 是有界的，因此 $\boldsymbol{X}_m$ 对所有的 $\boldsymbol{X}_m(0)$ 都是一致有界的。可将式（3.33）中的匹配不确定性项进行线性参数化处理，即

$$\Delta(\boldsymbol{X})=\boldsymbol{W}^{\mathrm{T}}\boldsymbol{\varpi}(\boldsymbol{X})+\boldsymbol{\epsilon}(\boldsymbol{X})\quad |\boldsymbol{\epsilon}(\boldsymbol{X})|\leqslant\boldsymbol{\epsilon}^*,\boldsymbol{X}\in\mathbb{D}_x \tag{3.35}$$

式中：$\boldsymbol{\varpi}:\mathbb{R}^n\to\mathbb{R}^s$ 为 $\boldsymbol{\varpi}(\boldsymbol{X})=(\boldsymbol{\varpi}_1(\boldsymbol{X}),\boldsymbol{\varpi}_2(\boldsymbol{X}),\cdots,\boldsymbol{\varpi}_s(\boldsymbol{X}))^{\mathrm{T}}\in\mathbb{R}^s$ 的基函数的已知向量；$\boldsymbol{\varpi}(\boldsymbol{X})=(\boldsymbol{\varpi}_1(\boldsymbol{X}),\boldsymbol{\varpi}_2(\boldsymbol{X}),\cdots,\boldsymbol{\varpi}_s(\boldsymbol{X}))^{\mathrm{T}}\in\mathbb{R}^s$，$\boldsymbol{W}\in\mathbb{R}^{s\times m}$ 为未知常数权值矩阵；$\boldsymbol{\epsilon}:\mathbb{R}^n\to\mathbb{R}^m$ 为残差；$\mathbb{D}_x\subseteq\mathbb{R}^n$ 为足够大的紧集。

可以设计反馈控制律为

$$\boldsymbol{U}(t)=\boldsymbol{U}_m(t)-\boldsymbol{U}_{\mathrm{ad}}(t) \tag{3.36}$$

式中：$\boldsymbol{U}_m(t)$ 为一个标准的反馈控制，通过下式给出，即

$$\boldsymbol{U}_m(t)=\boldsymbol{K}_1\boldsymbol{X}(t)+\boldsymbol{K}_2\boldsymbol{R}(t) \tag{3.37}$$

式中：$\boldsymbol{K}_1\in\mathbb{R}^{m\times n}$、$\boldsymbol{K}_2\in\mathbb{R}^{m\times r}$ 为标准的控制增益，使得 $\boldsymbol{A}+\boldsymbol{B}\boldsymbol{K}_1$ 为赫尔维茨矩阵；$\boldsymbol{U}_{\mathrm{ad}}(t)$ 为自适应反馈控制分量，按下式给定，即

$$\boldsymbol{U}_{\mathrm{ad}}(t)=\hat{\boldsymbol{W}}^{\mathrm{T}}\boldsymbol{\varpi}(\boldsymbol{X}(t)) \tag{3.38}$$

式中：$\hat{\boldsymbol{W}} \in \mathbb{R}^{s\times m}$为 $\boldsymbol{W}$ 的估计值，且满足下列权值更新律，即

$$\dot{\hat{\boldsymbol{W}}} = \gamma(\boldsymbol{\varpi}(\boldsymbol{X}(t))\boldsymbol{e}^{\mathrm{T}}(t)\boldsymbol{PB} + \dot{\hat{\boldsymbol{W}}}_m(t)), \quad \gamma > 0 \tag{3.39}$$

式中：$\boldsymbol{e}(t) = \boldsymbol{X}(t) - \boldsymbol{X}_m(t)$为状态跟踪误差；$\boldsymbol{P} \in \mathbb{R}^{n\times n}$为李雅普诺夫方程的正定解。

$$\boldsymbol{A}_m^{\mathrm{T}}\boldsymbol{P} + \boldsymbol{PA}_m + \boldsymbol{Q} = 0 \tag{3.40}$$

对于任意的 $\boldsymbol{Q} = \boldsymbol{Q}^{\mathrm{T}}$，且$\dot{\hat{\boldsymbol{W}}}_m \in \mathbb{R}^{s\times m}$作为一个修订项，使得针对 σ 的修正有

$$\dot{\hat{\boldsymbol{W}}}_m = -\sigma\hat{\boldsymbol{W}} \tag{3.41}$$

或针对 $\boldsymbol{e}$ 的修正有

$$\dot{\hat{\boldsymbol{W}}}_m = -\sigma|\boldsymbol{e}(t)|\hat{\boldsymbol{W}} \tag{3.42}$$

式中：σ 为正的固定增益。

如果选择 $\boldsymbol{A}_m$、$\boldsymbol{B}_m$ 满足

$$\begin{cases}\boldsymbol{A}_m = \boldsymbol{A} + \boldsymbol{BK}_1 \\ \boldsymbol{B}_m = \boldsymbol{BK}_2\end{cases} \tag{3.43}$$

则存在满足充分条件的定理。在该条件下，对于 σ 和 $\boldsymbol{e}$ 的修正情况，闭环系统误差 $\boldsymbol{e}(t)$一致最终有界[36,100]。

注 3.6 无人机的包线保护方法是基于自适应飞行控制系统发展起来的[98]。包线保护任务是指监控和确保飞机在其限度范围内飞行。当前无人机的飞行控制系统能够实现自主操纵，可能挑战其飞行包线。包线保护也可用于限制飞机接入自动飞行控制系统（AFCS），或限制来自自动飞行控制系统的执行器指令。通常，在无人机飞行控制通道中设置保守的硬限制，作为最大和最小的允许指令输入。

实际中，真正的指令限制是高非线性飞机动力学的复杂函数，因此，会随着飞行条件或飞机配置的变化而变化。自动飞行包线保护的目标不仅是使飞机能够在其包线内安全飞行，而且还能保证不将飞机飞行限制在较小的工作包线内，从而充分利用飞机的整个飞行包线。因此，有效的自动包线保护系统可同时兼顾安全性和飞行性能，能够提高无人机整体的安全运行，特别是在机动动作较大且接近操作极限的情况下。

4. LTI 模型的鲁棒控制方法

在鲁棒控制设计建模过程中,精确的已知对象通过模型不确定性描述来表征,这种不确定性描述反映了真实对象与实际模型之间的差异特征。在设计过程中将考虑这种不确定性[23]。

线性二次型高斯方法(LQG)或 H_2、加权 H_2 和 H_∞ 方法广泛用于鲁棒线性控制。线性二次型高斯方法(LQG)将线性二次估计器与线性二次调节器结合,最初旨在用于受高斯白噪声干扰的系统,该系统容易受到参数变化不确定性的影响[99]。在已知方差的自由平均、无关联、白噪声激励条件下,均保证了状态、控制输入或输出信号方差的最优性。这是一种与时间相关的物理控制方法。当指令增益的黎卡提方程有解时,更新的卡尔曼增益被解耦调节,从而最大限度地减少了二次方程式的条件限制。滤波目标没有被直接考虑在综合设计中,滤波器必须被串联在其中。

仅由被控模式构成的设计模型由下式给出,即

$$\begin{cases} \dot{\boldsymbol{X}} = \boldsymbol{AX} + \boldsymbol{BU} + \nu \\ \boldsymbol{Y} = \boldsymbol{CX} + \vartheta \end{cases} \tag{3.44}$$

式中:ν、ϑ 为零均值白噪声。控制器设计问题转换为具有以下目标函数的线性二次型高斯方法(LQG)设计问题,即

$$J = \lim_{t \to \infty} (E[\boldsymbol{X}^{\mathrm{T}} \boldsymbol{QX} + \boldsymbol{U}^{\mathrm{T}} \boldsymbol{RU}]) \tag{3.45}$$

式中:$E[\ ]$ 表示期望值;加权矩阵 $\boldsymbol{Q} = \boldsymbol{Q}^{\mathrm{T}} \geqslant 0$ 和 $\boldsymbol{R} = \boldsymbol{R}^{\mathrm{T}} > 0$。设计参数是 LQ 调节器加权矩阵和卡尔曼 · 布西滤波器加权矩阵 $\boldsymbol{V} = \boldsymbol{V}^{\mathrm{T}} \geqslant 0$、$\boldsymbol{W} = \boldsymbol{W}^{\mathrm{T}} > 0$。在非结构化附加不确定性情况下,稳定性的充分条件是,对于任意实数 ω,有

$$\bar{\sigma}[\Delta \boldsymbol{PH} (\boldsymbol{I} + \boldsymbol{P}_0 \boldsymbol{H})^{-1}] < 1 \tag{3.46}$$

式中:$\boldsymbol{H}(s)$ 为控制器传递函数矩阵;$\bar{\sigma}$ 为矩阵的最大奇异值[39];不受控模式的动力学可以用附加不确定性 $\Delta \boldsymbol{P}$ 表示;$\boldsymbol{P}_0$ 为设计模型。可以确定 $\bar{\sigma}[\Delta \boldsymbol{P}]$ 幅度的上限,从而形成不确定性边界[39]。

设计过程总结如下。

(1) 为设计模型的 LQG 控制器选择设计参数 $\boldsymbol{Q}$、$\boldsymbol{R}$、$\boldsymbol{V}$、$\boldsymbol{W}$,进而获得满意的闭环特征值和频率响应。

(2) 在附加不确定性的条件下应用鲁棒性试验。如果试验失败,调整加权矩阵并返回第(1)步。

(3) 重复以上步骤直至达到满意的性能和鲁棒性为止。

例如,对于文献[74]中的横向控制,荷兰滚模态应该对所有参数变化具有强阻尼。需要一个协调转弯控制,用以改善机动过程和受扰期间的扰动负载。

给出飞机的动力学方程为

$$\begin{cases}\dot{\boldsymbol{X}} = \boldsymbol{AX} + \boldsymbol{BU} + \boldsymbol{B}_g\boldsymbol{W}_g \\ \boldsymbol{Y} = \boldsymbol{CX} + \boldsymbol{DU}\end{cases} \tag{3.47}$$

式中:$\boldsymbol{W}_g$ 为阵风速度;$\boldsymbol{B}_g$ 为相关的输入矩阵。映射$(\boldsymbol{U}^{\mathrm{T}}\boldsymbol{W}_g^{\mathrm{T}})^{\mathrm{T}}$ 到 $\boldsymbol{Y}$ 的传递矩阵 $\boldsymbol{G}(s)$ 为

$$\boldsymbol{G}(s) = \begin{pmatrix}\boldsymbol{A} & | & [\boldsymbol{B},\boldsymbol{B}_g] \\ \boldsymbol{C} & | & [\boldsymbol{D},0]\end{pmatrix} \tag{3.48}$$

将要最小化的信号收集在 $\boldsymbol{Z} = [\boldsymbol{Y}^{\mathrm{T}}\boldsymbol{U}^{\mathrm{T}}]^{\mathrm{T}}$ 中。归一化处理为

$$\boldsymbol{P}(s) = \begin{pmatrix}\boldsymbol{P}_{11}(s) & \boldsymbol{P}_{12}(s) \\ \boldsymbol{P}_{21}(s) & \boldsymbol{P}_{22}(s)\end{pmatrix} \tag{3.49}$$

其具有最小状态空间,即

$$\begin{cases}\dot{\boldsymbol{X}} = \boldsymbol{A}_{\mathrm{p}}\boldsymbol{X} + \boldsymbol{B}_{\mathrm{p1}}\boldsymbol{U} + \boldsymbol{B}_{\mathrm{p2}}\boldsymbol{W}_g \\ \boldsymbol{Z} = \boldsymbol{C}_{\mathrm{p1}}\boldsymbol{X} + \boldsymbol{D}_{\mathrm{p11}}\boldsymbol{U} + \boldsymbol{D}_{\mathrm{p12}}\boldsymbol{W}_g \\ \boldsymbol{Y} = \boldsymbol{C}_{\mathrm{p2}}\boldsymbol{X} + \boldsymbol{D}_{\mathrm{p21}}\boldsymbol{U} + \boldsymbol{D}_{\mathrm{p22}}\boldsymbol{W}_g\end{cases} \tag{3.50}$$

式(3.50)结合了飞机模型、Dryden 滤波器和加权函数。

设计飞机模型不仅包括设计飞机的动力学标准模型,还要反映变量的变化范围,同时还可能包括强动力学,如设计者已经附加到飞机模型的积分器,以满足特殊指令跟随和干扰抑制的性能要求[6]。线性二次型高斯方法(LQG)旨在定义多输入多输出系统(MIMO)补偿器,用以尽可能地满足稳定性-鲁棒性和性能规范。

在文献[3]中,该线性二次型高斯方法(LQG)用于为飞机的法向加速度控制建立合理的性能基准。假设飞机遭受严重的阵风干扰而导致不希望的垂直运动,控制器的目标就是减少由阵风引起的飞机的瞬态峰值负载。阵风负荷减缓系统使用运动传感器反馈来驱动飞机控制面,用以减弱由阵风导致的空气动力学负载。

控制系统采用 H_∞ 方法非常适合于优化稳定性和抗干扰鲁棒性,而价值函数的线性二次高斯型通常用于最小化由参考输入变化导致的跟踪误差或控制信号变化。

综合最优 H_∞ 控制器用于解决以下优化问题，即

$$\inf_{K\text{stabilizing}} \| \boldsymbol{F}_l(\boldsymbol{P},\boldsymbol{K}) \| = \inf_{K\text{stabilizing}} \sup_{\omega} \bar{\sigma}(\boldsymbol{F}_l(\boldsymbol{P},\boldsymbol{K})(\mathrm{j}\omega)) \tag{3.51}$$

式中：较低阶的线性分数变换（LFT）$\boldsymbol{F}_l(\boldsymbol{P},\boldsymbol{K})$ 是从外部输入到系统输出 Z 的传递函数矩阵；$\bar{\sigma}$ 为最大奇异值。令 $\boldsymbol{K}_0$ 为对应的最优控制器，则 $\bar{\sigma}$ 具有以下特性，即

$$\bar{\sigma}(\boldsymbol{F}_l(\boldsymbol{P},\boldsymbol{K})(\mathrm{j}\omega)) = \text{常数}, \quad \forall \omega \tag{3.52}$$

线性分数变换描述的原理是建立一个不确定系统，其形式是一种参数完全已知的扩张不变系统与多种不确定性分组的块之间的反馈。这样就可以区分完全已知不确定性和未知不确定性。

H_∞ 控制是一种频率全局方法，即在给定时间内通过寻求最小化 ∞ 范数（即最大值）来调整控制律，其中的范数为增强模型中干扰输入与加权输出之间传递函数的 ∞ 范数。这种做法为权衡各种控制目标提供了很好的处理方式。缺点是时间管理方面比较薄弱[79]。因此，为了定量验证设计的权衡效益，不可避免地要同时处理 H_2 和 H_∞ 性能标准[96]。

3.2.3 增益调度

在飞机控制系统设计中，要认识到刚体方程只是非线性飞机动力学的近似化处理，飞机也有弹性模式，在高频时具有潜在的不稳定。随着飞行条件下飞机平衡点的变化，描述其扰动行为的线性化刚体模型也将发生变化。这种参数变化是一种低频响应，也能使系统不稳定。为了补偿这种变化，必须在几个设计平衡点处对线性化模型选择合适的控制器增益，以保证在平衡点附近实际飞行的稳定性。因此，所设计的控制器必须具有稳定的鲁棒性，这样控制器能够为由于高频未建模动力学和设备参数变化产生的建模误差提供稳定性保障[85]。增益调度是解决已知对象非线性的实用方法。

定义 3.5 增益调度（Gain scheduling）是根据调度信号的当前值来调整一套控制器系数的过程。

给定一组飞行条件变量，如马赫数、迎角、动压、重心位置等，即可在每个单独的飞行条件下直接选择满足最佳效益的控制回路增益。给定最佳效益的控制回路增益，文献[56]（最早的相关论文之一）提出了一种根据系统复杂水平确定简化增益程序进而满足最佳性能的流程。

传统的增益调度通过在飞机飞行包线内的几个选定点处对非线性对象进行线性化处理来实现。

考虑非线性模型为

$$\dot{\boldsymbol{X}}=\boldsymbol{f}(\boldsymbol{X},\boldsymbol{U}),\boldsymbol{X}\in\mathbb{R}^n,\boldsymbol{U}\in\mathbb{R}^m \tag{3.53}$$

标准方法是对整个飞行包线内的几个设计点进行线性化处理[67]

$$\delta\dot{X}=\left.\frac{\partial \boldsymbol{f}}{\partial \boldsymbol{X}}\right|_i\delta\boldsymbol{X}+\left.\frac{\partial \boldsymbol{f}}{\partial \boldsymbol{U}}\right|_i\delta\boldsymbol{U}=\boldsymbol{A}_i\delta\boldsymbol{X}+\boldsymbol{B}_i\delta\boldsymbol{U} \tag{3.54}$$

式中:i 为在第 i 个设计点处的估计值;$\delta\boldsymbol{X}$、$\delta\boldsymbol{U}$ 为系统在设计点附近的扰动。可以使用线性化系统来实施线性控制策略以实现期望的闭环特性。通过内插增益来实现设计点之间的增益调度,从而在整个飞行包线内产生平滑变化的增益集[97]。接着,通过简单的插值方法,在设计点之间调整模型线性化或相应的控制器增益。实际应用中,调度变量通常基于实际的物理条件和模型的独有特征,采用简单的曲线拟合方法,如线性插值方法[70]。

传统的特征结构配置可将线性化系统的特征值配置在修正或平衡条件的预定有限集中。特征结构配置可以通过选择一组反馈增益 $\boldsymbol{K}$,来保证期望的闭环动态特性。该方法配置线性化系统的闭环极点,即

$$(\boldsymbol{A}_i-\boldsymbol{B}_i\boldsymbol{K})\boldsymbol{\nu}_i^{\mathrm{d}}=\boldsymbol{\lambda}_i^{\mathrm{d}}\boldsymbol{\nu}_i^{\mathrm{d}} \tag{3.55}$$

该方法通过配置线性化闭环系统的 n 个不同的自共轭复数特征值 $\boldsymbol{\lambda}_i^{\mathrm{d}}$ 以及线性化闭环系统的 n 个不同的期望特征向量 $\boldsymbol{\nu}_i^{\mathrm{d}}$ 来实现。

注 3.7 增益调度控制器可以有效应对飞机动力学的变化[73]。传统方法选择设计点,在设计点处设计线性时不变(LTI)控制器,并连接所有线性时不变(LTI)控制器以覆盖允许的包线。所提供的空速数据中存在一些不确定性,一方面因为数据是根据空速管测得的动压和静压计算出来的;另一方面由于机载传感器有限的分辨率导致测量值会受到飞机机体的影响。因此,增益调度控制器应具有抵抗不确定性的鲁棒性。此外,机载执行机构也具有很大的不确定性,因而飞行控制器应相应地具有较强的鲁棒性。我们的目标是在阵风以及机载传感器和执行器在允许速度范围内存在不确定性的情况下,设计飞行控制器实现模型匹配特性。

3.2.4 LTV 模型的滚动时域方法

滚动时域方法是针对线性时变飞机模型的一种常用控制方法。被控系统的线性时变微分方程可以表示为

$$\dot{\boldsymbol{X}}=\boldsymbol{A}(t)\boldsymbol{X}+\boldsymbol{B}(t)\boldsymbol{U}\quad \boldsymbol{X}(0)=\boldsymbol{X}_0 \tag{3.56}$$

假设系统式(3.56)是一致完全可控的。在 $t\geqslant 0$ 的任何固定时间内,滚动时

域控制问题被定义为满足下列性能指标的最优控制问题，即

$$J = \int_{t}^{t+T} (\boldsymbol{X}^{\mathrm{T}}(\tau)\boldsymbol{Q}(\tau)\boldsymbol{X}(\tau) + \boldsymbol{U}^{\mathrm{T}}(\tau)\boldsymbol{R}(\tau)\boldsymbol{U}(\tau))\,\mathrm{d}\tau \tag{3.57}$$

对于某一 $\delta \leqslant T \leqslant \infty$（$\delta$ 是一个正数），满足线性时变动力学系统式(3.56)和下列约束，使 J 达到最小，即

$$\boldsymbol{X}(t+T) = 0 \tag{3.58}$$

式中：$\boldsymbol{Q}$、$\boldsymbol{R}$ 为加权矩阵，$\boldsymbol{Q}$ 为非负定对称矩阵，$\boldsymbol{R}$ 为正定对称矩阵。

滚动时域控制的主要目标是以当前状态 $\boldsymbol{X}(t)$ 为初始状态，在区间 $[t, t+T]$ 的间隔中求解最优控制 $\boldsymbol{U}_{\mathrm{opt}}(t)$，其中仅 $\boldsymbol{U}_{\mathrm{opt}}(t)$ 的第一个数据作为系统的当前控制输入[65]，其余数据不用作当前控制输入。

在下一个瞬时时间 t，将重复上述求解过程，并重新计算控制输入，即

$$\boldsymbol{U}^{*}(t) = -\boldsymbol{R}^{-1}(t)\boldsymbol{B}^{\mathrm{T}}(t)\boldsymbol{P}^{-1}(t, t+T)\boldsymbol{X}(t) \tag{3.59}$$

式中：$\boldsymbol{P}(t, t+T)$ 在任意时间 $\tau \in (t, t+T) = (t, t_T)$ 内满足下列矩阵黎卡提微分方程，即

$$\begin{aligned}\dot{\boldsymbol{P}}(\tau, t_T) = {} & \boldsymbol{P}(\tau, t_T)\boldsymbol{A}(\tau) + \boldsymbol{A}^{\mathrm{T}}(\tau)\boldsymbol{P}(\tau, t_T) + \\ & \boldsymbol{Q}(\tau) - \boldsymbol{P}(\tau, t_T)\boldsymbol{B}(\tau)\boldsymbol{R}^{-1}(\tau)\boldsymbol{B}^{\mathrm{T}}(\tau)\boldsymbol{P}(\tau, t_T)\end{aligned} \tag{3.60}$$

同时满足下列边界条件，即

$$\boldsymbol{P}(t_T, t_T) = 0 \tag{3.61}$$

为了解决滚动时域控制问题，学者们已经提出了许多方法来避免黎卡提微分方程的在线整合[47]。这些方法大多将滚动时域控制问题转化为二次规划或线性方程问题。另一种技术是通过构建一种有效的稀疏数值方法来解决在线滚动时域控制问题[65]。

3.2.5 线性变参数模型

Takagi – Sugeno（T – S）模型理论可以描述非线性动态系统，是通过局部分析获得混合模型的一种方法，这样描述的系统称为基于模型的系统。此外，Takagi – Sugeno 模型理论还可用于增益调度控制器的设计[33]。

线性变参数模型是一种线性时变系统，其矩阵取决于时变参数向量，时变参数向量通过实时测量或者应用某些已知的调度函数进行估计。由于在依赖于某些外部信号（如系统状态）模型的变参数中嵌入了非线性，因此，这种模型框架很具有吸引力，其强大的线性分析和设计工具可以应用于非线性系统[69]。

1. 原理

线性变参数(LPV)控制器设计始于将飞机非线性模型转换为 LPV 模型。

(1) 将非线性模型转化为关于参数向量仿射形式的 LPV 模型,其参数向量在有界域内变化,并依赖于系统状态与测量信号的已知关系。这些特征保证 LPV 模型的轨迹是非线性模型的轨迹,第 2 章已经给出了一些飞机模型的例子。

(2) 将仿射模型转化为用线性矩阵不等式(LMI)描述控制问题的多面体模型,接着基于凸优化理论应用数值算法求解线性矩阵不等式[90]。

(3) 对于控制器综合设计,假设参数在有界域内自由变化且可取任意值。

局部模型 i 的有效性由函数 $\mu_i(\zeta(t)):\mathbb{D}\rightarrow[0,1]$ 表示。局部线性模型的多模型形式可以写为

$$\dot{\boldsymbol{X}}(t)=\sum_{i=1}^{r}\boldsymbol{\varpi}_i(\zeta(t))(\boldsymbol{A}_i\boldsymbol{X}(t)+\boldsymbol{B}_i\boldsymbol{U}(t)) \tag{3.62}$$

$$\boldsymbol{Y}(t)=\sum_{i=1}^{r}\boldsymbol{\varpi}_i(\zeta(t))(\boldsymbol{C}_i\boldsymbol{X}(t)+\boldsymbol{D}_i\boldsymbol{U}(t)) \tag{3.63}$$

其中,

$$\boldsymbol{\varpi}_i(\zeta(t))=\frac{\mu_i(\zeta(t))}{\sum_{i=1}^{r}\mu_i(\zeta(t))} \tag{3.64}$$

式中:规则数 $r=2^{|\zeta|}$为所考虑非线性的数量。

在传统的 LPV 综合设计中,不需要为整个参数空间设计单个的 LPV 控制器,而是可为相互重叠的参数子空间合成 LPV 控制器。然后,这些 LPV 控制器在整个参数空间中合成一个 LPV 控制器。因此,当参数轨迹在重叠的参数子空间上移动时,保证了带有混合控制器的闭环系统的性能[78]。

为了稳定多模型,设计非线性控制律 $\boldsymbol{U}(t)$,其一般表达式为

$$\boldsymbol{U}(t)=\sum_{j=1}^{r}\boldsymbol{\varpi}_j(\zeta(t))\boldsymbol{K}_j\boldsymbol{X}(t) \tag{3.65}$$

在闭环形式中,可以得到以下关系,即

$$\dot{\boldsymbol{X}}(t)=\left(\sum_{i=1}^{r}\boldsymbol{\varpi}_i(\zeta(t))\boldsymbol{A}_i+\left(\sum_{i=1}^{r}\boldsymbol{\varpi}_i(\zeta(t))\boldsymbol{B}_i\right)\left(\sum_{j=1}^{r}\boldsymbol{\varpi}_j(\zeta(t))\boldsymbol{K}_j\right)\right)\boldsymbol{X}(t) \tag{3.66}$$

式中:$\dot{\boldsymbol{X}}=\boldsymbol{f}(\boldsymbol{X})$ 且 $\boldsymbol{f}(0)=\boldsymbol{0}$。

设计下列李雅普诺夫函数，即

$$\tilde{V}(\boldsymbol{X}) = \boldsymbol{X}^{\mathrm{T}}\boldsymbol{P}\boldsymbol{X} \tag{3.67}$$

式中：$\boldsymbol{P}$ 为对称正定矩阵。若 $\dot{\tilde{V}}(\boldsymbol{X}) < 0$，则原点是全局渐进稳定的平衡点。可以证明

$$\dot{\tilde{V}}(\boldsymbol{X}) \leqslant \sum_{i,j} \boldsymbol{X}^{\mathrm{T}}(\boldsymbol{P}(\boldsymbol{A}_i + \boldsymbol{B}_i\boldsymbol{K}_j) + (\boldsymbol{A}_i + \boldsymbol{B}_i\boldsymbol{K}_j)^{\mathrm{T}}\boldsymbol{P})\boldsymbol{X}(t) \tag{3.68}$$

对于 $\forall i = 1, 2, \cdots, r$、$\forall j = 1, 2, \cdots, r$，满足下列不等式，即

$$\boldsymbol{P}(\boldsymbol{A}_i + \boldsymbol{B}_i\boldsymbol{K}_j) + (\boldsymbol{A}_i + \boldsymbol{B}_i\boldsymbol{K}_j)^{\mathrm{T}}P < 0 \tag{3.69}$$

定义 3.6 线性矩阵不等式(Linear Matrix Inequality)。线性矩阵不等式表示为以下形式，即

$$\boldsymbol{F}_0 + \boldsymbol{F}_1\Theta_1 + \cdots + \boldsymbol{F}_d\Theta_d \leqslant 0 \tag{3.70}$$

式中：$\Theta_i\,(i = 1, 2, \cdots, d)$ 为实数变量；$\boldsymbol{F}_i\,(i = 1, 2, \cdots, d)$ 为 $n \times n$ 的对称矩阵。$\boldsymbol{A} \leqslant 0$ 表明 $\boldsymbol{A}$ 是负半定矩阵，即 $z^{\mathrm{T}}\boldsymbol{A}z \leqslant 0$，$\forall z \in \mathbb{R}^n$。

注 3.8 线性矩阵不等式已用于 LPV 系统，该系统的时变参数向量 $\boldsymbol{\varpi}$ 在多面体 Θ 内变化。对于此类 LPV 系统，状态矩阵在一个矩阵的多面体内变化，该多面体定义为矩阵有限数量 r 的凸包。每个多面体的顶点相当于调度变量 $\boldsymbol{\varpi}$ 的特征值。

最简单的多面体可以通过参数之间间隔的界近似表征。这种近似方法称为包围盒方法。

定义 3.7 准线性变参数系统(A quasi - LPV system)是线性时变系统，其状态空间矩阵是可变参数向量 $\boldsymbol{\varpi}$ 的固定函数，该参数取决于状态变量[58]。

2. 并行分布式补偿器

自主飞行的关键是存在风干扰的条件下能够跟踪预定的轨迹[44]。为了实现跟踪目标，设计控制方法需要描述飞机的姿态误差而不需要对惯性坐标模型进行描述。特别地，飞机的姿态误差是基于参考姿态与当前姿态产生的。采用这种模型很重要的一个优点是可以对任何类型的参考轨迹进行跟踪，甚至是不连续的参考轨迹。

本节将介绍姿态误差模型和相关控制方法来实现跟踪预定轨迹。此外，本节还提到控制方法中使用的 Takagi - Sugeno 模型。所采用的控制方法通过使用线性矩阵不等式(LMI)技术来得到并行分布式补偿(PDC)律。

$$
\begin{cases}
\dot{x} = V\cos\gamma\cos\chi + W\cos\gamma_w\cos\chi_w \\
\dot{y} = V\cos\gamma\sin\chi + W\cos\gamma_w\sin\chi_w \\
\dot{z} = -V\sin\gamma + W\sin\gamma_w \\
\dot{\chi} = \omega_1 \\
\dot{\gamma} = \omega_2
\end{cases}
\tag{3.71}
$$

在姿态误差模型中，参考姿态和当前姿态分别表示为 $\boldsymbol{P}_{\text{ref}} = (x_{\text{ref}}, y_{\text{ref}}, z_{\text{ref}}, \chi_{\text{ref}}, \gamma_{\text{ref}})^{\mathrm{T}}$ 和 $\boldsymbol{P}_{\text{c}} = (x_{\text{c}}, y_{\text{c}}, z_{\text{c}}, \chi_{\text{c}}, \gamma_{\text{c}})^{\mathrm{T}}$。参考位置是指飞机要跟踪的位置，当前位置是指在每个时间步长内计算出的实际位置。误差模型可以通过在以 $\boldsymbol{P}_{\text{c}}$ 为原点的当地坐标系中应用 $\boldsymbol{P}_{\text{ref}}$ 变换来确定。因此，跟踪误差表示为

$$
\boldsymbol{P}_{\text{e}} = \boldsymbol{T}_{\text{e}}(\boldsymbol{P}_{\text{ref}} - \boldsymbol{P}_{\text{c}})
\tag{3.72}
$$

式中：在三维坐标系下，矩阵 $\boldsymbol{T}_{\text{e}}$ 可表示为

$$
\boldsymbol{T}_{\text{e}} = \begin{pmatrix}
\cos\gamma\cos\chi & \cos\gamma\sin\chi & -\sin\chi & 0 & 0 \\
-\sin\chi & \cos\chi & 0 & 0 & 0 \\
\sin\gamma\cos\chi & \sin\gamma\sin\chi & \cos\chi & 0 & 0 \\
0 & 0 & 0 & 1 & 0 \\
0 & 0 & 0 & 0 & 1
\end{pmatrix}
\tag{3.73}
$$

误差姿态模型可以用于实现跟踪目标。

对误差进行微分，得

$$
\begin{pmatrix}
\dot{e}_x \\ \dot{e}_y \\ \dot{e}_z \\ \dot{e}_\chi \\ \dot{e}_\gamma
\end{pmatrix} = \begin{pmatrix}
e_1 \\ e_2 \\ e_3 \\ \omega_{1r} - \omega_1 \\ \omega_{2r} - \omega_2
\end{pmatrix}
\tag{3.74}
$$

其中，

$$
e_1 = \omega_1\cos\gamma e_y - \omega_2 e_z - V + V_r\cos\gamma\cos\gamma_r\cos e_\chi + V_r\sin\gamma\sin\gamma_r
$$

$$
e_2 = -\omega_1\cos\gamma e_x - \omega_1\sin\gamma e_z + V_r\cos\gamma_r\sin e_\chi
$$

$$
e_3 = \omega_1\sin\gamma e_y + \omega_2 e_x + V_r\sin\gamma\cos\gamma_r\cos e_\chi - V_r\cos\gamma\sin\gamma_r
$$

考虑的输入为 $\boldsymbol{U}=\begin{pmatrix}V\\ \omega_1\\ \omega_2\end{pmatrix}$。若选择预期作用，如 $\boldsymbol{U}=\boldsymbol{U}_B+\boldsymbol{U}_F$，其中，

$$\boldsymbol{U}_F=\begin{pmatrix}V_r\cos\gamma\cos\gamma_r\cos e_\chi+V_r\sin\gamma\sin\gamma_r\\ \omega_{1r}\\ \omega_{2r}\end{pmatrix} \tag{3.75}$$

$\boldsymbol{U}_B$ 为反馈控制作用向量。通过应用并行分布式补偿(PDC)控制，分析计算得到控制量 $\boldsymbol{U}_B$。控制律设计保证系统在空间紧域内的稳定性，增益计算通过线性矩阵不等式条件得到。

因此，系统式(3.74)可表示为

$$\begin{pmatrix}\dot{e}_x\\ \dot{e}_y\\ \dot{e}_z\\ \dot{e}_\chi\\ \dot{e}_\gamma\end{pmatrix}=\boldsymbol{A}_{\text{lin}}\begin{pmatrix}e_x\\ e_y\\ e_z\\ e_\chi\\ e_\gamma\end{pmatrix}+\boldsymbol{B}_{\text{lin}}\boldsymbol{U}_B \tag{3.76}$$

式中，

$$\boldsymbol{A}_{\text{lin}}=\begin{pmatrix}0 & \omega_{1r}\cos\gamma & -\omega_{2r} & 0 & 0\\ -\omega_{1r}\cos\gamma & 0 & -\omega_{1r}\sin\gamma & V_r\cos\gamma_r & 0\\ \omega_{2r} & \omega_{1r}\sin\gamma & 0 & 0 & -V_r\\ 0 & 0 & 0 & 0 & 0\\ 0 & 0 & 0 & 0 & 0\end{pmatrix} \tag{3.77}$$

$$\boldsymbol{B}_{\text{lin}}=\begin{pmatrix}-1 & 0 & 0\\ 0 & 0 & 0\\ 0 & 0 & 0\\ 0 & -1 & 0\\ 0 & 0 & -1\end{pmatrix} \tag{3.78}$$

Takagi - Sugeno 系统使用的控制器是并行分布式补偿(PDC)。由于飞机模型根据 Takagi - Sugeno 模型规则进行设计，因此每种控制律都涉及并行分布式

补偿设计。因此,对于式(3.74)描述的模型,第 i 个控制规则设计等效为下列内容。

规则 i:如果 $\zeta_1(t)$ 是 $M_{i1},\cdots,\zeta_p(t)$ 是 M_{ip},则对于 $i=1,2,\cdots,r,r=\dim(\zeta)$ 有 $\boldsymbol{U}_B=-\boldsymbol{K}_i\boldsymbol{X}(t)$。

因此,上述设计属于状态反馈控制律的范畴[52]。设计中采用的全部状态反馈控制律具有以下形式,即

$$\boldsymbol{U}_B=-\frac{\sum_{i=1}^{r}\mu_i(\zeta(t))\boldsymbol{K}_i\boldsymbol{X}(t)}{\sum_{i=1}^{r}\mu_i(\zeta(t))}=-\sum_{i=1}^{r}\varpi_i(\zeta(t))\boldsymbol{K}_i\boldsymbol{X}(t) \tag{3.79}$$

式中:矩阵 $\boldsymbol{K}_i$ 为局部反馈增益,用以保证系统的全局稳定性。最终通过线性矩阵不等式条件得到,保证了在前提部分相应紧域内的全局稳定性。

3. 积分作用

飞机的 LPV 或准 LPV 模型的动力学方程表示为

$$\dot{\boldsymbol{X}}(t)=\boldsymbol{A}(\boldsymbol{\varpi})\boldsymbol{X}(t)+\boldsymbol{B}(\boldsymbol{\varpi})\boldsymbol{U}(t) \tag{3.80}$$

如果假设系统矩阵 $\boldsymbol{A}(\boldsymbol{\varpi})$、$\boldsymbol{B}(\boldsymbol{\varpi})$ 以仿射形式取决于参数 $\boldsymbol{\varpi}$,则 $\boldsymbol{A}(\boldsymbol{\varpi})$、$\boldsymbol{B}(\boldsymbol{\varpi})$ 可表示为

$$\begin{cases}\boldsymbol{A}(\boldsymbol{\varpi})=\boldsymbol{A}_0+\sum_{i=1}^{m}\varpi_i\boldsymbol{A}_i\\ \boldsymbol{B}(\boldsymbol{\varpi})=\boldsymbol{B}_0+\sum_{i=1}^{m}\varpi_i\boldsymbol{B}_i\end{cases} \tag{3.81}$$

假设时变参数向量 $\boldsymbol{\varpi}(t)$ 位于指定的有界紧集内,并假设可用于控制器设计。为了在所提出的方案中引入跟踪设计,首先将飞机状态扩展为下列积分状态,即

$$\dot{\boldsymbol{X}}_{\mathrm{r}}(t)=\boldsymbol{R}(t)-\boldsymbol{C}_{\mathrm{c}}\boldsymbol{X}(t) \tag{3.82}$$

式中:$\boldsymbol{R}(t)$ 为所跟踪的参考量;$\boldsymbol{C}_{\mathrm{c}}$ 为受控的输出分布式矩阵增益。扩展的 LPV 系统转换为

$$\begin{pmatrix}\boldsymbol{X}_{\mathrm{r}}(t)\\ \boldsymbol{X}(t)\end{pmatrix}=\begin{pmatrix}0 & -\boldsymbol{C}_{\mathrm{c}}\\ 0 & \boldsymbol{A}(\boldsymbol{\varpi})\end{pmatrix}\begin{pmatrix}\boldsymbol{X}_{\mathrm{r}}(t)\\ \boldsymbol{X}(t)\end{pmatrix}+\begin{pmatrix}0\\ \boldsymbol{B}(\boldsymbol{\varpi})\end{pmatrix}\boldsymbol{U}(t)+\begin{pmatrix}\boldsymbol{I}_{n\times n}\\ 0\end{pmatrix}\boldsymbol{R}(t) \tag{3.83}$$

必须实现两个目标:第一个目标是对于 $\boldsymbol{\varpi}$ 的所有允许值都要获得良好的标准性能,第二个目标是满足闭环稳定的条件,即控制器要根据小增益定理确保故

障或失败情况时的稳定性[1]。

定理 3.5 对于切换多面体系统,有

$$\begin{cases}\dot{\boldsymbol{X}}=\boldsymbol{A}(\boldsymbol{\varpi}(t))\boldsymbol{X}(t)+\boldsymbol{B}(\boldsymbol{\varpi}(t))\boldsymbol{U}(t)\\ \boldsymbol{U}(t)=\boldsymbol{K}(t)(\boldsymbol{R}(t)-\boldsymbol{X}(t))\end{cases} \tag{3.84}$$

其中,

$$\begin{cases}\boldsymbol{A}(\boldsymbol{\varpi}(t))=\sum_{i=1}^{r}\varpi_i(t)\boldsymbol{A}_i\\ \boldsymbol{B}(\boldsymbol{\varpi}(t))=\sum_{i=1}^{r}\varpi_i(t)\boldsymbol{B}_i\end{cases} \tag{3.85}$$

且

$$\varpi_i(t)>0$$

$$\sum_{i=1}^{r}\varpi_i(t)=1$$

同时满足以下假设。

(1) 任意多面体子系统的顶点,即相应的局部重叠的切换系统的子系统满足线性矩阵等式,即

$$(\boldsymbol{A}_i-\boldsymbol{B}_i\boldsymbol{K}_j)^{\mathrm{T}}\boldsymbol{P}_j+\boldsymbol{P}_j(\boldsymbol{A}_i-\boldsymbol{B}_i\boldsymbol{K}_j)+\boldsymbol{Q}_{ij}=0 \tag{3.86}$$

式中:$\boldsymbol{P}_j$,$\boldsymbol{Q}_{ij}$为适当维度的正对称矩阵。

(2) 每个多面体子系统的增益调度控制器综合表示为

$$\boldsymbol{K}_j=\boldsymbol{B}_j^{+}(\varpi_i(t))(\boldsymbol{B}_i\boldsymbol{K}_i) \tag{3.87}$$

式中:$\boldsymbol{B}_j^{+}(\varpi_i(t))$为行满置矩阵$\boldsymbol{B}_j(\varpi_i(t))$的 Moore - Penrose 逆。

因此,系统在任意分段有界指令输入下输入 - 状态一致有界。

定理 3.5 的证明可以参考文献[1]。

注 3.9 文献[77]中,LPV 方法用于设计带有不确定参数的线性时不变系统的常值输出反馈控制器,其可以达到 H_2 或 H_∞ 性能水平的最小界。假设在给定的多面体中存在不确定参数,则可以描述一个参数相关的李雅普诺夫函数,该函数能够通过与不确定多面体顶点对应的一组线性矩阵不等式的解,来求出所需的常值增益。

4. 增益调度

LPV 增益调度方法可以利用普通的李雅普诺夫函数任意快速地改变参数,保证了闭环稳定性。建立一种切换多面体系统来描述全飞行包线内的飞机动力

学。每个多面体子系统代表飞行包线中的一部分系统动力学,其顶点是局部重叠切换系统的子系统,该子系统描述了该部分飞行包线内飞行点上的动力学轨迹。对于每个多面体子系统,通过在顶点处的状态反馈控制器之间进行插值,获得一个增益调度的子控制器。全飞行包线相关的增益调度控制器由这些增益调度子控制器组成[30]。

考虑的飞机模型是一个非线性连续的微分系统形式,即

$$\dot{\boldsymbol{X}} = \boldsymbol{f}(\boldsymbol{X},\boldsymbol{U}) \tag{3.88}$$

式中:$\boldsymbol{X} \in \mathbb{R}^n$;$\boldsymbol{U} \in \mathbb{R}^m$;$\boldsymbol{f}:\mathbb{R}^n \times \mathbb{R}^m \to \mathbb{R}^n$。

目标是设计一个能够跟踪某些预期轨迹$(\boldsymbol{X}_r,\boldsymbol{U}_r)$的控制器,其中$\boldsymbol{X}_r$是一个可微的缓慢变化的状态轨迹,$\boldsymbol{U}_r$是跟踪非受扰状态$\boldsymbol{X}_r$所需的标准输入。系统状态与输入空间的子集$\mathbb{XU} \subset \mathbb{R}^{n+m}$定义为可能状态与输入值的界。飞行点的集合定义为集合$\{(\boldsymbol{X}_i,\boldsymbol{U}_i) \in \mathbb{XU}, i \in \boldsymbol{I}\}$;$\boldsymbol{I}$是在轨迹空间中形成规则网格$\boldsymbol{J}$的所有正整数的集合。

针对$\boldsymbol{J}$中的所有点,对式(3.88)进行线性化处理,有

$$\boldsymbol{A}_i = \left.\frac{\partial \boldsymbol{f}}{\partial \boldsymbol{X}}\right|_{(X_i,U_i)} \quad \boldsymbol{B}_i = \left.\frac{\partial \boldsymbol{f}}{\partial \boldsymbol{U}}\right|_{(X_i,U_i)} \tag{3.89}$$

得到关于线性化点的扰动动力学方程为

$$\begin{cases} \dot{\boldsymbol{X}} = \boldsymbol{A}_i(\boldsymbol{X}-\boldsymbol{X}_i) + \boldsymbol{B}_i(\boldsymbol{U}-\boldsymbol{U}_i) + f(\boldsymbol{X}_i,\boldsymbol{U}_i) = \boldsymbol{A}_i\bar{\boldsymbol{X}} + \boldsymbol{B}_i\bar{\boldsymbol{U}} + \boldsymbol{d}_i \\ \boldsymbol{d}_i = \boldsymbol{f}(\boldsymbol{X}_i,\boldsymbol{U}_i) - (\boldsymbol{A}_i\bar{\boldsymbol{X}} + \boldsymbol{B}_i\bar{\boldsymbol{U}}) \end{cases} \tag{3.90}$$

当线性化系统式(3.90)通过 Takagi - Sugeno 模型进行插值时,式(3.88)的非线性逼近可以通过下式得到,即

$$\dot{\boldsymbol{X}} \approx \hat{\boldsymbol{f}}(\boldsymbol{X},\boldsymbol{U}) = \sum_{i \in \boldsymbol{I}} \boldsymbol{\varpi}_i(\boldsymbol{X},\boldsymbol{U})(\boldsymbol{A}_i\boldsymbol{X} + \boldsymbol{B}_i\boldsymbol{U} + \boldsymbol{d}_i) \tag{3.91}$$

系统式(3.91)有关控制律的设计也是基于 Takagi - Sugeno 模型的增益调度控制器。假设所有的$(\boldsymbol{A}_i,\boldsymbol{B}_i)$,$\forall i \in \boldsymbol{I}$可控和所有的状态可测,则通过 Takagi - Sugeno 系统可以得到全状态反馈线性控制律为

$$\boldsymbol{U} = \boldsymbol{U}_r + \sum_{i \in \boldsymbol{I}} \boldsymbol{\varpi}_i(\boldsymbol{X},\boldsymbol{U})\boldsymbol{K}_j(\boldsymbol{X} - \boldsymbol{X}_r) \tag{3.92}$$

式中:$\boldsymbol{\varpi}$为输入变量与"if - then - else"规则所描述的域相关的 Takagi - Sugeno 线性隶属度函数。选择系统隶属度函数,使其构成输入范围$\mathbb{XU}$上的凸和。

将式(3.92)代入式(3.91),闭环扰动系统的动力学转换为

$$\dot{\boldsymbol{X}} - \dot{\boldsymbol{X}}_r = \sum_i \boldsymbol{\varpi}_i(\boldsymbol{X},\boldsymbol{U}) \left[\boldsymbol{A}_i + \boldsymbol{B}_i \left(\sum_j \boldsymbol{\varpi}_i(\boldsymbol{X},\boldsymbol{U})\boldsymbol{K}_j \right) \right](\boldsymbol{X} - \boldsymbol{X}_r) + \epsilon \tag{3.93}$$

其中，

$$\epsilon = \sum_i \boldsymbol{\varpi}_i(\boldsymbol{X},\boldsymbol{U})[\boldsymbol{A}_i\boldsymbol{X}_r + \boldsymbol{B}_i\boldsymbol{U}_r + \boldsymbol{d}_i] - \dot{\boldsymbol{X}}_r \tag{3.94}$$

增加和减去 $\sum_i \boldsymbol{A}_i\boldsymbol{X}_r$ 项，构成矩阵 $\boldsymbol{\Sigma}_i\boldsymbol{\varpi}_i(\boldsymbol{X},\boldsymbol{U})(\boldsymbol{A}_i + \boldsymbol{B}_i(\boldsymbol{\Sigma}_j\,\boldsymbol{\varpi}_j(\boldsymbol{X},\boldsymbol{U})\boldsymbol{K}_j))$，进而给出期望轨迹的扰动动力学方程。另外，根据 $\boldsymbol{d}_i$ 的定义，ϵ 表示 $\boldsymbol{X}_r$ 逼近 Takagi – Sugeno 模型对应函数 $\boldsymbol{f}$ 的误差。

可以推导出关于 $(\boldsymbol{X}_r, \boldsymbol{U}_r)$ 的 Takagi – Sugeno 增益调度控制器的渐进稳定性条件。

定义 3.8 调度索引（Scheduling Indexes）：给定网格点集 $\mathbb{J}$ 和任意的线性化动力学 $(\boldsymbol{A}_i, \boldsymbol{B}_i)$，$i \in \mathbb{J}$，$\mathbb{J}_i$，$\mathbb{J}_i$ 定义为 $(\boldsymbol{X}_i, \boldsymbol{U}_i)$ 的邻域点的所有索引 m 的集合，其控制器 K_m 对 $(\boldsymbol{A}_i, \boldsymbol{B}_i)$ 的影响不可忽略。

$\mathbb{J}_i$ 包含的所有点均满足

$$\boldsymbol{\varpi}_m(\boldsymbol{X},\boldsymbol{U}) > 0, \forall (\boldsymbol{X},\boldsymbol{U}) \in \{(\boldsymbol{X},\boldsymbol{U}) : \boldsymbol{\varpi}_i(\bar{\boldsymbol{X}},\boldsymbol{U}) > 0\}$$

给定一般输入状态对 $(\boldsymbol{X}_l, \boldsymbol{U}_l)$，$l \notin \mathbb{I}$，跟踪误差 $(\boldsymbol{X}_l - \boldsymbol{X}_r) \to 0$ 的稳定性满足以下假设。

条件 1：假设 $(\boldsymbol{X}_i, \boldsymbol{U}_i) \in \mathbb{J}$ 为到飞行点 $(\boldsymbol{X}_l, \boldsymbol{U}_l) \in \mathbb{J}$ 最近的线性化网格点。系统 $(\boldsymbol{A}_i, \boldsymbol{B}_i)$ 通过控制器 $\boldsymbol{K}_m$，$m \in \mathbb{J}$ 的凸组合保持闭环稳定。

使用以下试验验证条件 1，以保证当所有控制器组合通过 Takagi – Sugeno 控制器控制时，系统 $\hat{f}$ 的 Takagi – Sugeno 模型是稳定的。考虑关于 $(\boldsymbol{X}_i, \boldsymbol{U}_i)$ 的闭环系统动力学方程，即

$$\dot{\boldsymbol{X}} = \left[\boldsymbol{A}_i + \boldsymbol{B}_i \left(\sum_j \boldsymbol{\varpi}_j(\boldsymbol{X},\boldsymbol{U})\boldsymbol{K}_j \right) \right]\boldsymbol{X} = \sum_j \boldsymbol{\varpi}_i(\boldsymbol{X},\boldsymbol{U})(\boldsymbol{A}_i + \boldsymbol{B}_i\boldsymbol{K}_j)\boldsymbol{X} \tag{3.95}$$

通过控制器 $\boldsymbol{K}_m$，$m \in \mathbb{J}$ 的凸组合来获得。式（3.95）具有多面体微分形式，其中顶点是矩阵 $(\boldsymbol{A}_i + \boldsymbol{B}_i\boldsymbol{K}_j)$，$j \in \mathbb{J}_i$。要求保证所有 $(\boldsymbol{A}_i + \boldsymbol{B}_i\boldsymbol{K}_j)$，$j \in \mathbb{J}_i$ 的稳定性。

对所有网格点反复进行稳定性测试，得到

$$\forall i \in \mathbb{I}, \forall j \in \mathbb{J}_i, \exists \boldsymbol{P}_i > 0, (\boldsymbol{A}_i + \boldsymbol{B}_i\boldsymbol{K}_j)^{\mathrm{T}}\boldsymbol{P}_i + \boldsymbol{P}_i(\boldsymbol{A}_i + \boldsymbol{B}_i\boldsymbol{K}_j) < 0 \tag{3.96}$$

不等式（3.96）可以使用线性矩阵不等式（LMI）方法来求解。

集合 Θ 满足式(3.70)的条件,是线性矩阵不等式在 $\boldsymbol{\Theta}=(\Theta_1,\Theta_2,\cdots,\Theta_d)^{\mathrm{T}}$ 上指定凸约束的凸集。线性矩阵不等式是在系统和控制应用中描述约束的有用工具。

注 3.10 如果线性矩阵不等式测试失败,则格栅 $\mathbb{J}$ 必须做得更密集。此外,线性矩阵不等式测试需要添加额外的线性化点,以使闭环系统稳定。

条件 2:线性化以及与原始非线性系统相关的连续 Takagi - Sugeno 模型导致的误差足够小,不会损害相关结构不确定性的鲁棒稳定性。如果期望的闭环动力学模型为

$$\boldsymbol{A}_{\mathrm{d}}=\boldsymbol{A}_i+\boldsymbol{B}_i\boldsymbol{K}_i \quad \forall i\in \boldsymbol{I} \tag{3.97}$$

那么,由式(3.95)可得

$$\sum_j \varpi_j(\boldsymbol{X},\boldsymbol{U})(\boldsymbol{A}_i+\boldsymbol{B}_i\boldsymbol{K}_j)\boldsymbol{X}=\left(\boldsymbol{A}_{\mathrm{d}}+\sum_j \varpi_j(\boldsymbol{X},\boldsymbol{U})\delta\boldsymbol{A}_{ij}\right)\boldsymbol{X} \tag{3.98}$$

其中,

$$\delta\boldsymbol{A}_{ij}=\boldsymbol{B}(\boldsymbol{X}_i,\boldsymbol{U}_i)[\boldsymbol{K}(\boldsymbol{X}_i,\boldsymbol{U}_j)-\boldsymbol{K}(\boldsymbol{X}_i,\boldsymbol{U}_i)] \tag{3.99}$$

根据鲁棒稳定性定理,在结构不确定性条件下,矩阵

$$\boldsymbol{A}+\sum_i \varpi_i(\boldsymbol{X},\boldsymbol{U})\sum_j \varpi_j(\boldsymbol{X},\boldsymbol{U})\delta\boldsymbol{A}_{ij} \tag{3.100}$$

可用于稳定性测试。

5. 成本控制分析:执行器饱和

飞机受到输入和状态的约束。执行器饱和是最常见的约束之一,但有时涉及的输入和状态变量约束是输入或内部变量的变化率限制。

给出以下 Takagi - Sugeno 模型,即

$$\begin{cases}\dot{\boldsymbol{X}}=\boldsymbol{A}(\varpi)\boldsymbol{X}+\boldsymbol{B}(\varpi)\boldsymbol{U}\\ \boldsymbol{Y}=\boldsymbol{C}(\varpi)\boldsymbol{X}\end{cases} \tag{3.101}$$

给定正定加权矩阵 $\boldsymbol{W}$ 和 $\boldsymbol{R}$,以及二次目标函数,即

$$J=\int_0^\infty(\boldsymbol{Y}^{\mathrm{T}}(t)\boldsymbol{W}\boldsymbol{Y}(t)+\boldsymbol{U}^{\mathrm{T}}\boldsymbol{R}\boldsymbol{U}(t))\mathrm{d}t \tag{3.102}$$

设计控制器使二次正定函数 $\tilde{V}=\boldsymbol{X}^{\mathrm{T}}\boldsymbol{P}\boldsymbol{X}$ 的上界最小化,使得

$$J<\boldsymbol{X}_0^{\mathrm{T}}\boldsymbol{P}\boldsymbol{X}_0 \tag{3.103}$$

如果目标函数 J_{d} 为负数,则式(3.103)成立,即

$$J_{\mathrm{d}}=\boldsymbol{Y}^{\mathrm{T}}\boldsymbol{W}\boldsymbol{Y}+\boldsymbol{U}^{\mathrm{T}}\boldsymbol{R}\boldsymbol{U}+\dot{\boldsymbol{X}}^{\mathrm{T}}\boldsymbol{P}\boldsymbol{X}+\boldsymbol{X}^{\mathrm{T}}\boldsymbol{P}\dot{\boldsymbol{X}}<0 \tag{3.104}$$

将 $\boldsymbol{X}$、$\boldsymbol{Y}$ 代入式(3.104),并通过并行分布式补偿器(PDC)控制律[4]定义 U,有

$$\boldsymbol{U} = \sum_{j=1}^{r} \boldsymbol{\varpi}_i \boldsymbol{K}_j \boldsymbol{X} = \boldsymbol{K}(\boldsymbol{\varpi})\boldsymbol{X} \tag{3.105}$$

得到二重求和条件式(3.106),即

$$\sum_{i=1}^{r} \sum_{j=1}^{r} \boldsymbol{\varpi}_i(t)\, \boldsymbol{\varpi}_j(t) \boldsymbol{X}(t)^{\mathrm{T}} \boldsymbol{Q}_{ij} \boldsymbol{X}(t) \leqslant 0 \tag{3.106}$$

式中:$\boldsymbol{Q}_{ij}$定义为

$$\boldsymbol{Q}_{ij} = \frac{1}{2}\begin{pmatrix} 2\boldsymbol{D}_{ij} & \boldsymbol{P}^{-1}\boldsymbol{C}_i^{\mathrm{T}} & -\boldsymbol{M}_j & \boldsymbol{P}^{-1}\boldsymbol{C}_j^{\mathrm{T}} & -\boldsymbol{M}_i \\ \boldsymbol{C}_i\boldsymbol{P}^{-1} & -\boldsymbol{W}^{-1} & 0 & 0 & 0 \\ -\boldsymbol{M}_j & 0 & -\boldsymbol{R}^{-1} & 0 & 0 \\ \boldsymbol{C}_j\boldsymbol{P}^{-1} & 0 & 0 & -\boldsymbol{W}^{-1} & 0 \\ -\boldsymbol{M}_i & 0 & 0 & 0 & -\boldsymbol{R}^{-1} \end{pmatrix} \tag{3.107}$$

$$\boldsymbol{D}_{ij} = \boldsymbol{A}_i\boldsymbol{P}^{-1} + \boldsymbol{P}^{-1}\boldsymbol{A}_i^{\mathrm{T}} - \boldsymbol{B}_i\boldsymbol{M}_j - \boldsymbol{M}_j^{\mathrm{T}}\boldsymbol{B}_i^{\mathrm{T}} \tag{3.108}$$

式中:$\boldsymbol{K}_i = \boldsymbol{M}_i\boldsymbol{P}$。

根据叠加定理,若 $\boldsymbol{Q} < 0$,则 $\boldsymbol{XQX} < 0$,$\boldsymbol{X}$ 也是一个矩阵[32]。式(3.106)是一个二重求和项,而非线性矩阵不等式。最优控制器 $\boldsymbol{U}^{\mathrm{opt}}$ 具有下列分段仿射结构形式,即

$$\boldsymbol{U}^{\mathrm{opt}} = \boldsymbol{K}_k\boldsymbol{X} + \boldsymbol{G}_k, \boldsymbol{X} \in \Omega_k = \{\boldsymbol{X}, \boldsymbol{H}_k\boldsymbol{X} \leqslant l_k\} \tag{3.109}$$

定义在符合飞行域$\mathbb{X}$ 的多面体分区中的 l 个域 Ω_k,$(k=1,2,\cdots,l)$内。

本节的目标是存在输入和状态约束的情况下,设计成本最优控制律,即

$$\boldsymbol{U} \in \mathbb{U} = \{\boldsymbol{\Phi U} \leqslant \Delta + \boldsymbol{\Lambda X}\} \tag{3.110}$$

多面体飞行域描述为

$$\boldsymbol{X} \in \mathbb{X} = \{\boldsymbol{KX} \leqslant \tau\} \tag{3.111}$$

其主要思想是在状态空间中搜索无须任何饱和约束的并行分布式补偿器(式(3.105))。如果初始状态在球 $\|\boldsymbol{X}_0\|_2 \leqslant \gamma$ 内,且控制是有界的(即满足 $\|\boldsymbol{U}\|_2 \leqslant \delta$),则目的是找到一个控制器,保证成本函数式(3.103)有界,且其界为某一标量 λ,即满足

$$J < \boldsymbol{X}_0^{\mathrm{T}}\boldsymbol{P}\boldsymbol{X}_0 < \lambda \tag{3.112}$$

考虑初始状态区域,如果满足以下条件,则条件式(3.112)成立。

$$X_0^{\mathrm{T}} P X_0 < \lambda \frac{X_0^{\mathrm{T}} X_0}{\gamma^2} \tag{3.113}$$

或

$$P < \frac{\lambda}{\gamma^2} I_{n \times n} \tag{3.114}$$

或

$$\gamma^2 \lambda^{-1} I_{n \times n} < P^{-1} \tag{3.115}$$

根据控制量的约束和 PDC 控制器式(3.105)的描述式 $U = K(\varpi)X$,可得

$$U^{\mathrm{T}} U = X^{\mathrm{T}} K(\varpi)^{\mathrm{T}} K(\varpi) X < \delta^2 \tag{3.116}$$

由于 $X^{\mathrm{T}}PX$ 是李雅普诺夫函数,则 $X^{\mathrm{T}}PX < X_0^{\mathrm{T}}PX_0$,并且如果满足式(3.117)的条件,则式(3.116)成立,即

$$\frac{1}{\delta^2} X^{\mathrm{T}} K(\varpi)^{\mathrm{T}} K(\varpi) X < \frac{1}{\lambda} X^{\mathrm{T}} P X \tag{3.117}$$

控制量的约束条件可以表示为以下线性矩阵不等式,即

$$\begin{pmatrix} P^{-1} & M_i^{\mathrm{T}} \\ M_i & \lambda^{-1}\delta^2 I_{n \times n} \end{pmatrix} > 0 \tag{3.118}$$

式中:$M_i = F_i P^{-1}$。

综上所述,对 $\| X_0 \|_2 < \gamma$ 内的初始状态,可以得到具有最佳性能函数界的并行分布式补偿器,该性能函数满足控制输入约束 $|u_j| < \delta_j$。

3.3 非线性控制

目前有很多种非线性系统控制律设计方法,一些非线性控制方法可以用于自主飞行器,如动态逆、模型预测控制、变结构鲁棒控制(滑模)、自适应控制、反馈线性化、鲁棒控制、反步控制、路径曲率跟踪[19,50,60,103]。这些方法比线性控制方法的应用更为广泛。

3.3.1 飞机模型的仿射方程

一些非线性控制方法可以应用于飞机模型的仿射方程。仿射非线性控制系统定义为

$$\dot{X} = f(X) + \sum_{i=1}^{m} g_i(X) U_i = f(X) + GU \tag{3.119}$$

$$Y_j = h_j(X), j = 1, 2, \cdots, m \quad 或\ Y = h(X) \tag{3.120}$$

式中：X 为飞机的状态；U 为控制输入；Y 为测量输出；f、$g_i(i = 1, 2, \cdots, m)$ 为关于$\mathbb{M}$ 的光滑矢量场。约束集包含在$\mathbb{R}^m$ 内的原点开集中。因此，$U \equiv 0$ 是由矢量场 f 产生的轨迹的允许控制。矢量场 f 通常称为漂移矢量场；g_i 为控制矢量场。

定义 3.9 李括号（Lie Bracket）：李括号定义为

$$[f, g] = \frac{\partial g}{\partial X} f - \frac{\partial f}{\partial X} g \tag{3.121}$$

伴随矩阵符号表示为

$$\begin{aligned} ad_f^0 g &= g \\ ad_f^1 g &= [f, g] \\ &\vdots \\ ad_f^i g &= [f, ad_f^{i-1} g] \end{aligned} \tag{3.122}$$

定义 3.10 李导数（Lie Derivative）：若假设系统式（3.119）具有相同数量的输入和输出，则 $f(X)$ 中 $h_j(X)$ 的第 k 个李导数为

$$L_f h_j(X) = \frac{\mathrm{d} h_j(X)}{\mathrm{d} X} f(X) \tag{3.123}$$

$$L_f^v h_j(X) = \frac{\mathrm{d} L_f^{v-1} h_j(X)}{\mathrm{d} X} f(X) \quad \forall v = 2, \cdots, k \tag{3.124}$$

式中：$1 \leqslant i \leqslant m$；$1 \leqslant j \leqslant m$；$k \geqslant 1$。定义

$$L_{g_i} L_f^k h_j(X) = \frac{\mathrm{d} L_f^k h_j(X)}{\mathrm{d} X} g_i(X) \tag{3.125}$$

为计算仿射系统式（3.119）和式（3.120）的规范化形式，系统向量相对阶的概念很重要。

定义 3.11 向量相对阶（Vector Relative Degree）。若满足以下两个条件，则系统式（3.119）在点 $X_0 \in \mathbb{R}^n$ 处具有向量相对阶 $(r_1, r_2, \cdots, r_m)$。

（1）在 $X \in X_0$ 的邻域内存在李导数，即

$$L_{g_i} L_f^k h_j(X) = 0 \quad \forall 1 \leqslant i \leqslant m, 1 \leqslant k \leqslant r_i, 1 \leqslant j \leqslant m \tag{3.126}$$

（2）$m \times m$ 阶矩阵

$$A(X) = \begin{pmatrix} L_{g_1} L_f^{r_1 - 1} h_1(X) & \cdots & L_{g_m} L_f^{r_1 - 1} h_1(X) \\ \vdots & \ddots & \vdots \\ L_{g_1} L_f^{r_m - 1} h_m(X) & \cdots & L_{g_m} L_f^{r_m - 1} h_m(X) \end{pmatrix} \tag{3.127}$$

在 $\boldsymbol{X}=\boldsymbol{X}_0$ 处是非奇异的。

注 3.11 上述状态空间模型式(3.119)可以表示为方程图,其中节点表示状态变量 $\boldsymbol{X}$,输入变量 $\boldsymbol{U}$ 和输出变量 $\boldsymbol{Y}$ 表示过程变量之间相关性的边界[29]。

(1) 若 $\frac{\partial \boldsymbol{f}_f(\boldsymbol{X})}{\partial \boldsymbol{X}_k} \neq 0$,则从节点 X_k 到节点 X_f 有一条边界。

(2) 若 $\boldsymbol{g}_{if}(\boldsymbol{X}) \neq 0$,则从节点 U_i 到节点 X_f 有一条边界。

(3) 若 $\frac{\partial \boldsymbol{h}_j(\boldsymbol{X})}{\partial \boldsymbol{X}_k} \neq 0$,则从节点 X_k 到节点 Y_j 有一条边界。

根据边的放置规则,需要通过 $\boldsymbol{f}$、$\boldsymbol{g}_i$、$\boldsymbol{h}_i$ 的结构形式来构造方程图。路径是图的节点和边的开放路径,这样就不会有节点重复。输入输出路径(IOP)是从输入变量节点开始并终止于方程图输出变量节点的路径。路径的长度是路径中包含边的数量。方程图一旦建好,就可以通过算法很容易地识别所有的输入输出路径。然后,通过选择输入输出路径生成替代的单输入单输出多回路控制配置,使得任意输入输出变量节点只包含在一个输入输出路径中。

给定所有可选的控制配置,对它们进行评估以选择合适的配置。用于评价的一个可能标准是结构耦合,即基于它们结构上相互依赖的过程变量间的耦合。这可以通过相对阶的概念来实现。

在方程图中,相对阶 r_{ij} 与 l_{ij} 有关,连接 u_i 和 y_j 的最短输入输出路径的长度为

$$r_{ij}=l_{ij}-1 \tag{3.128}$$

相对阶可以量化输入 $\boldsymbol{U}_i$ 对输出 $\boldsymbol{Y}_j$ 直接影响的程度,因此,可用于结构耦合的度量。相对阶矩阵(RDM)具有元素 i、j,过程输入 $\boldsymbol{U}_i$ 与输出 $\boldsymbol{Y}_j$ 之间的相对阶通过等式(3.119)描述。对于方形系统,可以寻找所有可能的对以识别 $\boldsymbol{m}$ 个输入输出对,使得非对角线(相当于重新排列输出使得输入输出对落在对角线上)元素最大化。对于具有 m 个输入和 q 个输出($m<q$)的非方形系统,任意相对阶矩阵的 m 列都可以写成 $m \times m$ 的子矩阵形式。然后,按照上述步骤,识别每一列中的次优输入输出对,并选择非对角线元素和最大的一对。在这种情况下,相对阶可以分为以下 3 类。

(1) 对角线:$\boldsymbol{r}_{\mathrm{d}}=\{r_{ij}\in\mathbb{R}\ ,\mid i=j\}$。

(2) 非对角线:$\boldsymbol{r}_{\mathrm{o}}=\{r_{ij}\in\mathbb{R}\ ,\mid i\neq j\}\ 1\leqslant i,j\leqslant \min(m,q)$。

(3) 其余的:$\boldsymbol{r}_{\mathrm{r}}=\boldsymbol{r}-(\boldsymbol{r}_{\mathrm{d}}\cup\boldsymbol{r}_{\mathrm{o}})$。

其中,$\boldsymbol{r}=\{r_{ij}\in\mathbb{R}\}\mid\forall i,j$。

识别最优输入输出对的问题等同于寻找 $\boldsymbol{r}_{\mathrm{o}}$,使得 $\boldsymbol{r}_{\mathrm{o}}$ 的各个元素的总和最大。

李群中几乎所有的信息都包含在李代数中，李群中关于系统演化的问题可以简化为李代数。因此，可以表达诸如可达性、可控性和可观测性之类的概念[51]。

定义 3.12 可控性（Controllability）。若对于 $\boldsymbol{X}$ 中任意两个点 X_0 和 X_{f}，存在定义在时间间隔 $[0,T]$ 内的允许控制 $\boldsymbol{U}(t)$，使得系统式（3.119）和式（3.120）的初始条件 X_0 在 T 时刻达到 X_{f} 点，则系统式（3.119）和式（3.120）是可控的。

注 3.12 有关非线性可控性的一些早期工作基于非线性系统的线性化处理。可以看到，如果在平衡点处的非线性系统的线性化是可控的，则系统本身是局部可控的[13]。

矢量场的李括号中包含很多有趣的控制理论。周定理（Chow's theorem）导出了无漂移系统的可控性。考虑带有漂移的仿射非线性模型，即

$$\dot{\boldsymbol{X}} = \boldsymbol{f}(\boldsymbol{X}) + \sum_{i=1}^{m} \boldsymbol{g}_i(\boldsymbol{X})\boldsymbol{U}_i \quad \boldsymbol{U} \in \mathbb{U} \subset \mathbb{R}^m \quad \boldsymbol{X} \in \mathbb{X} \subset \mathbb{R}^n \tag{3.129}$$

定理 3.6 可达性代数中，当且仅当 $\dim(L(\boldsymbol{X}))=n, \forall \boldsymbol{X} \in \mathbb{X}$ 且 $\dim(L_0(\boldsymbol{X}))=n, \forall \boldsymbol{X} \in \mathbb{X}$ 局部强可达时，系统式（3.129）是局部可达的。

这个条件经常称为李代数秩条件（LARC）。若系统式（3.129）满足这个秩条件，则它是局部可达的。

定义 3.13 短时局部可控性（Small Time Local Controllability）。对于任意 $T>0$，若 X_0 是邻域(X_0)的内点，则系统式（3.129）在 X_0 处是短时局部可控的。

研究带漂移的一般系统的可控性是一个难题[87-88]。

定理 3.7 假设集合 $\{\boldsymbol{f},\boldsymbol{g}_1,\cdots,\boldsymbol{g}_m\}$ 中的向量场是真的且可解析，并且输入向量域 $\boldsymbol{g}_i$ 彼此线性无关。如果漂移项 $\boldsymbol{f}(\boldsymbol{X})\neq 0$ 有界，且向量 $(ad_f)^k(\boldsymbol{g}_i)(\boldsymbol{X})$，$\forall i \in \{1,2,\cdots,m\}, k \in \{0,1,\cdots,\}$ 与向量 $[\boldsymbol{g}_i,\boldsymbol{g}_j](\boldsymbol{X})$ 对所有对 $\forall i,j \in \{1,2,\cdots,m\}$ 的跨度为 $T_{\boldsymbol{X}}\mathbb{X}$，那么，若输入控制足够大，则系统式（3.129）在 $\boldsymbol{X}$ 处是短时间局部可控的，即对于某一大标量 $\lambda>0$，控制 $\lambda\boldsymbol{U}$ 的范围为 $\boldsymbol{U}\in\mathbb{U}$，$|\boldsymbol{U}_i|\leqslant 1, i=1,2,\cdots,m$。

该定理的证明可以参考文献[25]。

根据选择的公式，可以设计两个飞机仿射系统：第一个不存在漂移，第二个存在漂移。

1. 无漂移的仿射方程

当忽略风的影响时，运动学方程为

$$
\begin{cases}
\dot{x} = V\cos\gamma\cos\chi \\
\dot{y} = V\cos\gamma\sin\chi \\
\dot{z} = -V\sin\gamma \\
\dot{\chi} = \omega_1 \\
\dot{\gamma} = \omega_2
\end{cases}
\tag{3.130}
$$

式中;状态变量为 $\boldsymbol{X}=(x,y,z,\chi,\gamma)^{\mathrm{T}}$;输入变量为 $\boldsymbol{U}=(V,\omega_1,\omega_2)^{\mathrm{T}}$,状态方程为

$$
\dot{\boldsymbol{X}} = \boldsymbol{G}(\boldsymbol{X})\boldsymbol{U} = \begin{pmatrix} \cos\gamma\cos\chi & 0 & 0 \\ \cos\gamma\sin\chi & 0 & 0 \\ -\sin\gamma & 0 & 0 \\ 0 & 1 & 0 \\ 0 & 0 & 1 \end{pmatrix}\boldsymbol{U}
\tag{3.131}
$$

模型式(3.130)的李括号可以计算为

$$
\boldsymbol{g}_4 = [\boldsymbol{g}_1,\boldsymbol{g}_2] = \begin{pmatrix} \cos\gamma\sin\chi \\ -\cos\gamma\cos\chi \\ 0 \\ 0 \\ 0 \end{pmatrix} \quad \boldsymbol{g}_5 = [\boldsymbol{g}_1,\boldsymbol{g}_3] = \begin{pmatrix} \cos\chi\sin\gamma \\ \sin\gamma\sin\chi \\ \cos\gamma \\ 0 \\ 0 \end{pmatrix}
\tag{3.132}
$$

当 $0 < V_{\mathrm{stall}} \leqslant V \leqslant V_{\max}$ 时,该系统是不对称的。

注 3.13 系统式(3.131)是一个正则系统,其非完整度等于 2 且跨度为 $\{\boldsymbol{g}_1,\boldsymbol{g}_2,\boldsymbol{g}_3,[\boldsymbol{g}_1,\boldsymbol{g}_2],[\boldsymbol{g}_1,\boldsymbol{g}_3],[\boldsymbol{g}_2,\boldsymbol{g}_3]\} = \mathbb{R}^5$。

2. 带漂移的仿射方程

1) 运动学方程

考虑运动学方程

$$
\begin{cases}
\dot{x} = V\cos\gamma\cos\chi + W_{\mathrm{N}} \\
\dot{y} = V\cos\gamma\sin\chi + W_{\mathrm{E}} \\
\dot{z} = -V\sin\gamma + W_{\mathrm{D}} \\
\dot{V} = U_1 \\
\dot{\chi} = U_2 \\
\dot{\gamma} = U_3
\end{cases}
\tag{3.133}
$$

其等价于

$$\dot{\boldsymbol{X}}=\boldsymbol{f}(\boldsymbol{X})+\boldsymbol{G}\boldsymbol{U}+\boldsymbol{D}_{\mathrm{w}}=\begin{pmatrix} V\cos\gamma\cos\chi \\ V\cos\gamma\sin\chi \\ -V\sin\gamma \\ 0 \\ 0 \\ 0 \end{pmatrix}+\begin{pmatrix} 0 & 0 & 0 \\ 0 & 0 & 0 \\ 0 & 0 & 0 \\ 1 & 0 & 0 \\ 0 & 1 & 0 \\ 0 & 0 & 1 \end{pmatrix}U+\begin{pmatrix} W_{\mathrm{N}} \\ W_{\mathrm{E}} \\ W_{\mathrm{D}} \\ 0 \\ 0 \\ 0 \end{pmatrix} \tag{3.134}$$

式中：$\boldsymbol{D}_{\mathrm{w}}$ 为风的干扰。

当使用李代数秩条件分析可达性时，必须验证下列条件，即

$$V\neq-(W_{\mathrm{N}}\cos\gamma\cos\chi+W_{\mathrm{E}}\cos\gamma\sin\chi-W_{\mathrm{D}}\sin\gamma)$$

$$\gamma\neq\frac{\pi}{2},\ |W|<V \quad 和 \quad 0<V_{\mathrm{stall}}\leqslant V\leqslant V_{\max}$$

2）协同飞行中的反向动力学方程

下列动力学方程用于推导，即

$$\begin{cases} \dot{x}=V\cos\chi\cos\gamma+W_{\mathrm{N}} \\ \dot{y}=V\sin\chi\cos\gamma+W_{\mathrm{E}} \\ \dot{z}=-V\sin\gamma+W_{\mathrm{D}} \\ \dot{V}=-g\sin\gamma+\dfrac{T\cos\alpha-D}{m}+ \\ \qquad -(\dot{W}_{\mathrm{N}}\cos\gamma\cos\chi+\dot{W}_{\mathrm{E}}\cos\gamma\sin\chi-\dot{W}_{\mathrm{D}}\sin\gamma) \\ \dot{\chi}=\dfrac{(L+T\sin\alpha)\sin\sigma}{mV\cos\gamma}+\left(\dfrac{\dot{W}_{\mathrm{N}}\sin\chi-\dot{W}_{\mathrm{E}}\cos\chi}{V\cos\gamma}\right) \\ \dot{\gamma}=\dfrac{1}{mV}((L+T\sin\alpha)\cos\sigma-mg\cos\gamma)+ \\ \qquad -\dfrac{1}{V}(\dot{W}_{\mathrm{N}}\sin\gamma\cos\chi+\dot{W}_{\mathrm{E}}\sin\gamma\sin\chi+\dot{W}_{\mathrm{D}}\cos\gamma) \end{cases} \tag{3.135}$$

式中：$D=\frac{1}{2}\rho V^2SC_D$，由于控制量 T、α、σ 以非仿射模式出现，因此在该推导过程中使用虚拟控制量 $U=(\dot{T},\dot{\alpha},\dot{\sigma})^{\mathrm{T}}$ 以获得仿射系统。下列符号将采用 $\boldsymbol{X}_1=$

$\begin{pmatrix} x \\ y \\ z \end{pmatrix}$, $\boldsymbol{X}_2 = \begin{pmatrix} V \\ \chi \\ \gamma \end{pmatrix}$, $\boldsymbol{X}_3 = \begin{pmatrix} T \\ \alpha \\ \sigma \end{pmatrix}$,整个状态变量 $\boldsymbol{X} = \begin{pmatrix} \boldsymbol{X}_1 \\ \boldsymbol{X}_2 \\ \boldsymbol{X}_3 \end{pmatrix}$;无风干扰的仿射模型可以写成

$$\begin{cases} \dot{\boldsymbol{X}}_1 = \boldsymbol{f}_0(\boldsymbol{X}_2) \\ \dot{\boldsymbol{X}}_2 = \boldsymbol{f}_1(\boldsymbol{X}_2) + \boldsymbol{f}_2(\boldsymbol{X}_2, \boldsymbol{X}_3) \\ \dot{\boldsymbol{X}}_3 = \boldsymbol{U} \end{cases} \tag{3.136}$$

其中,

$$\boldsymbol{f}_0(\boldsymbol{X}_2) = \begin{pmatrix} V\cos\chi\cos\gamma \\ V\sin\chi\cos\gamma \\ -V\sin\gamma \end{pmatrix}, \quad \boldsymbol{f}_1(\boldsymbol{X}_2) = \begin{pmatrix} -g\sin\gamma \\ 0 \\ -\dfrac{g}{V}\cos\gamma \end{pmatrix}$$

且 $\boldsymbol{f}_2(\boldsymbol{X}_2, \boldsymbol{X}_3) = \begin{pmatrix} \dfrac{T\cos\alpha - D}{m} \\ \dfrac{(L + T\sin\alpha)\sin\sigma}{mV\cos\gamma} \\ \dfrac{1}{mV}((L + T\sin\alpha)\cos\sigma) \end{pmatrix}$。

因此,完全仿射控制系统可以写为

$$\dot{\boldsymbol{X}} = \boldsymbol{f}(\boldsymbol{X}) + \boldsymbol{G}\boldsymbol{U} + \boldsymbol{D}_{\mathrm{w}} \tag{3.137}$$

其中,存在漂移

$$\boldsymbol{f}(\boldsymbol{X}) = \begin{pmatrix} V\cos\chi\cos\gamma \\ V\sin\chi\cos\gamma \\ -V\sin\gamma \\ -g\sin\gamma + \dfrac{T\cos\alpha - D}{m} \\ \dfrac{1}{mV\cos\gamma}((L + T\sin\alpha)\sin\sigma) \\ \dfrac{1}{mV}((L + T\sin\alpha)\cos\sigma - mg\cos\gamma) \\ 0 \\ 0 \\ 0 \end{pmatrix} \tag{3.138}$$

和常值矩阵

$$\boldsymbol{G}=\begin{pmatrix}0&0&0\\0&0&0\\0&0&0\\0&0&0\\0&0&0\\0&0&0\\1&0&0\\0&1&0\\0&0&1\end{pmatrix}\tag{3.139}$$

考虑将风的影响作为摄动,即

$$\boldsymbol{D}_{\mathrm{w}}=\begin{pmatrix}W_{\mathrm{N}}\\W_{\mathrm{E}}\\W_{\mathrm{D}}\\-(\dot{W}_{\mathrm{N}}\cos\gamma\cos\chi+\dot{W}_{\mathrm{E}}\cos\gamma\sin\chi-\dot{W}_{\mathrm{D}}\sin\gamma)\\\left(\dfrac{\dot{W}_{\mathrm{N}}\sin\chi-\dot{W}_{\mathrm{E}}\cos\chi}{V\cos\gamma}\right)\\-\dfrac{1}{V}(\dot{W}_{\mathrm{N}}\sin\gamma\cos\chi+\dot{W}_{\mathrm{E}}\sin\gamma\sin\chi+\dot{W}_{\mathrm{D}}\cos\gamma)\\0\\0\\0\end{pmatrix}\tag{3.140}$$

由于风扰动与控制信号的输入通道不同,因此,这种不确定性称为不匹配的。

通过计算下列李括号来验证可达性,即

$$
\boldsymbol{g}_4 = [\boldsymbol{f}, \boldsymbol{g}_1] = \begin{pmatrix} 0 \\ 0 \\ 0 \\ \dfrac{1}{m}(\cos\alpha\sin\sigma) \\ \dfrac{1}{mV\cos\gamma}(\sin\alpha\sin\sigma) \\ \dfrac{1}{mV}(\cos\sigma) \\ 0 \\ 0 \\ 0 \end{pmatrix} \tag{3.141}
$$

$$
\boldsymbol{g}_5 = [\boldsymbol{f}, \boldsymbol{g}_2] = \begin{pmatrix} 0 \\ 0 \\ 0 \\ -\dfrac{1}{m}\left(T\sin\alpha - \dfrac{\partial D}{\partial \alpha}\right) \\ \dfrac{\sin\sigma}{mV\cos\gamma}\left(T\cos\alpha + \dfrac{\partial L}{\partial \alpha}\right) \\ \dfrac{\cos\sigma}{mV}\left(T\cos\alpha + \dfrac{\partial L}{\partial \alpha}\right) \\ 0 \\ 0 \\ 0 \end{pmatrix} \tag{3.142}
$$

且

$$
\boldsymbol{g}_6 = [\boldsymbol{f}, \boldsymbol{g}_3] = \begin{pmatrix} 0 \\ 0 \\ 0 \\ \dfrac{\cos\sigma}{mV\cos\gamma}(T\sin\alpha + L) \\ -\dfrac{\sin\sigma}{mV}(T\sin\alpha + L) \\ 0 \\ 0 \\ 0 \end{pmatrix} \tag{3.143}
$$

两个其余的李括号应该按二级计算，接着，应验证李代数秩条件的可达性，这将给风的影响增加某些附加条件。

3. 特性

分析这些仿射模型必须考虑一些附加特性。

定义 3.14 稳定性(Stabilizability)。令 $\boldsymbol{X}_0$ 为控制系统 $\dot{\boldsymbol{X}}=\boldsymbol{f}(\boldsymbol{X},\boldsymbol{U})$ 的平衡点，如果可以找到使闭环系统渐进稳定的反馈控制量 $U(X)$，则该系统在 $\boldsymbol{X}_0$ 处是渐进稳定的。

定义 3.15 鲁棒全局一致渐进稳定性(Robust Global Uniform Asymptotic Stability)。令 $\boldsymbol{\Omega}$ 为$\mathbb{R}^n$的紧子集，假设控制输入 $\boldsymbol{U}=\boldsymbol{k}(\boldsymbol{X})$。当存在正则函数 β 时，系统式(3.129)的闭环系统的解关于 $\boldsymbol{\Omega}$ 是鲁棒全局一致渐进稳定的(RGUAS-Ω)，使得对于任意初始条件 $\boldsymbol{X}_0\in\mathbb{R}^n$，闭合系统对于所有 $t\geqslant0$ 的解 $\boldsymbol{X}(t)$ 都始于 $\boldsymbol{X}_0$，且满足 $\|X(t)\|_{\Omega}\leqslant\beta(\|\boldsymbol{X}_0\|_{\Omega},t)$，$\forall t\geqslant0$。

定义 3.16 鲁棒稳定性(Robust Stabilizability)。当存在控制律 $\boldsymbol{U}=\boldsymbol{k}(\boldsymbol{X})$ 和紧集 $\Omega\subset\mathbb{R}^n$ 时，系统式(3.129)是鲁棒稳定的，使得闭环系统的解关于 Ω 是鲁棒全局一致渐进稳定的。

定义 3.17 输入-状态稳定性(Input to State Stability)。如果存在比较函数 γ_1 和 γ_2，使得对于 $\forall(\boldsymbol{X}_0,\boldsymbol{U})$，唯一解 $\boldsymbol{X}$ 满足式(3.144)，则系统式(3.119)是输入-状态稳定的。

$$\|\boldsymbol{X}(t)\|\leqslant\gamma_1(t,\|\boldsymbol{X}_0\|)+\gamma_2(\sup_{s\in[0,t]}\|\boldsymbol{U}(s)\|)\quad t\geqslant0 \tag{3.144}$$

或

$$\|\boldsymbol{X}(t)\|\leqslant\max\{\gamma_1(t,\|\boldsymbol{X}_0\|),\gamma_2(\sup_{s\in[0,t]}\|U(s)\|)\}\quad t\geqslant0 \tag{3.145}$$

如果系统式(3.119)是输入-状态稳定的，则它具有全局渐进稳定性(GAS)、有界输入有界状态(BIBS)和收敛输入收敛状态(CICS)特性[38]。输入-状态稳定性可以用类李雅普诺夫函数来描述。

定理 3.8 如果存在光滑函数 $\tilde{V}:\mathbb{R}^n\times\mathbb{R}\rightarrow\mathbb{R}$ 和比较函数 α_1、α_2、α_3、α_4 满足式(3.146)，则系统式(3.119)是输入-状态稳定的，即

$$\alpha_1(\|z\|)\leqslant\tilde{\boldsymbol{V}}(z)\leqslant\alpha_2(\|z\|) \tag{3.146}$$

和

$$\nabla\tilde{\boldsymbol{V}}(z)^{\mathrm{T}}g(z,\tilde{\boldsymbol{V}})\leqslant-\alpha_3(\|z\|)+\alpha_4(\|v\|) \tag{3.147}$$

文献[27]研究了通过平方可积控制生成的系统闭包、内部和边界之间的

关系。

4. 反馈线性化解耦

坐标变化通常用于转换为特定形式的非线性系统，从而更易解释结构特性。这可以解决许多控制问题，如反馈线性化、状态和输出反馈稳定、输出调节和系统倒置跟踪[31,53]。

反馈线性化方法的原理可以解释下列类别的系统，即

$$\begin{cases} \dot{\boldsymbol{X}} = \boldsymbol{f}(\boldsymbol{X}) + \boldsymbol{G}(\boldsymbol{X})\boldsymbol{U} \\ \boldsymbol{Y} = \boldsymbol{h}(\boldsymbol{X}) \end{cases} \tag{3.148}$$

其原理是导出每个输出 $\boldsymbol{Y}_i$，直到输入 $\boldsymbol{U}$ 出现。假设每个输出 $\boldsymbol{Y}_i$ 必须推导 ρ_i 次，则获得以下关系，即

$$\boldsymbol{Y}_i = \boldsymbol{h}_i(\boldsymbol{X}) \tag{3.149}$$

$$\dot{\boldsymbol{Y}}_i = \frac{\partial \boldsymbol{h}_i}{\partial \boldsymbol{X}}\dot{\boldsymbol{X}} = \frac{\partial \boldsymbol{h}_i}{\partial \boldsymbol{X}}(\boldsymbol{f}(\boldsymbol{X}) + \boldsymbol{G}(\boldsymbol{X})\boldsymbol{U}) \tag{3.150}$$

$\vdots$

$$\dot{\boldsymbol{Y}}_i^{(\rho_i)} = \frac{\partial \boldsymbol{h}_i^{(\rho_i-1)}}{\partial \boldsymbol{X}}\dot{\boldsymbol{X}} = \frac{\partial \boldsymbol{h}_i^{(\rho_i)}}{\partial \boldsymbol{X}}(\boldsymbol{f}(\boldsymbol{X}) + \boldsymbol{G}(\boldsymbol{X})\boldsymbol{U}) = \boldsymbol{h}_i^{(\rho_i)} + \boldsymbol{g}_i^{(\rho_i)}\boldsymbol{U} \tag{3.151}$$

其矩阵形式为

$$\begin{pmatrix} \boldsymbol{Y}_1^{(\rho_1)} \\ \boldsymbol{Y}_2^{(\rho_2)} \\ \vdots \\ \boldsymbol{Y}_m^{(\rho_m)} \end{pmatrix} = \begin{pmatrix} \boldsymbol{h}_1^{(\rho_1)} \\ \boldsymbol{h}_2^{(\rho_2)} \\ \vdots \\ \boldsymbol{h}_m^{(\rho_m)} \end{pmatrix} + \begin{pmatrix} \boldsymbol{g}_1^{(\rho_1)} \\ \boldsymbol{g}_2^{(\rho_2)} \\ \vdots \\ \boldsymbol{g}_m^{(\rho_m)} \end{pmatrix}\boldsymbol{U} \tag{3.152}$$

如果矩阵$\begin{pmatrix} \boldsymbol{g}_1^{(\rho_1)} \\ \boldsymbol{g}_2^{(\rho_2)} \\ \vdots \\ \boldsymbol{g}_m^{(\rho_m)} \end{pmatrix}$是可逆的，则可计算控制律为

$$\boldsymbol{U} = \begin{pmatrix} \boldsymbol{g}_1^{(\rho_1)} \\ \boldsymbol{g}_2^{(\rho_2)} \\ \vdots \\ \boldsymbol{g}_m^{(\rho_m)} \end{pmatrix}^{-1} \left(\boldsymbol{R} - \begin{pmatrix} \boldsymbol{h}_1^{(\rho_1)} \\ \boldsymbol{h}_2^{(\rho_2)} \\ \vdots \\ \boldsymbol{h}_m^{(\rho_m)} \end{pmatrix} \right) \tag{3.153}$$

因此,闭环系统可以描述为

$$\boldsymbol{Y}_i^{(\rho_i)} = \boldsymbol{R}_i \quad i=1,2,\cdots,m \tag{3.154}$$

注 3.14 如果特征指数的个数小于系统的维数,则可生成一个不可观测的子系统。

小迎角下飞机模型解耦的直接应用为

$$\dot{V} = \frac{T-D}{m} - g\sin\gamma \tag{3.155}$$

$$\dot{\chi} = g\frac{n_z\sin\phi}{V\cos\gamma} \tag{3.156}$$

$$\dot{\gamma} = \frac{g}{V}(n_z\cos\phi - \cos\gamma) \tag{3.157}$$

假设模型精确,则可以通过下列控制律对飞机动力学进行反馈线性化[34],即

$$T = K_v(V_d - V) + mg\sin\gamma + D \tag{3.158}$$

$$n_z\cos\phi = \frac{V}{g}K_\gamma(\gamma_d - \gamma) + \cos\gamma = c_1 \tag{3.159}$$

$$n_z\sin\phi = \frac{V}{g}K_\chi(\chi_d - \chi)\cos\gamma = c_2 \tag{3.160}$$

式中:V_d、γ_d、χ_d 分别为线速度、航迹角和航向角的参考值。由此得出线性系统为

$$\dot{V} = K_v(V_d - V) \tag{3.161}$$

$$\dot{\chi} = K_\chi(\chi_d - \chi) \tag{3.162}$$

$$\dot{\gamma} = K_\gamma(\gamma_d - \gamma) \tag{3.163}$$

该控制器可以保证跟踪误差收敛到零。

对于某一满足积分二次约束条件的有界时变不确定非线性多输入多输出系统(MIMO),文献[92]提出了一种鲁棒非线性控制方案。该方案提出的鲁棒反馈线性化方法,采用标准反馈线性化方法对不确定非线性飞机的非线性动力学进行线性化,利用平均值定理在任意点处对非线性时变不确定性进行线性化。该方法将一个不确定非线性多输入多输出系统(MIMO)转化为具有非结构化不确定性的等效线性不确定性飞机模型。最后,针对线性化模型提出了鲁棒的最大最小线性二次高斯控制设计,保证了闭环系统的内部稳定性。

3.3.2 输入输出线性化

飞机运动学模型表示为

$$
\begin{cases}
\dot{x} = V\cos\gamma\cos\chi \\
\dot{y} = V\cos\gamma\sin\chi \\
\dot{z} = -V\sin\gamma \\
\dot{\chi} = \omega_1 \\
\dot{\gamma} = \omega_2
\end{cases}
\tag{3.164}
$$

式中:输入 $\boldsymbol{U}=(V,\omega_1,\omega_2)^{\mathrm{T}}$。

选择输出 Y_1、Y_2、Y_3为式(3.165),参数 $b\neq0$,即

$$
\begin{cases}
Y_1 = x + b\cos\gamma\cos\chi \\
Y_2 = y + b\cos\gamma\sin\chi \\
Y_3 = z - b\sin\gamma
\end{cases}
\tag{3.165}
$$

求导得

$$
\begin{pmatrix} \dot{Y}_1 \\ \dot{Y}_2 \\ \dot{Y}_3 \end{pmatrix} = \begin{pmatrix} \cos\gamma\cos\chi & -b\cos\gamma\sin\chi & -b\sin\gamma\cos\chi \\ \cos\gamma\sin\chi & b\cos\gamma\cos\chi & -b\sin\gamma\sin\chi \\ -\sin\gamma & 0 & -b\cos\gamma \end{pmatrix} \begin{pmatrix} V \\ \dot{\chi} \\ \dot{\gamma} \end{pmatrix}
\tag{3.166}
$$

或写成

$$
\begin{pmatrix} \dot{Y}_1 \\ \dot{Y}_2 \\ \dot{Y}_3 \end{pmatrix} = \boldsymbol{R}(\chi,\gamma) \begin{pmatrix} U_1 \\ U_2 \\ U_3 \end{pmatrix}
\tag{3.167}
$$

计算矩阵 $\boldsymbol{R}(\chi,\gamma)$的逆,因其行列式等于 $-b^2\cos\gamma$,由此可得

$$
\begin{cases}
\dot{\boldsymbol{Y}}_1 = U_1 \\
\dot{\boldsymbol{Y}}_2 = U_2 \\
\dot{\boldsymbol{Y}}_3 = U_3
\end{cases}
\tag{3.168}
$$

$$
\begin{cases}
V = \dot{x}\cos\gamma\cos\chi + \dot{y}\cos\gamma\sin\chi - \dot{z}\sin\gamma \\
\dot{\chi} = \dfrac{1}{b\cos\gamma}(-\sin\chi U_1 + \cos\chi U_2) \\
\dot{\gamma} = \dfrac{-\cos\chi\sin\gamma}{b}U_1 + \dfrac{-\sin\chi\sin\gamma}{b}U_2 + \dfrac{-\cos\gamma}{b}U_3
\end{cases}
\tag{3.169}
$$

只要保证 $b \neq 0$ 且 $\gamma \neq \dfrac{\pi}{2}$,便可得到输入输出线性化。

一个简单的线性控制器可以表示为

$$
\begin{cases}
U_1 = \dot{Y}_{1\mathrm{d}} + k_1(Y_{1\mathrm{d}} - Y_1) \\
U_2 = \dot{Y}_{2\mathrm{d}} + k_2(Y_{2\mathrm{d}} - Y_2) \\
U_3 = \dot{Y}_{3\mathrm{d}} + k_3(Y_{3\mathrm{d}} - Y_3)
\end{cases}
\tag{3.170}
$$

保证了其三部分的动力学解耦,笛卡儿跟踪误差指数收敛到零。飞行航迹角及方程式(3.169)所支配的航向不受控制。

3.3.3 动态逆

先进飞行控制系统已经研究了数十年,然而先进技术却在实践中应用得很少。动态逆也许是研究非线性飞行控制最普遍的方法。逆或精确跟踪的难点在于需要确定输入和初始条件使得飞机输出能够精确地跟踪给定参考值。这其中最主要的问题是建立一个精细的飞机非线性动力学模型,对模型求逆,并为所需的执行器指令施加期望的操纵动力学。显然,这种方法要求非线性模型必须非常接近实际飞机系统才能有效,这是该方法的缺点。

非线性动态逆可以应用在非线性单输入单输出系统中,对于非线性单输入单输出系统,即

$$
\begin{cases}
\dot{\boldsymbol{X}} = \boldsymbol{f}(\boldsymbol{X}) + \boldsymbol{G}(\boldsymbol{X})\boldsymbol{U} \\
\boldsymbol{Y} = \boldsymbol{h}(\boldsymbol{X})
\end{cases}
\tag{3.171}
$$

当输入明确出现在表达式中,才能判断出输出能否被控制。因此,有

$$
\dot{\boldsymbol{Y}}_i = \frac{\partial \boldsymbol{h}}{\partial \boldsymbol{X}}\dot{\boldsymbol{X}} = \frac{\partial \boldsymbol{h}}{\partial \boldsymbol{X}}\boldsymbol{f}(\boldsymbol{X}) + \frac{\partial \boldsymbol{h}}{\partial \boldsymbol{X}}\boldsymbol{G}(\boldsymbol{X})\boldsymbol{U}
\tag{3.172}
$$

假设对于所有的 $\boldsymbol{X} \in \mathbb{R}^n$,$\dfrac{\partial \boldsymbol{h}}{\partial \boldsymbol{X}}\boldsymbol{G}(X)$ 的逆都存在,则状态反馈为

$$U = \left(\frac{\partial \boldsymbol{h}}{\partial \boldsymbol{X}}\boldsymbol{G}(\boldsymbol{X})\right)^{-1}\left(\boldsymbol{U}_{\mathrm{d}} - \frac{\partial \boldsymbol{h}}{\partial \boldsymbol{X}}\boldsymbol{f}(\boldsymbol{X})\right) \tag{3.173}$$

实现了由外部输入 $\boldsymbol{U}_{\mathrm{d}}$ 到输出 $\boldsymbol{Y}$ 的综合响应[63]。

为了便于直接应用,通过飞机反向动力学模型的仿射形式来进行以下推导。

$$\begin{cases} \dot{\boldsymbol{X}}_1 = \boldsymbol{f}_0(\boldsymbol{X}_2) \\ \dot{\boldsymbol{X}}_2 = \boldsymbol{f}_1(\boldsymbol{X}_2) + \boldsymbol{f}_2(\boldsymbol{X}_2, \boldsymbol{X}_3) \\ \dot{\boldsymbol{X}}_3 = \boldsymbol{U} \end{cases} \tag{3.174}$$

式中:$\boldsymbol{U} = (\dot{T}, \dot{\alpha}, \dot{\sigma})^{\mathrm{T}}$ 且

$$\boldsymbol{f}_0(\boldsymbol{X}_2) = \begin{pmatrix} V\cos\chi\cos\gamma \\ V\sin\chi\cos\gamma \\ -V\sin\gamma \end{pmatrix} \quad \boldsymbol{f}_1(\boldsymbol{X}_2) = \begin{pmatrix} -g\sin\gamma \\ 0 \\ -\frac{g}{V}\cos\gamma \end{pmatrix} \tag{3.175}$$

$$\boldsymbol{f}_2(\boldsymbol{X}_2, \boldsymbol{X}_3) = \begin{pmatrix} \dfrac{T\cos\alpha - D}{m} \\ \dfrac{(L + T\sin\alpha)\sin\sigma}{mV\cos\gamma} \\ \dfrac{1}{mV}((L + T\sin\alpha)\cos\sigma) \end{pmatrix} \tag{3.176}$$

假定选择输出 $\boldsymbol{Y} = \boldsymbol{X}_1$,对式(3.174)求导可得以下等式,即

$$\begin{cases} \dot{\boldsymbol{Y}} = \boldsymbol{f}_0(\boldsymbol{X}_2) \\ \ddot{\boldsymbol{Y}} = \boldsymbol{B}_1(\boldsymbol{f}_1(\boldsymbol{X}_2) + \boldsymbol{f}_2(\boldsymbol{X}_2, \boldsymbol{X}_3)) \\ \boldsymbol{Y}^{(3)} = \boldsymbol{B}_1(\dot{\boldsymbol{f}}_1(\boldsymbol{X}_2) + \dot{\boldsymbol{f}}_2(\boldsymbol{X}_2, \boldsymbol{X}_3)) + \dot{\boldsymbol{B}}_1(\boldsymbol{f}_1(\boldsymbol{X}_2) + \boldsymbol{f}_2(\boldsymbol{X}_2, \boldsymbol{X}_3)) \\ \qquad = \boldsymbol{f}_3(\boldsymbol{X}_2, \boldsymbol{X}_3) + \boldsymbol{B}_2\boldsymbol{U} \end{cases} \tag{3.177}$$

其中,

$$\boldsymbol{B}_1 = \begin{pmatrix} \cos\gamma\cos\chi & -V\cos\gamma\sin\chi & -V\sin\gamma\cos\chi \\ \cos\gamma\sin\chi & V\cos\gamma\cos\chi & -V\sin\gamma\sin\chi \\ -\sin\gamma & 0 & -V\cos\gamma \end{pmatrix} \tag{3.178}$$

$\boldsymbol{B}_2 = \boldsymbol{B}_1\boldsymbol{B}_4$ 且 $\boldsymbol{f}_3 = (\dot{\boldsymbol{B}}_1 + \boldsymbol{B}_1(\boldsymbol{B}_5 + \boldsymbol{B}_3))(\boldsymbol{f}_1 + \boldsymbol{f}_2)$，其中

$$\boldsymbol{B}_3 = \begin{pmatrix} -\frac{1}{m}\frac{\partial D}{\partial V} & 0 & 0 \\ \frac{\sin\sigma}{mV\cos\gamma}\frac{\partial L}{\partial V} - \frac{(L+T\sin\alpha)\sin\sigma}{mV^2\cos\gamma} & 0 & \frac{(L+T\sin\alpha)\sin\sigma}{mV}\frac{\sin\gamma)}{\cos^2\gamma} \\ \frac{\cos\sigma}{mV}\frac{\partial L}{\partial V} - \frac{(L+T\sin\alpha)\cos\sigma}{mV^2} & 0 & 0 \end{pmatrix} \tag{3.179}$$

$$\boldsymbol{B}_4 = \begin{pmatrix} \frac{\cos\alpha}{m} & \frac{1}{m}\left(-T\sin\alpha - \frac{\partial D}{\partial\alpha}\right) & 0 \\ \frac{\sin\alpha\sin\sigma}{mV\cos\gamma} & \left(\frac{\partial L}{\partial\alpha} + T\cos\alpha\right)\frac{\sin\sigma}{mV\cos\gamma} & \frac{(L+T\sin\alpha)\cos\sigma}{mV\cos\gamma} \\ \frac{\sin\alpha\cos\sigma}{mV} & \frac{\cos\sigma}{mV}\left(\frac{\partial L}{\partial\alpha} + T\sin\alpha\right) & -\frac{(L+T\sin\alpha)\sin\sigma}{mV} \end{pmatrix} \tag{3.180}$$

$$\boldsymbol{B}_5 = \begin{pmatrix} 0 & 0 & g\cos\gamma \\ 0 & 0 & 0 \\ \frac{g}{V^2}\cos\gamma & 0 & \frac{g}{V}\sin\gamma \end{pmatrix} \tag{3.181}$$

而且，

$$\dot{\boldsymbol{B}}_1 = \boldsymbol{B}_6\dot{V} + \boldsymbol{B}_7\dot{\chi} + \boldsymbol{B}_8\dot{\gamma} \tag{3.182}$$

$$\boldsymbol{B}_6 = \begin{pmatrix} 0 & -\cos\gamma\sin\chi & -\cos\chi\sin\gamma \\ 0 & \cos\gamma\cos\chi & -\sin\gamma\sin\chi \\ 0 & 0 & -\cos\gamma \end{pmatrix} \tag{3.183}$$

$$\boldsymbol{B}_7 = \begin{pmatrix} -\cos\gamma\sin\chi & -V\cos\gamma\cos\chi & V\sin\chi\sin\gamma \\ \cos\gamma\cos\chi & -V\cos\gamma\sin\chi & -V\sin\gamma\cos\chi \\ 0 & 0 & 0 \end{pmatrix} \tag{3.184}$$

$$\boldsymbol{B}_8 = \begin{pmatrix} -\sin\gamma\cos\chi & V\sin\gamma\sin\chi & -V\cos\chi\cos\gamma \\ -\sin\gamma\sin\chi & -V\sin\gamma\cos\chi & -V\cos\gamma\sin\chi \\ -\cos\gamma & 0 & V\sin\gamma \end{pmatrix} \tag{3.185}$$

由于 $\boldsymbol{B}_2$ 是可逆的，故可以提出以下控制律，即

$$U = B_2^{-1}(Y_r^{(3)} - f_3(X_{2r})) + K_v\dot{e} + K_p e + K_i\int e\mathrm{d}t \tag{3.186}$$

式中：$e = Y - Y_r$。

注 3.15 可利用下式进行计算，即

$$\dot{f} = \frac{\partial f}{\partial V}\dot{V} + \frac{\partial f}{\partial \chi}\dot{\chi} + \frac{\partial f}{\partial \gamma}\dot{\gamma} + \frac{\partial f}{\partial T}\dot{T} + \frac{\partial f}{\partial \alpha}\dot{\alpha} + \frac{\partial f}{\partial \sigma}\dot{\sigma}$$

使用这种方法，确定飞机输入和初始条件，使飞机的输出跟踪给定参考 Y_r。

3.3.4 控制李雅普诺夫函数方法

控制李雅普诺夫函数（Control Lyapunov Function，CLF）是一种候选李雅普诺夫函数，通过选择以下系统控制量可将其导数逐点变成负值，即

$$\dot{X} = f(X,U) \tag{3.187}$$

如果 f 是连续的，且存在连续的状态反馈使得点 $X=0$ 是闭环系统的全局渐进稳定平衡点，那么，根据标准的逆李雅普诺夫定理，对于上述系统一定存在控制李雅普诺夫函数。

如果函数 f 是控制变量的仿射函数，那么存在控制李雅普诺夫函数能够通过连续状态反馈实现稳定。

1. 特性

基于控制李雅普诺夫函数的控制器设计方法在非线性控制理论中得到了广泛关注[57,84]。考虑以下输入仿射非线性系统，即

$$\dot{X} = f(X) + G(X)U \tag{3.188}$$

式中：$X \in \mathbb{R}^n$ 为状态向量；$U \in \mathbb{R}^m$ 为输入向量。式（3.137）至式（3.140）中的 f：$\mathbb{R}^n \to \mathbb{R}^n$，$G$：$\mathbb{R}^n \times \mathbb{R}^m \to \mathbb{R}^n$ 为连续映射且 $f(0)=0$。

定义 3.18 李雅普诺夫函数（Control Lyapunov Function）。如果连续可微函数 $\tilde{V}$：$\mathbb{R}^+ \times \mathbb{R}^n \to \mathbb{R}$ 在 X 中是正定、递减、径向无界的，且满足

$$\inf_{U\in\mathbb{U}}\left\{\frac{\partial \tilde{V}}{\partial t} + \frac{\partial \tilde{V}}{\partial X}(f(X) + G(X)U)\right\} \leqslant -Y(X) \tag{3.189}$$

$\forall X \neq 0$，$\forall t \geqslant 0$，$Y(X)$ 为一个连续正定函数，那么，该函数是带有输入约束 $U \in \mathbb{U} \subset \mathbb{R}^m$ 的系统式（3.188）的控制李雅普诺夫函数。

如果还满足条件

$$\dot{\tilde{V}}(X,U) = L_f\tilde{V}(X) + L_G\tilde{V}(X)U \tag{3.190}$$

那么，当且仅当

$$\forall \boldsymbol{X} \in \mathbb{R}^{n*}, L_G \tilde{V} = 0 \Rightarrow L_f \tilde{V} < 0 \tag{3.191}$$

成立时，C^1 本征函数 $\tilde{V}:\mathbb{R}^n \to \mathbb{R}^+$ 是一个控制李雅普诺夫函数。

定义 3.19 小控制特性(Small Control Property)。如果对于任意 $\epsilon > 0$，存在 $\delta > 0$，满足 $0 \neq \|\boldsymbol{X}\| < \delta \Rightarrow \exists \|\boldsymbol{U}\| < \epsilon$，使得 $L_f \tilde{V} + L_G \tilde{V}\boldsymbol{U} < 0$，那么称系统式(3.188)的控制李雅普诺夫函数 $\tilde{V}(X)$满足小控制特性(SCP)。

定理 3.9 当且仅当对于任意 $\epsilon > 0$ 存在 $\delta > 0$ 时，使 $\|\boldsymbol{X}\| < \delta$ 且 $L_G \tilde{V}(\boldsymbol{X}) \neq 0 \Rightarrow L_f \tilde{V}(X) < \epsilon \max_{1 \leqslant j \leqslant n} |L_G \tilde{V}(\boldsymbol{X})|$，那么，系统式(3.188)的控制李雅普诺夫函数满足小控制特性。

下面讨论控制器鲁棒性的扇形边。

定义 3.20 扇形边(Sector Margin)。如果闭环系统的原点 $\dot{\boldsymbol{X}} = \boldsymbol{f}(\boldsymbol{X}) + \boldsymbol{G}(\boldsymbol{X})\boldsymbol{\phi}(\boldsymbol{U}(\boldsymbol{X}))$是渐进稳定的，其中 $\boldsymbol{\phi}(\boldsymbol{U}) = (\phi_1(\boldsymbol{U}), \cdots, \phi_m(\boldsymbol{U}))^{\mathrm{T}}$ 且每一个 $\phi_j(U_j)$在$[\alpha, \beta]$内具有任意扇区非线性，则称状态反馈控制器 $U:\mathbb{R}^n \Rightarrow \mathbb{R}^m$具有扇形边$[\alpha, \beta]$。

为了找到有界输入约束的控制李雅普诺夫函数，$\tilde{V}$ 的偏导数必须有界[66]。由于存在不确定性和外部干扰，因此物理上系统式(3.188)是存在扰动项的。在式(3.137)至式(3.140)的特殊情况下，讨论了输入－状态框架下的不确定性和外部干扰问题：

$$\dot{\boldsymbol{X}} = \boldsymbol{f}(\boldsymbol{X}) + \boldsymbol{G}\boldsymbol{U} + \boldsymbol{D}_{\mathrm{w}} \tag{3.192}$$

式(3.192)在系统式(3.188)中引入扰动项 $\boldsymbol{D}_{\mathrm{w}} \in \mathbb{R}^n$，具体见带有漂移的仿射形式章节。

定义 3.21 输入－状态稳定的控制李雅普诺夫函数(Input to State Stable－Control Lyapunov Function)。如果一个连续可微函数 $\tilde{V}:\mathbb{R}^+ \times \mathbb{R}^n \to \mathbb{R}$ 在 $\boldsymbol{X}$ 内是正定、递减、径向无界的，且存在 K 类函数 Υ 和 ρ，满足

$$\inf_{\boldsymbol{U} \in \mathbb{U}} \left\{ \frac{\partial \tilde{V}}{\partial t} + \frac{\partial \tilde{V}}{\partial \boldsymbol{X}} (\boldsymbol{f}(\boldsymbol{X}) + \boldsymbol{G}\boldsymbol{U} + \boldsymbol{D}_{\mathrm{w}}) \right\} \leqslant -\Upsilon(\|(\boldsymbol{X})\|) \tag{3.193}$$

$\forall \|\boldsymbol{X}\| \geqslant \rho(\|d\|)$，那么，该函数就是系统式(3.192)的输入－状态稳定的控制李雅普诺夫函数(ISS－CLF)。

2. 轨迹跟踪

给出飞机运动的运动方程式，即

$$\begin{cases}\dot{x} = V\cos\gamma\cos\chi \\ \dot{y} = V\cos\gamma\sin\chi \\ \dot{z} = -V\sin\gamma \\ \dot{\chi} = \omega_1 \\ \dot{\gamma} = \omega_2\end{cases} \tag{3.194}$$

参考轨迹满足

$$\begin{cases}\dot{x}_r = V_r\cos\gamma_r\cos\chi_r \\ \dot{y}_r = V_r\cos\gamma_r\sin\chi_r \\ \dot{z}_r = -V_r\sin\gamma_r \\ \dot{\chi}_r = \omega_{1r} \\ \dot{\gamma}_r = \omega_{2r}\end{cases} \tag{3.195}$$

问题 3.1 对于小初始跟踪误差，确定反馈控制律（V_c,χ_c,γ_c），使得跟踪误差

$$(e_x, e_y, e_z, e_\chi, e_\gamma) \tag{3.196}$$

趋近到零附近的邻域。

下列跟踪误差模型已经在第 2 章中得到，即

$$\begin{pmatrix}\dot{e}_x \\ \dot{e}_y \\ \dot{e}_z \\ \dot{e}_\chi \\ \dot{e}_\gamma\end{pmatrix} = \begin{pmatrix}\omega_1\cos\gamma e_y - \omega_2 e_z - V + V_r\cos e_\gamma \\ -\omega_1\cos\gamma e_x - \omega_1\sin\gamma e_z + V_r\cos\gamma_\gamma\sin e_\chi \\ \omega_1\sin\gamma e_y + \omega_2 e_x - V_r\sin e_\gamma \\ \omega_{1r} - \omega_1 \\ \omega_{2r} - \omega_2\end{pmatrix} \tag{3.197}$$

使用前馈作用，即

$$U_F = \begin{pmatrix}V_r\cos\gamma\cos e_{\gamma_\gamma}\cos e_\chi + V_r\sin\gamma\sin\gamma_\gamma \\ \omega_{1r} \\ \omega_{2r}\end{pmatrix} \tag{3.198}$$

定义下列候选李雅普诺夫函数，即

$$\tilde{V}=\frac{1}{2}e_x^2+\frac{1}{2}e_y^2+\frac{1}{2}e_z^2 \tag{3.199}$$

且

$$\dot{\tilde{V}}=-Ve_x+V_{\mathrm{r}}\cos e_{\gamma}e_x+V_{\mathrm{r}}\cos\gamma_{\gamma}\sin e_{\chi}e_y-V_{\mathrm{r}}\sin e_{\gamma}e_z \tag{3.200}$$

选择

$$V=k_xe_x+V_{\gamma}\cos e_{\gamma}\quad k_x>0 \tag{3.201}$$

和

$$e_{\chi}=\arctan(-k_ye_y)\quad k_y>0 \tag{3.202}$$

$$e_{\gamma}=\arctan(k_ze_z)\quad k_z>0 \tag{3.203}$$

则候选李雅普诺夫函数的导数变为负定。

定理 3.10 假设 $V_{\mathrm{r}}>0$，那么对于任意初始条件 $e_x(t_0)$、$e_y(t_0)$、$e_z(t_0)$，闭环式(3.199)至式(3.203)的跟踪控制误差($e_x(t)$,$e_y(t)$,$e_z(t)$,$e_{\chi}(t)$,$e_{\gamma}(t)$)是一致有界的且收敛到零。

闭环系统对可接受的测量噪声和未建模干扰具有良好的鲁棒性。文献[49]给出了常值高度类似定理的证明。

3. 路径跟踪

本节阐述存在有界干扰和模型不确定的情况下，用于跟踪预定路径 $p^*=(x^*,y^*,z^*)^{\mathrm{T}}$ 时引导自主飞行器的控制方法。为了达到这一要求，采用基于李雅普诺夫控制器的方法[14]。该算法基于两个虚拟节点的假设，一个在规定路径内，另一个对应于自主飞行器节点。

考虑这些虚拟节点的相对位置，该方法可以确定以下两点。

(1) 飞机节点为了接近路径节点而必须遵循的速度和方向。

(2) 为了不接近飞机节点而进行的路径节点位置更新。

在 N 维框架中分别用向量 $\boldsymbol{p}=(x,y,z)^{\mathrm{T}}$ 和向量 $\dot{\boldsymbol{p}}=(\dot{x},\dot{y},\dot{z})^{\mathrm{T}}$ 来描述不带动力学的理想粒子 p 的位置和速度。速度向量可由其幅值和方向来表征。

$$V_{\mathrm{d}}=\|\dot{p}\|_2\quad \chi_{\mathrm{d}}=\arctan\left(\frac{\dot{y}}{\dot{x}}\right)\quad \gamma_d=\arctan\left(\frac{-\dot{z}}{\dot{x}\cos\chi+\dot{y}\sin\chi}\right) \tag{3.204}$$

本部分的目的是要确定与这些变量对应的表达式，以确保假设的理想节点向期望路径收敛。与时间有关的变量$\boldsymbol{\varpi}$使期望路径的轨迹曲线连续参数化。该轨迹曲线中的路径节点 p_p，在 N 维框架中的瞬时位置表示为 $\boldsymbol{p}_p(\boldsymbol{\varpi})=(x_p(\boldsymbol{\varpi}),$

$y_p(\boldsymbol{\varpi}), z_p(\boldsymbol{\varpi}))$。如果目的是对一段直线目标(如管道或道路)进行搜索,就可以选择正弦曲线轨迹。在这种情况下,期望路径 p_p 可以定义为

$$\begin{cases} x_p = A\sin(\boldsymbol{\varpi}) \\ y_p = \boldsymbol{\varpi} \\ z_p = A\cos(\boldsymbol{\varpi}) \end{cases} \tag{3.205}$$

式中:A 为执行搜索的通道宽度,该节点的方向通过期望路径的演变来定义,即

$$\chi_p = \arctan\left(\frac{y_p'(\boldsymbol{\varpi})}{x_p'(\boldsymbol{\varpi})}\right) \tag{3.206}$$

且

$$\gamma_p = \arctan\left(\frac{-z_p'(\boldsymbol{\varpi})}{x_p'(\boldsymbol{\varpi})\sin\chi_p + y_p'(\boldsymbol{\varpi})\cos\chi_p}\right) \tag{3.207}$$

其中,

$$\begin{cases} \dfrac{\mathrm{d}x_p(\boldsymbol{\varpi})}{\mathrm{d}\boldsymbol{\varpi}} = A\cos(\boldsymbol{\varpi}) \\ \dfrac{\mathrm{d}y_p(\boldsymbol{\varpi})}{\mathrm{d}\boldsymbol{\varpi}} = 1 \\ \dfrac{\mathrm{d}z_p(\boldsymbol{\varpi})}{\mathrm{d}\boldsymbol{\varpi}} = -A\sin(\boldsymbol{\varpi}) \end{cases} \tag{3.208}$$

于是,可以定义一个与 p_p 有关及与路径节点方向 p 维框架关联的辅助框架。角度 χ_p 确定从 N 维框架到 p 维框架的转换矩阵,局部参考坐标系为

$$\boldsymbol{R}_p = \begin{pmatrix} \cos\gamma_p\cos\chi_p & -\sin\chi_p & \sin\gamma_p\cos\chi_p \\ \cos\gamma_p\sin\chi_p & \cos\chi_p & \sin\gamma_p\sin\chi_p \\ -\sin\gamma_p & 0 & \cos\gamma_p \end{pmatrix} \tag{3.209}$$

新的局部框架可以定义一个位置误差向量 $\boldsymbol{\epsilon}$,它由沿轨跟踪误差 s、交叉跟踪误差 e 和高度误差 h 组成,即 $\boldsymbol{\epsilon} = (s, e, h)^{\mathrm{T}}$。在 N 维框架中,误差向量可以表示为

$$\boldsymbol{\epsilon} = \boldsymbol{R}_p^{\mathrm{T}}(\boldsymbol{p} - \boldsymbol{p}_p(\boldsymbol{\varpi})) \tag{3.210}$$

一旦得到 N 维框架上误差向量的表达式,就可以定义李雅普诺夫函数为

$$\tilde{V} = \frac{1}{2}\boldsymbol{\epsilon}^{\mathrm{T}}\boldsymbol{\epsilon} \tag{3.211}$$

然后,再沿着 $\boldsymbol{\epsilon}$ 的轨迹将式(3.211)对时间进行微分,得到

$$\dot{\tilde{V}} = \boldsymbol{\epsilon}^{\mathrm{T}} \dot{\boldsymbol{\epsilon}} = \boldsymbol{\epsilon}^{\mathrm{T}}(\dot{\boldsymbol{R}}_p^{\mathrm{T}}(\boldsymbol{p} - \boldsymbol{p}_p) + \boldsymbol{R}_p^{\mathrm{T}}(\dot{\boldsymbol{p}} - \dot{\boldsymbol{p}}_p)) \tag{3.212}$$

因此，

$$\dot{\tilde{V}} = s(V_{\mathrm{d}}(\cos(\chi_{\mathrm{d}})\cos(\chi_p)\cos(\chi_{\mathrm{r}}) + \sin\gamma_p \sin\gamma_{\mathrm{d}}) - V_p) + eV_{\mathrm{d}}\cos\gamma_d \sin(\chi_{\mathrm{r}}) + hV_{\mathrm{d}}(\sin\gamma_p \cos\gamma_{\mathrm{d}} \cos\chi_{\mathrm{r}} - \cos\gamma_p \sin\gamma_{\mathrm{d}}) \tag{3.213}$$

式中，$\chi_{\mathrm{r}} = \chi_{\mathrm{d}} - \chi_p$。

最后，为了确保式(3.213)为负，应始终保持其第一项为负值。若选择以下参数，即

$$V_p = V_{\mathrm{d}}(\cos(\chi_{\mathrm{d}})\cos(\chi_p)\cos(\chi_{\mathrm{r}}) + \sin\gamma_p \sin\gamma_{\mathrm{d}}) + \tilde{\gamma} s + \frac{h}{s} V_{\mathrm{d}}(\sin\gamma_p \cos\gamma_{\mathrm{d}} \cos\chi_{\mathrm{r}} - \cos\gamma_p \sin\gamma_{\mathrm{d}}) \tag{3.214}$$

式中：$\tilde{\gamma}$ 为任意正增益常数，则必要条件被证明。

另外，为第二项寻找负定表达式。对 χ_{r} 的可能选项之一为

$$\chi_{\mathrm{r}} = -\arctan\left(\frac{e}{\Delta_e}\right) \tag{3.215}$$

式中：Δ_e 为一个上界正时变变量，又称先行距离，用于将 $\boldsymbol{\epsilon}$ 的集合收敛到零。选择理想节点的速度为

$$V_{\mathrm{d}} = \mu \sqrt{e^2 + \Delta e_e^2} \tag{3.216}$$

式中：$\mu > 0$，使得

$$\dot{\tilde{V}}_X = -\tilde{\gamma} s^2 - \mu e^2 < 0 \tag{3.217}$$

可以确定必要的参考为

$$u_{\mathrm{d}} = V_{\mathrm{d}} \cos\gamma_{\mathrm{d}} \cos(\chi_p + \chi_{\mathrm{r}}) \tag{3.218}$$

$$v_{\mathrm{d}} = V_{\mathrm{d}} \cos\gamma_{\mathrm{d}} \sin(\chi_p + \chi_{\mathrm{r}}) \tag{3.219}$$

$$w_{\mathrm{d}} = -V_{\mathrm{d}} \sin\gamma_{\mathrm{d}} \tag{3.220}$$

式中，

$$\chi_{\mathrm{d}} = \chi_p + \chi_{\mathrm{r}} \tag{3.221}$$

因此，当理想节点和路径节点的位置由式(3.215)、式(3.216)决定时，误差向量 $\boldsymbol{\epsilon}$ 全局一致且指数收敛到零。

4. 带有输入约束的风中循环路径跟踪

本节讨论无人机考虑风干扰时跟踪循环路径的问题[7]。该路径跟踪方法考虑滚转角和航迹角约束。运动学方程写为

$$\begin{cases}\dot{x} = V\cos\chi\cos\gamma + W_{\mathrm{N}} \\ \dot{y} = V\sin\chi\cos\gamma + W_{\mathrm{E}} \\ \dot{z} = -V\sin\gamma + W_{\mathrm{D}}\end{cases} \tag{3.222}$$

假设协调转弯条件下滚转和俯仰动力学比航向和高度动力学快得多,分别将滚转角和航迹角作为控制变量,有

$$\dot{\chi} = \frac{g}{V}\tan\phi_{\mathrm{c}} \quad \dot{z} = -V\sin\gamma_{\mathrm{c}} + W_{\mathrm{D}} \tag{3.223}$$

式中:ϕ_{c}、γ_{c} 为滚转角和航迹角指令,且满足以下约束条件,即

$$|\phi_{\mathrm{c}}| \leqslant \phi_{\max} < \frac{\pi}{2} \quad |\gamma_{\mathrm{c}}| \leqslant \gamma_{\max} < \frac{\pi}{2} \tag{3.224}$$

借助惯性参考中心 $\boldsymbol{C} = (C_{\mathrm{N}}, C_{\mathrm{E}}, C_{\mathrm{D}})^{\mathrm{T}}$、半径 $\Xi \in \mathbb{R}$ 方向 $\lambda \in \{-1, +1\}$ 来描述循环路径,具体为

$$P_{\mathrm{orbit}}(\boldsymbol{C}, \Xi, \lambda) = \{\boldsymbol{r} \in \mathbb{R}^3, \boldsymbol{r} = \boldsymbol{C} + \lambda\Xi\,(\cos\varphi, \sin\varphi, 0)^{\mathrm{T}}, \varphi \in (0, 2\pi)\} \tag{3.225}$$

式中:$\lambda = 1$ 为顺时针轨迹,$\lambda = -1$ 为逆时针轨迹。假定纵向控制器要保持恒定的高度和空速,同时假定高度为常数,则航向角指令为

$$\gamma_{\mathrm{c}} = \arcsin\left(\frac{W_{\mathrm{D}}}{V_{\mathrm{a}}}\right) \tag{3.226}$$

式中:约束条件为 $|W_{\mathrm{D}}| \leqslant V_{\mathrm{a}}$。

在极坐标系中设计制导策略,令 $d = \sqrt{(p_{\mathrm{N}} - C_{\mathrm{N}})^2 + (p_{\mathrm{E}} - C_{\mathrm{E}})^2}$,表示从轨迹的期望中心到 UAV 的横向距离,且令

$$\varphi = \arctan\left(\frac{p_{\mathrm{E}} - C_{\mathrm{E}}}{p_{\mathrm{N}} - C_{\mathrm{N}}}\right) \tag{3.227}$$

为相对位置的相位角。

定义风速 W 和风向 χ_W,则

$$\begin{pmatrix} W_{\mathrm{N}} \\ W_{\mathrm{E}} \end{pmatrix} = W\begin{pmatrix} \cos\chi_{\mathrm{w}} \\ \sin\chi_{\mathrm{w}} \end{pmatrix} \tag{3.228}$$

极坐标系下的运动学方程为

$$\dot{d}=V\cos\gamma\cos(\chi-\varphi)+W\cos(\chi_{\mathrm{w}}-\varphi) \tag{3.229}$$

$$\dot{\varphi}=\frac{V}{d}\cos\gamma\sin(\chi-\varphi)+\frac{W}{d}\sin(\chi_{\mathrm{w}}-\varphi) \tag{3.230}$$

滚转角指令表示为

$$\phi_{\mathrm{c}}=\left\{\begin{array}{lll}0 & 若\ d<d_{\min} & \\ -\lambda\phi_{\max} & 若(d\geqslant d_{\min}) & 和(\lambda\tilde{\chi}\geqslant\tilde{\chi}_{\max}) \\ \lambda\phi_{\max} & 若(d\geqslant d_{\min}) & 和(-\lambda\tilde{\chi}\geqslant\tilde{\chi}_{\max}) \\ \phi_1 & 其他 & \end{array}\right\} \tag{3.231}$$

其中，

$$\phi_1=\arctan\left(\lambda\frac{V^2}{gd}\cos\gamma\cos\tilde{\chi}+\sigma_{M_3}\right) \tag{3.232}$$

$$\sigma_{M_3}=\sigma_{M_1}\left(\frac{k_1\dot{\tilde{d}}+\sigma_{M_2}(\Xi)}{\lambda g\cos\tilde{\chi}\cos\gamma+g\dfrac{W}{V}\sin(\chi-\chi_{\mathrm{w}})}\right)$$

式中：$k_1>0$，使得角度 $0<\phi_{\max},\gamma_{\max},\tilde{\chi}_{\max}<\frac{\pi}{2}$，参数 $d_{\min}$ 和 Ξ 满足

$$\frac{V^2+VW}{g\tan\phi_{\max}}<d_{\min}<\Xi$$

式中：σ_{M_i} 为第 i 个饱和函数，有

$$\sigma_{M_i}(U)=\left\{\begin{array}{ll}M_i & 若\ U>M_i \\ -M_i & 若\ U<-M_i \\ U & 其他\end{array}\right\} \tag{3.233}$$

风的量级为

$$W<V\cos\tilde{\chi}_{\max}\cos\gamma_{\max} \tag{3.234}$$

且参数 M_1 与 M_2 分别给定为

$$M_1=\tan\phi_{\max}-\frac{V^2}{d_{\min}g}\cos\gamma_{\max}\cos\tilde{\chi}_{\max} \tag{3.235}$$

和

$$M_2 = \frac{1}{2}M_1 g \left| \cos \tilde{\chi}_{\max} \cos\gamma_{\max} - \frac{W}{V} \right| \tag{3.236}$$

那么，$|\phi_c(t)| \leqslant \phi_{\max}$ 且 $(d, \dot{d}) \leqslant (\Xi, 0)$，误差变量是 $\tilde{d} = d - \Xi$，$\tilde{\chi} = \chi - \chi_d$，$\chi_d = \varphi + \lambda_{\frac{\pi}{2}}$。相关的证明参见文献[7]。

5. 考虑风影响的运动目标跟踪

对于移动目标，考虑风的影响，飞机动力学表示为[86]

$$\begin{cases} \dot{x} = u_1 \cos\chi + W_N - V_{xT} \\ \dot{y} = u_1 \sin\chi + W_E - V_{yT} \\ \dot{\chi} = u_2 \end{cases} \tag{3.237}$$

式中：χ 为航向；u_1 为空速指令；u_2 为航向速率指令，满足以下约束条件

$$0 < V_{\text{stall}} \leqslant u_1 \leqslant V_{\max} \quad |u_2| \leqslant \omega_{\max} \tag{3.238}$$

$[W_N, W_E]^T$ 是恒定风速构成的向量，$[V_{xT}, V_{yT}]^T$ 是恒定惯性目标速度构成的向量[81]。风速和目标速度都会对飞机动力学造成额外的影响[86]。基于此，将两者的影响加入变量中，即

$$T_x = V_{xT} - W_N \quad T_y = V_{yT} - W_E \tag{3.239}$$

假设 T_x、T_y 为未知常量，且上界 T^* 的优先可行性满足

$$\max(T_x, T_y) \leqslant T^* \tag{3.240}$$

式(3.240)考虑了风速和目标速度在最坏条件下的综合影响。

与目标的相对距离为 $d = \sqrt{x^2 + y^2}$，r_d 为圆形轨道的期望间隔半径。若极坐标由 (d, ϕ) 表示，则

$$\begin{cases} \cos\phi = \dfrac{d^2 - r_d^2}{d^2 + r_d^2} \\ \sin\phi = \dfrac{2dr_d}{d^2 + r_d^2} \end{cases} \tag{3.241}$$

飞机以恒定角速度 $\dot{\varphi} = \frac{u_0}{r_d}$ 绕间隔环飞行，其中，u_0 为恒定的机体空速。可设计以下控制器，即

$$\begin{cases} u_1 \cos\chi = -u_0 \cos(\varphi - \phi) + \hat{T}_x - v_s \sin\varphi \\ u_1 \sin\chi = -u_0 \sin(\varphi - \phi) + \hat{T}_y + v_s \cos\varphi \end{cases} \tag{3.242}$$

式中：$\hat{T}_x$、$\hat{T}_y$ 为未知风和目标运动的自适应估计；v_s 为一个尚未指定的信号。

该结构定义了一个航向，可以表示为

$$\tan\chi = \frac{-u_0\sin(\varphi-\phi)+\hat{T}_y+v_s\cos\varphi}{-u_0\cos(\varphi-\phi)+\hat{T}_x-v_s\sin\varphi} \tag{3.243}$$

空速输入给定为

$$u_1^2 = (-u_0\cos(\varphi-\phi)+\hat{T}_x-v_s\sin\varphi)^2+(-u_0\sin(\varphi-\phi)+\hat{T}_y+v_s\cos\varphi)^2 \tag{3.244}$$

对方程式(3.243)得出的航向进行微分，可以得到航向速率输入。根据式(3.242)和式(3.237)，得出

$$\dot{d} = -u_0\frac{d^2-r_d^2}{d^2+r_d^2}+\tilde{T}_x\cos\varphi+\tilde{T}_y\sin\varphi \tag{3.245}$$

$$d\dot{\varphi} = -u_0\frac{2dr_d}{d^2+r_d^2}-\tilde{T}_x\sin\varphi+\tilde{T}_y\cos\varphi+v_s \tag{3.246}$$

式中：$\tilde{T}_x=\hat{T}_x-T_x$、$\tilde{T}_y=\hat{T}_y-T_y$ 为自适应估计误差。李雅普诺夫制导域可用于定义完美的相对运动情况，即

$$\dot{d}_p = -u_0\frac{d_p^2-r_d^2}{d^2+r_d^2} \quad d_p\dot{\varphi}_p = -u_0\frac{2d_pr_d}{d_p^2+r_d^2} \tag{3.247}$$

误差信号定义为

$$e_d = d-d_p \quad e_\varphi = \varphi-\varphi_p \tag{3.248}$$

误差信号对应的误差动态为

$$\dot{e}_d = -u_0\frac{2r_d^2(d^2-d_p^2)e_d}{(d^2+r_d^2)(d^2+d_p^2)}+\tilde{T}_x\cos\varphi+\tilde{T}_y\sin\varphi \tag{3.249}$$

$$\dot{e}_\varphi = -u_0\frac{2r_d(d+d_p)e_d}{(d^2+r_d^2)(d^2+d_p^2)}+\frac{1}{d}(-\tilde{T}_x\sin\varphi+\tilde{T}_y\cos\varphi+v_s) \tag{3.250}$$

实际且完美的制导轨迹从同一点进行定义，这意味着 $d_p(0)=d(0)$、$\varphi_p(0)=\varphi(0)$。因此，在航向收敛到期望的李亚普诺夫制导域后，误差信号在初始时刻为零[86]。

6. 次最优控制

除了次优控制，本节还研究满足性能指标的非线性动力学的最优控制。获得非线性系统最优解的困难之一是最优反馈控制依赖于汉密尔顿－雅各比－贝

尔曼(Hamilton - Jacobi - Bellman, HJB)方程,该方程一般难以求解。因此,很多文献研究了寻找非线性控制问题次优解的方法。其中一种方法是基于幂级数展开的方法,另一种方法是采用与状态有关的黎卡堤方程(SDRE)方法来系统解决非线性调节器问题。通过将运动方程转化为类线性结构,采用线性最优控制方法(如 LQR 方法和 H_∞ 设计技术),综合设计非线性控制系统。然而,与状态有关的黎卡堤方程方法需要在每个采样时刻在线计算代数黎卡堤方程[95]。该方法可以应用于前面介绍的任何飞机模型。

1）最优输出转换问题

带有输入量级界的最小时间状态转换实现了最快状态转换的经典 bang - bang 类型输入。然而,如果仅需要将系统输出从一个值转换到另一个值而不是整个系统状态,则可以进一步减少转换时间。时间最优输出转换问题在于要将系统输出从初始值 $\boldsymbol{Y}(t)=\underline{\boldsymbol{Y}}$, $\forall t\leqslant 0$ 转换为最终值 $\boldsymbol{Y}(t)=\bar{\boldsymbol{Y}}$, $\forall t\geqslant T_{\mathrm{f}}$。本节针对可逆非线性系统研究输出转换问题。

考虑下列可逆仿射系统

$$\begin{cases}\dot{\boldsymbol{X}}(t)=\boldsymbol{f}(\boldsymbol{X}(t))+\boldsymbol{G}(\boldsymbol{X}(t))\boldsymbol{U}(t)\\ \boldsymbol{Y}(t)=\boldsymbol{h}(\boldsymbol{X}(t))\end{cases}\tag{3.251}$$

式中:$\boldsymbol{X}(t)\in\mathbb{R}^n$ 为系统的状态;$\boldsymbol{Y}(t)=(Y_1(t),Y_2(t),\cdots,Y_p(t))^{\mathrm{T}}$ 为系统输出,其输入与输出的数量相同,即 $\boldsymbol{U}(t)$、$\boldsymbol{Y}(t)\in\mathbb{R}^p$,而且输入量是有界的,即

$$\|\boldsymbol{U}(t)\|_\infty\leqslant U_{\max},\ \forall t\tag{3.252}$$

令 $\underline{\boldsymbol{X}}$ 和 $\bar{\boldsymbol{X}}$ 为系统式(3.251)相应的控制平衡点,分别对应输入 $\underline{\boldsymbol{U}}$ 和 $\bar{\boldsymbol{U}}$ 以及输出 $\underline{\boldsymbol{Y}}$ 和 $\bar{\boldsymbol{Y}}$。

定义 3.22 转换的限定状态,即

$$\begin{aligned}&\boldsymbol{f}(\bar{\boldsymbol{X}})+\boldsymbol{G}(\bar{\boldsymbol{X}})\bar{\boldsymbol{U}}=0\quad \bar{\boldsymbol{U}}=\boldsymbol{h}(\bar{\boldsymbol{X}})\\ &\boldsymbol{f}(\underline{\boldsymbol{X}})+\boldsymbol{G}(\underline{\boldsymbol{X}})\underline{\boldsymbol{U}}=0\quad \underline{\boldsymbol{Y}}=\boldsymbol{h}(\underline{\boldsymbol{X}})\end{aligned}\tag{3.253}$$

下面将阐述输出转换问题。

定义 3.23 输出转换问题。给定限定状态和转换关系,即

$$\begin{cases}\dot{\boldsymbol{X}}_{\mathrm{ref}}=\boldsymbol{f}(\boldsymbol{X}_{\mathrm{ref}}(t))+\boldsymbol{G}(\boldsymbol{X}_{\mathrm{ref}}(t))\boldsymbol{U}_{\mathrm{ref}}(t)\\ \boldsymbol{Y}_{\mathrm{ref}}(t)=\boldsymbol{h}(\boldsymbol{X}_{\mathrm{ref}}(t))\\ \|\boldsymbol{U}(t)\|_\infty\leqslant \boldsymbol{U}_{\max}\end{cases}\tag{3.254}$$

且存在以下两种情况。

(1) 输出转化条件。在时间间隔 $I_T=[0,T_f]$ 内的输出转换保持在时间间隔 I_T 之外的期望值内,即

$$从\ \boldsymbol{Y}_{\mathrm{ref}}(t)=\underline{\boldsymbol{Y}},\forall t\leqslant 0 \quad 至 \quad \boldsymbol{Y}_{\mathrm{ref}}(t)=\bar{\boldsymbol{Y}},\forall t\geqslant T_f \tag{3.255}$$

(2) 限定状态条件。系统状态接近限定状态,t 在 $(-\infty,+\infty)$ 内变化。

$$当\ t\to-\infty\ 时,\boldsymbol{X}(t)\to\underline{\boldsymbol{X}};当\ t\to+\infty\ 时,\boldsymbol{X}(t)\to\bar{\boldsymbol{X}} \tag{3.256}$$

时间最优输出转换寻找受输入约束的最小化转换时间 T_f。

对于飞机选择以下输出,即

$$\begin{cases}Y_1=x+b\cos\gamma\cos\chi\\Y_2=y+b\cos\gamma\sin\chi\\Y_3=z-b\sin\gamma\end{cases} \tag{3.257}$$

只要 $b\neq 0$ 且 $\gamma\neq\pm\dfrac{\pi}{2}$,系统就是可逆的,且

$$\begin{cases}\dot{Y}_1=U_1\\\dot{Y}_2=U_2\\\dot{Y}_3=U_3\end{cases} \tag{3.258}$$

满足 $U_{i_{\min}}\leqslant U_i\leqslant U_{i_{\max}}$。

问题 3.2 最优输出转换问题。最小化时间最优输出转换问题的目标是找到满足输出转换的有界输入-状态轨迹 $\boldsymbol{U}^*$、$\boldsymbol{X}^*$,并使满足下列价值函数的转换时间 T_f 最小,即

$$J=\int_0^{T_f}1\quad\mathrm{d}t=T_f \tag{3.259}$$

该解决方案首先基于时间最优状态转换将问题转换为标准方法,接着求解可逆系统的时间最优输出转换问题。可以通过以下时间最优状态转换定义来求解输出转换问题。

问题 3.3 时间最优状态转换。给定初始状态 $\boldsymbol{X}_i$ 和最终状态 $\boldsymbol{X}_f$,则可以找到有界输入-状态轨迹 $\boldsymbol{X}_{\mathrm{ref}}$、$\boldsymbol{U}_{\mathrm{ref}}$,其满足系统方程式(3.251)以及转换区间 I_T 内和式(3.254)中的输入约束(式(3.252)),并能实现从 $\boldsymbol{X}_{\mathrm{ref}}(t)=\boldsymbol{X}_i$ 到 $\boldsymbol{X}_{\mathrm{ref}}(T_f)=\boldsymbol{X}_f$ 的状态转换,且转换时间 T_f 最小。

针对可逆系统提出最优输出转换方法。当假设系统式(3.251)可逆时,将其通过坐标转换 T 重写为

$$\boldsymbol{X}(t)=T(\xi(t),\boldsymbol{\eta}(t)) \tag{3.260}$$

对于下列形式,即

$$\begin{pmatrix}\dfrac{\mathrm{d}^{(r_1)}}{\mathrm{d}t^{(r_1)}}Y_1(t)\\ \dfrac{\mathrm{d}^{(r_2)}}{\mathrm{d}t^{(r_2)}}Y_2(t)\\ \vdots\\ \dfrac{\mathrm{d}^{(r_p)}}{\mathrm{d}t^{(r_p)}}Y_p(t)\end{pmatrix}=\boldsymbol{A}(\xi(t),\boldsymbol{\eta}(t))+\boldsymbol{B}(\xi(t),\boldsymbol{\eta}(t))\boldsymbol{U}(t) \tag{3.261}$$

$$\dot{\boldsymbol{\eta}}(t)=\boldsymbol{S}_1(\xi(t),\boldsymbol{\eta}(t))+\boldsymbol{S}_2(\xi(t),\boldsymbol{\eta}(t))\boldsymbol{U}(t) \tag{3.262}$$

式中:矩阵 $\boldsymbol{B}$ 在 $\boldsymbol{X}(t)\in\mathbb{X}\subset\mathbb{R}^n$ 区域中是可逆的。用状态 $\xi(t)$ 表示输出及其微分为

$$\xi(t)=[Y_1,\dot{Y}_1,\cdots,Y^{(r_1)},Y_2,\dot{Y}_2,\cdots,Y^{(r_2)},\cdots,Y_p,\dot{Y}_p,\cdots,Y^{(r_p)}]^{\mathrm{T}} \tag{3.263}$$

且

$$\bar{\xi}=[\bar{Y}_1,0,\cdots,0,\bar{Y}_2,0,\cdots,0,\cdots,0,\bar{Y}_p,0,\cdots,0]^{\mathrm{T}}$$
$$\underline{\xi}=[\underline{Y}_1,0,\cdots,0,\underline{Y}_2,0,\cdots,0,\cdots,0,\underline{Y}_p,0,\cdots,0]^{\mathrm{T}}$$

注 3.16 若式(3.251)描述的系统具有恰当定义的相对阶 $r=[r_1,r_2,\cdots,r_p]$,则可逆性假设可以满足。

在驱动前后,输出值是恒定的。因此,状态分量 ξ 的期望输出值 $\bar{\xi}$、$\underline{\xi}$ 是已知的,即对于式(3.263),有

$$\xi(t)=\underline{\xi},\ \forall t\leqslant 0\quad 至\quad \xi(t)=\bar{\xi},\ \forall t\geqslant T_{\mathrm{f}} \tag{3.264}$$

此外,从式(3.261)到式(3.263)可以发现,在驱动前后保持期望常数输出的输入为

$$\begin{cases}\boldsymbol{U}(t)=\underline{\boldsymbol{U}}(\boldsymbol{\eta}(t))=-(\boldsymbol{B}(\underline{\xi}(t),\boldsymbol{\eta}(t)))^{-1}\boldsymbol{A}(\underline{\xi}(t),\boldsymbol{\eta}(t)) & \forall t\leqslant 0\\ \boldsymbol{U}(t)=\bar{\boldsymbol{U}}(\boldsymbol{\eta}(t))=-(\boldsymbol{B}(\bar{\xi}(t),\boldsymbol{\eta}(t)))^{-1}\boldsymbol{A}(\bar{\xi}(t),\boldsymbol{\eta}(t)) & \forall t\geqslant T\end{cases} \tag{3.265}$$

将驱动前后的状态动力学降低到下列时不变内动力学(重写方程式(3.262)可以得到),有

$$\begin{cases}\dot{\eta}=\boldsymbol{S}_1(\underline{\xi},\eta)-\boldsymbol{S}_2(\underline{\xi},\eta)(\boldsymbol{B}(\underline{\xi},\eta))^{-1}\boldsymbol{A}(\underline{\xi},\eta) & \forall t\leqslant 0\\ \dot{\eta}=\boldsymbol{S}_1(\bar{\xi},\eta)-\boldsymbol{S}_2(\bar{\xi},\eta)(\boldsymbol{B}(\bar{\xi},\eta))^{-1}\boldsymbol{A}(\bar{\xi},\eta) & \forall t\geqslant T_{\mathrm{f}}\end{cases} \tag{3.266}$$

对于特定的输出转换、内在动力学(式(3.266))以及需要保持固定输出(在驱动前后)的反向输入(式(3.265)),均由内部状态的边界值决定,即

$$\boldsymbol{\Psi}=(\eta(0),\eta(T))^{\mathrm{T}} \tag{3.267}$$

在式(3.267)中可接受的边界值的集合 $\boldsymbol{\Psi}$ 应该满足下列 3 个条件。

(1) 内状态上的限定条件。内状态应满足式(3.256)中的限定状态条件。假设初始边界条件 $\eta(0)$ 是 $\boldsymbol{X}=\bar{\boldsymbol{X}}$ 处内动力学的局部流形 $M_{\mathrm{u}}(\underline{\boldsymbol{X}})$,最终边界条件 $\eta(T)$ 是 $\boldsymbol{X}=\bar{\boldsymbol{X}}$ 处内动力学的局部稳定流形 $M_{\mathrm{S}}(\bar{\boldsymbol{X}})$,则这一条件满足。

(2) 有界的前后驱动条件。式(3.265)中需要在驱动前后保持常值输出的反相输入是有界的,且满足式(3.252)中的输入约束。

(3) 状态转换条件。在转换时间间隔 I_T 中,当状态轨迹 $\boldsymbol{X}(t)$ 保持在 $\mathbb{R}^n$ 内时,对于转换时间 T_{f},存在满足式(3.252)中输入约束的输入 $\boldsymbol{U}$,且能实现从 $\boldsymbol{X}_{\mathrm{ref}}(0)=\boldsymbol{T}(\underline{\xi},\eta(0))$ 到 $\boldsymbol{X}_{\mathrm{ref}}(t)=\boldsymbol{T}(\bar{\xi},\eta(T_{\mathrm{f}}))$ 的状态转换。

最优输出转换方法相对于可逆系统的状态空间转换方法,通过灵活选择内状态的边界值可以进一步降低过渡时间[64]。

2) 一类约束条件的混合

本节提出了一种将约束最优控制问题(OCP)系统转换为无约束最优控制问题的方法,该方法可以在标准变量计算中进行处理。所考虑的约束集包括带有恰当定义的相对阶的 m 个输入约束和 m 个状态约束,其中,m 表示给定非线性系统输入的数量。从等效标准形式的表示开始,通过标准串联形式的饱和函数和微分,将约束条件并入新的系统动力学中。这一过程产生一个新的无约束最优控制问题,即引入一个额外的惩罚项[26]。考虑以下非线性控制仿射关联系统,即

$$\dot{\boldsymbol{X}}=\boldsymbol{f}(\boldsymbol{X})+\sum_{i=1}^{m}\boldsymbol{g}_i(\boldsymbol{X})\boldsymbol{U}_i \tag{3.268}$$

式中:状态 $\boldsymbol{X}=(x,y,z,V,\chi,\gamma,T,\alpha,\sigma)^{\mathrm{T}}\in\mathbb{R}^n$;输入 $\boldsymbol{U}=(\dot{T},\dot{\alpha},\dot{\sigma})^{\mathrm{T}}\in\mathbb{R}^m$,$\boldsymbol{f}$、$\boldsymbol{g}_i$:$\mathbb{R}^n\to\mathbb{R}^n$,$i=1,2,\cdots,m$ 是足够光滑的向量场。假设存在以下状态和输入约束,即

$$\boldsymbol{C}_i(\boldsymbol{X}) \in [c_i^-, c_i^+], \boldsymbol{U}_i \in [U_i^-(X), U_i^+(X)] \quad, i = 1, 2, \cdots, m \tag{3.269}$$

满足

$$\dot{T}_{\min} \leqslant \dot{T} \leqslant \dot{T}_{\max}, \dot{\alpha}_{\min} \leqslant \dot{\alpha} \leqslant \dot{\alpha}_{\max}, \dot{\sigma}_{\min} \leqslant \dot{\sigma} \leqslant \dot{\sigma}_{\max}, T_{\min} \leqslant T \leqslant T_{\max}, \alpha_{\min} \leqslant \alpha \leqslant \alpha_{\max},$$

$$\sigma_{\min} \leqslant \sigma \leqslant \sigma_{\max}, 0 < V_{\text{stall}} \leqslant V \leqslant T_{\max}, |\gamma| < \gamma_{\max} < \frac{\pi}{2}, C_{L_{\min}} \leqslant C_L \leqslant C_{L_{\max}}$$

m 个函数 $\boldsymbol{C}_i(\boldsymbol{X})$ 在点 $\boldsymbol{X}_0$ 处的向量相对阶 $\{r_1, r_2, \cdots, r_m\}$ 定义为

$$L_{gj} L_f^k \boldsymbol{C}_i(\boldsymbol{X}) = 0 \tag{3.270}$$

$\forall 1 \leqslant j \leqslant m, k < r_i - 1, 1 \leqslant i \leqslant m, \forall X \in \text{Neigh}(X_0)$。

同时，$m \times m$ 矩阵

$$\boldsymbol{A}(\boldsymbol{X}) = \begin{pmatrix} L_{g_1} L_f^{r_1 - 1} \boldsymbol{C}_1(\boldsymbol{X}) & \cdots & L_{g_m} L_f^{r_1 - 1} \boldsymbol{C}_m(\boldsymbol{X}) \\ \vdots & \ddots & \vdots \\ L_{g_1} L_f^{r_m - 1} \boldsymbol{C}_1(\boldsymbol{X}) & \cdots & L_{g_m} L_f^{r_m - 1} \boldsymbol{C}_m(\boldsymbol{X}) \end{pmatrix} \tag{3.271}$$

在 $\boldsymbol{X} = \boldsymbol{X}_0$ 处是非奇异的。m 个约束式(3.269)具有恰当定义的相对阶 $\{r_1, r_2, \cdots, r_m\}$，这意味着要在 $\boldsymbol{X}_0$ 的足够大的邻域中满足条件式(3.270)和解耦矩阵式(3.271)的非奇异性。

问题 3.4 最优控制问题。

$$\min\left[J(\boldsymbol{U}) = \varphi\left(\boldsymbol{X}(T) + \int_0^T L(\boldsymbol{X}, \boldsymbol{U}, t)\,\mathrm{d}t\right)\right] \tag{3.272}$$

满足

$$\dot{\boldsymbol{X}} = \boldsymbol{f}(\boldsymbol{X}) + \sum_{i=1}^{m} \boldsymbol{g}_i(\boldsymbol{X}) \boldsymbol{U}_i \tag{3.273}$$

$$\boldsymbol{X}(0) = \boldsymbol{X}_0 \quad \boldsymbol{\varsigma}(\boldsymbol{X}(T)) = 0 \tag{3.274}$$

$$\boldsymbol{C}_i(\boldsymbol{X}) \in [c_i^-, c_i^+], \boldsymbol{U}_i \in [U_i^-(X), U_i^+(X)], \quad i = 1, 2, \cdots, m \tag{3.275}$$

由于具有恰当定义的相对阶 $\{r_1, r_2, \cdots, r_m\}$，则存在以下坐标变换，即

$$\begin{pmatrix} \boldsymbol{X} \\ \boldsymbol{Z} \end{pmatrix} = \begin{pmatrix} \vartheta_Y(\boldsymbol{X}) \\ \vartheta_Z(\boldsymbol{X}) \end{pmatrix} = \vartheta(\boldsymbol{X}) \tag{3.276}$$

式中：当 $\forall j = 2, \cdots, r_i, i = 1, \cdots, m$ 时，$\boldsymbol{Y}^{\mathrm{T}} = (\boldsymbol{Y}_1^{\mathrm{T}}, \cdots, \boldsymbol{Y}_m^{\mathrm{T}})$，$\boldsymbol{Y}_i = (\boldsymbol{Y}_{i,1}, \cdots, \boldsymbol{Y}_{i,r_i})^{\mathrm{T}}$ 定义为

$$\boldsymbol{Y}_{i,1} = \boldsymbol{C}_i(\boldsymbol{X}) = \vartheta_{i,1}(\boldsymbol{X}), \cdots, \boldsymbol{Y}_{i,j} = L_f^j \boldsymbol{C}_i(\boldsymbol{X}) = \vartheta_{i,j}(\boldsymbol{X}) \tag{3.277}$$

如果 $r<n$ 是完成转换的必要条件，且 $r = \sum_{i=1}^{m} r_i$ ，那么单个函数 $\vartheta_{i,j}$包含在 $\vartheta=(\vartheta_{1,1},\cdots,\vartheta_{m,r_m})^{\mathrm{T}}$ 中，附加坐标 $\boldsymbol{Z}=\vartheta_Z(\boldsymbol{X})\in\mathbb{R}^{n-1}$。在这些坐标中，原始最优控制问题 3.4 表示为下列形式。

问题 3.5 最优控制问题。

$$\min\left[\bar{J}(\boldsymbol{U}) = \bar{\varphi}\left(\boldsymbol{Y}(T),\boldsymbol{Z}(T) + \int_0^T \bar{L}(\boldsymbol{Y},\boldsymbol{Z},\boldsymbol{U},t)\mathrm{d}t\right)\right] \tag{3.278}$$

满足

$$\dot{\boldsymbol{Y}}_{i,j}=\boldsymbol{Y}_{i,j+1}\quad j=1,2,\cdots,r_{i-1} \tag{3.279}$$

$$\dot{\boldsymbol{Y}}_{i,r_i} = \boldsymbol{a}_{i,0}(\boldsymbol{Y},\boldsymbol{Z}) + \sum_{i=1}^{n}\boldsymbol{a}_{i,j}(\boldsymbol{Y},\boldsymbol{Z})\boldsymbol{U}_j\quad \forall i = 1,2,\cdots,m \tag{3.280}$$

$$\dot{\boldsymbol{Z}}=\boldsymbol{b}_0(\boldsymbol{Y},\boldsymbol{Z})+\boldsymbol{B}(\boldsymbol{Y},\boldsymbol{Z})\boldsymbol{U} \tag{3.281}$$

$$\boldsymbol{Y}(0)=\vartheta_y(\boldsymbol{X}_0),\bar{\chi}(\boldsymbol{Y}(T),\boldsymbol{Z}(T))=0 \tag{3.282}$$

$$\boldsymbol{Y}_{i,1}\in[c_i^-,c_i^+],\boldsymbol{U}_i\in[\bar{U}_i^-(\boldsymbol{Y},\boldsymbol{Z}),\bar{U}_i^+(\boldsymbol{Y},\boldsymbol{Z})]\quad i=1,2,\cdots,m \tag{3.283}$$

其中，

$$\begin{cases} a_{i,0}=L_f^{r_i}\boldsymbol{C}_i(X)\circ\vartheta^{-1} \\ \boldsymbol{a}_{i,j}=L_{g_i}L_f^{r_i-1}\boldsymbol{C}_i(X)\circ\vartheta^{-1} \\ \bar{\varphi}=\varphi\circ\vartheta^{-1} \\ \bar{\boldsymbol{L}}=\boldsymbol{L}\circ\vartheta^{-1} \\ \bar{\boldsymbol{U}}_i^{\pm}=U_i^{\pm}\circ\vartheta^{-1} \end{cases} \tag{3.284}$$

标准形式的动力学包括具有矩阵函数 $\boldsymbol{B}:\mathbb{R}^r\times\mathbb{R}^{n-r}\to\mathbb{R}^{(n-r)\times m}$的输入输出动力学方程式(3.281)。$\dot{\boldsymbol{Y}}_{i,r_i}$的方程式(3.280)可以用向量符号表示为

$$\dot{\boldsymbol{Y}}_r=\boldsymbol{a}_0(\boldsymbol{Y},\boldsymbol{Z})+\bar{\boldsymbol{A}}(\boldsymbol{Y},\boldsymbol{Z})\boldsymbol{U} \tag{3.285}$$

进而确定输入向量 $\boldsymbol{U}$ 为

$$\boldsymbol{U}=\bar{\boldsymbol{A}}^{-1}(\boldsymbol{Y},\boldsymbol{Z})(\dot{\boldsymbol{Y}}_r-\boldsymbol{a}_0(\boldsymbol{Y},\boldsymbol{Z})) \tag{3.286}$$

由于矩阵式(3.271)是满秩矩阵，因此，解耦矩阵 $\bar{\boldsymbol{A}}(\boldsymbol{Y},\boldsymbol{Z})=\boldsymbol{A}(\boldsymbol{X})\circ\vartheta^{-1}$的逆是明确的。

状态约束式(3.283)可以用 m 个饱和函数 $\boldsymbol{Y}_{i,1}$ 表示,定义映射

$$\boldsymbol{Y}_{i,1}=h_{i,1}(\varsigma_{i,1})=\psi(\varsigma_{i,1},c_i^{\pm})\quad i=1,2,\cdots,m \tag{3.287}$$

$$\boldsymbol{Y}_{i,j}=\boldsymbol{h}_{i,j}(\varsigma_{i,1},\cdots,\varsigma_{i,j})=\gamma_{i,j}(\varsigma_{i,1},\cdots,\varsigma_{i,j-1})+\psi'(\varsigma_{i,j})\quad j=2,\cdots,r_i \tag{3.288}$$

非线性项是相对于先前的 $\boldsymbol{Y}_{i,j-1}$ 方程来确定的。$\boldsymbol{Y}_{i,1}$ 的连续微分和多个级联形成一组新的坐标。接着,通过惩罚项将约束引入目标函数。在无约束最优控制问题的数值求解过程中,惩罚项被连续减小,直到接近最优解[26]。

该技术的缺点是数值求解可能会相当复杂。

7. 状态稳定的测量误差输入

非线性输出反馈设计是非线性控制中的一个重要问题[81]。原因是全局渐进稳定状态反馈和全局收敛观测器的分离设计不能自动保证非线性反馈设计中的闭环全局渐进稳定。为了保证全局渐进稳定性,需要做进一步的工作,如重新设计观测器或重新设计状态反馈[20,61]。此分析适用于目前提出的任何飞机仿射模型。

定理 3.11 有假设 1 和假设 2。

假设 1 :系统类 非线性控制系统具有以下形式,即

$$\begin{cases}\dot{\boldsymbol{X}}=\boldsymbol{f}(\boldsymbol{X})+\boldsymbol{G}(\boldsymbol{X})\boldsymbol{U}\\ \boldsymbol{Y}=\boldsymbol{h}(\boldsymbol{X})\end{cases} \tag{3.289}$$

式中:$\boldsymbol{X}\in\mathbb{R}^n$ 为状态;$\boldsymbol{U}\in\mathbb{R}^m$ 为输入;$\boldsymbol{Y}\in\mathbb{R}^p$ 为输出;假设函数 $f:\mathbb{R}^n\to\mathbb{R}^n$,$\boldsymbol{G}:\mathbb{R}^n\to\mathbb{R}^{n+m}$,$\boldsymbol{h}:\mathbb{R}^n\to\mathbb{R}^n$ 且 $\boldsymbol{f}(0)=0$,$\boldsymbol{h}(0)=0$ 足够平滑。函数 $\boldsymbol{f}$ 由式(3.138)给出,矩阵 $\boldsymbol{G}$ 由关系式(3.139)给出。

假设 2:状态反馈 全局渐进状态反馈假设具有以下形式,即

$$\boldsymbol{U}=\boldsymbol{k}(\boldsymbol{X})=-\frac{1}{2}\boldsymbol{R}^{-1}(\boldsymbol{X})\boldsymbol{R}^{\mathrm{T}}(\boldsymbol{X})\tilde{\boldsymbol{V}}_X^{\mathrm{T}}(\boldsymbol{X}) \tag{3.290}$$

式中:$\boldsymbol{R}$ 为一个正定矩阵函数,$\lambda_{\min}\boldsymbol{I}\leqslant\boldsymbol{R}(\boldsymbol{X})\leqslant\lambda_{\max}\boldsymbol{I}$,$\lambda_{\max}>\lambda_{\min}>0$。同时,假设状态反馈式(3.290)具有以下形式,即

$$\boldsymbol{U}=\boldsymbol{k}(\boldsymbol{X})=\boldsymbol{m}(\boldsymbol{X})+\tilde{p}(\boldsymbol{c}_i^{\mathrm{T}}\boldsymbol{X}) \tag{3.291}$$

式中:$\boldsymbol{m}:\mathbb{R}^n\to\mathbb{R}^m$,$\boldsymbol{m}(0)=0$ 是全局李普希茨的(Lipschitz),$\tilde{\boldsymbol{p}}:\mathbb{R}^n\to\mathbb{R}^m$ 具有以下形式,即

$$\tilde{\boldsymbol{p}}(\boldsymbol{c}_i^{\mathrm{T}}\boldsymbol{X})=\begin{pmatrix}\tilde{\boldsymbol{p}}_1(\boldsymbol{c}_{i_1}^{\mathrm{T}}\boldsymbol{X})\\ \vdots\\ \tilde{\boldsymbol{p}}_m(\boldsymbol{c}_{i_m}^{\mathrm{T}}\boldsymbol{X})\end{pmatrix} \tag{3.292}$$

式中：元素 $\tilde{\boldsymbol{p}}_j$ 为具有单一状态 $X_{i_j}, i_j \in \{1,2,\cdots,n\}, j=1,2,\cdots,q$ 的多项式函数。

如果假设 1 和假设 2 成立，那么控制系统为

$$\dot{\boldsymbol{X}} = \boldsymbol{f}(\boldsymbol{X}) + \boldsymbol{G}(\boldsymbol{X})\boldsymbol{k}(\boldsymbol{X}+\boldsymbol{e}) \tag{3.293}$$

对于测量误差 $\boldsymbol{e} \in \mathbb{R}^n$，是输入－状态稳定的。

注 3.17 在该定理中，假设状态反馈式(3.290)相对工作指标是逆向最优的，即

$$\tilde{\boldsymbol{V}}(\boldsymbol{X}(0)) = \int_0^{\infty} [\boldsymbol{Q}(\boldsymbol{X}(t)) + \boldsymbol{U}^{\mathrm{T}}(t)\boldsymbol{R}(\boldsymbol{X}(t))\boldsymbol{U}(t)]\mathrm{d}t \tag{3.294}$$

当满足 $\boldsymbol{Q}(\boldsymbol{X}) \geqslant c\|X\|^2, c>0$ 时，哈密尔顿－雅克比－贝尔曼(HJB)等式可表示为

$$\tilde{\boldsymbol{V}}_X(\boldsymbol{X})\boldsymbol{f}(\boldsymbol{X}) + \tilde{\boldsymbol{V}}_X(\boldsymbol{X})\boldsymbol{G}(\boldsymbol{X})\boldsymbol{k}(\boldsymbol{X}) + \boldsymbol{Q}(\boldsymbol{X}) + \boldsymbol{k}^{\mathrm{T}}(\boldsymbol{X})\boldsymbol{R}(\boldsymbol{X})\boldsymbol{k}(\boldsymbol{X}) = 0 \tag{3.295}$$

此外，假定 $\tilde{\boldsymbol{V}}$ 为正定径向无界的 C^1 函数。

注 3.18 函数 $\boldsymbol{m}: \mathbb{R}^n \to \mathbb{R}^m, \boldsymbol{m}(0)=0$ 是全局李普希茨的，意味着 $\|m(\boldsymbol{X}+e)-m(\boldsymbol{X})\| \leqslant \tilde{\gamma}\|e\|$，$\tilde{\gamma}$ 为常数。

$\tilde{p}\|\boldsymbol{X}_i\|$ 表示 $\tilde{p}$ 是由单变量多项式组成的，且每个多项式由某一状态变量决定，其状态变量不一定彼此不同。定理的证明参见文献[20]。

定理 3.12 如果假设 3 成立，即

假设 3：状态观测器　假设对于控制系统式(3.289)估计状态 $\hat{\boldsymbol{X}}$ 的状态观测器，已知其全局一致渐进观测器误差动态，即

$$\dot{\boldsymbol{e}} = \boldsymbol{a}(\boldsymbol{e},\boldsymbol{X}) \tag{3.296}$$

$\boldsymbol{e} = \boldsymbol{X} - \hat{\boldsymbol{X}} \in \mathbb{R}^n$。更准确地说，对于所有非零 $\boldsymbol{e}$、$\boldsymbol{X}$，假设存在一个李雅普诺夫函数 $\tilde{\boldsymbol{V}}_e$，使得

$$\tilde{\boldsymbol{V}}_e(\boldsymbol{e})\boldsymbol{a}(\boldsymbol{e},\boldsymbol{X}) < -\tilde{\boldsymbol{\alpha}}(\tilde{\boldsymbol{V}}_e(\boldsymbol{e})) \tag{3.297}$$

式中：$\tilde{\boldsymbol{\alpha}}$ 为正定函数。同时，假设反馈式(3.290)具有式(3.291)和式(3.292)的形式。

那么,闭环状态反馈式(3.291)是全局渐进稳定的。可以提出以下控制,即

$$\boldsymbol{U}=\boldsymbol{m}(\boldsymbol{X})+\tilde{\boldsymbol{p}}(c_i^{\mathrm{T}}\boldsymbol{X})+r(\boldsymbol{Y}) \tag{3.298}$$

式中,$\boldsymbol{r}$ 仅取决于输出测量。

8. 基于李雅普诺夫函数的自适应控制

基于李雅普诺夫函数的自适应控制设计可用于稳定多输入多输出仿射系统。相对于经典的自适应方法,其控制律取决于系统非线性的估计,而控制器则建立在近似项的基础上,这些近似项可能依赖于未知系统非线性和未知控制李雅普诺夫函数[8]。

定义 3.24 鲁棒控制李雅普诺夫函数(RCLF)。AC^1 函数:$\tilde{\boldsymbol{V}}:\mathbb{R}^n\rightarrow\mathbb{R}^+$ 是系统式(3.138)到式(3.140)中的一个鲁棒控制李雅普诺夫函数。如果这个函数是正定、径向无界的,且存在一个非负常数,那么,若 $L_g\tilde{V}(\boldsymbol{X})=0,\forall\boldsymbol{X}\in\mathbb{R}^n/\boldsymbol{\Omega}_{\mathrm{c}}(\tilde{V})$,其中 $\Omega_{\mathrm{c}}(\tilde{V})$ 是定义为 $\Omega_{\mathrm{c}}(\tilde{V})=\{\boldsymbol{X}\in\mathbb{R}^n\mid\tilde{\boldsymbol{V}}(\boldsymbol{X})\leqslant c\}$ 的紧集,则有 $L_{\mathrm{f}}\tilde{\boldsymbol{V}}(\boldsymbol{X})<0$。

鲁棒控制李雅普诺夫函数(RCLF)表明了该问题的可解析性,同时,鲁棒控制李雅普诺夫函数提出了两个重要的设计问题[23]。

(1)对于考虑不确定非线性系统的飞机,如何构建鲁棒控制李雅普诺夫函数?系统构建的模型是否为有意义的模型类型?

(2)一旦找到鲁棒控制李雅普诺夫函数,如何构建鲁棒控制器?

仿射模型的已知鲁棒控制李雅普诺夫函数可直接用于构建最优控制律,无需对一般系统和代价函数式(3.300)明确求汉密尔顿-雅克比-贝尔曼偏微分方程(HJI),即

$$\min_U\max_W[L(\boldsymbol{X},\boldsymbol{U})+\nabla\tilde{\boldsymbol{V}}(\boldsymbol{X}).\boldsymbol{f}(\boldsymbol{X},\boldsymbol{U},\boldsymbol{W})=0] \tag{3.299}$$

$$\dot{\boldsymbol{X}}=\boldsymbol{f}(\boldsymbol{X},\boldsymbol{U},\boldsymbol{W})\quad J=\int_0^\infty L(\boldsymbol{X},\boldsymbol{U})\,\mathrm{d}t \tag{3.300}$$

这可以通过求解一个逆最优鲁棒稳定问题来实现。

定理 3.13 如果式(3.138)至式(3.140)表示的系统根据连续控制定律可以鲁棒性稳定,则存在对于式(3.119)的鲁棒控制李雅普诺夫函数。另外,如果存在适应于系统式(3.119)的鲁棒控制李雅普诺夫函数,则它可以通过连续控制律保持稳定。

表达式(3.138)到式(3.140)对应的仿射飞机模型可以通过适当的反馈形式 $U_i=\alpha_i(X)+\sum_j\beta_{ij}(X)V_j$ 转换为线性系统。反馈线性化条件可以根据与问

题相关的向量场的嵌套序列给出[8]。

9. 干扰系统

路径跟随问题对于非完整系统是非常重要的[17]。与跟踪控制需要规定精确的时间控制律不同,路径跟随控制不需要任何时序说明就能将飞机操纵到给定路径[59]。令在三维空间中运动的飞机的几何中心 $\boldsymbol{P}(t)$ 为

$$\dot{\boldsymbol{P}}(t)=\boldsymbol{V}(t)\begin{pmatrix}\cos\gamma(t)\cos\chi(t)\\ \cos\gamma(t)\sin\chi(t)\\ -\sin\gamma(t)\end{pmatrix}\tag{3.301}$$

式中:飞机速度 $\boldsymbol{V}(t)$ 是一个定义在 $\mathbb{R}^+$ 中的有界光滑正定函数。

选择一个与 $\boldsymbol{P}(t)$ 固连的点 $\boldsymbol{X}(t)$,即 $\|\boldsymbol{X}(t)-\boldsymbol{P}(t)\|=d>0$,且向量 $\boldsymbol{X}(t)-\boldsymbol{P}(t)$ 的球面坐标由 $\chi(t)+\bar{\chi}$ 和 $\gamma(t)+\bar{\gamma}$ 给定。其中,$\bar{\chi}$ 和 $\bar{\gamma}$ 是两个常数,满足 $-\frac{\pi}{2}\leqslant\bar{\chi}$、$\bar{\gamma}\leqslant\frac{\pi}{2}$。因此,$\boldsymbol{X}(t)$ 给定为

$$\boldsymbol{X}(t)=\boldsymbol{P}(t)+d\begin{pmatrix}\cos(\gamma(t)+\bar{\gamma})\cos(\chi(t)+\bar{\chi})\\ \cos(\gamma(t)+\bar{\gamma})\sin(\chi(t)+\bar{\chi})\\ -\sin(\gamma(t)+\bar{\gamma})\end{pmatrix}\tag{3.302}$$

如果 $\boldsymbol{Z}(t)=\begin{pmatrix}\chi(t)+\bar{\chi}\\ \gamma(t)+\bar{\gamma}\end{pmatrix}$ 且 $\boldsymbol{U}=\boldsymbol{A}(\boldsymbol{Z})\boldsymbol{Z}$,其中 $\boldsymbol{A}(\boldsymbol{Z})=\begin{pmatrix}d\cos Z_2 & 0\\ 0 & d\end{pmatrix}$ 加入过程噪声和测量噪声,则 $\boldsymbol{X}(t)$ 可由下式求解,即

$$\dot{\boldsymbol{X}}(t)=\boldsymbol{V}(t)\begin{pmatrix}\cos(Z_2(t)+\bar{\gamma})\cos(Z_1(t)-\bar{\chi})\\ \cos(Z_2(t)+\bar{\gamma})\sin(Z_1(t)-\bar{\chi})\\ -\sin(Z_2(t)-\bar{\gamma})\end{pmatrix}+\begin{pmatrix}-\sin Z_1(t) & -\cos Z_1(t)\sin Z_2(t)\\ \cos Z_1(t) & -\sin Z_1(t)\sin Z_2(t)\\ 0 & \cos Z_2(t)\end{pmatrix}\boldsymbol{U}(t)+\boldsymbol{e}_X(t)\tag{3.303}$$

$$\dot{\boldsymbol{Z}}=\boldsymbol{A}^{-1}(t)\boldsymbol{U}(t)+\boldsymbol{e}_Z(t)\tag{3.304}$$

式中：噪声项 $\boldsymbol{e}_X:\mathbb{R}^+\to\mathbb{R}^3$、$\boldsymbol{e}_Z:\mathbb{R}^+\to\mathbb{R}^2$ 是连续映射，且 $\boldsymbol{X}_0$、$\boldsymbol{Z}_0$ 为初始条件，使得

$$\|\boldsymbol{e}_X\|\leqslant B_X \quad \|\boldsymbol{e}_Z\|\leqslant B_Z \tag{3.305}$$

若 $\boldsymbol{A}=(A_{i,j})$ 是一个 $h\times k$ 矩阵，则

$$\|\boldsymbol{A}\| = \left(\sum_{i=1}^{h}\sum_{j=1}^{k}A_{ij}^2\right)^{1/2} \tag{3.306}$$

$\beta=\arccos(\cos\bar{\chi}\cos\bar{\gamma})$ 且

$$\boldsymbol{H}(z)=\boldsymbol{A}^{-1}(\boldsymbol{Z})\begin{pmatrix}\dfrac{1}{d\cos Z_2} & 0\\ 0 & \dfrac{1}{d}\end{pmatrix} \tag{3.307}$$

如果 $\boldsymbol{\Omega}=\mathbb{R}\times\left(-\dfrac{\pi}{2}+\epsilon,\dfrac{\pi}{2}-\epsilon\right)$，其中，$\epsilon$ 是任意实数，满足 $0<\epsilon<\dfrac{\pi}{2}$，则 $\boldsymbol{H}(z)$ 是一个有界映射。该系统是非完整的且等效为运动学约束，即

$$\dot{\boldsymbol{X}}=\boldsymbol{F}(t,Z)+\boldsymbol{G}(Z)\boldsymbol{H}^{-1}\dot{Z} \tag{3.308}$$

一般地，式(3.308)中的向量之间是不可积分关系。

问题 3.6 令 $\tilde{\gamma}:\mathbb{R}^+\to\Omega$ 为 C^2 弧长参数化曲线，如 $\|\dot{\tilde{\gamma}}(\lambda)\|=1$，$\forall\lambda\geqslant0$ 且 $\Gamma=\tilde{\gamma}(\mathbb{R}^+)$，则可以在 $\boldsymbol{B}=(B_X,B_Z)$ 内找到充分条件，且 $\tilde{\gamma}$ 对于任意 $\epsilon>0$，在 (e_X,e_Z) 内满足 $\|e_X(t)\|\leqslant B_X$ 和 $\|e_Z(t)\|\leqslant B_Z$，$\forall t\geqslant0$，同时，对于任意 $\boldsymbol{X}_0\in\mathbb{R}^n$，存在控制 $\boldsymbol{U}$，使得系统在 $\mathbb{R}^+$ 和 $\lim_{t\to+\infty}\sup(d(X(t),\Gamma))<\epsilon$ 上可解，其中，$\forall\boldsymbol{X}\in\mathbb{R}^3$，$d(\boldsymbol{X},\Gamma)=\inf_{t\geqslant0}(\|\boldsymbol{X}-\tilde{\gamma}(t)\|)$。

如果在 λ 处 $\tilde{\gamma}$ 的正标量曲率 $\|\ddot{\tilde{\gamma}}\|$ 足够小，且初始时间

$$\tilde{\gamma}(0)=X_0 \quad \dot{\tilde{\gamma}}(0)\boldsymbol{G}^{\perp}(\boldsymbol{Z}_0)>0 \tag{3.309}$$

式中：$\|\boldsymbol{G}^{\perp}(\boldsymbol{Z})\|=1$ 且 $\boldsymbol{G}_i^{\mathrm{T}}(\boldsymbol{Z}_0)\boldsymbol{G}^{\perp}(\boldsymbol{Z})=0$，$\forall i=1,2,\cdots,n-1$，$z\in\Omega$，那么可以得到 $\tilde{\gamma}$ 的参数化 $\mu(t)$ 和控制 $U(t)$，使得系统式(3.308)的解 $\boldsymbol{X}$ 带有噪声，即

$$\begin{cases}\dot{\boldsymbol{X}}=F(t,\boldsymbol{Z})+\boldsymbol{G}(\boldsymbol{Z})\boldsymbol{U}\\ \dot{\boldsymbol{Z}}=\boldsymbol{H}(\boldsymbol{Z})U\\ \boldsymbol{X}(0)=\boldsymbol{X}_0 \quad \boldsymbol{Z}(0)=\boldsymbol{Z}_0\end{cases} \tag{3.310}$$

验证性质

$$X(t)=\tilde{\gamma}(\mu(t)),\ \forall t\geqslant 0,\ \lim_{t\to+\infty}\mu(t)=+\infty$$

和

$$\|\dot{X}(t)\|\leqslant K_1,\ \|\dot{Z}(t)\|\leqslant K_2,\ \forall t\geqslant 0$$

式中:K_1、K_2 为适当的常数;$\boldsymbol{U}$ 和 μ 由下列基于动态逆的控制器给出,即

$$\dot{\mu}=F_{\dot{\tilde{\gamma}}}(\mu,\boldsymbol{Z})\quad \boldsymbol{U}=-F_G(\mu,\boldsymbol{Z})\quad \mu(0)=0 \tag{3.311}$$

在之前的假设条件下,可以找到一个控制 $\boldsymbol{U}$,使得系统式(3.310)的解 $\boldsymbol{X}(t)$ 以正有界速度覆盖所有路径 Γ。剩余界 $\dot{\boldsymbol{Z}}$ 可以认为是系统的内部动力。在文献[17]中,在对 $\tilde{\gamma}$ 的曲率和噪声幅度进行适当假设的情况下,路径 Γ 和解 $\boldsymbol{X}(t)$ 之间的距离可以通过单调非增函数估计,即系统事实上是稳定的。

10. 带漂移仿射系统的反步控制

对于下列形式描述的系统,可以设计反步控制律[68],即

$$\begin{cases}\dot{\boldsymbol{X}}=\boldsymbol{f}(\boldsymbol{X})+\boldsymbol{G}(\boldsymbol{X})\boldsymbol{U}\\ \boldsymbol{Y}=\boldsymbol{h}(\boldsymbol{X})\end{cases} \tag{3.312}$$

由此可得

$$\dot{\boldsymbol{Y}}=\frac{\partial \boldsymbol{h}(\boldsymbol{X})}{\partial \boldsymbol{X}}\dot{\boldsymbol{X}}=\frac{\partial \boldsymbol{h}(\boldsymbol{X})}{\partial \boldsymbol{X}}(\boldsymbol{f}(\boldsymbol{X})+\boldsymbol{G}(\boldsymbol{X})\boldsymbol{U})=L_f\boldsymbol{h}(\boldsymbol{X})+L_G h(\boldsymbol{X})\boldsymbol{U} \tag{3.313}$$

式中,李导数定义为

$$\begin{cases}L_f\boldsymbol{h}(\boldsymbol{X})=\dfrac{\partial \boldsymbol{h}(\boldsymbol{X})}{\partial \boldsymbol{X}}\boldsymbol{f}(\boldsymbol{X})\\ L_G\boldsymbol{h}(\boldsymbol{X})=\dfrac{\partial \boldsymbol{h}(\boldsymbol{X})}{\partial \boldsymbol{X}}\boldsymbol{G}(\boldsymbol{X})\end{cases} \tag{3.314}$$

1) 单输入单输出系统的基本方法

式(3.312)的单输入单输出(SISO)形式可以写成下列级联形式,即

$$\begin{cases}\dot{X}_1=f_1(X_1)+g_1(X_1)X_2\\ \dot{X}_2=f_2(X_1,X_2)+g_2(X_1,X_2)X_3\\ \dot{X}_3=f_3(X_1,X_2,X_3)+g_3(X_1,X_2,X_3)X_4\\ \qquad\vdots\\ \dot{X}_{n-1}=f_{n-1}(X_1,X_2,\cdots,X_{n-1})+g_{n-1}(X_1,X_2,\cdots,X_{n-1})X_n\\ \dot{Y}_n=f_n(X_1,X_2,\cdots,X_n)+g_{n-1}(X_1,X_2,\cdots,X_n)U\\ Y=h(X_1)\end{cases} \tag{3.315}$$

那么,第 n 阶反步 SISO 控制器由下列递归关系给出,即

$$\begin{cases} \dot{\alpha}_1 = \beta_1 \\ \dot{\alpha}_2 = \beta_2 \\ \quad\vdots \\ \dot{\alpha}_i = \beta_i \\ \quad\vdots \\ \dot{\alpha}_n = \beta_n \\ U = \alpha_n \end{cases} \tag{3.316}$$

其中,

$$\beta_1 = \frac{(\dot{Y}_d - L_{f_1}h(X_1) - k_1 Z_1 - n_1(Z_1))}{L_{g_1}h(X_1)}$$

$$\beta_2 = \frac{(\dot{\alpha}_1 - f_2(X_1, X_2) - L_{g_1}h(X_1)Z_1 - k_2 Z_2 - n_2(Z_2)Z_2)}{L_{g_2}h(X_1, X_2)}$$

$$\beta_{\mathrm{i}} = \frac{(\dot{\alpha}_{i-1} - f_i(X_1, \cdots, X_i) - L_{g_i}h(X_i)Z_i - k_i Z_i - n_i(Z_i)Z_i)}{L_{g_i}h(X_1, X_2, \cdots, X_i)}$$

$$\beta_{\mathrm{n}} = \frac{(\dot{\alpha}_{\mathrm{n}-1} - f_i(X_1, \cdots, X_n) - L_{g_n}h(X_n)Z_n - k_n Z_n - n_n(Z_n)Z_n)}{L_{g_i}h(X_1, X_2, \cdots, X_n)}$$

且

$$\begin{cases} Z_1 = h(X) - Y_d \\ Z_i = X_i - \alpha_{i-1} \end{cases} \tag{3.317}$$

这种反步控制器使得闭环动态通过下式给出,即

$$\dot{\boldsymbol{Z}} = -\boldsymbol{K}(\boldsymbol{Z})\boldsymbol{Z} + \boldsymbol{S}(\boldsymbol{X})\boldsymbol{Z} \tag{3.318}$$

其中,

$$\boldsymbol{K}(\boldsymbol{Z}) = \begin{pmatrix} k_1 + n_1(Z_1) & 0 & \cdots & 0 \\ 0 & k_2 + n_2(Z_2) & \cdots & 0 \\ \cdots & \cdots & \ddots & \cdots \\ 0 & 0 & \cdots & k_n + n_n(Z_n) \end{pmatrix} \tag{3.319}$$

且

$$
\boldsymbol{S}(z)=\begin{pmatrix} 0 & L_{g_1} & 0 & \cdots & 0 & 0 & 0 \\ -L_{g_1} & 0 & g_2 & 0 & \cdots & 0 & 0 \\ 0 & -g_2 & 0 & \cdots & 0 & 0 & 0 \\ \cdots & \cdots & \cdots & \ddots & \cdots & \cdots & \cdots \\ 0 & 0 & 0 & \cdots & 0 & g_{n-1} & 0 \\ 0 & 0 & 0 & \cdots & -g_{n-1} & 0 & 0 \\ 0 & 0 & 0 & \cdots & 0 & -g_n & 0 \end{pmatrix} \tag{3.320}
$$

2）协同飞行的基本反步设计

反步控制是一种基于李雅普诺夫函数的非线性控制方法[82-83]，可以应用于具有以下下三角结构形式的飞机模型，即

$$
\begin{cases} \dot{\boldsymbol{X}}_1=\boldsymbol{f}(\boldsymbol{X}_1)+\boldsymbol{G}(\boldsymbol{X}_1)\boldsymbol{X}_2 \\ \dot{\boldsymbol{X}}_2=\boldsymbol{U} \\ \boldsymbol{Y}=\boldsymbol{X}_1 \end{cases} \tag{3.321}
$$

式中，

$$
\boldsymbol{X}_1=(x-x_r,y-y_r,z-z_r,V-V_r,\chi-\chi_r,\gamma-\gamma_r)^{\mathrm{T}}
$$

$$
\boldsymbol{X}_2=(T-T_r,\alpha-\alpha_r,\sigma-\sigma_r)^{\mathrm{T}}
$$

对于控制输入

$$
\boldsymbol{U}=(\dot{T}-\dot{T}_r,\dot{\alpha}-\dot{\alpha}_r,\dot{\sigma}-\dot{\sigma}_r)^{\mathrm{T}}
$$

有

$$
\boldsymbol{f}_1(\boldsymbol{X}_1)=\begin{pmatrix} V\cos\gamma\cos\chi-V_r\cos\gamma_r\cos\chi_r \\ V\cos\gamma\sin\chi-V_r\cos\gamma_r\sin\chi_r \\ -V\sin\gamma-V_r\sin\gamma_r \\ -g(\sin\gamma-\sin\gamma_r) \\ 0 \\ -\dfrac{g}{V}(\cos\gamma-\cos\gamma_r) \end{pmatrix} \tag{3.322}
$$

$$
G(X_1) = \begin{pmatrix} 0 & 0 & 0 \\ 0 & 0 & 0 \\ 0 & 0 & 0 \\ \frac{1}{m} & \frac{1}{2m}\rho SV^2 C_D(V) & 0 \\ 0 & 0 & \frac{L}{mV\cos\gamma} \\ 0 & \frac{1}{2m}\rho SVC_L(V) & 0 \end{pmatrix} \tag{3.323}
$$

存在假设 $\sin\alpha\approx0$、$\cos\alpha\approx1$、$\sin\sigma\approx\sigma$、$\cos\sigma\approx1$、$\alpha\sigma\approx0$，且阻力和升力分别近似为

$$
D - D_r \approx \frac{1}{2}\rho SV^2 C_D(V)(\alpha-\alpha_r) \tag{3.324}
$$

$$
L - L_r \approx \frac{1}{2}\rho SV^2 C_L(V)(\alpha-\alpha_r) \tag{3.325}
$$

飞机以参考速度 V_r、参考航向 χ_r 和飞行航迹角 γ_r 来跟踪参考轨迹(x_r, y_r, z_r)。根据参考轨迹计算参考控制量。

应用反步控制方法，可以递归构造控制律，并设计李雅普诺夫函数(CLF)以保证全局稳定性。对于系统式(3.321)来说，设计过程的目标是使状态向量 $\boldsymbol{X}_1$ 趋向原点。第一步考虑将 $\boldsymbol{X}_2$ 作为 $\boldsymbol{X}_1$ 子系统的虚拟控制，并通过设计李雅普诺夫函数找到使该子系统稳定的期望虚拟控制律 $\boldsymbol{\alpha}_1(\boldsymbol{X}_1)$。

$$
\tilde{\boldsymbol{V}}_1(\boldsymbol{X}_1) = \frac{1}{2}\boldsymbol{X}_1^{\mathrm{T}}\boldsymbol{X}_1 \tag{3.326}
$$

式(3.326)中控制李雅普诺夫函数的时间导数是负定的，即

$$
\dot{\tilde{\boldsymbol{V}}}_1(\boldsymbol{X}_1) = \frac{\partial \tilde{\boldsymbol{V}}_1(\boldsymbol{X}_1)}{\partial \boldsymbol{X}_1}(\boldsymbol{f}(\boldsymbol{X}_1) + \boldsymbol{G}(\boldsymbol{X}_1)\alpha_1(\boldsymbol{X}_1)) < 0 \quad \boldsymbol{X}_1 \neq 0 \tag{3.327}
$$

仅当满足下列虚拟控制律时即可实现，即

$$
\boldsymbol{X}_2 = \alpha_1(\boldsymbol{X}_1) \tag{3.328}
$$

反步控制的关键特性是其可以对系统进行反步设计。如果定义 $\boldsymbol{X}_2$ 与其期望值之间的误差为

$$
\boldsymbol{Z} = \boldsymbol{X}_2 - \boldsymbol{\alpha}_1(\boldsymbol{X}_1) \tag{3.329}
$$

那么，系统式(3.321)可以根据误差状态重新写为

$$\begin{cases}\dot{\boldsymbol{X}}_1 = \boldsymbol{f}(\boldsymbol{X}_1) + \boldsymbol{G}(\boldsymbol{X}_1)(\alpha_1(\boldsymbol{X}_1) + \boldsymbol{Z}) \\ \dot{\boldsymbol{Z}} = \boldsymbol{U} - \dfrac{\partial \boldsymbol{\alpha}_1(\boldsymbol{X}_1)}{\partial \boldsymbol{X}_1}(\boldsymbol{f}(\boldsymbol{X}_1) + \boldsymbol{G}(\boldsymbol{X}_1)(\boldsymbol{\alpha}_1(\boldsymbol{X}_1) + \boldsymbol{Z}))\end{cases} \tag{3.330}$$

通过对误差状态 $\boldsymbol{Z}$ 构建惩罚项，将控制李雅普诺夫函数式(3.326)扩展为

$$\tilde{\boldsymbol{V}}_2(X_1, X_2) = \tilde{\boldsymbol{V}}_1(X_1) + \frac{1}{2}\boldsymbol{Z}^{\mathrm{T}}\boldsymbol{Z} \tag{3.331}$$

求微分得

$$\begin{aligned}\dot{\tilde{\boldsymbol{V}}}_2(\boldsymbol{X}_1, \boldsymbol{X}_2) = &\frac{\partial \tilde{\boldsymbol{V}}_1(\boldsymbol{X}_1)}{\partial \boldsymbol{X}_1}(\boldsymbol{f}(\boldsymbol{X}_1) + \boldsymbol{G}(\boldsymbol{X}_1)(\boldsymbol{\alpha}_1(\boldsymbol{X}_1) + \boldsymbol{Z})) + \\ &\boldsymbol{Z}^{\mathrm{T}}\left(\boldsymbol{U} - \frac{\partial \alpha_1(\boldsymbol{X}_1)}{\partial \boldsymbol{X}_1}(\boldsymbol{f}(\boldsymbol{X}_1) + \boldsymbol{G}(\boldsymbol{X}_1)(\alpha_1(\boldsymbol{X}_1) + \boldsymbol{Z}))\right)\end{aligned} \tag{3.332}$$

且当 $k>0$ 时，可以通过设计控制律使式(3.332)变为负值，即

$$\begin{aligned}\boldsymbol{U} = &-k\boldsymbol{Z} + \frac{\partial \alpha_1(\boldsymbol{X}_1)}{\partial \boldsymbol{X}_1}(\boldsymbol{f}(\boldsymbol{X}_1) + \boldsymbol{g}(\boldsymbol{X}_1)(\alpha_1(\boldsymbol{X}_1) + \boldsymbol{Z})) + \\ &-\frac{\partial \tilde{\boldsymbol{V}}_1(\boldsymbol{X}_1)}{\partial \boldsymbol{X}_1}(\boldsymbol{f}(\boldsymbol{X}_1) + \boldsymbol{G}(\boldsymbol{Z} + \alpha_1(\boldsymbol{X}_1)))\end{aligned} \tag{3.333}$$

该设计程序也可用于带有积分链的系统。其中唯一的区别是，积分链系统需要设计更多的虚拟反步控制。从离实际控制最远的状态开始，反步设计技术的每一步都可以分解为以下三部分。

(1) 引入虚拟控制 α 和误差状态 $\boldsymbol{Z}$，并根据它们重新定义当前的状态方程。

(2) 为系统选择一个控制李雅普诺夫函数，将其作为最终步骤。

(3) 选择一个虚拟控制方程，使得控制李雅普诺夫函数稳定。

控制李雅普诺夫函数在随后的设计步骤中会继续反映新的虚拟状态，但是设计中的每个步骤都需要遵循上述相同的 3 个阶段。因此，反步设计是一个递归设计过程[82]。

3）自适应反步控制

对于参数不确定性系统，存在一种自适应反推控制方法，该方法能保证闭环状态的有界性，且能使跟踪误差收敛到 0。下列参数严反馈系统通过式(3.138)到式(3.140)给出，即

$$\begin{cases}\dot{\boldsymbol{X}}_1 = \boldsymbol{f}(\boldsymbol{X}_1) + \boldsymbol{G}(\boldsymbol{X}_1)\boldsymbol{X}_2 + \boldsymbol{W} \\ \dot{\boldsymbol{X}}_2 = \boldsymbol{U} \\ \boldsymbol{Y} = \boldsymbol{X}_1\end{cases} \tag{3.334}$$

式中：$\boldsymbol{W}$ 为风的未知常值参数的向量。控制目标是使飞机渐进跟踪给定参考 $\boldsymbol{Y}_{\mathrm{r}}(t)$。假设关于 $\boldsymbol{Y}_{\mathrm{r}}(t)$ 的所有导数是已知的。

自适应反步设计程序类似于一般的反步设计步骤。对于自适应反步设计来说，为了确保全局稳定性，需要同时设计控制律（静态部分）、参数更新律（动态部分）和控制李雅普诺夫函数。控制律应用参数估计值 $\hat{\boldsymbol{W}}$，使其不断通过动态参数更新律进行调整。此外，控制李雅普诺夫函数还包含一个额外项，用以惩罚参数估计误差 $\hat{\boldsymbol{W}} = \boldsymbol{W} - \hat{\boldsymbol{W}}$[82-83]。

定理 3.14 为了使系统式(3.334)稳定，为每个状态引入一个误差变量，即

$$\boldsymbol{Z} = \boldsymbol{X}_2 - \boldsymbol{Y}_{\mathrm{r}}^{i-1} - \alpha_1(\boldsymbol{X}_1) \tag{3.335}$$

同时引入虚拟控制律，即

$$\alpha_i(\bar{\boldsymbol{X}}_i, \bar{\boldsymbol{\vartheta}}, \bar{\boldsymbol{Y}}_{\mathrm{r}}^{i-1}) = -c_i\boldsymbol{Z}_i - \boldsymbol{Z}_{i-1} - \boldsymbol{\omega}_i^{\mathrm{T}}\hat{\boldsymbol{\vartheta}} + \frac{\partial\alpha_{i-1}}{\partial\hat{\boldsymbol{\vartheta}}}\boldsymbol{\Gamma}_{\tau_i} + \sum_{k=1}^{i-1}\left(\frac{\partial\alpha_{i-1}}{\partial\boldsymbol{X}_k}\boldsymbol{X}_{k+1} + \frac{\partial\alpha_{i-1}}{\partial\boldsymbol{Y}_{\mathrm{r}}^{k-1}}\boldsymbol{Y}_{\mathrm{r}}^{k}\right) + \sum_{k=2}^{i-1}\frac{\partial\alpha_{i-1}}{\partial\hat{\boldsymbol{\vartheta}}}\boldsymbol{\Gamma}_{\omega_i}\boldsymbol{Z}_k \tag{3.336}$$

对于 $i=1,2,\cdots,n$，定义调整函数 $\boldsymbol{\tau}_i$ 和回归矢量 $\boldsymbol{\omega}_i$ 为

$$\boldsymbol{\tau}_i(\bar{\boldsymbol{X}}_i, \hat{\boldsymbol{\vartheta}}, \bar{\boldsymbol{Y}}_{\mathrm{r}}^{i-1}) = \boldsymbol{\tau}_{i-1} + \boldsymbol{\omega}_i\boldsymbol{Z}_i \tag{3.337}$$

和

$$\boldsymbol{\omega}_i(\bar{\boldsymbol{X}}_i, \bar{\boldsymbol{\vartheta}}, \bar{\boldsymbol{Y}}_{\mathrm{r}}^{i-1}) = \varphi - \sum_{k=1}^{i-1}\frac{\partial\alpha_{i-1}}{\partial\boldsymbol{X}_k}\varphi_k \tag{3.338}$$

式中，$\bar{\boldsymbol{X}}_i = (X_1, \cdots, X_i)$ 和 $\bar{\boldsymbol{Y}}_{\mathrm{r}}^i = (Y_{\mathrm{r}}, \dot{Y}_{\mathrm{r}}, \cdots, Y_{\mathrm{r}}^i)$，$c_i > 0$ 为设计常数。根据这些新变量，可以分别定义控制律和自适应律为

$$\boldsymbol{U} = \frac{1}{\boldsymbol{\varsigma}(\boldsymbol{X})}(\alpha_n(\boldsymbol{X}, \hat{\boldsymbol{\vartheta}}, \bar{\boldsymbol{Y}}_{\mathrm{r}}^{n-1}) + \bar{\boldsymbol{Y}}_{\mathrm{r}}^{n}) \tag{3.339}$$

和

$$\dot{\hat{\boldsymbol{\vartheta}}} = \boldsymbol{\Gamma}_{\tau_n}(\boldsymbol{X}, \hat{\boldsymbol{\vartheta}}, \bar{\boldsymbol{Y}}_{\mathrm{r}}^{n-1}) = \boldsymbol{\Gamma}\boldsymbol{W}_z \tag{3.340}$$

式中：$\boldsymbol{\Gamma}=\boldsymbol{\Gamma}^{\mathrm{T}}>0$ 为自适应增益矩阵；$\boldsymbol{W}$ 为回归矩阵，即

$$\boldsymbol{W}(\boldsymbol{Z},\hat{\boldsymbol{\vartheta}})=(\omega_1,\cdots,\omega_i) \tag{3.341}$$

由控制律式(3.339)和式(3.341)可以推导出李雅普诺夫函数，即

$$\tilde{\boldsymbol{V}}=\frac{1}{2}\sum_{i=1}^{n}\boldsymbol{Z}_i^2+\frac{1}{2}\tilde{\boldsymbol{\vartheta}}^{\mathrm{T}}\boldsymbol{\Gamma}^{-1}\tilde{\boldsymbol{\vartheta}} \tag{3.342}$$

是负定的。因此，自适应控制器保证了 $\boldsymbol{X}(t)$ 的全局有界性，且渐进跟踪关于 $\boldsymbol{X}_1$ 的给定参考 $\boldsymbol{Y}_{\mathrm{r}}(t)$。

11. 滑模控制

变结构滑模是一种非线性系统的鲁棒控制方法。滑模控制基本设计的第一步是构建期望动态的切换面，第二步推导出非连续控制律。在第二步中得出的滑模控制律必须保证所构建的切换面的有效性和有限时间可达性。

1）协同飞行

协同飞行方法应用于由式(3.174)到式(3.185)以及 $\boldsymbol{Y}=\boldsymbol{X}_1$ 表示的飞机动力学模型。滑模控制的基本思想定义了被控系统的滑动面 $\boldsymbol{S}(\boldsymbol{X})=0$，其中，系统会根据面上的期望行为进行演变。选择以下滑动面，即

$$\boldsymbol{S}=\ddot{e}+\boldsymbol{K}_{\mathrm{V}}\dot{e}+\boldsymbol{K}_{\mathrm{P}}e+\boldsymbol{K}_{\mathrm{I}}\int e\mathrm{d}t \tag{3.343}$$

候选控制李雅普诺夫函数为

$$\tilde{\boldsymbol{V}}=\frac{1}{2}\boldsymbol{S}^{\mathrm{T}}\boldsymbol{S} \tag{3.344}$$

选择滑动面后，设计控制律使得滑动面成为吸引面。这是通过执行滑动条件 $\boldsymbol{S}\dot{\boldsymbol{S}}<0$ 且调整滑动面不变来实现的。

式(3.344)对时间求导数，可得

$$\dot{\tilde{\boldsymbol{V}}}=\boldsymbol{S}^{\mathrm{T}}\dot{\boldsymbol{S}} \tag{3.345}$$

其中，

$$\dot{\boldsymbol{S}}=f_4+\boldsymbol{B}_2\boldsymbol{U} \tag{3.346}$$

这里，

$$\begin{cases}\boldsymbol{e}=\boldsymbol{Y}-\boldsymbol{Y}_{\mathrm{r}}\\ \dot{\boldsymbol{e}}=\boldsymbol{f}_0(\boldsymbol{X}_2)-\dot{\boldsymbol{Y}}_{\mathrm{r}}\\ \ddot{\boldsymbol{e}}=\boldsymbol{B}_1(\boldsymbol{f}_1(\boldsymbol{X}_2)+\boldsymbol{f}_2(\boldsymbol{X}_2,\boldsymbol{X}_3))-\ddot{\boldsymbol{Y}}_{\mathrm{r}}\\ \boldsymbol{e}^{(3)}=\boldsymbol{f}_3(\boldsymbol{X}_2,\boldsymbol{X}_3)+\boldsymbol{B}_2\boldsymbol{U}-\boldsymbol{Y}_{\mathrm{r}}^{(3)}\end{cases} \tag{3.347}$$

且

$$\boldsymbol{f}_4 = -\boldsymbol{Y}_{\mathrm{r}}^{(3)} - \boldsymbol{K}_{\mathrm{V}}\ddot{\boldsymbol{Y}}_{\mathrm{r}} - \boldsymbol{K}_{\mathrm{P}}\dot{Y}_{\mathrm{r}} - \boldsymbol{K}_{\mathrm{I}}\boldsymbol{Y}_{\mathrm{r}} + \boldsymbol{K}_{\mathrm{V}}\boldsymbol{B}_1(\boldsymbol{f}_1 + \boldsymbol{f}_2) + \boldsymbol{K}_{\mathrm{P}}\boldsymbol{f}_0 + \boldsymbol{K}_{\mathrm{I}}\boldsymbol{Y} + \boldsymbol{f}_3 \tag{3.348}$$

对 $\dot{\boldsymbol{S}} = 0$ 计算等效控制输入，可得

$$\boldsymbol{U}_{\mathrm{eq}} = \boldsymbol{B}_2^{-1}\boldsymbol{f}_4 \tag{3.349}$$

滑模控制律由下式给出，即

$$\boldsymbol{U} = \boldsymbol{U}_{\mathrm{eq}} - \boldsymbol{S} - \mathrm{sgn}(\boldsymbol{S}) \tag{3.350}$$

式中：$\mathrm{sgn}(\boldsymbol{S})$为符号函数。

滑模控制是一种使用高频切换进行控制的方法。控制器从一个控制律切换到下一个控制律，沿着控制策略的边界滑动。

2）非协同飞行

本节类似于文献[80]，提出基于变结构控制方法的鲁棒控制设计，拟采用协同飞行模型进行设计。

本节推导过程采用第 2 章建立的非协同飞行模型。首先，选择合适的滑动面实现期望轨迹。选择滑动面为

$$\boldsymbol{S} = \begin{pmatrix} \ddot{\boldsymbol{e}} + \boldsymbol{K}_v\dot{\boldsymbol{e}} + \boldsymbol{K}_p\boldsymbol{e} + \boldsymbol{K}_i\int_0^t \boldsymbol{e}\mathrm{d}\tau \\ \beta + K_{b_0}\int_0^t \beta\mathrm{d}\tau \end{pmatrix} \tag{3.351}$$

其中，

$$\boldsymbol{e} = \begin{pmatrix} x \\ y \\ z \end{pmatrix} - \begin{pmatrix} x_{\mathrm{r}} \\ y_{\mathrm{r}} \\ z_{\mathrm{r}} \end{pmatrix} = \boldsymbol{Y} - \boldsymbol{Y}_{\mathrm{r}} \tag{3.352}$$

选择增益使得 $\boldsymbol{S} = 0$，进而保证误差 $\boldsymbol{e}$ 和侧滑角 β 产生指数稳定的响应。式(3.351)中的积分反馈为鲁棒设计提供了灵活性。闭环运动的变结构控制律设计分为以下两个阶段。

(1) 引导始于任意初始状态的轨迹到 $\boldsymbol{S} = 0$。

(2) 在滑动阶段，轨迹在 $\boldsymbol{S} = 0$ 处滑动。

非线性飞机模型具有不确定的空气动力导数，可以表示为

$$\dot{\boldsymbol{X}}_1=\begin{pmatrix}V\cos\chi\cos\gamma\\V\sin\chi\cos\gamma\\-V\sin\gamma\end{pmatrix}=\boldsymbol{f}_0(\boldsymbol{X}_2)\tag{3.353}$$

$$\dot{\boldsymbol{X}}_2=\boldsymbol{f}_1(\boldsymbol{X}_2)+\boldsymbol{f}_2(T,\boldsymbol{X}_2,\boldsymbol{X}_3)\tag{3.354}$$

其中，

$$\boldsymbol{X}_1=\begin{pmatrix}x\\y\\z\end{pmatrix}\quad\boldsymbol{X}_2=\begin{pmatrix}V\\\chi\\\gamma\end{pmatrix}\quad\boldsymbol{X}_3=\begin{pmatrix}\sigma\\\alpha\\\beta\end{pmatrix}\quad\omega=\begin{pmatrix}p\\q\\r\end{pmatrix}\tag{3.355}$$

且有

$$\boldsymbol{U}=\begin{pmatrix}\dot{T}\\p\\q\\r\end{pmatrix}\quad\boldsymbol{f}_1(\boldsymbol{X}_2)=\begin{pmatrix}-g\sin\gamma\\0\\-\dfrac{g}{V}\cos\gamma\end{pmatrix}\tag{3.356}$$

和

$$\boldsymbol{f}_2(\boldsymbol{X})=\begin{pmatrix}\dfrac{1}{m}(T\cos\alpha\cos\beta-D)\\\dfrac{1}{mV\cos\gamma}(T(\sin\alpha\sin\sigma-\cos\alpha\sin\beta\cos\sigma)-C\cos\sigma+L\sin\sigma)\\\dfrac{1}{mV}(T(\cos\alpha\sin\beta\sin\sigma+\sin\alpha\cos\sigma)+C\sin\sigma+L\cos\sigma)\end{pmatrix}\tag{3.357}$$

式中：T 为推力；L、D、C 分别是升力、阻力和侧力。控制系统分解为变结构外环和自适应内环。外环反馈控制系统使用推力和 3 个角速度分量(p,q,r)的微分作为虚拟控制输入，并实现跟随 Y_r 的(x,y,z)位置轨迹及控制侧滑角。方程组为

$$\dot{\boldsymbol{X}}_3=\boldsymbol{f}_3(T,\boldsymbol{X}_2,\boldsymbol{X}_3)+\boldsymbol{B}_3(\boldsymbol{X}_3)\omega\tag{3.358}$$

其中，

$$\boldsymbol{f}_3(T,\boldsymbol{X}_2,\boldsymbol{X}_3)=\begin{pmatrix}0&\sin\gamma+\cos\gamma\sin\sigma\tan\beta&\cos\sigma\tan\beta\\0&-\cos\gamma\sin\sigma\sec\beta&-\cos\sigma\sec\beta\\0&\cos\gamma\cos\sigma&-\sin\sigma\end{pmatrix}(\boldsymbol{f}_1+\boldsymbol{f}_2)\tag{3.359}$$

和

$$\boldsymbol{B}_3(\boldsymbol{X}_3)=\begin{pmatrix}\cos\alpha & 0 & \sin\alpha\sec\beta\\ -\cos\alpha\tan\beta & 1 & -\sin\alpha\tan\beta\\ \sin\alpha & 0 & -\cos\alpha\end{pmatrix}\tag{3.360}$$

且有

$$\dot{\boldsymbol{X}}_4=\boldsymbol{f}_{\boldsymbol{\omega}}(\boldsymbol{X}_2,\boldsymbol{X}_3,\omega)+\boldsymbol{B}_{\boldsymbol{\omega}}\delta\tag{3.361}$$

其中，

$$\boldsymbol{f}_{\boldsymbol{\omega}}(\boldsymbol{X}_2,\boldsymbol{X}_3,\omega)=\begin{pmatrix}-i_1qr\\ i_2pr\\ -i_3pq\end{pmatrix}+\left(\frac{V}{V_0}\right)^2\boldsymbol{f}_V$$

$$\boldsymbol{f}_V=\begin{pmatrix}l_\beta\beta+l_qq+(l_{\beta\alpha}\beta+l_{r\alpha})\Delta\alpha+l_pp\\ m_\alpha\Delta\alpha+m_qq+m_{\dot{\alpha}}p\beta+m_V\Delta V+m_{\dot{\alpha}}\dfrac{g}{V}(\cos\theta\cos\phi-\cos\theta)\\ n\beta\beta+n_rr+n_pp+n_{p\alpha}\Delta\alpha+n_qq\end{pmatrix}$$

和

$$\boldsymbol{B}_{\boldsymbol{\omega}}=\left(\frac{V}{V_0}\right)^2\begin{pmatrix}l_{\delta_\alpha} & l_{\delta_r} & 0\\ 0 & 0 & m_{\delta_e}\\ n_{\delta_\alpha} & n_{\delta_r} & 0\end{pmatrix}\tag{3.362}$$

式中：V_0 为修正的速度值。

在不确定的情况下，使用不连续控制律来完成滑动运动。在滑动阶段，因为 $\boldsymbol{S}=0$，故而 $\boldsymbol{e}$ 和 β 收敛到零。一旦选择滑动面，就必须设计一个控制器，使 $\boldsymbol{S}=0$ 成为一个吸引面。对 $\boldsymbol{X}_1=(x,y,z)^{\mathrm{T}}$ 求二阶导数可得

$$\ddot{\boldsymbol{X}}_1=\begin{pmatrix}\cos\chi\cos\gamma & -V\sin\chi\cos\gamma & -V\cos\chi\sin\gamma\\ \sin\chi\cos\gamma & -V\cos\chi\cos\gamma & -V\sin\chi\sin\gamma\\ -\sin\gamma & 0 & -V\cos\gamma\end{pmatrix}\begin{pmatrix}\dot{V}\\ \dot{\chi}\\ \dot{\gamma}\end{pmatrix}\tag{3.363}$$

$$\begin{aligned}\boldsymbol{X}_1^{(3)}&=\dot{\boldsymbol{B}}_1(\boldsymbol{f}_0+\boldsymbol{f}_1)+\boldsymbol{B}_1(\dot{\boldsymbol{f}}_0+\dot{\boldsymbol{f}}_1)\\&=\boldsymbol{f}_3(\boldsymbol{X}_2,\boldsymbol{X}_3,T)+\boldsymbol{B}_1(\boldsymbol{X}_2)\boldsymbol{B}_2(T,\boldsymbol{X}_2,\boldsymbol{X}_3)(\dot{T},\dot{\boldsymbol{X}}_3)^{\mathrm{T}}\end{aligned}\tag{3.364}$$

其中,

$$\boldsymbol{X}_1^{(3)}=\frac{\mathrm{d}^3\boldsymbol{X}_1}{\mathrm{d}t^3}\quad \boldsymbol{f}_3=\dot{\boldsymbol{B}}_1(\boldsymbol{f}_0+\boldsymbol{f}_1)+\boldsymbol{B}_1\dot{\boldsymbol{f}}_0+\boldsymbol{B}_1\frac{\partial \boldsymbol{f}_1}{\partial V} \tag{3.365}$$

$\boldsymbol{B}_2$ 是一个 3×4 矩阵,由下式给出,即

$$\boldsymbol{B}_2=\begin{pmatrix}\frac{\partial \boldsymbol{f}_1}{\partial T} & \frac{\partial \boldsymbol{f}_1}{\partial \sigma} & \frac{\partial \boldsymbol{f}_1}{\partial \alpha} & \frac{\partial \boldsymbol{f}_1}{\partial \beta}\end{pmatrix} \tag{3.366}$$

根据式(3.358),可以将关系式写为

$$\begin{pmatrix}\dot{T}\\ \\ \dot{\boldsymbol{X}}_3\end{pmatrix}=\boldsymbol{f}_4(T,\boldsymbol{X}_2,\boldsymbol{X}_3)+\boldsymbol{B}_4(\alpha,\beta)\boldsymbol{U}_0 \tag{3.367}$$

式中:$\boldsymbol{B}_4$ 为一个 4×4 矩阵,即

$$\boldsymbol{B}_4=\begin{pmatrix}1 & 0\\ 0 & 1\end{pmatrix} \tag{3.368}$$

$$\boldsymbol{f}_4=\begin{pmatrix}0\\ \boldsymbol{f}_2\end{pmatrix} \tag{3.369}$$

和

$$\boldsymbol{U}_0=\begin{pmatrix}T\\ \omega\end{pmatrix} \tag{3.370}$$

对式(3.351)和式(3.365)中的 $\boldsymbol{U}(\boldsymbol{X})$ 求导,可得

$$\dot{\boldsymbol{S}}=\boldsymbol{f}_5(T,\boldsymbol{X}_2,\boldsymbol{X}_3)+\boldsymbol{B}_1\dot{T}+\boldsymbol{B}_2\dot{\boldsymbol{X}}_3=\boldsymbol{f}_5(T,\boldsymbol{X}_2,\boldsymbol{X}_3)+\boldsymbol{B}_5(\dot{T}\quad \dot{\boldsymbol{X}}_3) \tag{3.371}$$

其中,

$$\boldsymbol{f}_5(T,\boldsymbol{X}_2,\boldsymbol{X}_3)=(\boldsymbol{f}_3+k_v(\boldsymbol{B}_1(\boldsymbol{f}_0+\boldsymbol{f}_1)-\ddot{\boldsymbol{Y}}_{\mathrm{r}})-\boldsymbol{Y}_{\mathrm{r}}^{(3)}+k_{\mathrm{p}}\dot{\boldsymbol{e}}+k_{\mathrm{i}}\boldsymbol{e}) \tag{3.372}$$

因此,可以得出

$$\dot{\boldsymbol{S}}=\boldsymbol{f}_5+\boldsymbol{B}_5\boldsymbol{f}_4+\boldsymbol{B}_5\boldsymbol{B}_4\boldsymbol{U}_0=\boldsymbol{f}_5^*+\Delta\boldsymbol{f}_5+(\boldsymbol{B}_5+\Delta\boldsymbol{B}_5)\boldsymbol{U}_0 \tag{3.373}$$

式中:带星号的函数表示函数的标称值;Δf_5、$\boldsymbol{B}_5$ 代表不确定函数。对于变结构控制,需要使矩阵 $\boldsymbol{B}_5\boldsymbol{B}_4$ 可逆。在修正值的邻域内可以设计变结构控制律。轨迹控制必须通过适当的轨迹规划来避免通过奇异区域[10]。

为了推导控制律,使用李雅普诺夫方法。李雅普诺夫函数表示为

$$\tilde{V}=\frac{1}{2}\boldsymbol{S}^{\mathrm{T}}\boldsymbol{S} \tag{3.374}$$

式中：$\boldsymbol{S}=(S_1,S_2,S_3,S_4)^{\mathrm{T}}$。$\tilde{V}$ 的导数由下式给出，即

$$\dot{\tilde{V}}=\boldsymbol{S}^{\mathrm{T}}(\boldsymbol{f}_5^*+\Delta\boldsymbol{f}_5+(\boldsymbol{B}_5+\Delta\boldsymbol{B}_5)\boldsymbol{U}_e\boldsymbol{q}) \tag{3.375}$$

为使 $\dot{\tilde{V}}$ 为负，选择控制律为

$$\boldsymbol{U}_0=(\boldsymbol{B}_5^*)^{-1}(-\boldsymbol{f}_5^*-\boldsymbol{K}_1\boldsymbol{S}-k_2\mathrm{sign}(\boldsymbol{S})) \tag{3.376}$$

式中：$\mathrm{sign}(\boldsymbol{S})=(\mathrm{sign}(S_1),\mathrm{sign}(S_2),\mathrm{sign}(S_3),\mathrm{sign}(S_4))^{\mathrm{T}}$；$\boldsymbol{K}_1$ 为一个对角矩阵，满足 $k_2>0$，该控制系统包括不连续函数[80]。

注 3.19 经典滑模控制为了增强扰动情况下的滑动条件，会在扰动下产生高频控制信号。这种现象通常称为抖振，可以通过平滑不连续函数或利用饱和函数代替符号函数来避免抖振发生。

3）积分滑模控制

非线性飞机模型为

$$\dot{\boldsymbol{X}}=\boldsymbol{f}(\boldsymbol{X},t)+\boldsymbol{B}\boldsymbol{U}(\boldsymbol{X},t)+\boldsymbol{D}_{\mathrm{w}}(\boldsymbol{X},t) \tag{3.377}$$

式中：$\boldsymbol{X}\in\mathbb{R}^n$ 为状态；$\boldsymbol{U}(\boldsymbol{X},t)$ 为控制量；$\boldsymbol{D}_{\mathrm{w}}(\boldsymbol{X},t)$ 为由于外部干扰引起的扰动。

做出以下假设。

（1）假设 1：$\mathrm{Rank}(\boldsymbol{B})=m$。

（2）假设 2：由于对于 $\forall\boldsymbol{X}$ 和 t，已知函数 $\|\boldsymbol{D}_{\mathrm{w}}(\boldsymbol{X},t)\|\leqslant\bar{\boldsymbol{D}}_{\mathrm{w}}(\boldsymbol{X},t)$，故而 $\boldsymbol{D}_{\mathrm{w}}$ 的未知实际值是有界的。

在积分滑模控制（ISMC）方法中，控制律的形式为

$$\boldsymbol{U}(\boldsymbol{X},t)=\boldsymbol{U}_0(\boldsymbol{X},t)+\boldsymbol{U}_1(\boldsymbol{X},t) \tag{3.378}$$

标称控制 $\boldsymbol{U}_0(\boldsymbol{X},t)$ 负责标称系统的正常运行；$\boldsymbol{U}_1(\boldsymbol{X},t)$ 是不连续控制项，通过满足滑动运动来抵消摄动影响。通过集合 $\{\boldsymbol{X}|\boldsymbol{S}(\boldsymbol{X},t)=0\}$ 定义滑动簇为

$$\boldsymbol{S}(\boldsymbol{X},t)=\boldsymbol{G}(\boldsymbol{X}(t)-\boldsymbol{X}(t_0)-\int_{t_0}^{t}f(\boldsymbol{X},t)+\boldsymbol{B}\boldsymbol{U}_0(\boldsymbol{X},\tau)\mathrm{d}\tau) \tag{3.379}$$

$\boldsymbol{G}\in\mathbb{R}^{m\times n}$ 是一个投影矩阵，使得矩阵 $\boldsymbol{GB}$ 可逆。

不连续控制 $\boldsymbol{U}_1$ 通常选择为

$$\boldsymbol{U}_1(\boldsymbol{X},t)=-\varXi(\boldsymbol{X},t)\frac{(\boldsymbol{GB})^{\mathrm{T}}\boldsymbol{S}(\boldsymbol{X},t)}{\|(\boldsymbol{GB})^{\mathrm{T}}\boldsymbol{S}(\boldsymbol{X},t)\|} \tag{3.380}$$

式中：$\varXi(\boldsymbol{X},t)$ 为满足滑动运动的高增益[15]。

注 3.20 如果做出以下假设

$$f(X,t)=AX \quad D_{w}=B_{w}W \quad Y=CX \tag{3.381}$$

式中：(A,B)稳定且(A,C)是可测的，则所提出的方法可以用以下算法总结。

（1）求解黎卡提方程，即

$$PA+A^{T}P-P(BB^{T}-\Xi^{-2}\bar{B}_{w}\bar{B}_{w}^{T})P+C^{T}C=0 \tag{3.382}$$

式中：$\bar{B}_{w}=B^{\perp}B^{\perp+}B_{w}$，且 B 的左逆为 $B^{+}=(B^{T}B)^{-1}B^{T}$。$B^{\perp}\in\mathbb{R}^{n\times(n-m)}$中的列向量跨越 B^{T} 的零空间。

（2）设定滑动簇为

$$S=B^{+}\left(X(t)-X(t_0)-\int_{t_0}^{t}(A-BB^{T}P)X(\tau)\,d\tau\right) \tag{3.383}$$

（3）设定控制律为

$$U=-B^{T}PX-\Xi\frac{S}{\|S\|} \quad \Xi>\|B^{+}B_{w}W\| \tag{3.384}$$

4）短快模式方法

短快模式方法推导基于第 2 章提出的六自由度飞机模型一般形式。

飞机的飞行动力学通常分为慢速和快速两种模式，$X_1=(\alpha,\beta,\phi)^{T}\in\mathbb{R}^3$对应系统的慢速模式，机体角速度 $X_2=(p,q,r)^{T}\in\mathbb{R}^3$表示快速模式。利用这种飞机飞行动力的时间尺度分离特性，可以设计一个双环滑模控制器。刚体飞机的飞行动力学可以用下列方程式来描述，即

$$\begin{cases}\dot{X}_1=f_1(X_1,X_3)+\Delta f_1(X_1,X_3,U)+B_1(X_1,X_3)X_2\\ \dot{X}_2=f_2(X_1,X_2,X_3)+B_2(X_1,X_3)U\\ \dot{X}_3=f_3(X_1,X_2,X_3,U)\end{cases} \tag{3.385}$$

式中：$X_3=(V,\theta)^{T}\in\mathbb{R}^2$表示系统的内动力学；$U=(\delta_a,\delta_e,\delta_r)\in U\subset\mathbb{R}^3$；发动机推力 T 以开环方式变化，因此不包括在 U 内。Δf_1 是作用于系统的有界扰动；B_1、B_2 分别是滑模控制算法的外环、内环的控制输入矩阵。假设系统式(3.385)为最小相位系统。要求给定系统的所有状态均可用于反馈，以合成滑模控制律。

（1）外环滑模控制设计。

考虑慢速模式的动力学，提出外环滑模控制，即

$$\dot{X}_1=f_1(X_1,X_3)+\Delta f_1(X_1,X_3,U)+B_1(X_1,X_3)X_{2d} \tag{3.386}$$

式中：$\boldsymbol{X}_{2d}=(p_d,q_d,r_d)^{T}$ 为外环的虚拟控制输入。空气动力学控制力作为一个扰动项，最终通过滑模控制律抵消。式(3.386)中的向量相对阶次为$(1,1,1)^{T}$。参考信号 $\boldsymbol{X}_R$ 定义为

$$\boldsymbol{X}_R=(\alpha_d,\beta_d,\phi_d) \tag{3.387}$$

且误差向量为

$$\boldsymbol{e}=\boldsymbol{X}_1-\boldsymbol{X}_R=(\alpha_d-\alpha,\beta_d-\beta,\phi_d-\phi)^{T} \tag{3.388}$$

选择滑模面为 $\boldsymbol{S}=(\boldsymbol{S}_1,\boldsymbol{S}_2,\boldsymbol{S}_3)^{T}$，使得

$$\boldsymbol{S}_i=\boldsymbol{e}_i+k_i\int_0^t \boldsymbol{e}_i\mathrm{d}\tau \tag{3.389}$$

式中：$\boldsymbol{e}_i$ 为误差向量的第 i 个元素。选择式(3.389)中的系数 $k_i(i=1,2,3)$，使得滑模面上的误差动态渐进稳定。对式(3.389)中的 $i=1$、2、3 求导，可得

$$\dot{\boldsymbol{S}}_i=\boldsymbol{f}_1+\Delta\boldsymbol{f}_1+\boldsymbol{B}_1\boldsymbol{X}_{2d}+\boldsymbol{P}\boldsymbol{e}-\dot{\boldsymbol{X}}_R \tag{3.390}$$

式中：$\boldsymbol{P}=\mathrm{diag}(k_i)$ 为对角矩阵。然后选择下列控制输入，即

$$\boldsymbol{X}_{2d}=\boldsymbol{B}_1^{-1}(-\boldsymbol{f}_1-\boldsymbol{P}\boldsymbol{e}+\dot{\boldsymbol{X}}_R-\boldsymbol{K}_1(\boldsymbol{S})\mathrm{sgn}(\boldsymbol{S})) \tag{3.391}$$

式中：$\mathrm{sgn}(\boldsymbol{S})=(\mathrm{sgn}(\boldsymbol{S}_1),\mathrm{sgn}(\boldsymbol{S}_2),\mathrm{sgn}(\boldsymbol{S}_3))$。假设矩阵 $\boldsymbol{B}_1$ 是非奇异的，标称系统可以使用状态反馈解耦。选择方程式(3.391)中的增益矩阵 $\boldsymbol{K}_1(\boldsymbol{S})$ 为幂律和常数项之和，即

$$\boldsymbol{K}_1(\boldsymbol{S})=\mathrm{diag}(X_{3i}|\boldsymbol{S}_i|^{\alpha}+b_1) \tag{3.392}$$

式中：$X_{3i}>0(i=1、2、3)$且 $\alpha\in(0,1)$。方程式(3.392)中的常数 b_1 由扰动项的界决定。

$$\|\Delta\boldsymbol{f}_1\|\leqslant b_1 \tag{3.393}$$

式(3.393)可以通过数值仿真进行估计。将式(3.391)代入式(3.390)中，同时考虑式(3.392)，可得

$$\dot{\boldsymbol{S}}=\Delta\boldsymbol{f}_1-\boldsymbol{K}_1(\boldsymbol{S})\mathrm{sgn}(\boldsymbol{S}) \tag{3.394}$$

为了证明等式(3.389)中定义的切表面是吸引面且有限时间可达，考虑候选李雅普诺夫函数为

$$\tilde{\boldsymbol{V}}=\frac{1}{2}\boldsymbol{S}^{T}\boldsymbol{S}>0 \tag{3.395}$$

将式(3.395)对时间求导数，得到

$$\dot{\tilde{V}} = \boldsymbol{S}^{\mathrm{T}}(\Delta \boldsymbol{f}_1 + \boldsymbol{K}_1(\boldsymbol{S})\operatorname{sgn}(\boldsymbol{S})) \tag{3.396}$$

将式(3.392)和式(3.393)代入式(3.396)中,可以得到

$$\dot{\tilde{V}} \leqslant X_{3i} \sum_{i=1}^{3} |\boldsymbol{S}_i|^{\alpha+1} < 0, \quad \forall \boldsymbol{X} \neq 0 \tag{3.397}$$

根据式(3.395)到式(3.397),可以推断所选择的切表面为吸引面且有限时间可达,进而完成了外环 SMC 设计[24,63]。

(2) 内环滑模控制设计

快速模式的控制方程为

$$\dot{\boldsymbol{X}}_2 = \boldsymbol{f}_2(\boldsymbol{X}_1, \boldsymbol{X}_2, \boldsymbol{X}_3) + \boldsymbol{B}_2(\boldsymbol{X}_1, \boldsymbol{X}_3)\boldsymbol{U} \tag{3.398}$$

式(3.398)的向量相对阶次为$(1,1,1)^{\mathrm{T}}$,考虑下列误差变量,即

$$\boldsymbol{e} = \boldsymbol{X}_2 - \boldsymbol{X}_{2\mathrm{d}} = (p - p_{\mathrm{d}}, q - q_{\mathrm{d}}, r - r_{\mathrm{d}})^{\mathrm{T}} \tag{3.399}$$

选择切换面 $\boldsymbol{S} = (S_1, S_2, S_3)^{\mathrm{T}} = 0$,使得切变量为

$$\boldsymbol{S}_i = \boldsymbol{e}_i \Rightarrow \dot{\boldsymbol{S}} = \boldsymbol{f}_2 + \boldsymbol{B}_2\boldsymbol{U} \tag{3.400}$$

$\dot{X}_{2\mathrm{d}}$项作为慢变量函数,已经被忽略了。选择下列控制输入,即

$$\boldsymbol{U} = \boldsymbol{B}_2^{-1}(-\boldsymbol{f}_2 - \boldsymbol{K}_2(\boldsymbol{S})\operatorname{sgn}(\boldsymbol{S})) \tag{3.401}$$

增益矩阵 $\boldsymbol{K}_2(\boldsymbol{S})$ 选为幂律项,即

$$\boldsymbol{K}_2(\boldsymbol{S}) = \operatorname{diag}(X_{3i}|S_i|^{\alpha''}) \quad X_{3i} > 0 \quad \alpha'' \in (0,1) \tag{3.402}$$

式(3.400)中所选滑动面的吸引力和有限时间可达性,可以比照外环 SMC 设计方式建立。

滑模控制律是固有不连续的,因此会导致控制抖振,这可能会激发未建模高频飞机动态。为了减少抖振,已经提出了很多方法,如不连续滑模控制律的连续逼近、幂律到达律方法和高阶滑模。其中幂律到达律方法用于缓解抖振[24]。

注 3.21 高阶滑模控制(Higher - Order Sliding Mode Control,HOSMC)在滑动面上施加高阶导数约束,同时保持经典滑模控制的优势。HOSMC 可以完全消除抖振,能够提供更好的控制精度和鲁棒性。第 r 阶滑模可以定义为

$$\sigma = \dot{\sigma} = \ddot{\sigma} = \cdots = \sigma^{r-1} \tag{3.403}$$

这就形成了系统动力学的一个 r 维约束集。最常见的两种 HOSMC 设计方法是扭转和超扭转算法[15]。

此外,文献[91]针对纵向回路模态提出了动态滑模控制方法。

3.3.5 模型预测控制

模型预测控制是已经用于实时优化方面的技术之一。本质上它是一种反馈控制方案,其在有限时间区域$[t,t+T_{\mathrm{f}}]$上解决了最优控制问题,该方法在每个时间步长t,根据当前测量在有限时间长度T_{f}内预测未来状态。它将最优序列中的第一个控制输入应用于飞机,并反复优化。闭环控制实现对模型不确定性和干扰的鲁棒性。然而,由于有限时域的问题,如果在设计和实施中没有采取特别的预防措施,就无法保证闭环的稳定性。解决这个问题的一种方法是使用终端约束条件或将目标函数与控制李雅普诺夫函数结合。

模型预测控制(MPC)是一种明确使用飞机模型来预测其行为的策略[94]。飞机模型用于通过最小化目标函数找到可能的最优控制信号。

(1) 应用系统模型,在每个时刻t预测确定时域N(称为预测时域)的未来输出。这些预测输出$\boldsymbol{Y}(k+j|k)(j=1,2,\cdots,N)$,取决于$\boldsymbol{X}(k|k)$和未来控制信号$\boldsymbol{U}(k+j|k)$,$j=1,2,\cdots,N-1$。

(2) 为保持响应过程尽可能逼近参考轨迹$\boldsymbol{X}_{\mathrm{r}}(k+j|l)$,通过优化标准来计算未来控制信号集。目标函数通常采用预测输出信号与预测参考轨迹之间误差的二次函数形式。在大多数情况下,控制量也包含在目标函数中。若目标函数是二次函数,模型是线性的,且不存在约束,则可以获得明确的解;否则,必须使用一般的优化方法。

(3) 将控制信号$\boldsymbol{U}(k|k)$发送到系统,但控制信号$\boldsymbol{U}(k+j|k)$,$j=1,2,\cdots,N-1$不会被采用,且在所有状态更新的情况下重复步骤(1)。如此,计算$\boldsymbol{U}(k+1|k+1)$。

在飞机飞行控制问题中,只有噪声输出或部分状态测量可用。在这种情况下,标准方法是设计一个观测器来估计部分未知状态,并将其估计值用于控制作用[22]。因此,必须将未知估计误差作为系统的附加不确定性项加以考虑。在所有这些方法中,输出反馈控制 MPC 需要把握两个关键,即观测器和滚动时域控制器。

模型预测控制的目标是:在考虑模型不确定性时,通过避免观测器/控制器设计时可能导致的非凸情况,设计出无记忆输出 MPC 策略。通过对相关优化变量施加预定矩阵结构,使得其不再需要状态重构,来设计输出滚动时域控制器。因此,在线性矩阵不等式条件下,模型预测控制设计问题描述为半定规划问题(semi - definite programming problem)。

飞机动力学的标准有界不确定线性描述为

$$\boldsymbol{X}(t+1)=\boldsymbol{f}(\boldsymbol{X}(t),\boldsymbol{U}(t))=\boldsymbol{\Phi}\boldsymbol{X}(t)+\boldsymbol{G}\boldsymbol{U}(t)+\boldsymbol{B}_{v}v \tag{3.404}$$

$$\boldsymbol{Y}(t)=\boldsymbol{h}(\boldsymbol{X}(t),\boldsymbol{U}(t))=\boldsymbol{C}\boldsymbol{X}(t) \tag{3.405}$$

$$\boldsymbol{Z}(t)=\boldsymbol{C}_z\boldsymbol{X}(t)+\boldsymbol{D}_z\boldsymbol{U}(t) \tag{3.406}$$

$$v(t)=\Delta(t)\boldsymbol{Z}(t) \tag{3.407}$$

式中：$\boldsymbol{X}\in\mathbb{R}^{n_x}$表示状态；$\boldsymbol{U}\in\mathbb{R}^{n_u}$表示控制输入；$\boldsymbol{Y}\in\mathbb{R}^{n_y}$表示输出；$\boldsymbol{\nu}$ 和 $\boldsymbol{Z}\in\mathbb{R}^{n_z}$表示描述不确定性的附加变量。状态信息并非在每个采样时刻都完全可用。飞机受下列组件式输入 $\boldsymbol{U}(t)\in\mathbb{O}(\boldsymbol{U})$和状态演变 $\boldsymbol{X}(t)\in\mathbb{O}(\boldsymbol{X})$的约束。

$$\mathbb{O}(\boldsymbol{U})=\{\boldsymbol{U}\in\mathbb{R}^{n_u}:|\boldsymbol{U}_i(t+k|t)|\leqslant\boldsymbol{U}_{i,\max}\} \tag{3.408}$$

和

$$\mathbb{O}(\boldsymbol{X})=\{\boldsymbol{X}\in\mathbb{R}^{n_x}:|\boldsymbol{X}_i(t+k|t)|\leqslant\boldsymbol{X}_{i,\max}\} \tag{3.409}$$

定义下列矩阵

$$\tilde{\boldsymbol{A}}=\begin{pmatrix}\boldsymbol{\Phi} & \boldsymbol{G}\\ \boldsymbol{C} & 0\end{pmatrix} \tag{3.410}$$

$$\tilde{\boldsymbol{B}}=\begin{pmatrix}\boldsymbol{B}_v\\ 0\end{pmatrix} \tag{3.411}$$

$$\tilde{\boldsymbol{C}}=(\boldsymbol{C}_z \quad \boldsymbol{D}_z) \tag{3.412}$$

集合

$$\mathbb{O}(\boldsymbol{\Delta})=\{\tilde{\boldsymbol{A}}+\tilde{\boldsymbol{B}}\boldsymbol{\Delta}\tilde{\boldsymbol{C}}\} \tag{3.413}$$

是矩阵线性分式映射下矩阵范数单位球的像（$\|\Delta\|\leqslant 1$）。

应用下列闭环控制方法

$$\boldsymbol{U}(t)=-\boldsymbol{K}(t)\boldsymbol{X}(t) \tag{3.414}$$

其关键思想是：在每个时刻 t，以当前状态 $\boldsymbol{X}(t)$ 和对$(\boldsymbol{P},\boldsymbol{K})$为基础，通过最小化目标函数 $J(\boldsymbol{X}(t),\boldsymbol{K}(t))$并确保从 t 开始满足约束条件，使得

$$J(\boldsymbol{X}(0),\boldsymbol{K}\boldsymbol{X}(t))=\max_{\nu\in\mathbb{O}_\nu}\sum_{t=0}^{\infty}\|\boldsymbol{X}(t)\|_{\boldsymbol{R}_X}^2+\|\boldsymbol{K}\boldsymbol{X}(t)\|_{\boldsymbol{R}_U}^2 \tag{3.415}$$

式中：$\boldsymbol{R}_X$、$\boldsymbol{R}_U$ 为对称正定加权矩阵。

$$\mathbb{O}(\boldsymbol{\nu})=\{v\in\mathbb{R}^{n_z}:\|\boldsymbol{\nu}\|_2^2\leqslant\|\boldsymbol{C}_K\boldsymbol{X}(t)\|_2^2\} \tag{3.416}$$

表示每个时刻飞机的不确定性区域。

对称正定矩阵满足下列线性矩阵不等式

$$\begin{pmatrix} \boldsymbol{\Phi}_K^{\mathrm{T}}\boldsymbol{P}\boldsymbol{\Phi}_K - \boldsymbol{P} + \boldsymbol{K}^{\mathrm{T}}\boldsymbol{R}_U\boldsymbol{K} + \boldsymbol{R}_X + \lambda \boldsymbol{C}_K^{\mathrm{T}}\boldsymbol{C}_K & \boldsymbol{\Phi}_K^{\mathrm{T}}\boldsymbol{P}\boldsymbol{B}_v \\ \boldsymbol{B}_v^{\mathrm{T}}\boldsymbol{P}\boldsymbol{\Phi}_K & \boldsymbol{B}_v^{\mathrm{T}}\boldsymbol{P}\boldsymbol{B}_v \end{pmatrix} \leqslant 0 \tag{3.417}$$

式中：$\lambda > 0$，且

$$\boldsymbol{\Phi}_K = \boldsymbol{\Phi} + \boldsymbol{G}\boldsymbol{K}$$

$$\boldsymbol{C}_K = \boldsymbol{C}_K + \boldsymbol{D}_Z\boldsymbol{K}$$

$\boldsymbol{R}_U$、$\boldsymbol{R}_X$ 为对称加权矩阵。

注 3.22 由于各个飞机受到输入的影响不同，且经常耦合，因此，飞机在不同时期输出会有所不同。以指定速率输入控制输出，以便在另一耦合输出中获得期望响应是困难的。通常来说，某些输出可能需要比其他输出更高的速率来实现，以保持足够的性能水平[54]。当控制诸如飞机这样输出与多个自由度之间具有高度交叉耦合的控制系统时，多预测时域显得特别有用。在这种情况下，预测时域可能以多个自由度跟踪某一特定输出。系统输出响应的性能指标不会因输入不同而导致过大变化[11]。

3.4 模糊飞行控制

模糊飞行控制使用智能计算工具，是智能控制的一部分[75]。进化计算是一种受生物进化和生物体行为机制启发的优化方法[104]，还包括遗传算法（GA）、高级神经网络（ANN）、进化规划（EP）、群体智能（SI）、蚁群优化（ACO）和粒子群优化（PSO）。多机器学习（ML）技术已经用于进化计算算法，以增强算法性能。机器学习技术包括统计学方法（如均值和方差）、内插和回归、聚类分析、人工神经网络（ANN）、贝叶斯网络（BN）和强化学习（RL）。机器学习技术可以以各种方式归入不同的进化计算算法中，它们也在各个方面影响着进化计算，如人口初始化、适应度评估和选择、人口增长和演变、算法适应和局部搜索。

很多研究者[21,68,76]研究及应用了神经网络或自适应/智能控制算法。模糊逻辑控制器是一种基于模糊逻辑、具有连续值逻辑变量的方法，而不是像经典逻辑方法对0（假）或1（真）离散值进行操作。在输入阶段，数据映射到隶属度函数值（三角形、梯形或钟形函数）上，整个处理过程包含许多规则。

应用于飞机的多数模糊控制系统都是通过模糊规则混合的启发式逻辑系统，这些系统设计为导航跟踪控制的智能系统。模糊增益调度是模糊飞行控制中最常用的技术[35,93]。

3.4.1 跟踪运动目标的模糊方法

本节提出的方法基于模糊逻辑，设计 3 种模糊模块。一个模块用于调整滚转角进而控制经、纬度坐标,另外两个模块用于调节舵面和控制油门进而获得所需的高度值[45]。

一般地,一个模糊逻辑系统由 3 个主要部分组成,即模糊器、模糊推理工具和解模糊器。其中,模糊器将一个清晰的输入映射到某一模糊集合中。模糊推理工具使用从规则基到原因的模糊 if – then 规则来推理模糊输出。模糊项输出通过解模糊器再转换为一个确切值。

Mamdani 型模糊算法用于合成模糊逻辑,控制器采用下列模糊 if – then 规则,即

$$
\begin{aligned}
&R^{(l)}:\text{IF}\quad (X_1\quad \text{is}\quad X_1^{(l)})\quad \text{AND}\cdots\text{AND}(X_n\quad \text{is}\quad X_n^{(l)})\\
&\qquad \text{THEN}(Y_1\quad \text{is}\quad Y_1^{(l)})\text{AND}\cdots\text{AND}(Y_k\quad \text{is}\quad Y_k^{(l)})
\end{aligned}
\tag{3.418}
$$

式中:R^l 为第 l 条规则;X、Y 分别是控制器的输入和输出状态语言变量;$\mathbb{U}$、$\mathbb{V}\subset\mathbb{R}^n$分别为输入和输出变量的域。

考虑带有单模糊器的多输入单输出(Multi – Input – Single – Output,MISO)模糊逻辑控制器,当 $k=1$ 时,使用三角形隶属度函数、逻辑与运算的代数乘积、乘积和推理以及重心去模糊化方法,将模糊控制器的输出表示为下列形式,即

$$
Y=\frac{\sum_{l=1}^{M}\left(\prod_{i=1}^{N}\mu_{X_i^l}(X_i)\right)Y_l}{\left(\prod_{i=1}^{N}\mu_{X_i^l}(X_i)\right)}
\tag{3.419}
$$

式中:N 和 M 分别为输入变量的个数和规则总数;$\mu_{X_i^l}$为第 i 个输入变量的第 l 个输入模糊集的隶属度函数。

(1) FLC1:高度控制器,输入为高度误差和高度误差导数,输出为油门。

(2) FLC2:高度控制器,输入为空速误差和空速误差的导数,输出为舵面。

(3) FLC3:经度和纬度控制器,输入为滚转角误差和滚转角姿态误差的导数,输出为滚转角。

模糊控制器主要有以下两大类。

(1) 位置型模糊逻辑控制器,从误差 e 和误差率 Δe 产生控制输入 U,称为 PD 模糊逻辑控制。

(2) 速度型模糊逻辑控制器,从误差 e 和误差率 Δe 产生增量控制输入 ΔU,称为 PI 模糊逻辑控制。

在本节中,考虑模型的非线性以及被控参数之间的关联关系,选择 PI 型模糊逻辑控制器设计滚转角和高度控制器。相对而言,导出控制输入的变化比预测其精确值更容易实现。

$$e(t)=Y_{\text{ref}}-Y \quad \Delta e(t)=e(t)-e(t-1) \tag{3.420}$$

式中：$\boldsymbol{Y}_{\text{ref}}$和 $\boldsymbol{Y}$ 分别为应用的设定点输入和飞机输出。控制器输出是控制信号 ΔU 的增量变化。

$$U(t)=U(t-1)+\Delta U(t) \tag{3.421}$$

模糊逻辑控制器每个输入的隶属度函数为三角函数。选择 5 个三角函数，作为高度误差及其导数的隶属度函数。作为输出隶属度函数，滚转角和油门控制输出用 7 个隶属度函数表示[46]。

对于地形跟随/地形规避（TF/TA）[71]，为了获得最优的地形跟随/地形规避轨迹，使用不同相对权重，最小化任务时间、燃油消耗和飞机高度等代价。最优轨迹可以应用全局微分进化最优化算法生成，然后建立 m 维多输出非线性模型预测控制器，使得飞机能够实时跟踪最优路径。控制器采用神经网络－模糊预测器模型，该模型应用局部线性模型树算法进行训练。鲁棒性分析表明，在存在物理参数不确定性的情况下，设计的控制器可以有效抑制风扰动，同时保持稳定性[41]。由于模糊控制器依赖于简单规则，因此更易于理解和实现[43]。

3.4.2 前提不匹配下 Takagi－Sugeno 系统的稳定性

在 Takagi－Sugeno 系统中，主要的稳定性分析方法是李雅普诺夫稳定性定理。如果李雅普诺夫不等式的解存在，则能保证闭环系统的平衡点渐进稳定。李雅普诺夫函数是获得李雅普诺夫不等式的常用方法，但是它为李雅普诺夫不等式给出的解具有非常窄的可行区域。为了解决这一问题，提出了如分段李雅普诺夫函数、模糊李雅普诺夫函数、多项式模糊系统、隶属度函数方法等各种技术。其中，模糊李雅普诺夫函数法为一般李雅普诺夫函数的模糊混合，因此仅有一个矩阵，不需要满足所有的李雅普诺夫不等式。然而，模糊李雅普诺夫函数存在局限性，即必须已知 Takagi－Sugeno 模型隶属度函数的一阶导数的最大范数值，而这很困难甚至不可能通过数学方法来推导[42]。

另外，设计模糊控制器的一般方法是并行分布式补偿（Parallel Distributed Compensation，PDC）原理。然而，它也存在明显的缺点，即模糊控制器应该基于模糊模型的前提隶属度函数进行设计。为了解决这个问题，提出了不完全前提匹配方法，而 Takagi－Sugeno 模型和模糊控制器不具有相同的前提隶属度函数。在不完全匹配条件下，与 PDC 原理相比，可以提高模糊控制器的设计灵活性和鲁棒性。考虑下列非线性模型，即

$$\dot{\boldsymbol{X}}(t)=\boldsymbol{f}(\boldsymbol{X}(t),\boldsymbol{U}(t)) \tag{3.422}$$

式中：$\boldsymbol{X}\in\mathbb{R}^n$ 为状态向量；$\boldsymbol{U}\in\mathbb{R}^m$ 为控制输入向量；$\boldsymbol{f}:\mathbb{R}^{n+m}\to\mathbb{R}^n$ 为属于集合 $\boldsymbol{C}^{\ell}$，

$\ell \in \boldsymbol{I}_\sigma = \{1,2,\cdots,\sigma\}$的非线性函数。在下列$\boldsymbol{X}(t)$、$\boldsymbol{U}(t)$的紧集中,可以将非线性函数式(3.422)建模为 Takagi – Sugeno 系统。

$$\boldsymbol{C}_1 = \{\boldsymbol{X}(t) \in \mathbb{R}^n, \|\boldsymbol{X}(t)\| \leqslant \bar{\boldsymbol{X}}\} \quad \bar{\boldsymbol{X}} \in \mathbb{R}^{n+} \tag{3.423}$$

$$\boldsymbol{C}_2 = \{\boldsymbol{U}(t) \in \mathbb{R}^m, \|\boldsymbol{U}(t)\| \leqslant \bar{\boldsymbol{U}}\} \quad \bar{\boldsymbol{U}} \in \mathbb{R}^{m+} \tag{3.424}$$

如第2章所述,集合式(3.423)和式(3.424)内的大量程非线性系统式(3.422),可以表示为 Takagi – Sugeno 系统。

规则

$$R_i \text{ IF } \zeta_1(t) \text{ is } \boldsymbol{\varGamma}_1^i \text{ AND}\cdots\text{AND } \zeta_p(t) \text{ is } \boldsymbol{\varGamma}_p^i \text{ THEN } \dot{\boldsymbol{X}}(t) = \boldsymbol{A}_i\boldsymbol{X}(t) + \boldsymbol{B}_i\boldsymbol{U}(t) \tag{3.425}$$

式中:R_i为第i个模糊规则;$\zeta_k(t), k \in \mathbb{I}_p$为第$k$个前提变量;$\boldsymbol{\varGamma}_k^i(i,k) \in \mathbb{I}_r \times \mathbb{I}_p$为在第$i$个模糊规则中第$k$个前提变量的模糊集。

使用单个模糊器、乘积推理工具和中心平均去模糊化,将 Takagi – Sugeno 系统式(3.425)描述为

$$\dot{\boldsymbol{X}}(t) = \sum_{i=1}^{r} \boldsymbol{\varpi}_i(\zeta(t))(\boldsymbol{A}_i\boldsymbol{X}(t) + \boldsymbol{B}_i\boldsymbol{U}(t)) \tag{3.426}$$

其中,

$$\boldsymbol{\varpi}_i(\zeta(t)) = \frac{\mu_i(\zeta(t))}{\sum_{i=1}^{r}\mu_i(\zeta(t))} \tag{3.427}$$

$$\mu_i(\zeta(t)) = \prod_{k=1}^{p} \boldsymbol{\varGamma}_k^i(\zeta_k(t)) \tag{3.428}$$

式中:$\boldsymbol{\varGamma}_k^i(\zeta_k(t))$为在$\boldsymbol{\varGamma}_k^i$中第$k$个前提变量$\zeta_k(t)$的隶属度值;$\boldsymbol{\varpi}_i(\zeta(t))$满足下列属性,即

$$0 \leqslant \boldsymbol{\varpi}_i(\zeta(t)) \leqslant 1 \quad \sum_{i=1}^{r} \boldsymbol{\varpi}_i(\zeta(t)) = 1, \quad i \in \mathbb{I}_r \tag{3.429}$$

系统式(3.422)的模糊控制器是基于r规则的不完全前提匹配方法。

算法

$$R_j \text{ IF } S_1(t) \text{ is } \boldsymbol{\varPhi}_1^i \text{ AND}\cdots\text{AND } S_q(t) \text{ is } \boldsymbol{\varPhi}_q^i \text{ THEN } \boldsymbol{U}(t) = -\boldsymbol{K}_j\boldsymbol{X}(t) \tag{3.430}$$

式中:R_j为第j个模糊规则;$S_l(t), l \in \mathbb{I}_q$是第$l$个前提变量,$\boldsymbol{\varPhi}_l^j(i,k) \in \mathbb{I}_r \times \mathbb{I}_q$是第

j 个模糊规则中第 l 个前提变量的模糊集。

模糊控制器式(3.430)的去模糊化输出描述为

$$\boldsymbol{U}(t) = -\sum_{j=1}^{r} k_j(S(t))\boldsymbol{K}_j\boldsymbol{X}(t) \tag{3.431}$$

其中,

$$k_j S(t) = \frac{m_j(S(t))}{\sum_{j=1}^{r} m_j(S(t))} \tag{3.432}$$

$$m_j(S(t)) = \prod_{k=1}^{p} \Phi_l^j(S_l(t)) \tag{3.433}$$

式中:$\Phi_l^j(S_l(t))$为在 Φ_l^j中第 l 个前提变量 $S_l(t)$的隶属度值;函数 $k_j(S(t))$满足下列属性,即

$$0 \leqslant k_j(S(t)) \leqslant 1 \quad \sum_{i=1}^{r} k_i(S(t)) = 1, \quad i \in \mathbb{I}_r \tag{3.434}$$

定义 3.25 模糊李雅普诺夫函数(Fuzzy Lyapunov Function,FLF)。模糊李雅普诺夫函数定义为

$$\tilde{\boldsymbol{V}}(\boldsymbol{X}) = \sum_{i=1}^{r} \boldsymbol{\varpi}_i(\zeta(t))\boldsymbol{X}^{\mathrm{T}}(t)\boldsymbol{P}_i\boldsymbol{X}(t) \tag{3.435}$$

模糊李雅普诺夫函数的主要问题是由于隶属度函数的时间导数,稳定条件不能通过 LMI 处理。为了克服这个问题,考虑隶属度函数的上界为

$$\| \dot{\boldsymbol{\varpi}}_k(\zeta(t)) \| \leqslant \boldsymbol{\Phi}_{hk}, \boldsymbol{\varpi}_k(\zeta(t)) \in \boldsymbol{C}^1, k \in \mathbb{I}_r \tag{3.436}$$

式中:$\boldsymbol{\Phi}_{hk} \in \mathbb{R}^{n+}$。

定理 3.15 考虑标量 $\mu > 0$ 和假设式(3.436),如果存在对称矩阵 $\boldsymbol{T}_i$、$\boldsymbol{Y}$ 和任意矩阵 $\boldsymbol{R}_i$、$\boldsymbol{S}_i$ 满足 LMI,则连续模糊系统式(3.426)通过模糊集控制器稳定,有

$$\boldsymbol{U}(t) = -\sum_{j=1}^{r} \boldsymbol{\varpi}_j(\zeta(t))\boldsymbol{K}_j\boldsymbol{X}(t) \tag{3.437}$$

其中,LMI 设计为

$$\boldsymbol{T}_i > 0, \quad i \in \mathbb{I}_r \tag{3.438}$$

$$\boldsymbol{T}_i + \boldsymbol{Y} > 0, \quad i \in \mathbb{I}_r \tag{3.439}$$

$$\boldsymbol{O}_{ii} < 0, \quad i \in \mathbb{I}_r \tag{3.440}$$

$$\boldsymbol{O}_{ij} + \boldsymbol{O}_{ji} < 0, \quad i,j \in \mathbb{I}_r, i < j \tag{3.441}$$

其中,

$$\boldsymbol{O}_{ij}=\begin{pmatrix}\boldsymbol{O}_{ij_{11}} & \boldsymbol{O}_{ij_{12}}\\ \boldsymbol{O}_{ij_{12}}^{\mathrm{T}} & \mu(\boldsymbol{R}+\boldsymbol{R}^{\mathrm{T}})\end{pmatrix} \tag{3.442}$$

且

$$\boldsymbol{O}_{ij_{11}}=\boldsymbol{T}_{\phi}-(\boldsymbol{A}_i\boldsymbol{R}^{\mathrm{T}}-\boldsymbol{B}_i\boldsymbol{S}_j^{\mathrm{T}})-(\boldsymbol{R}\boldsymbol{A}_i^{\mathrm{T}}-\boldsymbol{S}_j\boldsymbol{B}_i^{\mathrm{T}})$$

$$\boldsymbol{O}_{ij_{12}}=\boldsymbol{O}_{ij_{11}}\boldsymbol{T}_j^{\mathrm{T}}-\mu(\boldsymbol{A}_i\boldsymbol{R}^{\mathrm{T}}-\boldsymbol{B}_i\boldsymbol{S}_j^{\mathrm{T}})^{\mathrm{T}}+\boldsymbol{R}^{\mathrm{T}}$$

和

$$\boldsymbol{T}_{\phi}=\sum_{p=1}^{r}\Phi_{gp}(\boldsymbol{T}_p+\boldsymbol{Y})\quad \boldsymbol{Y}=\boldsymbol{R}\boldsymbol{M}_2\boldsymbol{R}^{\mathrm{T}} \tag{3.443}$$

3.4.3 风扰动抑制的模糊模型预测控制

自适应神经网络模糊推理系统(Adaptive Neuro Fuzzy Inference System, ANFIS)结合神经网络和模糊技术,将混合方法应用于控制问题。ANFIS 模型采用反向传播梯度下降法进行训练,是一种将神经网络学习能力应用到模糊推理系统的混合神经网络模糊技术。该学习算法应用训练输入输出数据来调节Sugeno型模糊推理系统的隶属度函数。ANFIS 模型具有以下 5 层结构[101]。

(1) 第 1 层包含输入的隶属度函数,应用于所有输入

$$\begin{cases}L1X_i=\mu_{A_i}(X), & i=1,2,\cdots,n\\ L1Y_i=\mu_{B_i}(Y), & i=1,2,\cdots,n\end{cases} \tag{3.444}$$

隶属度函数具有不同的类型和形状。

(2) 在第 2 层中,根据定义的规则,每个函数值将乘以来自其他输入的值,并且将规则库和结果值定义为每个规则的触发强度。

$$L2_i=W_i=\mu_{A_i}(X)\quad i=1,2,\cdots,n\quad \mu_{B_i}(Y)\quad i=1,2,\cdots,n \tag{3.445}$$

(3) 在第 3 层中,将触发强度归一化为

$$L3_i=\widetilde{W}_i=\frac{W_i}{\sum_{j=1}^{n}W_j}\quad i=1,2,\cdots,n \tag{3.446}$$

(4) 在第 4 层中,将归一化的触发强度乘以输入的一阶函数,即

$$L4_i=\widetilde{W}_if_i=\widetilde{W}_i(P_iX+Q_iY+R_i) \tag{3.447}$$

式中:(P_i,Q_i,R_i)为一阶函数的参数,且这些参数是后续参数。

（5）在第 5 层中，将来自第 4 层的所有输出值相加，得到输出值，即

$$L5 = \sum_{i=1}^{n} \tilde{W}_i f_i \tag{3.448}$$

ANFIS 的局限性在于当隶属度函数成对重叠时，其不能应用于模糊系统。

ANFIS 将 Takagi - Sugeno 模型放置在框架中，以便促进自学习和自适应过程。这样的神经网络使得模糊逻辑更加系统化，且更少地依赖专家知识。ANFIS 的目标是基于输入输出训练数据应用学习过程来调节模糊系统的参数。文献[76]采用最小二乘算法和反向传播结合技术来训练模糊推理系统。

ANFIS 的基本架构有两个输入 $\boldsymbol{X}$、$\boldsymbol{Y}$ 和一个输出 $\boldsymbol{f}$。假设规则库包含以下两个 Takagi - Sugeno if - then 规则，即

$$\text{Rule 1: If } X \text{ is } A_1 \text{ AND} Y \text{ is } B_1 \text{ THEN } f_1 = P_1X + Q_1Y + R_1 \tag{3.449}$$

$$\text{Rule 2: If } X \text{ is } A_2 \text{ AND } Y \text{ is } B_2 \text{ THEN } f_2 = P_2X + Q_2Y + R_2 \tag{3.450}$$

ANFIS 有 5 层，自适应节点中的参数是可调的。用公式表示神经网络 - 模糊推理子系统的规则，以便考虑飞机可能发生的潜在情况。

设计多输入多输出非线性模型预测控制器，使飞机能够实时跟踪路径。控制器采用神经网络 - 模糊预测器模型，使用局部线性模型树算法进行训练。鲁棒性分析表明，设计的控制器可以在物理参数存在不确定性的情况下，有效抑制风扰动，同时保证稳定性。为了降低用于预测的飞机模型的复杂性，用于训练预测模型的输入输出数据从不考虑空气动力学建模的模拟飞机中获取。然后，在 MIMO 非线性模型预测控制中运用训练后的预测器，得到闭环控制力和力矩。因此，在充分考虑空气动力学模型的情况下，可以获得一套闭环推力和空气动力控制面指令[41]。

局部线性神经网络 - 模糊预测器模型由 L 个神经元的集合构成，其中 $i=1, 2, \cdots, L$，第 i 个神经元表示为具有输入向量 $\boldsymbol{U} \in \mathbb{R}^p$ 和输出 $\hat{Y}_i \in \mathbb{R}$ 的局部线性模型（Local Linear Model，LLM），$\hat{Y}_i$ 定义为

$$\hat{Y}_i = \alpha_{i_0} + \alpha_{i_1} U_1 + \cdots + \alpha_{i_p} U_p \tag{3.451}$$

式中：α_{i_j} 为第 i 个神经元的参数。预测器模型的输出定义为

$$\hat{Y} = \sum_{i=1}^{L} \hat{Y}_i \eta_i(\underline{U}) = \sum_{i=1}^{L} (\alpha_{i_0} + \alpha_{i_1} U + \cdots + \alpha_{i_p} U_p) \eta_i(\underline{U}) \tag{3.452}$$

式中：$\underline{U}$ 为归一化输入；η_i 为第 i 个局部线性模型的有效性函数，定义为

$$\boldsymbol{\eta}_i(\underline{U}) = \frac{\boldsymbol{\lambda}_i(\underline{U})}{\sum_{i=1}^{L} \boldsymbol{\lambda}_j(\underline{U})} \tag{3.453}$$

式中，当 $i=1,2,\cdots,L$ 时，定义隶属度函数 $\boldsymbol{\lambda}_i$ 为

$$\boldsymbol{\lambda}_i(\underline{U}) = \exp\left(-\frac{(U_1 - m_{1i})^2}{2\tilde{\sigma}_{i1}^2}\right)\cdots\exp\left(-\frac{(U_p - m_{pi})^2}{2\tilde{\sigma}_{ip}^2}\right) \tag{3.454}$$

式中：m_{ij}和 $\tilde{\sigma}_{ij}$为高斯分布函数的中心和标准偏差。

在采样时间 k 时，优化器通过最小化性能指标来计算最优控制 $\bar{\boldsymbol{U}}^*(k) \in \mathbb{R}^{m \times N_u}$

$$J = \sum_{i=1}^{n}\left[\tilde{\alpha}_i(k)\sum_{j=1}^{N_y}(\boldsymbol{R}_i(k+j) - [\hat{\boldsymbol{Y}}_c]_{i,j}(k))^2\right] + \sum_{i=1}^{m}\left[\tilde{\beta}_i(k)\sum_{j=1}^{N_u}([\Delta\boldsymbol{U}]_{i,j}(k))^2\right] \tag{3.455}$$

式中：R_i 为参考信号映射；$\tilde{\alpha}_i(k)$、$\tilde{\beta}_i(k)$分别为未来跟踪误差的惩罚因素和控制输入的变化；N_y 为预测时域；N_u 为控制时域。从当前采样时间 k 到 $k+N_u-1$，控制输入的变化为

$$\Delta\boldsymbol{U}(k) = \begin{pmatrix} \Delta U_1(k) & \cdots & \Delta U_1(k+N_u-1) \\ \vdots & \ddots & \vdots \\ \Delta U_m(k) & \cdots & \Delta U_m(k+N_u-1) \end{pmatrix} \tag{3.456}$$

优化器计算出的 $\bar{\boldsymbol{U}}^*(k)$，$\boldsymbol{U}^*(k) = \boldsymbol{U}^*(k-1) + \bar{\boldsymbol{U}}^*(k)$输入神经网络-模糊预测器。初始值设置为$\boldsymbol{U}^*(0)=0$，对于整个预测时域 N_y，预测器计算当前输出预测 $\hat{\boldsymbol{Y}}(k)$和未来输出预测，即

$$\hat{\boldsymbol{Y}}(k) = \begin{pmatrix} \hat{Y}_1(k+1) & \cdots & \hat{Y}_1(k+N_y) \\ \vdots & \ddots & \vdots \\ \hat{Y}_m(k+1) & \cdots & \hat{Y}_m(k+N_y) \end{pmatrix} \tag{3.457}$$

当前的误差为

$$
\boldsymbol{e}(k)=\begin{pmatrix}\hat{Y}_1(k)-Y_1(k+1)\\ \vdots\\ \hat{Y}_n(k)-Y_n(k+1)\end{pmatrix} \tag{3.458}
$$

这是由于预测模型误差和不可测扰动 $v(k)$ 的存在而产生的。对于所有采样时间,在预测时域内考虑相同的误差,即

$$
\boldsymbol{E}(k)=\begin{pmatrix}1 & \cdots & 1\\ \vdots & \ddots & \vdots\\ 1 & \cdots & 1\end{pmatrix}\boldsymbol{e}(k) \tag{3.459}
$$

接下来,用 $\boldsymbol{E}(k)$ 校正未来输出预测 $\hat{\boldsymbol{Y}}(k)$,并将校正后的预测输出定义为

$$
\hat{\boldsymbol{Y}}_{\mathrm{c}}(k)=\hat{\boldsymbol{Y}}(k)+\boldsymbol{E}(k) \tag{3.460}
$$

最后,用 $\hat{\boldsymbol{Y}}_{\mathrm{c}}(k)$ 和 $\boldsymbol{R}_i(k+1),\cdots,\boldsymbol{R}_i(k+N_y)$ 来计算关系式(3.455)中定义的性能指标 J。推力区域最小二乘算法用于优化器,从而使 J 最小化并计算 $\boldsymbol{U}^*(k+1)$,以便在第 $k+1$ 个采样时间时使用。

文献[102]比较了飞机控制中类型 1 和类型 2 模糊逻辑系统,可以看到,在高度不确定性条件下,类型 2 模糊逻辑系统性能优于类型 1 模糊逻辑系统。具体来说,类型 1 模糊逻辑系统在参考高度设定点附近出现振荡行为。间隔类型 2 模糊逻辑系统 $\tilde{A}$ 通过不确定项 FOU($\tilde{A}$)描述,可以将其看作类型 1 隶属度函数的模糊。不确定项通过其两个边界函数(下隶属度函数和上隶属度函数)来完全描述,这两个函数都是类型 1 模糊逻辑系统。因此,可以使用类型 1 表达式来描述和应用间隔类型 2 模糊系统(IT2FS)。

自适应模糊控制器通常分为两类,即间接自适应模糊控制器和直接自适应模糊控制器。在间接自适应模糊控制器中,使用两个模糊逻辑系统作为逼近飞机动力学的估计模型。在直接自适应模糊控制器中,只有一个模糊逻辑系统作为控制器来逼近理想控制律。自适应模糊控制器系统包括未建模动力学引起的不确定性、模糊近似误差、外部干扰,不能通过模糊逻辑系统有效处理上述不确定性,并且可能会降低闭环控制系统的跟踪性能[62]。间隔类型 2 模糊系统可以同时处理逻辑和数值不确定性,且其性能优于类型 1。间隔类型 2 模糊系统的不确定性项使其具有更多的自由度,足以更好地解决建模时的不确定性[55]。

3.5 本章小结

本章介绍了部分经典的线性、非线性控制方法和模糊控制方法。一些技术已用于无人机飞行控制，但目前主要针对某些特定任务。虽然模糊控制的非线性和鲁棒性很好地满足了飞行控制要求，但其作为飞行控制技术的缺点也较为明显。因此，对于飞行审批和鉴定，开展必要的系统分析至关重要。

参考文献

[1] Alwi, H.; Edwards, C.; Hamayun, M. T. (2013): *Fault tolerant control of a large transport aircraft using an LPV based integral sliding mode controller*, IEEE Conference on Control and Fault Tolerant System, Nice, France, pp. 637 – 642.

[2] Anderson, R.; Bakolas, E.; Milutinovic, D.; Tsiotras, P. (2013): *Optimal feedback guidance of a small aerial vehicle in a stochastic wind*, AIAA Journal of Guidance, Control and Dynamics, vol. 36, pp. 975 – 985.

[3] Aouf, N.; Boulet, B.; Boetz, R. (2000): *H2 and H∞ optimal gust load alleviation for a flexible aircraft*, American Control Conference, Chicago, Il, pp. 1872 – 1876.

[4] Arino, C.; Perez, E.; Sala, R. (2010): *Guaranteed cost control analysis and iterative design for constrained Takagi – Sugeno systems*, Journal of Engineering Applications of Artificial Intelligence, vol. 23, pp. 1420 – 1427, DOI: 10. 1016/j. engappai. 2010. 03. 004.

[5] Astrom, K. J.; Murray, R. M (2008): *Feedback Systems: an Introduction for Scientists and Engineers*, Princeton University Press.

[6] Athans, M. (1986): *A tutorial on the LQG/LTR method*, American Control Conference, pp. 1289 – 1296.

[7] Beard, R. W.; Ferrin, J.; Umpherys, J. H. (2014): *Fixed wing UAV path following in wind with input constraints*, IEEE Transactions on Control System Technology, vol. 22, pp. 2103 – 2117, DOI 10. 1109/TCST. 2014. 2303787.

[8] Bechlioulis, C. P.; Rovithakis, G. A. (2010): *Prescribed performance adaptive control for multi – input multi – output affine in the control nonlinear systems*, IEEE Transactions on Automatic Control, vol. 55, pp. 1220 – 1226.

[9] Ben Asher, J. Z. (2010): *Optimal Control Theory with Aerospace Applications*, AIAA Press.

[10] Biggs, J.; Holderbaum, W.; Jurdjevic, V. (2007): *Singularities of optimal control problems on some 6D Lie groups*, IEEE Transactions on Automatic Control, vol. 52, pp. 1027 – 1038.

[11] Blackmore, L.; Ono, M.; Bektassov, A.; Williams, B. (2010): *A probabilistic particle control approximation of chance constrained stochastic predictive control*, IEEE Transactions on Robotics, vol. 26, pp. 502 – 517.

[12] Blakelock, J. (1991): *Automatic Control of Aircraft and Missiles*, Wiley.

[13] Brockett R. W. (1983): *Asymptotic stability and feedback stabilization*, In Differential Geometric Control Theory, eds: Brockett, R. W.; Millman, R. S.; Sussmann, H. J.; Birkhauser, Basel – Boston, pp. 181 – 191.

[14] Calvo, O.; Sousa, A.; Rozenfeld, A.; Acosta, G. (2009): *Smooth path planning for autonomous pipeline inspections*, IEEE Multi – conference on Systems, Signals and Devices, SSD'09. pp. 1 – 9, IEEE, DOI 978 –

1 – 4244 – 4346 – 8/09/

[15] Castanos, F. ; Fridman, L. (2006) : *Analysis and design of integral sliding manifolds for systems with unmatched perturbations*, IEEE Transactions on Automatic Control, vol. 51, pp. 853 – 858.

[16] Chaturvedi, N. ; Sanyal A. K. ; Mc Clamroch N. H. (2011) : *Rigid body attitude control*, IEEE Control Systems Magazine, vol. 31, pp. 30 – 51.

[17] Consolini, L. ; Tosques, M. (2005) : *A path following problem for a class of non holonomic control system with noise*, Automatica, vol. 41, pp. 1009 – 1016.

[18] Cook, M. V. (1997) : *Flight Dynamics Principle: A Linear Systems Approach to Aircraft Stability and Control*, Elsevier Aerospace Series.

[19] Coron, J. – M. (1998) : *On the stabilization of some nonlinear control systems: results, tools, and applications*, NATO Advanced Study Institute, Montreal.

[20] Ebenbauer, C. ; Raff, T. ; Allgower, F. (2007) : *Certainty equivalence feedback design with polynomial type feedback which guarantee ISS*, IEEE Transactions on Automatic Control, vol. 52, pp. 716 – 720.

[21] Erginer, B. ; Altug, E. (2012) : *Design and implementation of a hybrid fuzzy logic controller for a quad – rotor VTOL vehicle*, Int. Journal of Control, Automation and Systems, vol. 11, pp. 61 – 70.

[22] Franze, G. ; Mattei, M., Ollio, L. ; Scardamaglia, V. (2013) : *A receding horizon control scheme with partial state measurements: control augmentation of a flexible UAV*, IEEE Conference on Control and Fault – tolerant Systems (SYSTOL), Nice, France, pp. 158 – 163.

[23] Freeman, R. A; Kokotovic P. V (1996) : *Robust Nonlinear Control Design: State Space and Lyapunov Techniques*, Birkhauser.

[24] Friedman, L. M. (2001) : *An averaging approach to chattering*, IEEE Transactions on Automatic Control, vol. 46, pp. 1260 – 1265.

[25] Godhavn, J. M. ; Balluchi, A. ; Crawford, L. S. ; Sastry, S. (1999) : *Steering for a class of nonholonomic systems with drift term*, Automatica, vol. 35, pp. 837 – 847.

[26] Graichen, K. ; Petit, N. (2009) : *Incorporating a class of constraints into the dynamics of optimal control problems*, Optimal Control Applications and Methods, vol. 30, pp. 537 – 561.

[27] Grochowski, M. (2010) : *Some properties of reachable sets for control affine systems*, Analysis and Mathematical Physics, vol. 1, pp. 3 – 13, DOI10. 1007/s13324 – 010 – 0001 – y.

[28] Guo, J. ; Tao, G. ; Liu, Y. (2011) : *A multivariable MRAC scheme with application to a nonlinear aircraft model*, Automatica, vol. 47, pp. 804 – 812.

[29] Heo, S. ; Georgis, D. ; Daoutidis, P. (2013) : *Control structure design for complex energy integrated networks using graph theoretic methods*, IEEE MED conference on Control and Automation, Crete, Greece, pp. 477 – 482.

[30] Hou, Y. ; Wang, Q. ; Dong, C. (2011) : *Gain scheduled control: switched polytopic system approach*, AIAA Journal of Guidance, Control and Dynamics, vol. 34, pp. 623 – 628.

[31] Ibrir, S. ; Su, C. Y. (2014) : *Robust nonlinear feedback design for wing rock stabilization*, AIAA Journal of Guidance, Control and Dynamics, 37, pp. 321 – 324.

[32] Ichalal, D. ; Marx, B. ; Ragot, J. ; Maquin, D. (2009) : *An approach for the state estimation of Takagi – Sugeno models and application to sensor fault diagnosis*, 48*th* IEEE Conference on Decision and Control, Shanghai, China, pp. 7787 – 7794.

[33] Innocenti, M. ; Pollini, L. ; Marullo, A. (2003) : *Gain Scheduling stability issues using differential inclusion and fuzzy systems*, AIAA Journal of Guidance, Control and Dynamics, vol. 27, pp. 720 – 723.

[34] Innocenti, M. ; Pollini L. ; Giuletti F. (2004) : *Management of communication failures in formation flight*, AIAA Journal of Aerospace Computing, Information and Communication, vol. 1, pp. 19 – 35.

[35] Innocenti, M. ; Pollini, L. ; Turra, D. (2008) : *A Fuzzy approach to the guidance of unmanned air vehicles tracking moving targets*, IEEE Transactions on Control Systems Technology, vol. 16, pp. 1125 – 1137.

[36] Ioannou, P. ; Kokotovic, P. (1984) : *Instability analysis and improvement of robustness of adaptive control*, Automatica, vol. 20, pp. 583 – 594.

[37] Isidori, A. (1995) : *Nonlinear Control*, Springer – Verlag.

[38] Jayawardhana, B. ; Lagemann, H. ; Ryan, E. P. (2011) : *The circle criterion and input to state stability*, IEEE Control Systems Magazine, vol. 31, pp. 32 – 67.

[39] Joshi, S. M. ; Kelkar, A. (1998) : *Inner loop control of supersonic aircraft in the presence of aeroelastic modes*, IEEE Transactions on Control System Technology, vol. 6, pp. 730 – 739.

[40] Jurdjevic, V. (2008) : *Geometric Control Theory*, Cambridge University Press.

[41] Kamyar, R. , Taheri, E. (2014) : *Aircraft optimal terrain threat based trajectory planning and control*, AIAA Journal of Guidance, Control and Dynamics, vol. 37, pp. 466 – 483.

[42] Kim, H. J. , Park, J. B. , Joo, Y. H. (2013) : *Stabilization conditions of Takagi – Sugeno fuzzy systems based on the fuzzy Lyapunov function under the imperfect premise matching*, American Control Conference, Washington, DC, pp. 5643 – 5647.

[43] Kim, K. ; Hwang, K. ; Kin, H. (2013) : *Study of an adaptive fuzzy algorithm to control arectangural shaped unmanned surveillance flying car*, Journal of Mechanical Science and Technology, vol. 27, p. 2477 – 2486.

[44] Kladis, G. ; Economou, J. ; Knowles, K. ; Lauber, J. ; Guerra, T. M. (2011) : *Energy conservation based fuzzy tracking for unmanned aerial vehicle missions under a priori known wind information*, Engineering Applications of Artificial Intelligence, vol. 24, pp. 278 – 294.

[45] Kurnaz, S. ; Eroglu, E. ; Kaynak, O. ; Malkoc, U. (2005) : *A frugal fuzzy logic based approach for autonomous flight control of UAV*, MICAI 2005, LNAI 3789, Gelbukh, A. ; de Albornoz, A. ; Terashima, H. (eds), Springer – Verlag, Berlin, pp. 1155 – 1163.

[46] Kurnaz, S. ; Cetin, O. ; Kaynak, O. (2008) : *Fuzzy logic based approach to design of flight control and navigation tasks for an autonomous UAV*, Journal of Intelligent and Robotic Systems, vol. 54, pp. 229 – 244.

[47] Kuwata, Y. ; Schouwenaars, T. ; Richards, A. ; How, J. (2005) : *Robust constrained receding horizon control for trajectory planning*, AIAA Conferenceon Guidance, Navigation and Control, paper AIAA 2005 – 6073, DOI 10. 2514/6. 2005 – 6079.

[48] Levine, W. S. (2011) : *Control System Advanced Methods*, CRC Press.

[49] Low, C. B. (2010) : *A trajectory tracking design for fixed wing unmanned aerial vehicle*, IEEE. Int. Conference on Control Applications, pp. 2118 – 2123.

[50] Lozano, R. (ed) (2010) : *Unmanned Aerial Vehicles – Embedded Control*, Wiley.

[51] Manikonda, V. ; Krishnaprasad, P. S. (2002) : *Controllability of a class of underactuated mechanical system with symmetry*, Automatica, vol. 38, pp. 1837 – 1850.

[52] Markdahl, J. ; Hoppe, J. ; Wang L. ; Hu, X. (2012) : *Exact solution to the closed – loop kinematics of an almost globally stabilizing feedback law on SO(3)*, 51st IEEE conference on Decision and Control, Maui, HI,

USA, pp. 2274 – 2279.

[53] Marconi, L. ; Naldi, R. (2012): *Control of aerial robots*, IEEE Control System Magazine, vol. 32, pp. 43 – 65.

[54] Medagoda, E. ; Gibbens, P. (2014): *Multiple horizon model predictive flight control*, AIAA Journal of Guidance, Control and Dynamics, vol. 37, pp. 949 – 951.

[55] Melingui, A. ; Chettibi, T. ; Merzouki, R. ; Mbede, J. B. (2013): *Adaptive navigation of an omni – drive autonomous mobile robot in unstructured dynamic environment*, IEEE Int. Conference on Robotics and Biomimetics, pp. 1924 – 1929.

[56] Muller, J. F. (1967): *Systematic determination of simplified gain scheduling programs*, AIAA Journal of Aircraft, vol. 4, pp. 529 – 533.

[57] Nakamura, N. ; Nakamura, H. ; Nishitani, H. (2011): *Global inverse optimal control with guaranteed convergence rates of input affine nonlinear systems*, IEEE Transactions on Automatic Control, vol. 56, pp. 358 – 369.

[58] Nejjari, F. ; Rotondo, D. ; Puig, V. ; Innocenti, M. (2012): *Quasi – LPV modeling and nonlinear identification of a twin rotor system*, IEEE Mediterranean Conference on Control and Automation, Barcelona, Spain, pp. 229 – 234.

[59] Nelson, R. ; Barber, B. ; McLain, T. ; Beard, R. (2007): *Vector field path following for miniature air vehicle*. IEEE Transactions on Robotics, vol. 23, pp. 519 – 529.

[60] Nonami, K. ; Kendoul, F. ; Suzuki, S. ; Wang, W. ; Nakazawa, D. (2010): *Autonomous Flying Robots: Unmanned Aerial Vehicles and Micro – aerial Vehicles*, Springer.

[61] Olfati – Saber, R. (2001): *Nonlinear control of under – actuated mechanical systems with application to robotics and aerospace vehicles*, PhD Thesis, MIT, Cambridge, MA, USA.

[62] Pan, Y. ; Joo Er, M. ; Hwang, D. ; Wang, Q. (2011): *Fire – rule based direct adaptive type 2 fuzzy H∞ tracking control*, Engineering Applications of Artificial Intelligence, vol. 24, pp. 1174 – 1185.

[63] Papageorgiou, C. ; Glover, K. (2004): *Robustness analysis of nonlinear dynamic inversion control laws with application to flight control*, 43*th* IEEE conference on Decision and Control, Bahamas, pp. 3485 – 3490.

[64] Pappas, G. ; Simic, S. (2002): *Consistent abstractions of affine control systems*, IEEE Transactions on Automatic Control, vol. 47, pp. 745 – 756.

[65] Peng, H. ; Gao, Q. ; Wu, Z. ; Zhang, W. (2013): *Efficient sparse approach for solving receding horizon control problems*, AIAA Journal of Guidance, Control and Dynamics, vol. 36, pp. 1864 – 1872.

[66] Ren, W. ; Beard, R. (2004): *Trajectory tracking for unmanned air vehicles with velocity and heading rate constraints*, IEEE Transactions on Control Systems Technology, vol. 12, pp. 706 – 716.

[67] Richardson, T. ; Lowenberg, M. ; Dibernardo, M. ; Charles, G. (2006): *Design of a gain – scheduled flight control system using bifurcation analysis*, AIAA Journal of Guidance, Control and Dynamics, vol. 29, pp. 444 – 453.

[68] Rigatos, G. G. (2011): *Adaptive fuzzy control for field – oriented induction motor drives*, Neural Computing and Applications, vol. 21, pp. 9 – 23, DOI 10.1007/s00521 – 011 – 0645 – z.

[69] Rotondo, D. ; Nejjari, F. ; Torren, A. ; Puig, V. (2013): *Fault tolerant control design for polytopic uncertain LPV system: application to a quadrotor*, IEEE Conference on Control and Fault – tolerant Systems, Nice, France, pp. 643 – 648.

[70] Rugh, W. J. (1991): *Analytical framework for gain scheduling*, IEEE Transactions on Control Systems, vol. 11, pp. 79 – 84.

[71] Samar, R.; Rehman, A. (2011): *Autonomous terrain following for unmanned air vehicles*, Mechatronics, vol. 21, pp. 844 – 860.

[72] Sastry, S. (1999): *Nonlinear Systems, Analysis, Stability and Control*, Springer, Berlin.

[73] Sato, M. (2013): *Robust gain scheduling flight controller using inexact scheduling parameters*, American Control Conference, pp. 6829 – 6834.

[74] Schirrer, A.; Westermayer, C.; Hemedi, M.; Kozek, M. (2010): *LQ based design of the innerloop lateral control for a large flexible BWB – type aircraft*, IEEE Int. Conference on Control Applications, Yokohama, Japan, pp. 1850 – 1855.

[75] Schwefel, H. P.; Wegener, I.; Weinert, K. (2002): *Advances in Computational Intelligence*, Springer.

[76] Selma, B.; Chouraqui, S. (2013): *Neuro fuzzy controller to navigate an unmanned vehicle*, Springer Plus Journal, vol. 2, pp. 1 – 8.

[77] Shaked, U. (2002): *A LPV approach to robust H2 and H∞ static output feedback design*, American Control Conference, pp. 3476 – 3481, DOI 0 – 7803 – 7516 – 5.

[78] Shin, J.; Balas, G. J. (2002): *Optimal blending functions in linear parameter varying control synthesis for F16 aircraft*, American Control Conference, pp. 41 – 46, DOI 0 – 7803 – 7298 – 0.

[79] Shue, S.; Agarwal, R. (1999): *Design of automatic landing system using mixed H2/H∞ control*, AIAA Journal of Guidance, Control and Dynamics, vol. 22, pp. 103 – 114.

[80] Singh, S.; Steinberg, A. (2003): *Nonlinear adaptive and sliding mode flight path control of F/A 18 model*, IEEE Transactions on Aerospace and Electronic Systems, vol. 39, pp. 1250 – 1262.

[81] Slegers, N., Kyle, J., Costello, M. (2006): *Nonlinear Model Predictive Control Technique for Unmanned Air Vehicles*, AIAA Journal of Guidance, Control and Dynamics, Vol. 29, pp. 1179 – 1188.

[82] Sonneveld, L.; Chu, Q. P.; Mulder, J. A. (2007): *Nonlinear flight control design using constrained adaptive backstepping*, AIAA Journal of Guidance, Control and Dynamics, vol. 30, pp. 322 – 336.

[83] Sonneveld, L.; van Oort, E. R.; Chu, Q. P.; Mulder, J. A. (2009): *Nonlinear adaptive trajectory control applied to an F – 16 model*, AIAA Journal of Guidance, Control and Dynamics, vol. 32, pp. 25 – 39.

[84] Sontag, E. D. (1998): *Mathematical Control Theory*, Springer.

[85] Stevens, B. L.; Lewis, F. L. (2007): *Aircraft Control and Simulation*, Wiley.

[86] Summers, T. H.; Akella, M. A.; Mears, M. J. (2009): *Coordinated standoff tracking of moving targets: control laws and information architectures*, AIAA Journal of Guidance, Control and Dynamics, vol. 32, pp. 56 – 69.

[87] Sun, Y. (2007): *Necessary and sufficient conditions for global controllability of planar affine control systems*, IEEE Transactions on Automatic Control, vol. 52, pp. 1454 – 1460.

[88] Sussmann, H. J. (1987): *A general theorem on local controllability*, SIAM Journal on Control and Optimization, vol. 25, pp. 158 – 195.

[89] Tewari, A. (2010): *Automatic Control of Atmospheric and Space Flight Vehicles*, Birkhauser.

[90] Turcio, W.; Yoneyama, T.; Moreira, F. (2013): *Quasi – LPV gain scheduling control of a nonlinear aircraft pneumatic system*, IEEE Mediterranean Conference on Control and Automation, Crete, Greece, pp. 341 – 350.

[91] Ure, N. K.; Inalhan, G. (2012): *Autonomous control of unmanned combat air vehicle*, IEEE Control System Magazine, vol. 32, pp. 74 – 95.

[92] UrRehman, O.; Petersen, I. R.; Fidan, B. (2012): *Minimax linear quadratic Gaussian control of nonlinear MIMO system with time – varying uncertainties*, Australian Control Conference, Sydney, Australia, pp. 138 – 143.

[93] Wang, Q. (2005): *Robust nonlinear flight control of a high – performance aircraft*, IEEE Transactions on Control Systems Technology, vol. 13, pp. 15 – 26.

[94] Xiaowei, G.; Xiaoguang, G. (2014): *Effective real time unmanned air vehicle path planning in presence of threat netting*, AIAA Journal of Aerospace Information System, vol. 11, pp. 170 – 177.

[95] Xin, M.; Balakrishnan, S. N. (2005): *A new method for suboptimal control of a class of nonlinear systems*, Optimal Control Applications and Methods, vol. 26, pp. 55 – 83.

[96] Yang, C.; Chang, C.; Sun, Y. (1996): *Synthesis of $H\infty$ controller via LQG – based loop shaping design*, IEEE Conference on Decision and Control, pp. 739 – 744.

[97] Yang, W.; Hammoudi, M. N.; Hermann, G.; Lowenberg, M.; Chen, X. (2012): *Two state dynamic gain scheduling control applied to an aircraft model*, International Journal of Nonlinear Mechanics, vol. 47, pp. 1116 – 1123.

[98] Yavrucuk, I.; Prasad, J. V.; Unnikrishnan, S. U. (2009): *Envelope protection for autonomous unmanned aerial vehicles*, AIAA Journal of Guidance, Control and Dynamics, vol. 32, pp. 248 – 261.

[99] Yedavalli, R. K.; Banda, S.; Ridgely, D. B. (1985): *Time – domain stability robustness measures for linear regulators*, AIAA Journal of Guidance, Control, and Dynamics, vol. 8, pp. 520 – 524.

[100] Yucelen, T.; Calise, A. J. (2011): *Derivative free model reference adaptive control*, AIAA Journal of Guidance, Control and Dynamics, vol. 34, pp. 933 – 950.

[101] Yuksel, T.; Sezgin, A. (2010): *Two fault detection and isolation schemes for robot manipulator using soft computing techniques*, Applied Soft Computing, vol. 10, pp. 125 – 134.

[102] Zaheer, S.; Kim, J. (2011): *Type 2 fuzzy airplane altitude control: a comparative study*, IEEE Int. Conference on Fuzzy Systems, Taipei, pp. 2170 – 2176.

[103] Zarafshan, P.; Moosavian, S. A.; Bahrami, M. (2010): *Comparative controller design of an aerial robot*, Aerospace Science and Technology, vol. 14, pp. 276 – 282.

[104] Zhang, J.; Zhan, Z.; Liu, Y.; Gong, Y. (2011): *Evolutionary computation meets machine learning: a survey*, IEEE Computational Intelligence Magazine, vol. 6, pp. 68 – 75.

[105] Zou, Y.; Pagilla, P. R.; Ratliff, R. T. (2009): *Distributed formation flight control using constraint forces*, AIAA Journal of Guidance, Control and Dynamics, vol. 32, pp. 112 – 120.

第4章 飞行规划

飞行规划是指对将初始状态转变为预期目标状态的一系列动作。本章首先介绍路径及轨迹规划,包括修正轨迹、时间最优轨迹及非完整运动规划。轨迹生成是指在自由配置空间内,确定一条从飞机的初始构型到最终构型的路径,并且这一过程应遵循运动学和动力学约束。最优方法能够实现最短时间轨迹或者是使用最少能量以增加飞机的续航能力。接下来需要考虑的便是策梅洛问题,它使研究飞机在风中的轨迹成为可能。在本章中间部分,会涉及导航及碰撞/避障问题。轨迹规划是自主飞行器制导的一个基本要素,并且应将其视为日后制导定律的雏形。制导系统是通过使用姿态控制系统对飞机进行转动及偏航,使其在空中无形的高速公路上飞行。制导是一种发布自动驾驶指令以实现特定飞行目标的逻辑。这样,算法的设计与实现使得在遵循给定指令信号的同时遵从运动约束。飞行规划也可以指一架自主飞行器在其原定路径上检测到障碍时,基于一系列预定义的标准自动生成替换路径的过程。飞机是在有静态和动态障碍物以及其他飞行器的三维环境中飞行的,因此必须规避湍流和暴风。由于飞机在环境中移动时可能会检测到障碍物,或者障碍物的位置会随着时间变化,因此需要更新飞行轨迹并且遵守边界条件及运动约束。之后,任务规划会由路径优化与模糊规划呈现。

4.1 概述

飞行规划生成的路径与自主飞行器的物理约束、避障和防撞以及重压区是一致的。重压区是指那些具有异常低/高压,异常风速或者任何其他影响飞行因素的区域。三维任务规划涉及创立一套路径生成系统,这一系统不仅能帮助飞机达到任务目标,还可以创建一条能够在任务过程中满足不同约束条件的路径。这一路径生成系统会生成一条从初始点到任务目标点的路径,并能够为飞机提供导航。飞行规划需要对其规划实行[23]的环境有一定的认识。飞机的位置、方向及速度可由传感器获知,飞行管理系统能够提供关于气象条件及可能需要避让的障碍物信息。在本章中,假定所需信息都是可知的。更多关于态势感知的信息可以在后面的章节中阅览到。

人为的导航方法一般包括绘制地图、竖立标志杆或者使用地标。在自然环境中,具有鲁棒性的导航是智能自主飞行器的一项至关重要的能力。大体上说,它们需要一幅周围环境的地图,以及在该地图上自我定位的能力,以便规划它们的运动并成功导航[208,210]。基于地图的导航要求飞机的位置总是已知的。

智能自主飞行器应该能够为执行任务、附加行动或更改当前任务做出决策。飞机必须能够感知其所处的环境并持续更新其动作。随着飞机的航点分配及防撞等高阶决策被纳入到嵌入式软件[184]之中,这些系统的自主权得到了提高。

在自主权的范围内,自动导航及轨迹设计是十分重要的。机载机动规划及监控增加了飞机的机动性,实现了新的任务能力并降低了成本[31,127]。

飞行规划系统的主要任务有以下几个。

(1) 根据航点给定任务,生成一系列路径并提供最小通行权限。

(2) 在遵循飞机约束条件的同时生成参考轨迹。

路径规划的难点是在飞行动力学、环境和操作原因所隐含的特定约束条件下,寻找起始点与目标点之间的最佳路径。飞行规划的计算需要考虑到许多因素,这些因素可以被分为连续型的或者离散型的,包括非线性飞机性能、大气条件、风力预报、空域结构、起飞油量及操作限制[181]。此外,在进行飞行规划时,还需要考虑各个飞行阶段的不同飞行特征。这种飞机多相运动可以由一组微分代数动态子系统进行建模,即

$$Y = \{Y_0, Y_1, \cdots, Y_{N-1}\}$$

因此,对于 $k \in \{0,1,\cdots,N-1\}$,有

$$Y_k = \{\boldsymbol{f}_k : \mathbb{X}_k \times \mathbb{U}_k \times \mathbb{R}^{n_{l_k}} \rightarrow \mathbb{R}^{n_{\mathbb{X}_k}}, \boldsymbol{g}_k : \mathbb{X}_k \times \mathbb{U}_k \times \mathbb{R}^{n_{l_k}} \rightarrow \mathbb{R}^{n_{Z_k}}\}$$

式中:$\boldsymbol{f}_k$为微分方程,即

$$\dot{\boldsymbol{X}} = \boldsymbol{f}_k(\boldsymbol{X}, \boldsymbol{U}, \boldsymbol{p})$$

对于第 k 个子系统来说,$\boldsymbol{g}_k$指代数约束;k 指数相。状态集有以下性质$\mathbb{X}_k \subset \mathbb{R}^{n_{X_k}} \subseteq \mathbb{R}^{n_X}$,控制集为$\mathbb{U}_k \subset \mathbb{R}^{n_{U_k}} \subseteq \mathbb{R}^{n_U}$. 向量参数为 $\boldsymbol{p} \in \mathbb{R}^{n_p}$。相间切换时间为

$$t_I = t_0 \leqslant t_1 \leqslant \cdots \leqslant t_N = t_f$$

也就是说,当时间为 t_k时,动态子系统由 Y_{k-1}变为 Y_k。因此,在时间子区间$[t_k, t_{k+1}]$内,系统演化由动态子系统 Y_k 决定。在子区间$[t_{N-1}, t_N]$内,主动动态子系统为 Y_{N-1}。这一改变是由$\mathbb{S} = \{\mathbb{S}_1, \mathbb{S}_2, \cdots, \mathbb{S}_{N-1}\}$中一系列的条件改变引起的;$\mathbb{S} = \mathbb{S}_A \cup \mathbb{S}_C$提供了将连续状态与模式转变联系起来的逻辑约束。$\mathbb{S}_A$与一系列自主转化相对应;$\mathbb{S}_C$则与一系列可控转化相对应。例如,对于一个自主转化

来说，当状态轨迹与子系统 $k-1$ 的某一状态空间相交时，这一系统就被迫转换为子系统 k。对于可控转化来说，只有当状态属于某种特定集合时，才有可能从 $k-1$ 转换到 k。这种可控转化可能产生于某种控制法则。关键参数是由任务所决定的；挑选参数的通用方法并不存在。

当飞机性能或者环境特性有所改变时，配置空间也可能随之改变。“无人飞行系统”任务执行的场景是动态的，并且可以不断变化。因此，任务的某一部分，或者在最坏的情况下，任务的初始目标都可能会改变。根据特定情况，飞机能够飞向目标点，以监控一组目标或特定的矩形区域，或者调查某一感兴趣的目标。当一架飞机需要监控或者调查某一目标时，需给定有效载荷参数及机动高度。规划算法由以下 3 个子算法组成。

(1) 路径规划。无人机运作的一个不可或缺的组成部分便是设计实现任务目标的飞行路径或任务路径。如果下达一个监控或调查任务命令，则执行该任务时需要假定后续的主要任务航路点作为输入数据。如果下达一个飞行任务命令，输入数据则以当前飞行位置为起始点、任务位置为目标点的一系列数据点。航行的基本原则包括直线和水平飞行（保持选定高度）、上升和下降以及水平转弯和偏航修正。该算法计算每对主要任务航路点之间的路径（称为宏路径），并且能在三维空间中生成适当的路线航路点序列和对应速度。根据基本点和障碍物的相对高度和位置，每个宏路径主要由爬升阶段、巡航阶段和下降阶段组成。而总路线则是将这一系列宏路径相连。如此一来，这样的路线是安全和高效的，并且可以提供一组以指定速度通过的路径点。成本算法为每对路径点计算一组从第一个基本点到第二个基本点的几何安全路径。代价算法控制路径的安全性，生成一条满足飞机性能和任务优先级的路径，并且在满足飞行约束的同时生成参考轨迹。

(2) 任务规划。任务规划能够确保无人机以安全、高效的方式运行。任务规划标明了一系列被称为主要任务路径点的有序定位点，这些点将被纳入实现任务目标的航行路径之中。任务规划体系需要确定一种既能避免碰撞，又能将任务效率和目标达成性最大化的运动方案。此外，该方案不能超过航行器的性能极限。这就需要在任务目标、任务效率和目标安全之间进行复杂的权衡。由于无人机在变幻莫测的动态外部环境中运行，因此需要将飞行前的战略规划与飞行中的战术再规划结合起来。由于航行速度和固定翼无人机运动的额外限制（如保持最小失速速度），进行战术再规划的时间压力十分巨大。

(3) 任务管理。将任务目标转化为可量化的、科学的描述，从而提供了衡量平台性能（即将任务目标转换为系统参数）的标准。任务管理主要分为以下两种不同的功能。

① 有效载荷功能具有任务指向性,与任务直接相关。

② 飞机管理系统是一组必备功能,它利用机载嵌入式软件去理解、规划、控制和监控飞机的运行。这些通常代表安全使用平台所需的关键安全功能。因此,所有与飞行临界及安全相关的功能都包含在内。

注 4.1 当通信链路中断时,机载在线再规划可以确保继续符合国家航空系统(NAS)的规定。

4.2 路径和航迹规划

路径规划主要解决的问题是如何确定飞机的运动,使其能够在遵循一系列约束及准则的条件下,在两个配置层之间运动。这些限制条件是由几个不同的因素产生的,总体上来说,系统特征、所处环境及任务类型起到了决定性的作用。

问题 4.1 规划 :给定一个机械系统(S),该系统的运动由微分方程系统控制:寻定飞机的路径和轨迹,使其运动受到限制,从而使构型空间和约束条件在可控范围内。

规划问题意味着要对轨迹($\boldsymbol{X}(t)$,$\boldsymbol{U}(t)$)进行计算以满足微分方程,使$\boldsymbol{X}(t_0)=\boldsymbol{X}_0$;$\boldsymbol{X}(t_f)=\boldsymbol{X}_f$。

(1) 路径是指飞机从一个构型到另一个构型时所需具备的一系列配置。路径规划(在无碰撞的情况下,寻找一条连接两个构型的路径)是一个运动学/几何学问题。路径被定义为位置坐标的插值。一条路径并不能完全确定系统的运动。

(2) 轨迹是指一条有规律的路径,它描述了(飞机)通过每一个系统构型的时刻。路径规划并不只是一个运动学/几何学问题,它还是动力学问题。轨迹是指及时的、带标注的路径,它所针对的主体是飞机本身。

在这种情况下,约束条件就与飞机的几何学、运动学及动力学相关。这一问题的解决方法必须优化一个成本函数,该函数用飞机在两个极值构型之间的飞行距离、实现其运动所需的时间或能量来表示。最优问题分为两类:一类是有连续变量的问题;另一类是有离散变量的问题。

轨迹规划能够找到一条以飞机的自由度和速度/角速度来表示的路径。四维运动规划包括三维航点的参考序列及航点间的理想轨道速度。这种轨道也称为轨迹段。在此过程中,需要考虑到飞机动力学的近似值,以确保生成的路径在物理上是可以实现的[85]。

一份运动规划包含以下两组动作基体[95]。

(1) 第一部分是一组特殊的轨迹,即修正轨迹。修正是指稳定状态或准稳态的飞行轨迹。

（2）第二部分包括修正间的过渡转换，即机动。

每个飞行阶段由两个飞行末端约束条件定义，这两个约束条件与动态模型一起构成微分代数方程组（DAE）。不同飞行阶段的微分代数方程的求解通常是基于简化后的飞机运动方程；通过对飞行约束的明确使用，将这类方程简化为常微分方程组。连续可微的路径是实现平稳过渡的首选。一般当无人机系统（UAS）自主运行时，航点及路径会得到规划。在规划好航点之后，路径规划就是将这些航点连接起来。由于存在动态约束，路径规划通常采用各种几何曲线而非直线来进行。规划好路径后，设计制导律进行路径跟踪。

4.2.1 修正航迹

配平飞行中的条件被定义为：状态向量的变化率（量级）为零（在机体坐标系中），此外，作用力及力矩的合力为零。在非零气动合力、引力及力矩的共同作用下，自主运行的飞机在配平轨迹中的速度会增加；这些效应将通过离心力和陀螺惯性力和力矩等效应来平衡，有

$$\dot{\boldsymbol{u}} = \dot{\boldsymbol{v}} = \dot{\boldsymbol{w}} = 0 \quad \dot{\boldsymbol{p}} = \dot{\boldsymbol{q}} = \dot{\boldsymbol{r}} = 0 \tag{4.1}$$

在配平状态下，飞机的运动与机体坐标系是统一的。随着时间及空间变化而变化的气动力系数在这种情况下会变得稳定，对系数的识别也会变得更为容易[21,30]。它们的几何学由机身固定线速度矢量 $\boldsymbol{V}_e$、滚转角 ϕ_e、俯仰角 θ_e及偏航角速度 $\dot{\psi}_e$ 所决定。这些量的取值应满足动力学方程、控制饱和及包络保护约束。

对于配平轨迹来说，航迹角 γ 是一个常数 γ_0，这时角度χ 随时间 t 呈线性变化，有

$$\chi(t) = \chi_0 + t_{\chi_1} \tag{4.2}$$

参数 γ_0、χ_0、χ_1 是常数，可以得到下列关系式，即

$$x(t) = x_0 + \frac{\cos\gamma_0}{\chi_1}(\cos(\chi_0 + \chi_1 t) - \cos\chi_0) \tag{4.3}$$

$$y(t) = y_0 - \frac{\cos\gamma_0}{\chi_1}(\sin(\chi_0 + \chi_1 t) - \sin\chi_0) \tag{4.4}$$

$$z(t) = z_0 + \sin(\gamma_0)t \tag{4.5}$$

配平轨迹总体上是由螺旋线所呈现的，也有一些特殊情况，如直线运动或圆弧状（运动）。对于这种螺旋线来说，曲率 κ 及扭矩 τ 是常数，有

$$\begin{cases}\kappa = \chi_1 \cos\gamma_0 \\ \tau(s) = \chi_1 \sin\gamma_0\end{cases} \tag{4.6}$$

动态模型可以由以下关系式进行计算，即

$$T = \frac{D + mg\sin\gamma_0}{\cos\alpha} \tag{4.7}$$

$$\sigma = 0 \tag{4.8}$$

及

$$(L + T\sin\alpha) - mg\cos\gamma_0 = 0 \tag{4.9}$$

螺旋线的一部分可以用于连接两个构型，分别为 $\boldsymbol{X}_0 = (x_0, y_0, z_0, \chi_0, \gamma_0)$ 及 $\boldsymbol{X}_{\mathrm{f}} = (x_{\mathrm{f}}, y_{\mathrm{f}}, z_{\mathrm{f}}, \chi_{\mathrm{f}}, \gamma_{\mathrm{f}})$。这一特殊情况会出现在 $\gamma_0 = \gamma_{\mathrm{f}}$ 时，并且需要满足以下的关系，即

$$\chi_1 = \sin\gamma_0 \cdot \frac{\chi_{\mathrm{f}} - \chi_0}{z_{\mathrm{f}} - z_0} \tag{4.10}$$

在初始位置和最终位置之间的约束下，有

$$[\chi_1(x_{\mathrm{f}} - x_0) + \cos\gamma_0 \sin\chi_0]^2 + [\chi_1(y_{\mathrm{f}} - y_0) - \cos\gamma_0 \cos\chi_0]^2 = \cos^2\gamma_0 \tag{4.11}$$

路径的长度 L 为

$$L = \frac{\chi_{\mathrm{f}} - \chi_0}{\chi_1} \tag{4.12}$$

配平轨迹在便于规划和控制问题上具有优势。轨迹生成器的作用是为飞机生成可行的时间配平轨迹。

4.2.2 航迹规划

飞机轨迹规划从飞机轨迹数学最优化发展到自动解析及理解预期轨迹目标，随后是数学最优规划[53,80,156-157]的公式。

1. 时间最优航迹

本节的主题是在最短的时间内建立轨迹生成问题，因为这个系统在输入和状态[55]的量值上是受约束的。这里假定速度是线性变量。由于允许输入的集合是凸面的，时间最优路径在任何情况下都是由饱和输入（或奇异控制时为零输入）得到的。

对于有界控制输入的线性时不变控制系统来说，一个典型的两点边界值问题的时间最优控制解决方案是继电器式控制功能，这一功能的开关数量是有

限的[16,43,154]。

问题 4.2 Dubins 问题是描述微分系统最短时间轨迹的问题，对它的定义为

$$
\begin{cases}
\dot{x} = \cos\chi \\
\dot{y} = \sin\chi \\
\dot{\chi} = U \\
|U| \leqslant 1
\end{cases}
\tag{4.13}
$$

Dubins[58]已经证明，式(4.13)的最优弧段最多是 3 个部分的串接，即 S(直线)、R(向右转向)及 L(向左转向)。对于一架 Dubins 载具来说，最短路径由 3 个连续路径段组成，每个路径段都是一个拥有最小转弯半径的圆 C 或者一条直线 L。因此，Dubins 集合 $\mathbb{D}$ 包含 6 条路径：$\mathbb{D}$ = {LSL, RSR, RSL, LSR, RLR, LRL}。如果路径足够远，则最短的路径始终为 CSC 型。对于飞机来说，这种情况始终成立。

在文献[124]中，考虑的问题是在初始构型$(0,0,\chi_s)$和最终构型(x_t, y_t, χ_t)之间找寻一条最快的路径。方向相关模型是对原 Dubins 飞机模型的扩展，该模型假设各向同性速度及最小转弯半径为$\frac{V}{R(\theta)}U$。

在文献[190]中，最优三维曲线是螺旋状的弧线。这种方向相关的框架可以概括一些之前的工作，特别是类 Dubins 飞行器在恒定且均匀的风中运动的情况[215]。

问题 4.3 马尔可夫 – 杜宾(Markov – Dubins)问题是描述系统最短时间轨迹的问题，即

$$
\begin{cases}
\dot{x} = \cos\chi \\
\dot{y} = \sin\chi \\
\dot{\chi} = \omega \\
\dot{\omega} = U \\
|U| \leqslant 1
\end{cases}
\tag{4.14}
$$

这一系统是对式(4.13)的 Dubins 的动态扩展。

飞行规划的目标是基于航段的航行。航段明确了能够到达给定航点的飞行路径。交叉点为飞机确定了大致的路径。因此，飞行规划的目标是优化这些路径，以生成轨迹参数化的时间函数，从而满足飞机的运动学约束。

注 4.2 庞特里亚金极小值原理(PMP)为排除某些类型的路径提供了必要条件[33]。通常来说,由庞特里亚金极小值原理所得出的结论,描述了一系列充分的控制,其中包括对两个端点的最优控制。在文献[39,109]中对移动机器人最优路径进行的改进,是对庞特里亚金极小值原理的最初应用,其中还结合了李氏代数的一些方法。

2. 非完整运动规划

非完整运动规划的前提是在给定初始及最终构型并遵循非完整约束[28-29,160]的情况下,在状态空间找到一条轨迹。李氏代数方法依赖于一系列围绕连续当前状态的局部规划。全局轨迹是由局部轨迹合并而成的。当前状态下建立了一个朝向目标状态的运动方向,然后取得一个足够大的控制空间[165]。因为经由一些向量场的系统是可控的,所以控件能够生成场[61,171]。仿射无漂系统的操舵法利用了该系统的不同性能,如幂零性、链式与微分平滑[5,23]。

这些涉及积分相关频率的正弦信号的方法,都能够通过一些基础的傅里叶分析进行改进,用以操纵这一系统(式(3.131))。

飞机的三维运动学方程为

$$\begin{cases}\dot{x} = V\cos\gamma\cos\chi \\ \dot{y} = V\cos\gamma\sin\chi \\ \dot{z} = -V\sin\gamma \\ \dot{\chi} = \omega_1 \\ \dot{\gamma} = \omega_2\end{cases} \tag{4.15}$$

假定角度很小,通过设置 $\cos\gamma\approx1$、$\sin\gamma\approx\gamma$、$\cos\chi\approx1$,$\sin\chi\approx\chi$,就可以得到该系统的近似值。重新定义变量,之前的系统就能够用以下链式形式呈现,即

$$\begin{cases}\dot{X}_1 = U_1 \\ \dot{X}_2 = U_2 \\ \dot{X}_3 = U_3 \\ \dot{X}_4 = X_2U_1 \\ \dot{X}_5 = -X_3U_1\end{cases} \tag{4.16}$$

其中,$\boldsymbol{X}=(x,\chi,\gamma,y,z)^{\mathrm{T}}$,$\boldsymbol{U}=(\dot{x},\dot{\chi},\dot{\gamma})^{\mathrm{T}}$。这个系统也可以写成

$$
\boldsymbol{X}=\begin{pmatrix}1\\0\\0\\X_2\\-X_3\end{pmatrix}U_1+\begin{pmatrix}0\\1\\0\\0\\0\end{pmatrix}U_2+\begin{pmatrix}0\\0\\1\\0\\0\end{pmatrix}U_3=\boldsymbol{g}_1U_1+\boldsymbol{g}_2U_2+\boldsymbol{g}_3U_3 \tag{4.17}
$$

通过使用李氏括号，可以计算出以下向量，即

$$
\boldsymbol{g}_4=[\boldsymbol{g}_1,\boldsymbol{g}_2]=\begin{pmatrix}0\\0\\0\\1\\0\end{pmatrix}\quad \boldsymbol{g}_5=[\boldsymbol{g}_1,\boldsymbol{g}_3]=\begin{pmatrix}0\\0\\0\\0\\-1\end{pmatrix} \tag{4.18}
$$

矩阵$(\boldsymbol{g}_1,\boldsymbol{g}_2,\boldsymbol{g}_3,\boldsymbol{g}_4,\boldsymbol{g}_5)$的行列式不为零，满足能控性秩条件。然而，需要注意的是，对于固定翼飞机来说，U_1不是对称的，因为$0<V_{\text{stall}}\leqslant U_1\leqslant V_{\max}$，而$U_2$、$U_3$是对称的。因此，不能确保短时间局部能控性。

通过在积分相关的频率上使用正弦控制，这一多链式系统就能够被操纵。要操控这一系统，控件U_1、U_2、U_3就要被用来将x、χ、γ引导至它们的预定位置，即

$$
\begin{cases}U_1=\delta_1\cos(\omega t)\\U_2=\delta_2\cos(k_2\omega t)\\U_3=\delta_3\cos(k_3\omega t)\end{cases} \tag{4.19}
$$

式中：k_2、k_3为正整数。

通过整合，x、χ、γ都是周期性的，且会回到初始值，有

$$
x=\frac{\delta_1}{\omega}\sin(\omega t)+X_{10} \tag{4.20}
$$

$$
\chi=\frac{\delta_2}{k_2\omega}\sin(k_2\omega t)+X_{20} \tag{4.21}
$$

$$
\gamma=\frac{\delta_3}{k_3\omega}\sin(k_3\omega t)+X_{30} \tag{4.22}
$$

$$
y=-\frac{\delta_1\delta_2}{2k_2\omega}\left(\frac{\cos((k_2+1)\omega t)}{(k_2+1)\omega}+\frac{\cos((k_2-1)\omega t)}{(k_2-1)\omega}\right)+X_{20}\frac{\delta_1}{\omega}\sin(\omega t)+X_{40} \tag{4.23}
$$

且

$$z=\frac{\delta_1\delta_3}{2k_3\omega}\left(\frac{\cos((k_3+1)\omega t)}{(k_3+1)\omega}+\frac{\cos((k_3-1)\omega t)}{(k_3-1)\omega}\right)-X_{30}\frac{\delta_1}{\omega}\sin(\omega t)+X_{50} \tag{4.24}$$

式中：X_{10}、X_{20}、X_{30}、X_{40}、X_{50}都为积分常数。

这里需要考虑从 $\boldsymbol{X}_0\in\mathbb{R}^5,t=0$ 到 $\boldsymbol{X}_{\mathrm{f}}\in\mathbb{R}^5,t=1$ 来操纵近似模型的问题。在初始状态下，能够对积分常数进行计算，有

$$X_{10}=x_0\quad X_{20}=\chi_0\quad X_{30}=\gamma_0 \tag{4.25}$$

$$X_{40}=y_0+\frac{\delta_1\delta_2}{2k_2\omega}\left(\frac{1}{(k_2+1)\omega}+\frac{1}{(k_2-1)\omega}\right) \tag{4.26}$$

且

$$X_{50}=z_0-\frac{\delta_1\delta_3}{2k_3\omega}\left(\frac{1}{(k_3+1)\omega}+\frac{1}{(k_3-1)\omega}\right) \tag{4.27}$$

最终条件允许写入

$$\delta_1=\frac{\omega}{\sin\omega}(x_{\mathrm{f}}-x_0) \tag{4.28}$$

$$\delta_2=\frac{k_2\omega}{\sin(k_2\omega)}(\chi_{\mathrm{f}}-\chi_0) \tag{4.29}$$

$$\delta_3=\frac{k_3\omega}{\sin(k_3\omega)}(\gamma_{\mathrm{f}}-\gamma_0) \tag{4.30}$$

然而下列非线性方程组必须在 k_2、k_3、ω 中求解，来完整地描述这个系统，即

$$y_{\mathrm{f}}-y_0-\chi_0(x_{\mathrm{f}}-x_0)=-\frac{\delta_1\delta_2}{2k_2\omega}\left(\frac{\cos((k_2+1)\omega)-1}{(k_2+1)\omega}+\frac{\cos((k_2-1)\omega)-1}{(k_2-1)\omega}\right) \tag{4.31}$$

$$z_{\mathrm{f}}-z_0-\gamma_0(x_{\mathrm{f}}-x_0)=-\frac{\delta_1\delta_3}{2k_3\omega}\left(\frac{\cos((k_3+1)\omega)-1}{(k_3+1)\omega}+\frac{\cos((k_3-1)\omega)-1}{(k_3-1)\omega}\right) \tag{4.32}$$

一旦完成计算，就明确了所有参考轨迹。

通常情况下，可以通过状态坐标的初步变化来简化运动规划，这一变化能够将飞机的运动学方程转换为更简单的规范形式(方程)。

4.2.3 路径规划

路径规划问题可以表述如下。

问题 4.4 给定 $\boldsymbol{C}$ 空间 Ω,路径规划问题就是找到一条曲线,有

$$\boldsymbol{C}:[0,1]\rightarrow \boldsymbol{C}_{\text{free}} \quad s\rightarrow \boldsymbol{C}(s)$$

式中:s 为 $\boldsymbol{C}$ 的弧长参数;$\boldsymbol{C}_{\text{free}}$ 为一组无障碍的构型。最优路径是使一系列内外约束(时间、燃油消耗或风险)最小化的曲线 $\boldsymbol{C}$。成本函数 $\boldsymbol{\tau}$ 描述了所有的约束条件,它既可以是各向同性,又可以是各向异性[150]。

(1) 各向同性的情况:成本函数 $\boldsymbol{\tau}$ 只取决于构型 $\boldsymbol{X}$。

(2) 各向异性的情况:成本函数取决于构型 $\boldsymbol{X}$ 及场力矢量。

飞机需要通过一个或多个航点,沿着路径进行平滑运动。这可能是为了避开环境中的障碍物或者执行一项涉及遵循分段连续轨迹的任务。可以使用一些不同的路径模型,如直线段、拉格朗日插值、Hermite 插值、分段线性(平方、立方)插值、样条插值法(立方,贝塞尔曲线插值法)[53,152,203]。也可以使用其他的一些技术,如波前算法及 Pythagorean 速度图[52,87,90]。

由于飞机的曲率半径与飞机的几何参数、运动学及动力学密切相关,因此必须满足飞机最小曲率半径及俯仰角约束[17,18]。此外,为了在三维空间中保证飞机的安全,俯仰角一般限制在一定的范围内。轨迹上所有点的俯仰角都必须限制在指定的上限和下限之间[40]。

最优路径对于路径规划来说是至关重要的。路径规划产生的不仅是一条可行的路径,而且是一条将初始构型与最终构型连接起来的最优路径。在参考文献[204]中,提出了一种用于轨迹平滑的实时动态 Dubins 螺旋法。三维轨迹在水平面上的投影部分是由 Dubins 路径规划器生成的,从而满足曲率半径约束。构建螺旋曲线以满足俯仰角约束,即使是在起始/最终构型十分接近的条件下,俯仰角约束条件也能够得到满足。

1. B - spline 方程

样条函数是一组具有某些理想特性的特殊参数曲线。它们是由一组控制点来表达的分段多项式函数。样条函数拥有许多不同的形式,每种都有自己独特的属性。但是有以下两种理想属性。

(1) 连续性:生成的曲线将各个点平滑地连接起来。

(2) 控制点的局部性:控制点的影响仅限于与之相邻的区域。

B - spline 曲线能够代表不同的交替路径以将计算量最小化,因为 3 个控制点就能够轻易地定义一条简单的曲线。k 阶或 $k-1$ 阶的 B - spline 曲线参数

$p(s)$由 $n+1$ 个控制点 p_i、节点向量 $\boldsymbol{X}$ 及以下关系定义，即

$$p(s) = \sum_{i=0}^{n} p_i N_{i,k}(s) \tag{4.33}$$

式中：$N_{i,k}(s)$为 Bernstein 基函数，由下式递归产生，即

$$N_{i,k}(s) = \frac{(s - X_i) N_{i,k-1}(s)}{X_{i+k-1} - X_i} + \frac{(X_{i+k} - s) N_{i+1,k-1}(s)}{X_{i+k-1} - X_{i+1}} \tag{4.34}$$

且

$$N_{i,1} = \begin{cases} 1 & 若\ X_i \leqslant s \leqslant X_{i+1} \\ 0 & 其他 \end{cases} \tag{4.35}$$

控制点定义了曲线的形状。根据定义，低阶 B－spline 更接近和更类似于控制折线（按顺序连接控制点形成的线）。我们所使用的 B－splines 可以为 3 次方的 B－splines，以确保生成的曲线与控制点保持尽可能接近的状态[64]。

2. 3 次 Hermite 样条曲线

Hermite 样条曲线是一种特殊的曲线，其唯一的特性是由样条函数生成的曲线穿过定义样条曲线的控制点。因此，通过将一组预先确定的点设置成为Hermite样条曲线的控制点，就可以平滑地插入这些点[75]。

3 次 Hermite 样条曲线插值会经过所有的航点；在控制点给导数赋值及在路径上获得局部控制都是可行的。路径生成问题的一个解决方法就是将 3 次Hermite样条曲线用在每对连续的航点上[115]。

给定一个非负整数 n，P_n表示所有实值多项式。区间 $I=[a,b]$的分区为$a = X_1 < X_2 < \cdots < X_n = b$，则$f_i(i=1,\cdots,n)$为分区点上相应的单调数据集，即

$$p(s) = f_i H_1(s) + f_{i+1} H_2(s) + h_i H_3(s) + h_{i+1} H_4(s) \tag{4.36}$$

式中：$H_k(s)$为区间 I_i的 3 次 Hermite 基函数，有

$$\begin{cases} H_1(s) = \varphi \dfrac{X_{i+1} - s}{h_i} \\ H_2(s) = \varphi \dfrac{s - X_i}{h_i} \\ H_3(s) = -h_i \eta \dfrac{X_{i+1} - s}{h_i} \\ H_4(s) = h_i \eta \dfrac{s - X_i}{h_i} \end{cases} \tag{4.37}$$

式中：$h_i = X_{i+1} - X_i$；$\varphi = 3t^2 - 2t^3$；$\eta = t^3 - t^2$。

该方法可以推广到参数样条曲线。这就需要引入自变量 ϑ，并为每个数据变量建立一个方程式，即

$$x_d(\vartheta) = C_{x_3}(\vartheta - \vartheta_i)^3 + C_{x_2}(\vartheta - \vartheta_i)^2 + C_{x_1}(\vartheta - \vartheta_i) + C_{x_0} \tag{4.38}$$

其中，

$$\begin{cases} C_{x_0} = X_i \\ C_{x_1} = X'_i \\ C_{x_2} = \dfrac{3S_i^x - x'_{i+1} - 2x'_i}{\Delta\vartheta_i} \\ C_{x_3} = \dfrac{-2S_i^x - x'_{i+1} - x'_i}{\Delta\vartheta_i} \end{cases} \tag{4.39}$$

式中：$(\cdot)'$为关于参数 ϑ 的微分；$\Delta\vartheta = \vartheta_{i+1} - \vartheta_i$ 是局部网格间距；$S_i^x = \dfrac{x_{i+1} + x_i}{\Delta\vartheta_i}$ 是线性插值的斜率。

3. 5 次 Hermite 样条曲线

现在的任务是找到一条路径，也就是一条参数化曲线，$\eta(t) = \begin{pmatrix} x(t) \\ y(t) \\ z(t) \end{pmatrix}$，这里 $t \in [0, T_f]$，从具有指定速度 $\dot{\eta}(0)$和加速度 $\ddot{\eta}(0) = 0$ 的起始点 $\eta(0)$，到具有指定速度 $\dot{\eta}(T_f)$和加速度 $\ddot{\eta}(T_f) = 0$ 的目的点 $\eta(T_f)$。同时还要考虑到飞机运动学、任务的作战要求及禁飞区的情况。

最小化目标函数可以是飞行时间 T_f、路径长度 $\int_0^{T_f} |\dot{\eta}(t)| dt$ 、离地面的平均飞行高度 $\dfrac{1}{T_f}\int_0^{T_f}(z(t) - h_{terrain}(x(t), y(t)))$ ，式中，$h_{terrain}(x(t), y(t))$ 为点 $(x(t), y(t))$ 的地形高程。

该方法基于三维网络对空域的离散化[2]。其拓扑结构取决于飞机的运动学特性、任务的作战要求和地形起伏。网络中的每条有向路径都与一条既能飞又可行的轨迹相对应[65]。航迹段的生成分为以下两个子系统。

(1) 在适当条件下，利用 5 次 Hermite 插值法，可以确定一条 2 次连续可微的参数曲线，即

$$
\begin{cases}
x(t) = a_{51}t^5 + a_{41}t^4 + a_{31}t^3 + a_{21}t^2 + a_{11}t + a_{01} \\
y(t) = a_{52}t^5 + a_{42}t^4 + a_{32}t^3 + a_{22}t^2 + a_{12}t + a_{02} \\
z(t) = a_{53}t^5 + a_{43}t^4 + a_{33}t^3 + a_{23}t^2 + a_{13}t + a_{03}
\end{cases}
\tag{4.40}
$$

式中:参数 a_{ij} 可以由端点条件确定。

(2) 利用简化的飞机模型来验证轨迹的可飞性和可行性。

4. 毕达哥拉斯速度图

在 $\mathbb{R}^3$ 中的毕达哥拉斯速度图条件见下式,即

$$
x'^2(t) + y'^2(t) + z'^2(t) = \tilde{\sigma}^2(t) \tag{4.41}
$$

式中:$\tilde{\sigma}(t)$ 为速度参数。问题在于为多项式解找到合适的表征[62]。

定理 4.1 如果相对素数的实多项式 $a(t)$、$b(t)$、$c(t)$、$d(t)$ 满足毕达哥拉斯(勾股)条件,即

$$
a^2(t) + b^2(t) + c^2(t) = d^2(t) \tag{4.42}
$$

它们也能用其他实多项式 $\tilde{u}(t)$、$\tilde{v}(t)$、$\tilde{p}(t)$、$\tilde{q}(t)$ 表示,形式为

$$
\begin{cases}
a(t) = \tilde{u}^2(t) + \tilde{v}^2(t) - \tilde{p}^2(t) - \tilde{q}^2(t) = x'(t) \\
b(t) = 2(\tilde{u}(t)\tilde{q}(t) + \tilde{v}(t)\tilde{p}(t)) = y'(t) \\
c(t) = 2(\tilde{v}(t)\tilde{q}(t) - \tilde{u}(t)\tilde{p}(t)) = z'(t) \\
d(t) = \tilde{u}^2(t) + \tilde{v}^2(t) + \tilde{p}^2(t) + \tilde{q}^2(t) = \sigma(t)
\end{cases}
\tag{4.43}
$$

该形式有多种不同的写法,与排列 $a(t)$、$b(t)$、$c(t)$ 及 $\tilde{u}(t)$、$\tilde{v}(t)$、$\tilde{p}(t)$、$\tilde{q}(t)$ 相对应。

如果多项式 $\tilde{u}(t)$、$\tilde{v}(t)$、$\tilde{p}(t)$、$\tilde{q}(t)$ 是用 $t \in [0,1]$ 上的伯恩斯坦系数指定的,那么它们定义的空间 PH 曲线的贝塞尔控制点可以由这些系数表达。例如,$\tilde{u}(t) = u_0(1-t) + u_1 t$ 与 $\tilde{v}(t)$、$\tilde{p}(t)$、$\tilde{q}(t)$ 相同,空间 3 次 PH 曲线的控制点可以由以下式得出,即

$$
P_1 = P_0 + \frac{1}{3}\begin{pmatrix} u_0^2 + v_0^2 - p^2_{-} q_0^2 \\ 2(u_0 q_0 + v_0 p_0) \\ 2(v_0 q_0 - u_0 p_0) \end{pmatrix} \tag{4.44}
$$

$$P_2 = P_1 + \frac{1}{3}\begin{pmatrix} u_0u_1 + v_0v_1 - p_0p_1 - q_0q_1 \\ u_0q_1 + u_1q_0 + v_0p_1 - v_1p_0 \\ v_0q_1 + v_1q_0 - u_0p_1 - u_1p_0 \end{pmatrix} \tag{4.45}$$

$$P_3 = P_2 + \frac{1}{3}\begin{pmatrix} u_1^2 + v_1^2 - p_1^2 - q_1^2 \\ 2(u_1q_1 + v_1p_1) \\ 2(v_1q_1 - u_1p_1) \end{pmatrix} \tag{4.46}$$

P_0点与积分常数相对应。

4.2.4 策梅洛问题

策梅洛问题与飞机在风中运行问题相对应[102]。

1. 初始策梅洛问题

策梅洛问题最初是为船只在有海流的情况下找到最快的航路，即从$\mathbb{R}^2$的给定出发点到给定目标点[98]。策梅洛问题也可以应用于以下这一特殊情况：飞机的高度恒定、航迹角为零且风速以 $\boldsymbol{W} = (W_N, W_E)$表示[176]。

一架无人机需要以恒定的高度飞越强恒风区。假设风速恒定为 $\boldsymbol{W}$，风向为 $\boldsymbol{y}$。自动驾驶仪会调节飞机的航向χ 以最小化到达原点的飞行时间。

1）第一个案例研究

在第一个案例研究中，假定无人机具有恒定速度 $\boldsymbol{V}$ 和航向角χ 作为输入。目标是在遵循以下边界条件的情况下尽可能缩短时间：$x_0 = y_0 = 0$ 且 $x_f = 1$、$y_f = 0$。假设控制是无约束的。最短时间问题可以表述为

$$\text{Min}\int_0^{T_f} \mathrm{d}t \tag{4.47}$$

服从

$$\begin{cases} \dot{x} = V\cos\chi \\ \dot{y} = V\sin\chi + W_E \\ x(0) = y(0) = 0 \\ x(T_f) = 1 \quad y(T_f) = 0 \end{cases} \tag{4.48}$$

使用庞特里亚金极小值原理，式(4.49)可以计算最优控制，即

$$\chi^* = -\arcsin\left(\frac{W_E}{V}\right) \tag{4.49}$$

而最优轨迹为

$$
\begin{cases}
x^*(t) = tV\cos\chi \\
y^*(t) = t(V\sin\chi + W_E)
\end{cases}
\tag{4.50}
$$

最终时间为

$$
T_f = \frac{1}{\sqrt{V^2 - W_E^2}}
$$

只有当 $|W_E| \leqslant V$ 时，这一解法才能成立。

2）第二个案例研究

第二个案例研究一种更为接近现实的尝试。此时的输入为航向率 $\dot{\chi}$，限制其在区间 $[-U_{max}, U_{max}]$ 内。边界条件也与第一个案例研究有些细微的差别：$x_0 = y_0 = \chi_0 = 0$；$\chi_f = 0$；$y_f = 0$。最短时间问题可以表述为

$$
\mathrm{Min} \int_0^{T_f} \mathrm{d}t
\tag{4.51}
$$

从属于

$$
\begin{cases}
\dot{x} = V\cos\chi \\
\dot{y} = V\sin\chi + W_E \\
\dot{\chi} = U \\
x(0) = y(0) = \chi(0) = 0 \\
\chi(T_f) = 0 \quad y(T_f) = 0
\end{cases}
\tag{4.52}
$$

使用庞特里亚金极小值原理，下式可以计算最优控制，即

$$
U^* = \begin{Bmatrix}
U_{max} & 0 \leqslant t \leqslant t_1 \\
-U_{max} & t_1 \leqslant t \leqslant T_f
\end{Bmatrix}
\tag{4.53}
$$

当 $t_1 = \dfrac{T_f}{2}$ 时，最优轨迹为

$$
\chi^* = \begin{Bmatrix}
U_{max} t & 0 \leqslant t \leqslant t_1 \\
U_{max}(T_f - t) & t_1 \leqslant t \leqslant T_f
\end{Bmatrix}
\tag{4.54}
$$

$$
x^* = \begin{Bmatrix}
\dfrac{V}{U_{max}} \sin(U_{max} t) & 0 \leqslant t \leqslant t_1 \\
\dfrac{V}{U_{max}} \sin(U_{max}(t - T_f)) + 2\dfrac{V}{U_{max}} \sin\left(\dfrac{T_f U_{max}}{2}\right) & t_1 \leqslant t \leqslant T_f
\end{Bmatrix}
\tag{4.55}
$$

$$
y^* = \begin{cases} -\dfrac{V}{U_{\max}}\cos(U_{\max}t) + W_E t + \dfrac{V}{U_{\max}} & 0 \leqslant t \leqslant t_1 \\ \dfrac{V}{U_{\max}}\cos(U_{\max}(t-T_f)) + W_E(t-T_f) - \dfrac{V}{U_{\max}} & t_1 \leqslant t \leqslant T_f \end{cases} \tag{4.56}
$$

下式的解为最终时间,即

$$
\frac{U_{\max}}{2}\frac{W_E}{V}T_f - \cos\left(\frac{U_{\max}T_f}{2}\right) = 1 \tag{4.57}
$$

根据的 $U_{\max}$、V 及 W 的值,这一方程式并不一定有实际的正解。

接下来是另一个案例研究。描述在线性变化风速条件下最优路径的方程为

$$
\begin{cases} \dot{x} = V\cos\chi + W_N(y) \\ \dot{y} = V\sin\chi \end{cases} \tag{4.58}
$$

式中:(x,y) 为它的坐标;$W_N = \dfrac{V_y}{h}$ 为风速。χ 的初始值是已知的,因此路径能够穿越原点。对于这里考虑的线性变化的风力来说,最佳转向角与飞机的位置有关,这一关系可以通过以下隐式反馈方程反映,即

$$
\dot{\chi} = -\cos^2\chi \frac{\mathrm{d}W_N}{\mathrm{d}y} \tag{4.59}
$$

如果 $W_N = \dfrac{W}{a}y$,a 是一个常数,那么

$$
\chi = \arctan\left(\frac{W}{a}t + \tan\chi_0\right) \tag{4.60}
$$

则最优轨迹为

$$
y = a\left(\frac{1}{\cos\chi_f} - \frac{1}{\cos\chi}\right) \tag{4.61}
$$

且

$$
x = \frac{a}{2}\left(\frac{1}{\cos\chi_f}(\tan\chi_f - \tan\chi) - \tan\chi\left(\frac{1}{\cos\chi_f} - \frac{1}{\cos\chi}\right)\right) + \frac{a}{2}\ln\left(\frac{\tan\chi_f + \dfrac{1}{\cos\chi_f}}{\tan\chi + \dfrac{1}{\cos\chi}}\right) \tag{4.62}
$$

如果 $W_N(x,y) = -W_y$,则在参考文献[91]中已经证明过,到达时间为

$$T_{\mathrm{f}}=\frac{1}{W}(\tan\chi_{\mathrm{f}}-\tan\chi_0) \tag{4.63}$$

注 4.3 对于 N 个航点来说,下面的近似关系是可行的,即

$$\dot{\chi}_k=\frac{y_k-y_{k-1}}{x_k-x_{k-1}}\cos^2\chi_k \tag{4.64}$$

$$\dot{\gamma}_k=-\frac{(z_k-z_{k-1})\cos^2\gamma_k}{\cos\chi_k(x_k-x_{k-1})+\sin\chi_k(y_k-y_{k-1})} \tag{4.65}$$

式中,$k=1,2,\cdots,N$。

2. 平坦地面上二维策梅洛问题

下面的问题同样可以通过使用庞特里亚金极小值原理解决:

问题 4.5 平坦地面上的二维策梅洛问题:时间最优轨迹可表述为

$$\min\int_0^{T_{\mathrm{f}}}\mathrm{d}t \tag{4.66}$$

服从

$$\begin{cases}\dot{x}=U_1(t)+W_{\mathrm{N}}(x,y)\\ \dot{y}=U_2(t)+W_{\mathrm{E}}(x,y)\end{cases} \tag{4.67}$$

和

$$U_1^2(t)+U_2^2(t)\leqslant V_{\max}^2 \tag{4.68}$$

为了实现最小时间目标,航向角是可控的[91]。

策梅洛导航公式包含一个 $U^*(t)$ 的微分方程,它只涉及漂移矢量及其导数。推导过程可以解释如下。由 $U_1(t)=V_{\max}\cos\chi(t)$ 及 $U_2(t)=V_{\max}\sin\chi(t)$ 得到航角 $\chi(t)$,然后解出下面这一常微分方程,即

$$\frac{\mathrm{d}\chi}{\mathrm{d}t}=-\cos^2\chi\frac{\partial W_{\mathrm{N}}}{\partial y}+\sin\chi\cos\chi\left(\frac{\partial W_{\mathrm{N}}}{\partial x}-\frac{\partial W_{\mathrm{E}}}{\partial y}\right)+\sin^2\chi\frac{\partial W_{\mathrm{E}}}{\partial x} \tag{4.69}$$

注 4.4 相对于地面的精确飞行轨迹,空中飞行可能有利于优化操作(固定轨迹),但自动驾驶仪必须控制随空气气团漂移的飞机。相对空气气团与地面轨迹保持一致,自动驾驶仪必须在转弯过程中不断改变倾斜角。

该问题是在已知风为常数的情况下,对于转弯半径有限的飞机,在二维平面上生成从初始的位置和方向达到最终位置和方向的最优路径。一些研究人员已经解决了在已知方向和大小的风存在的情况下,飞机在高度、速度恒定下最优路径规划问题[144,205]。文献[94－95]提出了动态规划法,这一方法是为了给飞机

在风向风速已知的情况下，寻找耗时最少的航点路径。在水平面上的目标轨迹可以由连接直线和圆弧来描述。显然，这种类型的描述迫使飞机在直线段与曲线段转换时，能够瞬间改变倾斜角度。在文献[68]中，轨迹曲线部分的设计，是在假定的倾斜角及初始速度不变且无风条件下进行的。如果存在强风，自动驾驶仪则需要在曲线飞行阶段根据相对风向改变倾斜角，或者以比标称倾斜角更陡的倾斜角连续飞行。更陡的倾斜角及改变相对风向都会对推力控制产生影响。

在无风情况下，这就是 Dubins 问题[66]。最初关于在有风的条件下，寻找一条达到最终定位的最优路径的问题，就会被转化为一个速度与风速相等但方向相反的移动虚拟目标的问题。在无风情况下，可以将风速、风向稳定状态下接近直线飞行的无人机视为一个以与作用其上的风大小相等但方向相反的速度移动的虚拟目标。所以，在运动坐标系下，路径就是 Dubins 路径。地面路径实际上就是时间最优路径[80]。

我们也考虑了飞机在平面时变流场中的时间最优导航问题[193]。目标是在起终点之间找到最快的轨迹。前文已经提过，在点对称时变流场中，最优转向策略必须使得转向角速率等于流体质点的角旋转速率。

在很多实际情况下，风向是不能预知或者是会经常改变的[131]。文献[138]提出了一种基于叠加所需航向的矢量场，然后指挥飞机跟随矢量场飞行的方法。文献[107]中使用了滚动时域控制器，为在有干扰的环境中运行的飞机生成轨迹。所提出的算法修改了在线滚动时域优化约束（如转弯半径及速度限制），以确保即使飞机受到未知但有界的扰动时仍然是可行的[130]。

3. 平坦地面上三维策梅洛问题

现在要考虑的是在有风情况下，三维空间中飞机最优时间轨迹规划的问题[91-92]。飞机必然会飞越多风的区域。已知风的大小和方向是位置的函数，即 $W_N = W_N(x,y,z)$、$W_E = W_E(x,y,z)$ 及 $W_D = W_D(x,y,z)$，其中 (x,y,z) 是三维坐标，(W_N, W_E, W_D) 是风速向量。飞机相对于空气的速度 V 是常数，从 A 点到 B 点的最短时间路径可以求得。飞机的运动学模型为

$$\begin{cases} \dot{x} = V\cos\chi\cos\gamma + W_N \\ \dot{y} = V\sin\chi\cos\gamma + W_E \\ \dot{z} = -V\sin\gamma + W_D \end{cases} \tag{4.70}$$

式中：χ 为飞机相对于惯性坐标系的航向角；γ 为航迹角。

通过使用庞特里亚金极小值原理，航向的转化能够通过以下非线性常微分

方程求得,即

$$\dot{\chi} = \sin^2\chi \frac{\partial W_E}{\partial x} + \sin\chi\cos\chi\left(\frac{\partial W_N}{\partial x} - \frac{\partial W_E}{\partial y}\right) - \tan\gamma\left(\sin\chi \frac{\partial W_D}{\partial x} - \cos\chi \frac{\partial W_D}{\partial y}\right) - \cos^2\chi \frac{\partial W_N}{\partial y} \tag{4.71}$$

航迹角的转化能够通过以下非线性常微分方程求得,即

$$\begin{aligned}\dot{\gamma} = {} & \cos^2\gamma\cos\chi \frac{\partial W_N}{\partial z} + \cos^2\gamma \frac{\partial W_E}{\partial z} + \sin\gamma\cos\gamma\left(\frac{\partial W_N}{\partial x} - \frac{\partial W_D}{\partial z}\right) + \\ & \sin^2\gamma \frac{\partial W_E}{\partial x} - \sin^2\gamma\sec\chi \frac{\partial W_D}{\partial x} - \sin\gamma\cos\gamma\tan\chi\sin^2\chi \frac{\partial W_E}{\partial x} - \\ & \sin\gamma\cos\gamma\sin^2\chi\left(\frac{\partial W_N}{\partial x} - \frac{\partial W_E}{\partial y}\right) + \tan\chi\sin^2\gamma\left(\sin\chi \frac{\partial W_D}{\partial x} - \cos\chi \frac{\partial W_D}{\partial y}\right) + \\ & \sin\gamma\cos\gamma\sin\chi\cos\chi \frac{\partial W_N}{\partial y}\end{aligned} \tag{4.72}$$

可以在文献[23,74]中阅读到更多关于这些等式推导过程的信息。

注 4.5 在假设没有风的情况下,飞机的速度是常数,可控制的输入为航迹角和航向角。最优轨迹可以由下式求得,即

$$\begin{cases} x = Vt\cos\gamma\cos\chi + x_0 \\ y = Vt\cos\gamma\sin\chi + y_0 \\ z = -Vt\sin\gamma + z_0 \end{cases} \tag{4.73}$$

式中:(x_0, y_0, z_0)为飞机的初始位置。如果最终位置(x_f, y_f, z_f)给定,那么预测到达的时间为

$$T = \frac{1}{V}\sqrt{(x_f - x_0)^2 + (y_f - y_0)^2 + (z_f - z_0)^2} \tag{4.74}$$

航向角为

$$\chi = \arctan\left(\frac{y_f - y_0}{x_f - x_0}\right) \tag{4.75}$$

航迹角为

$$\gamma = \arctan\left(\frac{z_f - z_0}{\cos\chi(x_f - x_0) + \sin\chi(y_f - y_0)}\right) \tag{4.76}$$

当控制输入为航迹角率$\dot{\gamma}$、航向角率$\dot{\chi}$及速度导数$\dot{V}$时,就可以使用这个结构,并将简单的继电器式控制应用于规划过程。当为这个系统做规划时,由于漂

移项的存在，可用的控制量是需要关心的问题。对于分析非线性系统来说，这类继电器式控制已经足够了。这种简单的控制使方程的进一步积分成为可能。

4. 球形地面上三维策梅洛问题

下面将介绍实用轨迹优化算法，在球形地面上，该算法使飞机的飞行时间和燃油消耗的总成本最小化。典型的飞机轨迹由起始爬升段、稳态巡航段和最终降落段组成。这里仅针对巡航阶段的飞机性能进行了优化。由于燃油消耗，使飞机的重量不断降低，所以飞机最佳巡航高度在不断增高，巡航轨迹被划分为不同高度的分段。在无约束的球形地面上，飞机巡航最优航向是对策梅洛问题的解决方案。水平轨迹段是基于与极值轨迹相关的成本进行优化的，极值轨迹是由空域中不同点的最佳航向和飞机运动的前后积分动力学方程生成的[27,139]。

巡航飞机的直接运行成本为

$$J = \int_{t_0}^{T_f} (C_t + C_f \tilde{f}(m,z,V))\mathrm{d}t \tag{4.77}$$

式中：C_t 及 C_f 为时间和燃料的成本系数。燃料流量 $\tilde{f}$ 可以用一个关于飞机质量 m、海拔高度 z 和空速 V 的函数来近似得到。飞机在巡航期间的燃油消耗 $\tilde{F}$ 可以由下式计算得出，即

$$\tilde{F} = t\tilde{f} \tag{4.78}$$

式中：t 为飞行时间。喷气发动机和涡轮螺旋桨发动机的燃油消耗速率 f 由耗油率(SFC)及推力 T 决定，即

$$\tilde{f} = \frac{C_{\mathrm{fcr}}}{1000} \cdot \mathrm{SFC} \cdot T_{\mathrm{f}} \quad \mathrm{SFC} = C_{f_1}\left(1 + \frac{V_{\mathrm{TAS}}}{C_{f_2}}\right) \tag{4.79}$$

式中：C_{fcr}、C_{f_1}、C_{f_2} 为推力比油耗系数；V_{TAS} 为真实空速。

在巡航过程中，推力等于气动阻力、升力等于重力，有

$$\begin{cases} T = D = \dfrac{1}{2}C_D(V,\alpha)\rho S V^2 \\ C_D(V,\alpha) = C_{D_0} + KC_L^2 \\ C_L(V,\alpha) = \dfrac{2mg}{\rho S V^2} \end{cases} \tag{4.80}$$

在国际标准大气压(ISA)下，对流层顶高度为 11000m，对流层顶以下的最佳巡航高度 z_{opt} 可计算为

$$z_{\mathrm{opt}} = \left(1 - \exp\left(-f(m,V)\frac{K_T R_{\mathrm{gas}}}{2}(g + K_T R_{\mathrm{gas}})\rho_{0\mathrm{ISA}}^2\right)\right)\left(\frac{1000 T_{0\mathrm{ISA}}}{6.5}\right) \tag{4.81}$$

当高于对流层顶时，z_{opt}为

$$z_{opt}=\frac{-f(m,V)R_{gas}T_{propISA}}{2g\rho_{tropISA}}+11000 \tag{4.82}$$

其中，

$$f(m,V)=\ln\left(\frac{4m^2g^2K}{S^2V^4C_{D_0}}\right) \tag{4.83}$$

式中：R_{gas}为空气的真实气体常数。在 ISA 条件下，温度梯度 K_T、水平密度 ρ_{0ISA}及海面温度 T_{0ISA}都为常数。对流层的空气密度 $\rho_{tropISA}$和温度 $T_{tropISA}$都是常数。

最佳巡航高度可以由式(4.81)和式(4.82)的关系式算出，该关系式基于大气常数和与飞机类型相关的气动阻力系数。飞机重量及空速也对大气常数及气动阻力系数有影响。

飞机在球形地面上恒定高度飞行时的运动方程为

$$\dot{\ell}=\frac{V\cos\chi+W_E(\ell,\lambda,z)}{R\cos\lambda} \tag{4.84}$$

$$\dot{\lambda}=\frac{V\sin\chi+W_N(\ell,\lambda,z)}{R} \tag{4.85}$$

$$\dot{m}=-f \tag{4.86}$$

在这种情况下，推力等于阻力，ℓ 为经度，λ 为纬度，χ 为航向角，R 为地球半径且 $R\gg z$。飞机最佳航向的动力学方程为

$$\dot{\chi}=-\frac{F_{wind}(\chi,\ell,\lambda,W_E,W_N,V)}{R\cos\lambda} \tag{4.87}$$

式中：$F_{wind}(\chi,\ell,\lambda,W_E,W_N,V)$为飞机响应风的航向动力学，由下式表达，即

$$F_{wind}=-\sin\chi\cos\chi\frac{\partial W_E}{\partial\ell}+\cos^2\chi\sin\lambda W_E+\cos^2\chi\cos\lambda\left(\frac{\partial W_E}{\partial\lambda}-\frac{\partial W_N}{\partial\ell}\right)+ \sin\chi\cos\chi\sin\lambda W_N+\cos\chi\sin\chi\cos\lambda\frac{\partial W_N}{\partial\lambda}+V\cos\chi\sin\lambda+\cos^2\chi\frac{\partial W_N}{\partial\ell} \tag{4.88}$$

最短时间轨迹是风在不同高度上最优极值的结合，每个最优极值都使用该高度上的条件来求解。最佳虚拟轮廓提供了起始及之后的最佳巡航高度以及高度之间的过渡时间。

5. 虚拟目标

这里需解决的问题是在三维空间内，为一架速度恒定并有转弯速率约束的

飞机，确定一条在初始构型（位置为 $\boldsymbol{X}_1$、方向为 $\boldsymbol{e}_1$）和最终构型（位置为 $\boldsymbol{X}_2$、方向为 $\boldsymbol{e}_2$）之间的最优路径。起始点和最终点的单位方向向量分别为 $\boldsymbol{e}_1=(\cos\gamma_1\cos\chi_1,\cos\gamma_1\sin\chi_1,-\sin\gamma_1)^{\mathrm{T}}$ 和 $\boldsymbol{e}_2=(\cos\gamma_2\cos\chi_2,\cos\gamma_2\sin\chi_2,-\sin\gamma_2)^{\mathrm{T}}$。所提出的路径规划算法是基于以下运动学方程的，即

$$\begin{cases}\dot{x}=V\cos\gamma\cos\chi+W_{\mathrm{N}}\\ \dot{y}=V\cos\gamma\sin\chi+W_{\mathrm{E}}\\ \dot{z}=-V\sin\gamma+W_{\mathrm{D}}\\ \dot{\chi}=\omega_1\\ \dot{\gamma}=\omega_2\end{cases}\tag{4.89}$$

其中，状态向量定义为 $\boldsymbol{X}=(x,y,z,\chi,\gamma)$，假定速度 V 为常数，ω_1、ω_2 为控制输入。轨迹必须遵循最大转弯速率约束或者曲率极限 $\pm\kappa_{\max}$ 及飞机的扭转 $\pm\tau_{\max}$。

在有风的情况下，计算最优路径的原始问题可以表示为：计算一条起始位置为 $\boldsymbol{X}_1$，方向为 $\boldsymbol{e}_1$ 在没有风的情况下，到最终方向 $\boldsymbol{e}_2$ 的最优路径，并有一个虚拟目标进行与风等速反向的运动[163]。航行路径是指飞机相对于运动框架所走过的路径，其既可以是 CSC 型（圆直圆形）也可以是螺旋形。假设到达终点所需的最少时间为 T_{f}。在 T_{f} 时，虚拟终点从给定终点位置 $\boldsymbol{X}_2=(x_2,y_2,z_2)$ 移动到一个新的位置 $\boldsymbol{X}_{2v}=(x_{2v},y_{2v},z_{2v})$，这可以表示为 T_{f} 的函数，即

$$\boldsymbol{X}_{2v}=\boldsymbol{X}_2-(W\cos\gamma_1\cos\chi_1,W\cos\gamma_1\sin\chi_1,-W\sin\gamma_1)^{\mathrm{T}}T_{\mathrm{f}}\tag{4.90}$$

或

$$\boldsymbol{X}_{2v}=\boldsymbol{X}_2-\int_0^{T_{\mathrm{f}}}W(t)\,\mathrm{d}t\tag{4.91}$$

式中：$W=\sqrt{W_{\mathrm{N}}^2+W_{\mathrm{E}}^2+W_{\mathrm{D}}^2}$。

最后，要到达的位置为 $\boldsymbol{X}_{2v}$。在虚拟目标处的航向角和航迹角分别为 χ_2、γ_2。对该问题的重新表述式（4.90）与无风情况下的三维 Dubins 飞行器的运动学模型相似，只有终点 $\boldsymbol{X}_{2v}$ 由 T_{f} 决定这一点略有不同。因此，不论是 CSC 还是螺旋式路径都能够被计算出来，变量 $\boldsymbol{X}_{2v}$、T_{f} 可以通过求解该算法的非线性方程组得到，地面路径可在惯性坐标系中使用式（4.89）中的状态方程求解。

4.3 制导和碰撞/障碍物规避

随着运行飞机的数量不断增多，飞机碰撞成为了一个严重的问题。将来，当

与常规飞机一起飞行时,这些飞机将会装载非常精密的避撞系统。机载传感器系统、自操作算法确保在地面站的少许干预的情况下碰撞事故不会发生。机载传感器能够探测到附近的其他飞行器。其他飞行器的位置、航速及航向角之类的基本信息可以用来建立防撞命令。为了使飞机能够在动态环境中成功运行,需要在物理配置空间内,规划一条可行的且无碰撞的轨迹。避撞法则需要即时生成且简单可行。感知并避让自然及人造障碍物,并据此重建飞行路径的能力是智能自主飞行器必须具备的一项重要特性[195]。制导、轨迹生成以及飞行和任务规划是智能自主飞行器飞行管理系统的核心[19,34,108,136]。虽然硬件机制的发展很快,但计算能力是自主飞行器的最大约束。因此,软件的改进是必不可少的[48,93,97]。

因为低空飞行的小型无人机经常会遇到大量静态障碍物,所以避撞对于这些无人机来说是至关重要的[42]。由于对环境的认识很有限,再加上较低的计算能力,小型无人机的避撞只能在依赖于仅有信息的同时保证计算效率。制导法则是解决这些难题的一种方法[173]。对于自主任务来说,感知和避撞能力是一项关键要求[77]。

在成功完成任务的情况下,避撞大致可以分为全局和局部路径规划算法。一般地,全局路径规划能够大致列出一条可以到达目标点的路径;而反应迅速、灵敏并能在线执行的局部避撞算法使飞机避开那些意想不到和无法预见的障碍物或碰撞,从而保障飞机的安全飞行。文献[135]中的算法在避开已知障碍物的情况下,规划了一条到达目标的路径。如果预测会发生碰撞,算法就会重新规划路径以避开障碍物。然而,在碰撞已避免的情况下,该物体会持续向目标点移动。因此,这些算法可视为具有局部防撞特性的全局路径规划算法。

在当前飞行条件下,当需要向控制系统提供飞机未来位置的投影以及可行轨迹的包络线时,就会遇到轨迹预测问题。该预测可以集成到近地预警系统中,以预报可能会发生的地面碰撞,并给飞机留有足够的时间裕度来做出适当的控制动作,从而避开在其规定航路上的障碍物。在这种情况下,飞机需要了解并寻找可行的预测位置。文献[8]展示了确定飞机未来重心位置的算法,飞机重心由在给定预测时域内,通过测量加速度和角速度得到。这一技术基于对两组估计值的加权组合。

(1) 在 Frenet 框架内垂直轴螺旋的投影,能够对稳态和准稳态机动段进行长期预报。

(2) 在 Frenet 框架中轨迹的 3 阶精确幂级数展开,对在瞬时机动阶段的短期轨迹预测十分有用。

4.3.1 制导

制导是将一个物体导向给定点的动态过程,这一给定点可能是静止的也可能是运动的[79,213]。很多方法都忽略了飞机的惯性及飞机动力学[106]。本节呈现了 3 种方法,其中两种属于传统方法,最后一种是基于模糊技术的方法。

定义 4.1 制导(Guidance)是指给飞机发出操纵指令以实现特定飞行目标的逻辑。制导算法生成自动驾驶指令来控制自主飞行器。制导系统是指测量被制导飞机相对于目标的位置,并根据制导律改变其飞行路径以实现飞行任务目标的一组部件。

制导律是指一种确定飞机所需指令加速度的算法。在制导研究中,假定只有风场的局部信息是可用的,并确定一个接近最优的轨迹,即近似最优轨迹行为的轨迹[132]。

静态障碍物检测和动态障碍物检测的方法有很多种,大多数都是基于碰撞锥方法的。防撞通常是使用寻的制导律,并在与障碍物的安全距离上跟踪目标点来完成的。如果只考虑平面状态,就可以得到显式避障法则,这一法则是由飞机及障碍物间的相对几何学定义的。问题是主要任务目标并没有得到充分考虑,这可能会导致所得轨迹与最优轨迹相去甚远[178]。

文献[62]囊括了纯式跟踪、变式跟踪和视线制导律在内的几何技术。基于纯式跟踪及视线制导律的路径跟踪算法使用了路径上的虚拟目标点(VTP)。制导律引导飞机追逐虚拟目标点,以使飞机最终飞到路径上。虚拟目标点与无人机在路径上的投影点之间的距离通常称为虚拟距离。对于路径跟踪来说,视线制导律的稳定性在很大程度上取决于虚拟距离参数的选择。可以将纯式跟踪和视线制导律相结合以生成新的路径跟踪制导律[186]。

三维制导是指在水平面和垂直面上跟踪任务路径。它既包括二维地面轨迹跟踪,也包括预期轨迹的高度剖面跟踪。在三维的情况下,根据参考滚转角或航向角为横侧向控制系统生成制导指令,根据俯仰或高度指令为纵向控制系统生成制导指令[178]。三维问题的一个子集是二维横侧向制导问题,在这一问题中,制导目标是确保飞机的精确地面跟踪。因此,飞机必须以最小交叉航迹或最小横向偏差飞越直线及弧线以连接任务航点。

1. 比例导引

视线(LOS)及其变体在今天依旧是最简单且最受欢迎的制导律[37]。在标记轨道已知的情况下,比例导引(PN)制导律是一项适用于任何情况的策略。根据这一法则,飞机的机动性与视线率成比例。这是基于以下事实得到的:如果目标和飞机的速度恒定,那么在冲突轨迹上,视线率为零。有两种可能影响制导回路的基本扰动，即目标和初始状态。制导律的设计是为了在飞行路径上引导飞机在安全界限内飞行。安全界限可以是一个最小半径的圆和/或圆柱体，以防止碰撞。

飞机质心的瞬时值为 $\boldsymbol{R}(t)$，其期望值为 $\boldsymbol{R}_{\mathrm{T}}(t)$，它们相对于固定参照系的速度分别为 $\boldsymbol{V}(t)$ 及 $\boldsymbol{V}_{\mathrm{T}}(t)$。目标相对于飞机的瞬时位置为

$$\boldsymbol{e}(t)=\boldsymbol{R}_{\mathrm{T}}(t)-\boldsymbol{R}(t) \tag{4.92}$$

$$\boldsymbol{V}_{e}(t)=\frac{\mathrm{d}\boldsymbol{e}}{\mathrm{d}t}=\boldsymbol{V}_{\mathrm{T}}(t)-\boldsymbol{V}(t) \tag{4.93}$$

使用以下控制律进行引导，即

$$\boldsymbol{V}_{e}(t)=\boldsymbol{K}(t)\boldsymbol{e}(t) \tag{4.94}$$

式中：$\boldsymbol{K}(t)$ 为时变增益矩阵。

应用于飞机上所需的加速度控制 $U(t)$ 为

$$\boldsymbol{U}(t)=\frac{\mathrm{d}\boldsymbol{V}_{e}}{\mathrm{d}t}=\boldsymbol{K}(t)\boldsymbol{V}(t)+\dot{\boldsymbol{K}}(t)\boldsymbol{e}(t) \tag{4.95}$$

制导问题的状态向量选择为

$$\boldsymbol{X}(t)=(\boldsymbol{e}(t),\dot{\boldsymbol{e}}(t))^{\mathrm{T}} \tag{4.96}$$

这里产生了线性反馈定律，即

$$\boldsymbol{U}(t)=(\dot{\boldsymbol{K}}(t),\boldsymbol{K}(t))\boldsymbol{X}(t) \tag{4.97}$$

这种比例导引制导很容易实现。

对于飞机交会来说，一项合适的导引策略能够同时实现零脱靶距离及零相对速度。

一个简单的方法就是将瞬时速度误差 $\boldsymbol{V}(t)$ 与加速度误差 $\boldsymbol{a}=\dot{\boldsymbol{V}}_{\mathrm{T}}(t)-\dot{\boldsymbol{V}}(t)$ 对准。这意味着速度与加速度误差的乘积必须为零，即

$$\boldsymbol{V}\cdot\boldsymbol{a}=0 \tag{4.98}$$

这样的导引法则也称为向量积转换[213]。

2. 伴随方法

终端制导考虑的是两个速度恒定的物体在同一平面上向着碰撞点运动的问题。对于标称碰撞三角形，假设存在小扰动。

这种情况下，视线（LOS）偏差 λ 很小。视 R 为范围，$V_{\mathrm{c}}=-\dot{R}$ 为接近速度。通常，小扰动是用参考线假设的；在这种情况下，接近速度假定为常数。那么沿着视线，最终时间 T_{f} 及所剩时间 $t_{\mathrm{g_o}}$ 定义为

$$T_f = \frac{R_0}{-\dot{R}} = \frac{R_0}{V_c} \tag{4.99}$$

$$t_{go} = \frac{R}{-\dot{R}} \tag{4.100}$$

脱靶距离 m 定义为

$$m = y(T_f) \tag{4.101}$$

式中:y 为与初始视线垂直的相对间隔。比例导引制导律表明,垂直于视线的飞机加速度指令 n_c与视线率成比例,即

$$n_c = N'V_c\dot{\lambda} \tag{4.102}$$

式中:N'是导引常数[213]。

3. 模糊制导方案

总体制导方案由两部分组成,即航点生成器和模糊制导系统。期望轨迹由一系列航点确定的,对于两个连续航点之间的路径不存在任何要求[88]。航点生成器保存 5D 的航路点列表,检查飞机的位置,并在误差允许范围内达到前一个航点时更新后续航点。航点生成器的唯一任务就是给模糊制导系统(FGS)提供实际的航点[216-217]。

航点周围存在球形公差,其定义为实际达到的目标。在航点生成器及模糊制导系统之间进行坐标转换,以将地球固定坐标系的位置误差转换为航点坐标系的分量。每一个航点定义了一个以航点位置(x_w,y_w,z_w)为中心的坐标系,并绕 z 轴旋转其航向角χ_w。γ_w是航点的航迹角。坐标转换使航点坐标系内有效合成模糊规则集成为可能,该坐标系相对于预期航点的方向χ_w是不变的。当到达一个航点之后,选择下一个航点,改变实际参考值并更新旋转矩阵,以将位置和方向误差转换到新的航点坐标系中。

利用解耦闭环惯性动力学,设计飞机自动驾驶仪来跟踪预期航速、航向角和航迹角 V_d、γ_d、χ_d,并合成了 3 个独立的 Takagi - Sugeno 控制器来构成模糊制导系统。

(1) 第一个控制器利用高度误差,为自动驾驶仪提供预期航迹角 γ_d,有

$$e_z = z_w - z_A \quad \gamma_d = f_\gamma(e_z) \tag{4.103}$$

状态向量$(V_A、\gamma_A、\chi_A、z_A)^T$分别表示飞机的速度、航迹角、航向和高度。

(2) 第二个控制器计算飞机的预期速度,即

$$e_V = V_w - V_A \quad V_d = V_w + f_V(e_V) \tag{4.104}$$

（3）利用沿 X、Y 轴的位置误差和航向误差 e_χ，第三个控制器负责产生预期航向角 χ_d。

当预期航点穿越速度 V_w 与 V 差别极大时，在特定配平空速值下设计的模糊规则集的跟踪性能就会不足[88]。为了适应较大的 e_χ 值来研究干扰的影响，为飞机相对于穿越速度 V_w 的速度差建模，这里引入了与速度相关的位置误差比例系数。旋转矩阵为

$$\boldsymbol{R}(\chi_w)=\begin{pmatrix}\cos\left(\chi_w+\dfrac{\pi}{2}\right) & \sin\left(\chi_w+\dfrac{\pi}{2}\right)\\ -\sin\left(\chi_w+\dfrac{\pi}{2}\right) & \cos\left(\chi_w+\dfrac{\pi}{2}\right)\end{pmatrix} \tag{4.105}$$

航点坐标系中的位置误差表示为

$$\begin{pmatrix}e_x^w\\ e_y^w\end{pmatrix}=\boldsymbol{R}(\chi_w)\begin{pmatrix}x-x_w\\ y-y_w\end{pmatrix} \tag{4.106}$$

速度补偿位置误差 $e_{x_c}^w, e_{y_c}^w$ 定义为

$$\begin{pmatrix}e_{x_c}^w\\ e_{y_c}^w\end{pmatrix}=\frac{V^*}{V^w}\begin{pmatrix}x-x_w\\ y-y_w\end{pmatrix} \tag{4.107}$$

式中：V^* 为设计模糊制导系统隶属规则时的空速值。这样，当所需的航点穿越速度 V^w 大于 V^* 时，模糊制导系统用来引导飞机向着预期方向航点飞行的位置误差就被放大了；否则减小。

注 4.6　如果 $V^*\to 0$，式（4.107）可能会发散。但这与操作条件不相关，因为穿越航点所需的速度需要根据飞机的飞行参数来定义，且必须避免失速速度的出现。

最后，模糊控制器生成的预期航向角为

$$\chi_d=\chi_w+f_\chi(e_{X_c}^w, e_{Y_c}^w) \tag{4.108}$$

模糊制导系统是基于 Takagi - Sugeno 系统模型的，该模型由混合的 IF - THEN 规则描述。使用加权平均解模糊，每个模糊控制器的输出定义为

$$Y=\frac{\sum_{k=1}^{m}\mu_k(\boldsymbol{X})U_k}{\sum_{k=1}^{m}\mu_k(\boldsymbol{X})} \tag{4.109}$$

式中：$\mu_i(X)U_i$ 为输入 X 到第 i 个区域的第 i 个隶属函数。隶属函数的形式为高

斯曲线簇，有

$$f(\boldsymbol{X},\sigma,c)=\exp\left(-\frac{(\boldsymbol{X}-c)^2}{\sigma^2}\right) \tag{4.110}$$

根据预期方向和飞机的角速率限制，定义了模糊规则。设计了模糊知识库，利用最大线速度、角速度及加速度生成可飞行轨迹。模糊制导系统为不同的航点提供不同的预期飞行轨迹和航向角指令。高度和速度控制器的实现是通过直接使用 Takagi - Sugeno 模型。对于高度来说，输入是高度误差 e_z，输出是预期的飞行航迹角 γ_d。每一项输入与输出都由 4 组模糊集所映射。

(1) 如果 e_z 是 N_∞（大的负误差），那么 γ_d 是 P_∞。

(2) 如果 e_z 是 N_s（小的负误差），那么 γ_d 是 P_s。

(3) 如果 e_z 是 P_s（小的正误差），那么 γ_d 是 N_s。

(4) 如果 e_z 是 P_∞（大的正误差），那么 γ_d 是 N_∞。

这里，一般输出常数 P_s 表示输出值 s，常数 N_s 表示输出值 $-s$。

速度控制器与高度控制器是相似的。3 组输入模糊集用于速度误差 e_V，三组用来得出输出结果 ΔV_d：

(1) 如果 e_V是 N_∞（负误差），那么 ΔV_d是 P_s。

(2) 如果 e_V是 ZE（近零误差），那么 ΔV_d是 P_0。

(3) 如果 e_V是 P_∞（正误差），那么 ΔV_d是 N_s。

水平面(x,y)的制导更为复杂。水平面模糊控制器从比例位置误差 $e_{x_\mathrm{c}}^\mathrm{w}$、$e_{y_\mathrm{c}}^\mathrm{w}$ 及航向误差 e_χ得到输入。沿 X 轴的误差被编码成 5 组模糊集。

(1) N_∞ 为大的负横向误差。

(2) N_s 为小的负横向误差。

(3) ZE 用于接近精确校准。

(4) P_s 为小的正侧向误差。

(5) P_∞ 为大的正侧向误差。

在 Y^w轴的误差也定义了 3 组模糊集。

(1) ZE 用于飞机通过的航点。

(2) N_s 用于飞机之后的航点。

(3) P_s 用于飞机之前的航点。

最后，航向误差可以用 7 组模糊集编码。在使用式(4.109)时，将 m 个模糊规则分为 S 个组，每个组都有 K 个规则：$m=SK$。S 组与 xy 平面上的 S 区域相对应。由前可得

$$Y=\frac{1}{C(X)}\sum_{i=1}^{s}\sum_{j=1}^{K}\mu_i^{xy}(e_{X_\mathrm{c}}^\mathrm{w},e_{Y_\mathrm{c}}^\mathrm{w})\mu_{ij}^{x}(e_x)U_{ij} \tag{4.111}$$

或

$$Y = \frac{1}{C(X)}\sum_{i=1}^{s}\mu_i^{xy}(e_{X_c}^{w}, e_{Y_c}^{w})\delta_i^{x}(e_x) \tag{4.112}$$

其中,

$$Y = \sum_{i=1}^{s}\frac{\mu_i^{xy}(e_{X_c}^{w}, e_{Y_c}^{w})}{C(x)}\delta_i^{x}(e_x) = \sum_{i=1}^{s}\bar{\mu}_i^{xy}(e_{X_c}^{w}, e_{Y_c}^{w})\delta_i^{x}(e_x) \tag{4.113}$$

假设其他区域的贡献接近于零,在第 p 区域的中间,$(e_{X_c}^{w}, e_{Y_c}^{w})$可以得到补偿,即

$$Y(e_{X_c}^{wP}, e_{Y_c}^{wP}) = \bar{\mu}_p^{xy}(e_{X_c}^{wP}, e_{Y_c}^{wP})\delta_p^{x}(e_x) + \sum_{i=1, i\neq p}^{s}\bar{\mu}_i^{xy}(e_{X_c}^{w}, e_{Y_c}^{w})\delta_i^{x}(e_x) \tag{4.114}$$

或

$$Y(e_{X_c}^{wP}, e_{Y_c}^{wP}) \approx \bar{\mu}_p^{xy}(e_{X_c}^{wP}, e_{Y_c}^{wP})\delta_p^{x}(e_x) \tag{4.115}$$

式(4.115)说明,一旦位置误差$(e_{X_c}^{wP}, e_{Y_c}^{wP})$的模糊集固定,$e_x$的模糊集定义就应该通过首先查看 XY 平面上的每个区域,然后添加累计结果来计算。在这一假设下,为航向误差定义了 7 组模糊集 $e_x \in \{N_b, N_m, N_s, ZE, P_s, P_m, P_b\}$,b 代表大,m 代表中,s 代表小。

因此,模糊制导系统的预期目标如下。

(1) 按规定顺序到达一系列航点的能力。

(2) 在航路交叉点,明确飞机速度及航向的可能性。

(3) 快速重新配置航点设置以响应任务场景变化的能力。

(4) 到达固定航点并跟踪和到达移动的航点。

在操作方案中,航点生成器可以与任务管理系统连接,任务管理系统在需要时更新航点。

4.3.2 静止障碍物规避

环境的基本表现形式是构型空间和网格占位。在构型空间中,环境的维度和所有障碍物的坐标都已给定。在网格占位中,环境以特定分辨率被指定,单个像素点不是代表自由空间就是代表障碍物[31]。表示地图及飞机在地图上位置的方法有很多。自由区及障碍物可以由多面体表示,每个多面体由一系列顶点或边组成。这可能是非常紧凑的结构,但是确定飞机与障碍物之间潜在的碰撞可能需要检测非常多的边缘。简单一点的表达是网格占位。将环境看作网格单元,每个单元格都被标记为已占用或未占用。

运动规划是通过一套完整的算法实现的,包括碰撞检测[78]、配置采

样[103,128]和路径规划[123]。可以将其分为静态和动态两种类型,静态条件下,进行规划前所有障碍物的配置都是已知的;而动态条件下,规划者只有通过实时区域环境感知,才能得知环境(障碍物)信息。

鉴于这些方面的性质十分多样又复杂,大多数运动规划的拟议工作都集中于审议一般性问题的一些方面。自主任务规划的能力被视为无人机关键使能技术之一。算法的优化使得在距离、时间和燃油方面都安全、高效的线路成为可能,这是十分重要的[148]。

研究静态障碍物中路径规划问题的统一框架是构型空间(C-space)。C-space的主要思想是将飞机以一个点表示,这个点称为构型。C-space是所有可能构型的集合;C-free是C-space中没有障碍物的区域。环境中的障碍物变成了C-space中的C-obstacles。

基于采样的路径规划方法的主要思想是通过采样C-space来避免对C-obstacles进行穷举构造。采样方案可以是确定性的[151,153],也可以是概率性的[133,149]。接下来的关键问题是使用有效的网格搜索算法来寻找度量意义上的最优路径。

定义4.2 度量(Metric)定义为C-space中两个构型之间的距离,C-space就成为了一个度量空间。这个度量可以被看作一架特定飞机从一个构型到达另一个构型的成本。

网格搜寻算法是一项优化技术,它可以连续执行探索和开发过程。

(1) 探索过程建立了最小代价的映射,可以称之为从起始构型到目标构型的距离函数。

(2) 开发过程是从目标配置到起始配置的回溯。

精确的环境映射对路径规划过程至关重要[37]。

(1) 定性或拓扑映射表示的特征没有参考数值数据,所以几何上是不精确的。它由节点和弧线组成,顶点表示特征或地标。

(2) 定量或度量映射采用了一种基于航点或子目标进行路径规划的数据结构,这种数据结构包括草地图、Voronoi图、规则的网格占位及四叉树映射。

规划既可以由连续的也可以由离散的任务来制定[199,162]。连续方法包括势场、矢量场直方图法和错误算法等;离散方法包括可视图规划法、Voronoi图法和A^*算法等[7,9,23,41,117]。

1. 离散方法

在离散规划中,系统模型一般都是由图来呈现的,被称为转换系统。节点表示状态,边表示状态间的转换,并通过完成这些转换的动作来标记。基于采样方法的一个重要特征就是可行轨迹所需的控制器是在勘探过程中自动生成的。

虽然许多导航算法直接对环境进行描述，但一些像 Dijkstra 或 A^* 之类的算法，需要将距离图作为输入。距离图是更高层次的环境描述，它不包含完整的环境信息，但它允许有效的路径规划步骤。四叉树方法可以识别周围有一定自由空间的点，而可视图法则是通过使用障碍物的拐角点来完成这一任务。

其他的方法可以基于地标将几何环境抽象成拓扑图。规划在这一拓扑图上进行。规划的路径必须转换回几何空间，以便进行连续的运动控制。在得到离散的路径信息之后，就需要为飞机生成一条可用且安全的路径，以使其能够从一个节点飞到另一个节点，该路径要符合所有运动学和动力学约束。许多规划算法在规划到达目标点路径时，会使用 A^*、D^*、Voronoi 图、概率路线图（PRM）法或快速搜索随机树（RRT）法来解决避障问题。在文献[72]中，Goerzen 从自主飞行器制导的角度回顾了文献中确定性运动规划算法。

定义 4.3 有向图(N,E)(Directed Graph(N,E))是一种结构，其中 N 是一组列节点或顶点，E 是一组连接节点的边($E \subseteq N \times N$)。在路径规划中，节点通常表示空间中的位置，而边则能决定是否有可能在这些位置之间进行直接传递。

无人机有严格的有效载荷和功率限制，这限制了用来收集无人机周围环境状况信息的传感器的数量和种类。在文献[105]中，对路径进行规划，以从所需区域进行最大限度的信息收集，同时避开禁止区域。

图像搜索算法在给定环境中寻找可行的路径。图像搜索的例子是确定性图像搜索技术，如 A^* 搜索算法、Voronoi 图搜索及基于概率采样的规划器。尽管这些算法主要用于全局路径规划，但为了减少计算时间，已经通过修改算法来实现反应式规划器。

智能自主飞行器的运动学与动力学特性自然会产生微分约束。当一条路径被纳入规划过程中时就已经满足了这些约束[112]。由于在微分约束中规划十分不易，所以几乎所有的规划算法都是基于采样而非组合的。从初始状态 X_0 可以通过应用所有离散化动作序列来形成可达树。基于采样的算法通过探索一个或多个离散化得到的可达树来进行。在某些情况下，将这些可达树调节到规则的网格结构是有可能的。在这种情况下，规划与网格搜索类似。通过将标准图像搜寻算法应用于网格，可以找到解法轨迹。如果没有发现解法，则可能需要提高分辨率。

允许飞机自主快速计算三维路径的规划算法也可以遵循启发式方法[211]。该算法是在虚拟世界中开发和验证的，这一虚拟世界复制了飞机飞行的真实世界。真实世界中的元素，如地形和障碍物都被表示为基于网格的模型。这种算法也是基于图像的，但旨在增加部分探索空间，通过迭代方法识别三维空间中的几个节点。

1）确定性方法

已经提出的几种方法主要是基于可视图的构建。按照这种方法，图中的节点是飞机将要飞过的候选路径点，且每条弧线代表了它们之间的近似路径。为了构建可视图，需要确定节点集以及连接它们而不与障碍物相交的弧线。

（1）可视图。

可视图使用障碍物的拐点。如果将环境表示为构型空间，则所有障碍物的多边形描述都是可用的。障碍物边界线的所有起、终点列表以及自主飞行器的起始点和目标位置都是可用的。然后，通过将每个节点位置与其他节点位置连接起来，就可以构建一幅完整的图形。最后，删除所有与障碍物相交的线，只留下允许从一个节点直接飞到另一个节点的线。算法1的特点如下。令 $\boldsymbol{V}=\{v_1,\cdots,v_n\}$ 为构型空间中多边形顶点的集合，即起始构型和目标构型。为了构建可视图，必须确定其他可见顶点 $v\in\boldsymbol{V}$。最简单的方法是检测所有线段 $vv_i(v\neq v_i)$ 来查看它们是否与任何多边形的边相交。更有效的方法是旋转扫描算法。对于从 v 来计算可见顶点集的问题，扫描线 I 是由 v 发出的半线，在这一过程中，使用了 $0\sim2\pi$ 的旋转扫描线 I。

算法1：可视性算法

(1) 输入：一组顶点 $\{v_{\mathrm{i}}\}$（其边缘不相交）及顶点 v
(2) 输出：在 v 视线内 $\{v_{\mathrm{i}}\}$ 的顶点子集
(3) 对于每个顶点 v_{i}，计算从水平轴到线段 vv_{i} 的角度 α_i
(4) 创建顶点列表 ϵ，其中包含以递增顺序排列的 α_i
(5) 创建活动列表 S，其中包含从 v 发出的与水平半线相交的已排序的边缘列表
(6) for all α_i do
(7) if v_{i} 对于 v 是可视的
(8) then 将边 (v,v_{i}) 添加到可视图
(9) end if
(10) if v_{i} 是边 E 的起始且不在 S 中
(11) then 插入边缘 E 到 S
(12) end if
(13) if v_{i} 是 S 中一条边的终点
(14) then 从 S 删除这条边
(15) end if
(16) end for

该算法以增量方式维护了与 I 相交的边的集合，按照从 v 的距离增加顺序排列。如果顶点 v_i 对 v 可见，则应将其添加到可视图中。判断 v_i 是否对 v 可见是十分简单的。令 S 是与从 v 发出的半直线 z 相交已排序边的列表，随着算法的

运行,该集合逐步构建。如果线段 vv_i 不与 S 中的闭合边相交,且如果 I 不位于入射到 v 的两条边之间(扫描线不再与内部障碍物在 v 处相交),那么 v_i 对 v 是可见[17]。

(2) Voronoi 算法。

一组平面点(称为位点)的 Voronoi 图是一组 Voronoi 单元格。每个单元格对应一条边,并且由比其他点更靠近其位置的所有点组成。单元格的边缘是与两个最近位点等距的点。广义的 Voronoi 图包括通过测量到物体而非点的距离来定义的单元格。

定义 4.4 平面普通 Voronoi 图(Planar Ordinary Voronoi Diagram):在欧几里得平面中,给定有限个不同的点集,该空间中的所有位置都与点集中距离(欧几里得距离)最近的成员相关联。结果是将平面细分为一组与点集成员相关联的区域。这个细分称为平面普通 Voronoi 图,由点集、构成 Voronoi 图的区域和普通 Voronoi 多边形生成[143]。

在恶劣的环境中,Voronoi 图可以将随机分散点定义的空间分解为单独的单元格,这样,能够使每个单元格都包含一个点,这个点比其他任何点都更靠近该单元格中的所有元素[49]。该图是通过使用 Delaunay 三角测量及其双曲线 Voronoi 图来构建的。这种单元格分解的过程始于分散点位置和数量的先验知识。由 3 个 Voronoi 位点组成的三角形,其中不包括该外接圆的其他任何点,称为 Delaunay 三角刨分。将所有边连接在一起就形成了多边形,这些多边形构成了 Voronoi 图。

考虑到三维网络的形成,由于区域、最近邻和凸多面体的唯一性,在文献[159]中使用三维 Delaunay 方法来划分空间。

由于很难精确地控制飞机来跟随最小距离路径且不存在与障碍物碰撞的风险,因此采用了许多基于骨架的路线图方法。Voronoi 方法构建了一副骨架,该骨架与障碍物的距离最远,并能找到跟随该骨架的最短距离路径。该算法是一种二维算法,完整但不是最优的。Voronoi 图是度量空间的一种特殊分解,由到空间中的特定离散对象集的距离决定[143]。给定一组点集 S,生成相应的 Voronoi 图;每个点 P 都有自己的 Voronoi 单元格,它由所有比其他任何点都更靠近 P 的点组成。多边形之间的边界点是到共享生成器距离的点的集合[7]。

Voronoi 算法的工作原理是构建一个到障碍物距离最短的点的骨架。环境中的自由空间 F(白色像素点)已被定义,同样已占空间(黑色像素点)也被定义。$b' \in F'$ 是 $p \in F$ 的一个基点,条件是当且仅当 b 与 F' 中其他所有点相比较时,到 p 的距离最短。Voronoi 图定义为 $\{p \in F, p$ 至少有两个基点$\}$。典型的计算单位已在算法 2 中给出。第一行将 ϵ 设置为最大精度,而第 3 行计算一些数据。第 4 行检查拓扑条件,第 6 行放宽 ϵ 阈值,第 7 行确保 ϵ 复位。第 10 行对输入的正确性进行本地检查,第 13 行修正输入数据中的问题。最后第 14 行以最佳可能性取代修正。如果 ϵ 阈值的放宽及启发式的多级恢复过程,并没有帮助计算出满足拓扑条件的数据,那么代码最终进入绝望模式,因为最佳值会被最佳可能性替代。

算法 2:Voronoi 算法

(1) ϵ = 下界
(2) 重复
(3) x = 计算数据(ϵ)
(4) 成功 = 检查条件(x,ϵ)
(5) If(不成功)那么
(6) $\epsilon = 10\epsilon$
(7) 适当的数据结构复位
(8) 直到(成功)或者 ϵ 大于上界
(9) ϵ = 下界
(10) 如果(不成功)那么
(11) 不合法 = 检查输入()
(12) 如果(不合法),那么
(13) 清除本地数据
(14) 从头开始计算
(15) else
(16) x = 绝望模式()

这种方法的一个问题是,它允许线路非常接近障碍物,因此这仅适用于理论上的机器人。然而,在应用该算法之前,只要将每个障碍物的尺寸放大到自主飞行器最大尺寸的一半以上,就可以很容易地解决这个问题。

(3) Dijkstra 算法。

Dijkstra 算法是一种计算全连通图中给定起始节点的所有最短路径的方法。该算法需要所有节点之间的相对距离信息。在循环中,每步都选择最短距离的节点。然后计算节点到其所有邻近点的距离并储存前驱路径。通常用距离表示与每条边相关的成本,但如安全性、间隙等的其他条件也可以纳入成本函数。

该算法的工作原理是保持每个顶点与起始顶点的最短路径距离。此外,也会保持每个顶点的一个后向指针,这些指针指示从起始点到哪一个相邻顶点的路径是最短的。因此,到某个顶点的最短路径可以通过跟随后向指针返回到起始顶点来读出。从起始顶点起,最短路径距离在图中传播,直到所有顶点都接收到它们的实际最短路径距离为止。

Dijkstra 的算法解决了加权有向图 $\boldsymbol{G} = (\boldsymbol{V},\boldsymbol{E})$ 上的单源最短路径问题,在这

种情况下，每条边$(u,v) \in \boldsymbol{E}$的权重都是非负的，即$w(u,v) \geqslant 0$。该算法维护了一组顶点S，这些顶点距离源s的最终最短路径权重已经确定。该算法反复选择顶点$u \in V - S$，以最短路径进行估计，将u添加到S中，并放宽所有远离u的边。

算法3：Dijkstra算法

(1) 初始化－单个－源(G,s)
(2) $S = \varnothing$
(3) $Q = G.V$
(4) while$Q \neq \varnothing$
(5) u = 提取－最小值(Q)
(6) $S = S \cup \{u\}$
(7) 对于每个顶点$v \in G.\mathrm{Adj}[u]$
(8) 放宽(u,v,w)

Dijkstra算法3的工作原理如下。第1行初始化d和π值，第2行将集合S初始化为空集。在while循环（第4～8行）的每次迭代开始时，该算法保持$Q = V - S$不变。第3行初始化最小优先级队列Q，以包含V中的所有顶点。由于此时$S = \varnothing$，所以在第3行之后，不变量为真。每次通过第4～8行的while循环时，第5行会从$Q = V - S$中提取一个顶点u，且第6行会将其添加到集合S，从而保持不变的状态。因此，顶点u具有$V - S$中任何顶点的最小的最短路径估计值。然后，第7～8行放宽每条远离u的边(u,v)，如果到v的最短路径可以改进，就可以更新$v.d$及前导$v.\pi$。

因为Dijkstra的算法总是选择$\boldsymbol{V} - \boldsymbol{S}$中最轻或最近的顶点添加到集合$S$，所以它是一种贪婪策略。贪婪算法一般不会产生最佳结果，但Dijkstra算法能够计算最短路径。

可以提出一个混合方法。一种使用Dijkstra算法构建可视图的方法，以求找到从每个节点到目标的近似最短路径，并最终实现混合整数线性规划滚动时域控制以计算最终轨迹。

(4) A*算法。

A*算法是基于Dijkstra算法的，它将图像中的搜索重点放在目标上。添加启发式值到目标函数中。它必须是对当前顶点到目标顶点距离的下界估计。A*启发式算法计算从一个给定起始节点到一个给定目标节点的最短路径。该算法需要所有节点之间的相对距离信息以及从每个节点到目标的距离下界的距离图。在每个步骤中，添加具有最短距离的相邻节点（包括到目标的剩余距离的估计），它仅扩展当前最短路径。当在优先级队列中处理完目标顶点后，算法停止。

算法 4：A^* 算法

(1) 输入：一幅图像

(2) 输出：起、终节点之间的路径

(3) 重复

① 从 O 选取 n_{best} 使得 $f(n_{best}) < f(n)$

② 从 O 移除 n_{best}，并加到 C 中

③ 如果 $n_{best} = q_{goal}$，退出

④ 扩展 n_{best}：对于所有没有在 C 中的 $x \in \mathrm{Star}(n_{best})$

⑤ if $x \notin O$

⑥ then 将 x 添加到 O

⑦ else if $g(n_{best}) + C(n_{best}, x) < g(x)$

⑧ then 更新 x 的后向指针到 n_{best}

⑨ end if

(4) 直到 O 为空

这种方法的伪代码可以表示为算法 4。如果启发式是可允许的，即对于所有 s 来说，如果 $h(s) \leqslant c^*(s, s_{goal})$，那么 A^* 算法保证在最佳运行时间内找到最优解。如果启发式也是一致的，即如果 $h(s) \leqslant c^*(s, s') + h(s')$，那么可以证明没有一个状态被 A^* 算法进行了一次以上的扩展。它有一个优先级队列，其中包含按优先级排序的节点列表，优先级由图中从起始节点到启发式算法的距离之和决定。第一个放入优先级队列的节点自然是起始节点。接下来，通过将起始节点的所有相邻节点放入按其相应优先级排序的优先级队列中来扩展起始节点。这些节点可以自然地嵌入到自主飞行器的可用空间中，因此具有对应于在相邻节点之间穿行所需成本的值。A^* 算法的输出是后向指针路径，它是从目标开始并回到起点的一系列节点。A^* 算法与 Dijkstra 算法的不同之处在于，A^* 算法以 $g(s) + h(s)$ 的最小值在 OPEN 下对状态 s 进行扩展，其中 $h(s)$ 是启发式函数，它能估计从 s 移动到 s_{goal} 的成本。令 $c^*(s, s')$ 表示 s 及 s' 之间最优解的成本。开放列表保存了作为候选解决方案找到的亲代节点的信息。网格中的三维单元格不仅使用了邻域中相同高度层的元素，而且还具有上下位置的单元格节点。使用了两个附加结构，即一个开放集合 O 和一个封闭集 C。开放集合 O 是优先级队列，封闭集合 C 包含了所有已处理的节点[17]。当前点与目的地目标之间的欧几里得距离除以最大可能的标称速度，可以用作启发式函数。这种选择确保启发式成本总是低于从给定节点达到目标的实际成本，从而保证了最优解。

在基于采样的路径规划算法中，轨迹基元提供了一种有效的局部求解方法，

以相对较低的计算成本在复杂环境中产生可行但次优的轨迹。传统轨迹基元的扩展允许在整个路径以连续的航向和轨迹角进行三维机动。这些扩展包括简单的转换及额外的机动,可以确保对局部规划问题的封闭式解决方案,从而保持较低的计算成本[96]。

2）概率法

基于采样的运动规划算法,已被设计并成功地运用于计算各种环境下的概率完全解。两种最成功的算法包括概率路线图法(PRM)及快速搜索随机树法(RRT)。在较高的水平上,随着越来越多的样本被随机生成,这些技术通过捕获更大一部分自由空间的连通性,来提供无冲突的路径[114]。

(1) 概率路线图法。

概率路线图法(PRM)对地图进行稀疏采样,分两阶段创建路径,即规划阶段和查询阶段。查询阶段使用规划阶段的结果,来查找从初始构型到最终构型的路径。规划阶段寻找位于自由空间的 N 个随机点。每个点通过一条不跨越任何障碍物的直线路径与距其最近的点相连,以便创建不相交部分数量最小且无循环的网络或图形。图的每条边都有一个相关的成本,即节点之间的距离。该规划器的一个优点是,一旦规划阶段创建了路线图,目标和起点就可以轻松改变。只需要重复查询阶段。

PRM 算法将离线构建的路线图与从路线图中随机在线选择的合适路径相结合。然而,由于离线构造路线图,该算法不能应用于快速变化的环境。

上述路线图方法能在给定路径上找到最短路径。大多数路径规划方法处理的问题是如何创建这样的图。为了在路径规划应用中起到作用,路线图应该很好地表示自由配置空间的连通性并覆盖该空间,以便任何查询配置都可以轻松地连接到路线图。PRM 是一种完备的概率法,它能够解决任意高维构型空间中复杂的路径规划问题。PRM 的基本概念是,并不试图对所有 C-space 进行采样,而是对其进行概率采样。该算法分为两个阶段:路线图构建阶段在 C-space 中构建路线图;线路图查询阶段使用路线图进行概率搜索以加快搜索速度。

① 路线图构建阶段。尝试捕获自由构型空间的连通性。在自主飞行器的 C-space 中构造无向无环图,当且仅当在与航点相对应的节点之间可以找到一条路径时,连接节点。路线图的完善可以通过在 C-space 中随机选择新的位置,并尝试从新的位置找到一条到图中一个已知节点的路径,同时保持路线图的非循环性质来进行。这依赖于局部路径规划器从路线图中随机选择的位置以及一个或多个节点中识别可能的路径。尽管有时可以保证其性能,但是选择何时停止构建路线图以及本地路径规划器的设计取决于特定应用。局部规划(m 个航点、e 条边)使用局部规划器连接附近的航点,并形成路线图。局部规划检查两

个航点之间是否存在一条局部路径,这对应于路线图上的一条边。许多方法可用于局部规划。最常见的方法是将两个航点之间的路径离散化为n_i个步骤,当所有中间样本都无冲突时,就存在局部路径,在这些步骤中执行离散冲突查询,这是 PRM 算法中最核心的部分。

② 线路图查询阶段。当两个构型 s 和 g 之间需要路径时,首先在路线图中找到从 s 到节点 $\bar{s}$ 以及从 g 到某个节点 $\bar{g}$ 的路径。然后使用路线图在 $\bar{g}$ 及 $\bar{s}$ 之间导航。每次查询后,可以将节点 s 和 g 以及连接它们到图形的边添加到路线图中。与构建阶段一样,查询阶段依赖于启发式路径规划器来查找构型空间中的局部路径。

算法 5:路线图算法

(1) 节点←样本 N 节点随机配置
(2) for 所有节点
(3) 找到最近的相邻点 k_{nearest}
(4) if 冲突检查且 $\gamma \leqslant \gamma_{\max}$,then 路线图←边缘
(5) end

在简单的情况下,局部规划器应该能够在很短的时间内找到两个配置之间的路径。给定配置和局部规划器,就可以定义一组尝试局部规划并将会成功的配置集。称该集合为某个局部规划器下节点的可见性区域。可见区域越大,局部规划器就越强大。上述的算法 5 中展示了最直接的采样方案,即在配置空间上均匀随机地采样配置。

每个节点都要进行最近邻搜索。连接两个节点之前,构建阶段必须满足几个约束。

(2) 快速搜索随机树法。

快速搜索随机树法(RRT)能够考虑飞机的运动模型。维护飞机的构型图,且每个节点是一个构型。图中的第一个节点是飞机的初始构型。选择随机构型并找到构型最接近的节点。这一点在距离及方向的成本函数方面与构型是很接近的。计算出一种在固定时间内将飞机从近构型移动到随机构型配置的控制。它达到的点是一个新的点,并将其添加到路线图中。距离测量必须考虑到位置和方向上的差异,并且需要对这些量进行适当加权。如果随机点位于障碍物内,则需放弃该随机点。所得结果是一组路径或路线图。这些可行轨迹组成了随机树,而可行轨迹是通过向随机生成的目标状态扩展分支而在线构建的。

快速扩展随机树方法适用于同时具有代数约束和差分约束的高维空间的快

速搜索。其关键思想是通过对状态空间的点进行采样,并逐渐将搜索树拉向这些点,偏向于空间中未搜索的部分,从而快速而统一地搜索高维状态空间。必须构建一个图形结构,即节点位于搜索位置,边用来描述从一个节点移动到另一个节点所需的控制输入。由于具有较大 Voronoi 区域的顶点被选为 x_{near} 的概率更高,并且它会被拉到尽可能接近随机选择的状态,所以较大 Voronoi 区域的大小会随着树的增长而减小。因此,该图能够均匀、快速地搜索状态空间。基本 RRT 算法的操作如下:总体策略是使树从初始状态逐渐增长到目标状态。该树的根是初始状态;在每次迭代中,随机抽取一个样本并计算其在树中的最近邻,然后通过向随机样本增加最近邻来创建新节点。

每个步骤都在状态空间中选择一个随机状态 x_{rand}。然后,树中在度量 ρ 中最接近 x_{rand} 的 x_{near} 被选定。输入 $u \in \boldsymbol{U}$,作用于 Δt 内,使其从 x_{rand} 移动到 x_{near}。在潜在的新状态中,选择尽可能接近 x_{rand} 的状态作为新状态 x_{new}。新状态作为新的顶点添加到树中。这个过程一直持续到 x_{new} 达到 x_{goal}。

已经提出了几种技术来提高 RRT 的性能,如偏置采样和降低度量灵敏度。在分解过程中,混合系统模型有时通过在单元格之间切换控制器来提供帮助。另一种可能性是追踪从目标反向生长的空间填充树。

算法 6:RRT 基本算法

---

(1) 建立 RRT(x_{init})

(2) G_{sub},初始化(x_{init})

(3) 对于 $k=1$ 进行最大迭代

(4) x_{rand}←随机 - 状态()

(5) x_{rand}←最近 - 邻点(x_{rand},G_{sub})

(6) u_{best},x_{new},成功←控制(x_{near},x_{rand},G_{sub})

(7) 如果成功

(8) G_{sub}. 添加 - 顶点 x_{new}

(9) G_{sub}. 添加 - 边缘 x_{near}、x_{new}、u_{best}

(10) 结束

(11) 返回 G_{sub}

(12) RRT - 扩大

(13) $V \leftarrow \{x_{init}\}, E \leftarrow \emptyset, i \leftarrow 0$

(14) 当 $i < N$

(15) $\boldsymbol{G} \leftarrow (\boldsymbol{V}, \boldsymbol{E})$

(16) x_{rand}←样本(i);$i \leftarrow i+1$

(17) $(\boldsymbol{V}, \boldsymbol{E})$←扩大($\boldsymbol{G}$,$x_{rand}$)

(18) 结束

---

2. 连续方法

1）滚动时域控制

滚动时域控制是模型预测控制的一个变体，在有限的规划时域内，反复地在线求解有约束的优化问题。在每次迭代中，通过使用预测飞机未来行为的飞机动态模型，来计算总路径的一部分。生成一系列满足动态约束和环境约束的控制输入和结果状态，并对某些性能目标进行优化。然而，实际上只要这些输入的一部分得到了实施，并随着飞机机动和新的测量数据的出现，会不断进行优化。当在线探索环境时，此方法十分有用。

2）混合整数线性规划

混合整数线性规划（MILP）将避撞问题看作带有一系列约束的优化问题来处理。目标或目标函数是为了使遍历几个航点所需的时间最小化。这些约束来自于问题约束（飞行速度、转弯半径）以及飞机必须与障碍物及其他飞行器保持安全距离的事实。

包括避撞在内的自主飞行器轨迹优化，可以表示为包含整数和连续变量的线性约束列表，称为混合整数线性规划。在文献[161]中的混合整数线性规划（MILP）方法使用间接分支定界优化法，以线性化形式重新构建问题，并使用商业软件来解决 MILP 问题。这证明了单个飞机防撞应用可以实行。然后，这种方法被推广到允许以给定的顺序访问一组航点。混合整数线性规划可以将连续线性规划扩展为包括二进制或整数决策变量，以将逻辑约束和离散决策与连续自主飞行器动力学一起编码。在文献[24,122,174]中介绍了基于 MILP 的最优路径规划方法。自主飞行器轨迹生成可以表述为在一定条件下的欧几里得空间中的三维优化问题，其特征为拥有一组决策变量、一组约束和目标函数。决策变量是自主飞行器的状态变量，即位置和速度。可以从自主飞行器及其环境的简化模型推导出约束条件。这些约束包括以下几个。

（1）动力学约束，如导致最小转弯半径的最大转向力以及最大爬升率。

（2）避障约束，如禁飞区。

（3）目标到达特定航点或目标的约束。

尽管最重要的标准是将飞抵目标的总飞行时间最小化，目标函数还是包括解决这个问题不同的质量度量。由于 MILP 可被视为一种几何优化方法，所以在 MILP 公式中，通常会在自主飞行器周围设置一个受保护的空域。可以通过增加受保护空域的大小，来处理源于观测的不确定因素及飞机动力学中因意外引起的随机性。MILP 法的优点是能够在航点之间用非均匀的时间步长进行规划。该方法的缺点是它需要将问题的所有方面（动力学、所有航点的时序排列及避撞几何学）指定为一份精心设计且拥有许多线性约束的列表，然后解算器的基本任务是找到同时满足所有这些约束的解决方案[194]。

然后,MILP 解算器获取这些目标和约束,并试图通过操纵影响一架飞机在每个时间步长中的转向力来寻找最优路径。虽然混合整数线性规划是一种很好的方法,但它还是会受到计算呈指数增长[161,174]所带来的影响。

3）经典势场法

人工势场法是一种基于电场的防撞算法。障碍物被模拟为斥力电荷;目的地(航点)被模拟为吸引电荷。然后将这些电荷的总和用于确定最安全的航行方向。

令 $\boldsymbol{X}=(x,y,z)^{\mathrm{T}}$表示无人机在空域中的当前位置。吸引势通常选择标准抛物线,它与目标距离的平方成正比,从而

$$U_{\mathrm{att}}=\frac{1}{2}k_{\mathrm{a}}d_{\mathrm{goal}}^{2}(\boldsymbol{X}) \tag{4.116}$$

式中:$d_{\mathrm{goal}}=\|\boldsymbol{X}-\boldsymbol{X}_{\mathrm{goal}}\|$ 为无人机目前位置 $\boldsymbol{X}$ 与目标 $\boldsymbol{X}_{\mathrm{goal}}$间的欧几里得距离;$k_{\mathrm{a}}$为比例因子。吸引力是吸引势的负梯度,有

$$F_{\mathrm{att}}(\boldsymbol{X})=-k_{\mathrm{a}}(\boldsymbol{X}-\boldsymbol{X}_{\mathrm{goal}}) \tag{4.117}$$

通过设置飞机速度矢量与矢量场力成比例,力 $F_{\mathrm{att}}(\boldsymbol{X})$以无人机接近目标时降低的速度,将无人机驱动到目标处。

排斥电势使无人机远离障碍物。无人机离障碍物越近,这种排斥电势越大,当无人机远离障碍物时,这种电势逐渐减小。障碍物 i 产生的排斥电势为

$$U_{\mathrm{rep}_i}(X)=\begin{pmatrix}\frac{1}{2}k_{\mathrm{rep}}\left(\frac{1}{d_{\mathrm{obs}_i}(\boldsymbol{X})}-\frac{1}{d_0}\right)^2 & d_{\mathrm{obs}_i}(\boldsymbol{X})\leqslant d_0\\ 0 & \text{其他}\end{pmatrix} \tag{4.118}$$

式中:i 为靠近无人机的障碍物的数量;$d_{\mathrm{obs}_i}(\boldsymbol{X})$为离障碍物 i 最近的距离;k_{rep}为比例常数;d_0为障碍物影响阈值。

$$F_{\mathrm{rep}_i}(\boldsymbol{X})=\begin{pmatrix}k_{\mathrm{rep}}\left(\frac{1}{d_{\mathrm{obs}_i}(\boldsymbol{X})}-\frac{1}{d_0}\frac{1}{d_{\mathrm{obs}_i}(\boldsymbol{X})}\right)\hat{e}_i & d_{\mathrm{obs}_i}(\boldsymbol{X})\leqslant d_0\\ 0 & \text{其他}\end{pmatrix} \tag{4.119}$$

式中:$\hat{e}_i=\dfrac{\partial d_{\mathrm{obs}_i}(\boldsymbol{X})}{\partial \boldsymbol{X}}$为表示排斥力方向的单位矢量,因此

$$\begin{pmatrix}\dot{x}_{\mathrm{d}}\\ \dot{y}_{\mathrm{d}}\\ \dot{z}_{\mathrm{d}}\end{pmatrix}=-(F_{\mathrm{att}}(\boldsymbol{X})+F_{\mathrm{rep}_i}(\boldsymbol{X})) \tag{4.120}$$

用势场法计算出期望的全局速度后，相应预期线速度 V_d 和姿态 χ_d、γ_d 也可求得，即

$$V_d = k_u \sqrt{\dot{x}_d^2 + \dot{y}_d^2 + \dot{z}_d^2} \tag{4.121}$$

$$\gamma_d = \arctan2\left(-\dot{z}_d, \sqrt{\dot{x}_d^2 + \dot{y}_d^2}\right) \tag{4.122}$$

$$\chi_d = \arctan2(\dot{y}_d, \dot{z}_d) \tag{4.123}$$

式中，引入增益 k_u 是为了在速度指令的权重中增加额外的自由度。设计了俯仰角和偏航角制导律，使得飞机的纵轴转向能够与势场的梯度一致。滚转角制导律旨在保持水平飞行。

谐波磁场法对于避免经典势场法的局部极小值是十分有用的[23]。

4.3.3 移动障碍物规避

智能自主飞行器需要一种防撞算法，也称为感知和避障，该算法用来监视飞行并为飞机提出警告以做出必要的回避动作。现在的挑战是开放和动态环境中进行自主导航，即环境中包含移动物体或其他飞行器在内的潜在障碍物，且这些障碍物未来的行为是未知的。考虑到这些特征，需要解决以下三大类问题[110]。

（1）动态环境下同步定位和映射。这一主题将在第 5 章讨论。

（2）移动障碍物的检测、跟踪、识别和未来行为预测。

（3）在线运动规划及安全导航。

在这样的框架下，智能自主飞行器必须通过机载传感器及其他方式不断地表征。就运动物体而言，该系统必须处理诸如解释快速机动飞机的出现、消失及临时遮挡等问题。它必须推理出它们未来的行为，从而做出预测。智能自主飞行器一定会面对双重约束：对可用于计算安全运动的响应时间的约束，它是一个环境动态性函数；另一个约束是对运动规划的时间有效性的约束，它是预测有效期的函数。

在充满动态对象及其他飞行器的先验未知环境中，路径规划是一个活跃的研究领域。通过使用显式时间表示，可以将问题转化为等效的静态问题，然后可以使用现有的静态规划器来解决这个问题。然而，这增加了表示的维数，而且需要周围物体的精确运动模型。维度的增加增大了规划的计算量（时间及内存），运动模型则会带来难以预测的问题。

有很多种处理静态和移动障碍物的方法，这些方法主要基于碰撞锥法。通

常，在与障碍物的安全距离内使用寻的制导律追踪航点就可以实现避撞。环境可以是动态的。云的行为非常复杂。一般地，在飞机导航中应避开云和湍流[214]。它们被认为是移动的障碍。有几种方法可以模拟它们在复杂环境中的行为。云/湍流的物理模型可以使用高斯色散法实现，该方法使用统计色散技术来预测云的行为。另一种建模方法是将由无人机拾取的点定义为顶点$\{v_i, i = 1,\cdots,N\}$。顶点由具有C^2接触点且恒定曲率为$\{\boldsymbol{\kappa}_{ij}\}$的线段连接。Splinegon 表示假定顶点的某种合理均匀分布[179]。每个顶点都有其曲率和长度，这些可以用来确定每个线段的矩阵。

文献[173]涉及开发一种算法，该算法在通过任意数量的可移动但非机动的障碍时能保持一定的安全距离。从三维碰撞锥状态开始，采用输入输出线性化方法设计了一种非线性制导律[38]。在考虑到闭环制导回路的收敛性和性能特性之后，确定其余的设计参数。制导框架是在约束优化问题的基础上开发的，它可以在避开多个障碍物的同时融入其他任务目标。

1. D* 算法

D* 算法具有许多对现实世界应用十分有用的特征。扩展的 A* 算法通过环境图找到最小成本路径，这里的环境变化速度比飞机的速度慢得多。它将网格占位概括为在水平方向和垂直方向上遍历每个单元格的成本图$c \in \mathbb{R}$。对角遍历单元格的成本是$c\sqrt{2}$；对于与障碍物相对应的单元格来说，$c = \infty$。D* 算法的主要特点是支持增量的重新规划。如果一条路径的成本高于预期，则 D* 算法可以不断地重新规划以找到更好的路径。增量重新规划比完全重新规划具有更低的计算成本。即使 D* 算法允许在成本图变化时重新计算路径，但它不支持目标的变化。它可以修复图像，以便在动态环境中进行有效的更新搜索。

标准如下。

(1) $\boldsymbol{X}$ 代表一个状态。

(2) $\boldsymbol{O}$ 是优先级队列。

(3) $\boldsymbol{L}$ 所有状态的列表。

(4) S 是初始状态。

(5) $t(\boldsymbol{X})$是优先级队列的状态值。

① $t(\boldsymbol{X})$：如果 $\boldsymbol{X}$ 从未在 $\boldsymbol{O}$ 中，则状态为新。

② $t(\boldsymbol{X})$：如果 $\boldsymbol{X}$ 正处于 $\boldsymbol{O}$ 中，则为打开状态。

③ $t(\boldsymbol{X})$：如果 $\boldsymbol{X}$ 曾在 $\boldsymbol{O}$ 中，但现在不在了，则关闭状态。

算法 7：D^* 算法

(1) 输入：所有状态的列表 $\boldsymbol{L}$

(2) 输出：目标状态，如果它是可达到的，且状态列表 L 被更新，则返回指针列表描述一条从起始到目标的路径。如果目标状态不能达到，则返回空指针

(3) for 每一个 $\boldsymbol{X} \in \boldsymbol{L}$do

(4) $t(\boldsymbol{X})$ = 新

(5) end for

(6) $h(\boldsymbol{G}) = 0; 0 = \{\boldsymbol{G}\}; \boldsymbol{X}_c = \boldsymbol{S}$

(7) 下面的循环是 Dijkstra 对初始路径的搜索

(8) 重复

(9) $k_{\min}$ = 过程 - 状态 $(0, \boldsymbol{L})$

(10) 直到 $(k_{\min} > h(x_c))$ 或 $(k_{\min} = -1)$

(11) $\boldsymbol{P}$ = 得到 - 指针 - 列表 $(\boldsymbol{L}, \boldsymbol{X}_c, \boldsymbol{G})$

(12) 如果 $\boldsymbol{P}$ = Null 那么

(13) 返回 Null

(14) 结束如果

(15) 结束重复

(16) end for

(17) $\boldsymbol{X}_c$ 是 $\boldsymbol{P}$ 的第二个元素，在 $\boldsymbol{P}$ 中移动到下一个状态

(18) $\boldsymbol{P}$ = 得到 - 返回 - 指针 - 列表 $(\boldsymbol{L}, \boldsymbol{X}_c, \boldsymbol{G})$

(19) 直到 $\boldsymbol{X}_c = \boldsymbol{G}$

(20) 返回 $\boldsymbol{X}_c$

设计 D^* 算法 7 是为了局部修复图形，它允许在动态环境中进行有效的更新搜索，因此有了 D^* 这个术语。最初，D^* 使用稍微修改过的 Dijkstra 搜索法来确定一条从目标开始并回到起始点的路径。修改涉及更新启发式函数。每个单元格包含一个启发式成本 h，D^* 是从特定单元到目标路径的长度估计，但不一定像 A^* 那样得到目标的最短路径长度。在初始的 Dijkstra 搜索过程中，这些 h 值将被更新，以反映障碍物的存在。最小启发式值 h 是到目标的最短路径长度的估计。h 和启发式值随着 D^* 搜索的运行而变化，但是它们在初始化时是相等的[17]。

D^* 域与 D^* 相似，是一种适用于未知环境导航的增量搜索算法。它对未知空间做出假设，找到一条从当前位置到目标的成本最低的路径。当探索新区域时，地图信息会更新，并在必要时重新规划新路线。这一过程会重复进行，直至达到目标或者证明该目标无法达到（如存在障碍）。A^* 算法也可以以类似的方式使用[56]。

2. 人工势场法

谐波势场法是通过将目标、环境的表示和行为约束转换为参考速度矢量场

来实现的[126]。基本设置如下。

问题 4.6 求解

$$\nabla^2 V(P) = 0 \quad P \in \Omega \tag{4.124}$$

在 $P = \Gamma$ 及 $V(P_r) = 1$ 时，$V(P) = 1$。

通过使用梯度动力系统生成一条正确的可行路径，即

$$\dot{P} = -\nabla V(P) \tag{4.125}$$

谐波势场法可以结合方向约束以及区域回避约束，以可预见的正确方式规划到目标点的路径。通过使用边界值问题（BVP），可以生成导航势。

问题 4.7 求解

$$\nabla^2 V(P) = 0 \quad P \in \Omega - \Omega' \tag{4.126}$$

且

$$\nabla(\boldsymbol{\Sigma}(P) V(P)) = 0 \quad P \in \Omega' \tag{4.127}$$

在 $P = \Gamma$ 及 $V(P_r) = 1$ 时，$V(P) = 1$。

$$\boldsymbol{\Sigma}(P) = \begin{pmatrix} \sigma(P) & 0 & \cdots & 0 \\ 0 & \sigma(P) & 0 & 0 \\ 0 & \cdots & 0 & \sigma(P) \end{pmatrix} \tag{4.128}$$

利用式（4.125）中的梯度动力系统可以简单地获得到目标的正确、可行的轨迹，该轨迹遵循区域回避约束和方向约束。考虑到模糊性，该方法可以进行修改，从而防止将环境划分为允许和禁止区域[126]。

根据飞机的位置和速度可以计算出飞机动力场。力场使用标量修正，以在飞机前方产生更大更强的场。因此，一架飞机施加在另一架飞机上的力，可以通过使用施力飞机的轴承与受力一方之间的差异来计算。此外，还进行了二次计算，对施加到力带中的力进行缩放。这一比例是通过确定施力及受力飞机轴承之间的差异来计算。最后，将排斥力相加、缩放并加到一个恒定大小的吸引力上。该合成矢量受最大转弯速率约束，然后用于通知飞机下一次机动：向飞机发送新的目标航点。

当一架飞机接近目的地时，由于它开始忽略另一架飞机，就有必要扩展其力场，使力在更远的距离上施加在非优先的飞机上。这种组合允许优先的飞机直接到达目标，同时通过扩展的力场为其他飞机提供早期预警[164]。

人工势场法在文献[164]中得到了修改，以处理特殊情况，包括优先权系统技术和防止飞机在最终目的地进行盘旋的技术。因为许多 UAS 都必须在有限

的高度范围内作业，所以可能会受到二维的限制。每个 UAS 都有一个最大工作高度，而最低高度可以根据隐身或应用要求来设定。

文献[47]提出了基于流体力学面板方法的势场障碍算法的设计与实现。障碍物和无人机的目标位置由谐波函数建模，从而避免了局部最小值。将该方法应用于固定翼飞机的自动控制时需要做出一些调整，飞机只依赖机载传感器更新的环境局部地图。为了避免由于无人机尺寸而发生碰撞的可能性，检测到的障碍物都会被扩大。考虑检测到的障碍物近似为矩形棱柱，通过将面向外移动与翼展相等的量来进行扩展。保证与障碍物的最小间隙为半跨度。然后障碍物进一步扩大，形成棱柱。

3. 在线运动规划器

虚拟网络包含一个有限点集 $\boldsymbol{X}_{\mathrm{e}}(\boldsymbol{R})$，对应于一个有限集的规定相对位置[206]，即

$$\boldsymbol{R} \in \mathbb{M} = \{R_1, R_2, \cdots, R_n\} \subset \mathbb{R}^3 \tag{4.129}$$

$$\boldsymbol{X}_{\mathrm{e}}(R_k) = (R_k, 0)^{\mathrm{T}} = (R_{x,k}, R_{y,k}, R_{z,k}, 0, 0, 0)^{\mathrm{T}} \quad k = 1, 2, \cdots, n \tag{4.130}$$

式中：速度状态为零；n 为虚拟网络中的点数。用椭球体表示障碍物位置和不确定性。以位置 $q \in \mathbb{R}^3$ 为中心 $O(q,Q)$ 的集合，用于越过障碍物的位置，即

$$\boldsymbol{O}(q, Q) = \{\boldsymbol{X} \in \mathbb{R}^6, (\boldsymbol{SX} - q)^{\mathrm{T}} \boldsymbol{Q}(\boldsymbol{SX} - q) \leqslant 1\} \tag{4.131}$$

式中：$\boldsymbol{Q} = \boldsymbol{Q}^{\mathrm{T}}$ 且 $\boldsymbol{S} = \begin{bmatrix} 1 & 0 & 0 & 0 & 0 & 0 \\ 0 & 1 & 0 & 0 & 0 & 0 \\ 0 & 0 & 1 & 0 & 0 & 0 \end{bmatrix}$

包含避障的在线运动规划按照下面的算法 8 得以实施。

算法 8：在线运动规划器

（1）确定障碍物的位置和形状（即 q 和 $\boldsymbol{Q}$）。

（2）确定增长的距离。

（3）在所有 R_i、$R_j \in \mathbb{M}$ 之间构造一个图像连通性矩阵。在图像连通性矩阵中，如果两个顶点不连通，则对应的矩阵元素为 $+\infty$。如果它们是连通的，则对应的矩阵元素是 1。图像连通性矩阵按元素相乘，以产生转移矩阵的约束成本。

（4）使用任一标准图像搜索算法进行图像搜索，以确定连通顶点序列 $R(k) \in \mathbb{M}$，这样，$R[1]$ 就可以满足初始约束，$R[l_p]$ 可以满足最终约束，由转移矩阵的约束成本计算出最小累积转移成本。

（5）在路径被确定为航点序列之后，路径的执行通过检查当前状态 $X(t)$ 是否在对应于下一个参考 R^+ 的安全正不变集合中来进行。

集合 $\boldsymbol{O} = (q, \boldsymbol{Q})$ 可以表明障碍物和飞机的物理尺寸，以及估计障碍物/飞机位置的不确定性。集合 $\boldsymbol{O} = (q, \boldsymbol{Q})$ 在位置方向上是椭球形的，在速度方向上是

无界的，椭球集，而不是多面体集，可用于越过障碍物，这是因为椭球边界通常是由位置估计算法产生，如扩展卡尔曼滤波器。该过滤器将在下一章中介绍。

4. Zermelo - Voronoi 图

在自主飞行器的许多应用中，从监视、多目标最优跟踪、环境监测到飞机路由问题，可以从与类 Voronoi 分区相关的数据结构中获得重要的见解[11,12]。一个典型的应用如下：给定多个着陆点，将区域划分成不同的非重叠单元（每个着陆点一个），这样单元格中相应位置对于在有风情况下飞越该单元格的任何飞行器来说，它都是最接近着陆的位置（就时间而言）。适用于同一框架的类似应用是给飞机分配警卫/安全区域任务，使得驻留在每个特定区域内的警卫/救援飞机能够比其区域外的警卫/救援飞机更快到达其指定区域内的所有点。这是广义最小距离问题，其中相关度量是最小截距或到达时间。区域监视任务也可以使用基于频率的方法进行解决，其目的是为了优化对任何位置的两次连续访问之间的时间，称为刷新时间[1]。

最近的巡逻工作包括以下内容。[185]

（1）离线与在线。在传感器部署之前，离线计算已开始巡逻，而在线算法控制传感器在飞行过程中的运动，并且能够在环境变化后修改巡逻。

（2）有限与无限。有限规划视野算法，是计算在有限范围内使回报最大化的巡逻，而无限视野是使无限范围内的预期回报总和最大化。

（3）控制巡逻与单遍历：它是动态环境监控，而不是环境的一个快照。

（4）战略与非战略巡逻。

（5）空间或时空动力学。

构造以时间作为距离度量的广义 Voronoi 图，通常是一个困难的任务，有两个原因：首先，距离度量是非对称的，不能以封闭的形式表示；其次，这类问题属于一般情况下的划分问题，必须考虑飞机动力学问题。代理构型空间的拓扑可能是非欧几里得的，如它可能是嵌入在欧几里得空间中的流形。这些问题可能无法简化为文献[143]中存在有效构造方案的广义 Voronoi 图问题。

下面的讨论涉及不属于可用的广义 Voronoi 图的类 Voronoi 分区的构造。特别是对于给定的有限发生器来说，平面中存在类 Voronoi 分区，使得分区中的每个元素在以下意义上唯一地与特定发生器相关联：在给定的时间内，驻留在一组特定分区中的飞机，与同一时刻位于该组之外任何其他飞行器相比，都能够更快地到达与该组相关的发生器。这一情况的假设前提是飞机的运动会受到时变风的影响。

由于这个类 Voronoi 分区问题的广义距离是 Zermelo 问题的最短完成时间，所以将这种配置空间划分称为 Zermelo - Voronoi 图（ZVD）。该问题涉及欧几里得平面相对于广义距离函数的特殊分区。这种类 Voronoi 分区的特点是:考虑到在有风的情况下,飞机与 Voronoi 发生器组之间的近似关系。从一个给定的最近的(就到达时间而言)点,来确定一个生成器从而到达某个特殊时刻的代理点这一问题,减少了确定飞机在给定时刻驻留在 Zermelo – Voronoi 分区的集合的问题。这是点的位置问题。

动态 Voronoi 图问题将标准 Voronoi 图与时变变换相关联,如时变风的情况。对偶 Zermelo – Voronoi 图问题导致了类似于 Zermelo – Voronoi 图的分区问题,区别在于对偶 Zelelo – Voronoi 图的广义距离是 Zermelo 问题从 Voronoi 生成器到平面上一点的最短时间。Zermelo 导航问题的最短时间不是关于初始构型和最终构型的对称函数。非平稳空间变化风的情况要复杂得多。

问题的表述涉及自主飞行器的运动。假设飞机的运动由以下等式描述,即

$$\dot{\boldsymbol{X}} = \boldsymbol{U} + \boldsymbol{W}(t) \tag{4.132}$$

式中:$\boldsymbol{X} = (x, y, z)^{\mathrm{T}} \in \mathbb{R}^3$;$\boldsymbol{U} \in \mathbb{R}^3$;$\boldsymbol{W} = (W_{\mathrm{N}}, W_{\mathrm{E}}, W_{\mathrm{D}})^{\mathrm{T}} \in \mathbb{R}^3$,假定风会随时间均匀变化,这一情况是已知的。另外,假设 $|\boldsymbol{W}(t)| < 1, \forall t \geqslant 0$,这意味着式(4.132)描述的系统是可控的。此外,允许控制输入集由 $\mathbb{U} = \{U \in \boldsymbol{U}, \forall t \in [0, T], T > 0\}$ 给出,其中 $\boldsymbol{U} = \{(U_1, U_2, U_3) \in \mathbb{U} \mid U_1^2 + U_2^2 + U_3^2 = 1\}$,封闭单位球和 U 是 $[0, T]$ 上的可测函数。

当 $W = 0$ 时,Zermelo 问题的解为控制 $\boldsymbol{U}^*(\chi^*, \gamma^*) = (\cos\gamma^* \cos\chi^*, \cos\gamma^* \sin\chi^*, -\sin(\gamma^*))$,前面提到过,$\chi^*$、$\gamma^*$ 是常数。此外,Zermelo 问题被简化为三维中最短路径问题。

接下来将 Zermelo – Voronoi 图问题公式化。

问题 4.8 Zermelo – Voronoi 图问题。给定式(4.132)描述的系统,目标点集合 $\mathbb{P} = \{p_i \in \mathbb{R}^3, i \in \ell\}$,这里 ℓ 是一个有限的指标集,转移成本为

$$C(X_0, p_i) = T_{\mathrm{f}}(X_0, p_i) \tag{4.133}$$

确定一个分区 $\mathbb{B} = \{\mathbb{B}_i : i \in \ell\}$,则:

(1) $\mathbb{R}^3 = \cup_{i \in \ell} \mathbb{B}_i$;

(2) $\bar{\mathbb{B}}_i = \mathbb{B}_i, \forall i \in \ell$;

(3) 每个 $X \in \mathrm{int}(\mathbb{B}_i)$,$C(X, p_i) < C(X, p_j), \forall j \neq i$。

假设风 $W(t)$ 在足够长(但有限)的时间范围内预先已知。此后,$\mathbb{P}$ 是 Voronoi 生成元或点的集合,$\mathbb{B}_i$ 及 $\mathbb{B}$ 分别为 $\mathbb{R}^3$ 的 Dirichlet 域及 Zermelo – Voronoi 图。另外,如果两个 Dirichlet 域 $\mathbb{B}_i$、$\mathbb{B}_j$ 具有非空且非平凡(即单点)的交集,那么它们就会被描述为相邻。

Zermelo 问题也可以表述为一个移动目标问题,如下所示。

问题 4.9 移动目标问题。给定的系统可以描述为

$$\dot{\boldsymbol{X}} = \dot{X} - W(t) = U(t) \quad \boldsymbol{X}(0) = X_0 \tag{4.134}$$

确定控制输入 $U^* \in \mathbb{U}$,则:

(1) 最小化成本为控制 U^* 的泛函:$J(U) = T_f$,其中最终时间 T_f 是自由的;

(2) 轨迹 $\boldsymbol{X}^*:[0,T_f] \to \mathbb{R}^3$ 由控制 $\boldsymbol{U}^*$ 产生,满足边界条件

$$\boldsymbol{X}^*(0) = X_0 \quad \boldsymbol{X}^*(T_f) = X_f - \int_0^{T_f} W(\tau)\,\mathrm{d}\tau \tag{4.135}$$

Zermelo 的问题和问题 4.9 是等价的,也就是说,Zermelo 问题的解也是问题 4.9 的解;反之亦然。此外,问题 4.9 的最优轨迹 $\boldsymbol{X}^*$ 通过时变变换与 Zermelo 问题的最优轨迹 $\boldsymbol{X}^*$ 相关,即

$$\boldsymbol{X}^*(t) = X(t) - \int_0^t W(\tau)\,\mathrm{d}\tau \tag{4.136}$$

Zermelo 最小时间问题可以解释为一个最优追踪问题,如下所述。

问题 4.10 最优追踪问题。给定一个追踪者和移动目标,遵循以下运动学方程,即

$$\dot{X}_p = \dot{X} = U \quad X_p(0) = X_0 = \boldsymbol{X}_0 \tag{4.137}$$

$$\dot{X}_T = -W(t) \quad X_T(0) = X_f \tag{4.138}$$

式中:X_p 和 X_T 分别为追踪者的坐标和移动目标的坐标,找到最优追踪控制律 U^*,使得追踪者可以在最短的时间 T_f 内拦截移动目标。

$$X_p(T_f) = \boldsymbol{X}(T_f) = X_T(T_f) = X_f - \int_0^{T_f} W(\tau)\,\mathrm{d}\tau \tag{4.139}$$

Zermelo 问题的最优控制为

$$U^*(\chi^*,\gamma^*) = (\cos\gamma^*\cos\chi^*, \cos\gamma^*\sin\chi^*, -\sin\gamma^*)$$

在问题 4.9 中,对移动目标的最优控制是同样的。因为角度 χ^*、γ^* 是恒定的,追踪者必须以恒定单位速度沿着从 X_0 发出的射线行进(恒定方位角追踪策略),而目标则沿着时间参数化曲线行进 $X_T:[0,\infty] \to \mathbb{R}^3$,其中 $X_T(t) = X_f - \int_0^t W(\tau)\,\mathrm{d}\tau$。

4.3.4 移动和固定障碍物下的时间最优导航问题

一架快速自主飞行器想要通过一个多风区域,以到达目标区域,同时需要避

开 n 架缓慢移动的飞机和一些非常不稳定的区域。将快速飞机视为一种快速自主智能体,将 n 架慢速飞机视为慢速智能体。假设快速飞机预先知道 n 架慢速飞机的运动轨迹。目标是找到能使任务在最短的时间内完成的控制。本节讨论了固定和移动障碍物的时间最优导航问题。该问题可以表示为具有连续不等式约束和终端状态约束的最优控制问题。利用控制参数化技术和时间尺度变换,将问题转化为具有连续不等式约束和终端状态约束的最优参数序列选择问题。对于每个问题来说,都可以使用精确的惩罚函数方法将所有约束附加到目标函数上,以产生新的无约束的最优参数选择问题。它可以作为非线性优化问题来求解[22]。

对于连续不等式约束和终端状态约束,采用精确惩罚函数法构造约束违反函数。然后将其附加到控制函数中,形成新的成本函数。这样,每个最优参数选择会进一步近似为服从简单非负性约束或决策参数的最优参数选择。这个问题可以通过任何有效的基于梯度的优化技术,作为非线性优化来解决,如序列二次规划(SQP)方法[118]。

1. 问题描述

在三维流场中给出 $n+1$ 个智能体,其中 n 个慢速飞机遵循导航轨迹,而最快的飞机是自主可控的,令 n 个慢代理的轨迹表示为

$$\boldsymbol{\eta}_i = \begin{pmatrix} x_i(t) \\ y_i(t) \\ z_i(t) \end{pmatrix} \quad i=1,2,\cdots,n; \quad t \geqslant 0$$

三维流场中任意一点(x,y,z)的流速分量可以分别表示为 $W_N(x,y,z,t)$、$W_E(x,y,z,t)$、$W_D(x,y,z,t)$。那么自主快速飞机的运动模型为

$$\begin{cases} \dot{x} = V\cos\chi\cos\gamma + W_N(x,y,z,t) \\ \dot{y} = V\sin\chi\cos\gamma + W_E(x,y,z,t) \\ \dot{z} = -V\sin\gamma + W_D(x,y,z,t) \end{cases} \tag{4.140}$$

式中:V 为受控体的速度。角度 $\chi(t)$、$\gamma(t)$ 被看作受限制的约束的控制变量,即

$$|\chi(t)| \leqslant \chi_{max} \quad |\gamma(t)| \leqslant \gamma_{max}$$

式(4.140)相当于

$$\dot{\boldsymbol{\eta}}(t) = f(\eta(t),\chi(t),\gamma(t),t) \quad \eta(0)=\eta_0 \quad t \geqslant 0 \tag{4.141}$$

式中:η_0为快速自主飞行器的初始位置。Zermelo 问题的目的是为快速智能体

A_{n+1}找到最优轨迹,如最短路线、最快路线或最少燃料消耗,使其在不与固定障碍物及其他 n 个慢速智能体碰撞的情况下到达目标区域。

时间最优控制问题 4.11 的形成如下。

问题 4.11 最优控制问题:

$$\min_{\chi,\gamma} T_f$$

服从于 $\dot{\boldsymbol{\eta}}(t) = f(\eta(t), \chi(t), \gamma(t), t) \quad \eta(0) = \eta_0 \quad t \geqslant 0$

$$\sqrt{(x(t) - x_i(t))^2 + (y(t) - y_i(t))^2 + (z(t) - z_i(t))^2} \geqslant \max\{R, R_i\} \tag{4.142}$$

$$\eta(t) \in \aleph = \{x_{\min} \leqslant x \leqslant x_{\max}, y = 2h_y, z = 2h_z\}$$

式中:T_f为快速智能体到达目标区域的时刻。终端时间 T_f隐含地依赖于控制函数,该函数是在快速自主飞行器第一次进入目标集合 $\aleph$ 来定义的。对于 $i = 1, 2, \cdots, n$,R_i是第 i 架慢速飞机的安全半径,R 是快速自主飞行器的安全半径。

2. 控制参数和时间尺度变换

问题 4.11 是一个受连续不等式约束的非线性最优控制问题。利用控制参数和时间尺度变换将该问题转化为一个非线性半无限优化问题,并用精确罚函数法求解。控制参数的实现过程为

$$\begin{cases} \chi_p(t) = \sum_{k=1}^{p} \vartheta_k^{\chi} \chi^{c}_{\tau_{k-1}^{\chi}, \tau_k^{\chi}}(t) \\ \gamma_p(t) = \sum_{k=1}^{p} \vartheta_k^{\gamma} \gamma^{c}_{\tau_{k-1}^{\gamma}, \tau_k^{\gamma}}(t) \end{cases} \tag{4.143}$$

式中:$\tau_{k-1} \leqslant \tau_k, k = 1, 2, \cdots, p$;$\chi^c$、$\gamma^c$ 为特征函数,定义为

$$\begin{cases} \chi^c(t) = \begin{cases} 1 & t \in I \\ 0 & \text{其他} \end{cases} \\ \gamma^c(t) = \begin{cases} 1 & t \in [\tau_{k-1}, \tau_k] \\ 0 & \text{其他} \end{cases} \end{cases} \tag{4.144}$$

切换时间 τ_i^{χ}、$\tau_i^{\gamma}(1 \leqslant i \leqslant p-1)$也被视为决策变量。在新的时间范围$[0,1]$内,时间尺度变换将这些切换时间转换为固定时间 $k/p, k = 1, 2, \cdots, p-1$,这是通过以下微分方程来实现的,即

$$\dot{t}(s) = \vartheta^t_{(s)} \sum_{k=1}^{p} \vartheta_k^t \chi^t_{\tau_{k-1}^{\chi}, \tau_k^{\chi}}(t) \tag{4.145}$$

天气规避机动的观测一般能够揭示危险天气单元周围的反应(战术)偏差。

安全约束要求飞机必须相互保持隔离,以避免危险天气的影响。由于天气预报误差,天气约束通常无法确定。虽然短期预测的不确定性较小,但长期预测的不确定性会增大。天气约束模型可以根据基于天气预报模型的分段常数函数随时间变化的确定性约束来建模;做出最近的短期天气预报。飞机被视为运动的质点来建模。它们的动力学是根据飞机的速度和加速度大小来确定的。由于加速度的界限导致了飞行曲率半径的界限,因此假定求解范围足够大,使得飞机动力学可以用路段上连接的分段线性飞行的单一航段来近似表示。

3. RRT 变量

文献[120]提出了一种基于三维 Dubins 曲线的无人机路径规划算法,该算法能够避开静态障碍物和移动障碍物。RRT 的一个变体被用作规划器。在树扩展中,通过沿三维 Dubins 曲线传播来生成树的分支。选择长度最短的节点序列和连接它们的 Dubins 曲线作为路径。当无人机执行路径时,障碍物状态的更新可以用来对该路径进行冲突检查。如果预测到前一条路径会与障碍物碰撞,则会生成新的路径。这样的检查和重新规划循环重复,直到无人机飞达目标。三维 Dubins 曲线用于模式连接,因为以下两点。

(1) 它允许分配无人机的初始和最终航向及位置。

(2) 它是连接两个点的最短曲线,其曲率约束由无人机路径的转弯半径以及规定的初始和最终航向确定。

为了连接节点(x_0,y_0,z_0,χ_0)到(x_1,y_1,z_1,χ_1),首先创建从(x_0,y_0,χ_0)到(x_1,y_1,χ_1)的二维 Dubins 曲线 C;然后通过赋值扩展到三维,有

$$z = z_0 + \frac{\ell(x,y)}{\ell(x_1,y_1)}(z - z_0) \tag{4.146}$$

式中,对于 C 中的每一个(x,y)来说,$\ell(x,y)$代表沿着 C 从(x_0,y_0)到(x,y)的长度。

下一步是沿着三维 Dubins 曲线传导无人机模型,直至达到终点或被障碍物阻挡。如果达到终点,传导轨迹就是两个节点之间的连接;否则,由于与障碍物碰撞,就不存在该连接。

4.4 任务规划

飞行任务描述的是飞机特定区域、特定时间内为完成特定目标的操作。自主飞行器需运行到的位置称为航路点。飞行规划即飞机在某项任务中执行的一组有序的航路点。在航行中,可能要到达一些区域,也要规避一些区域。此外,任务规划策略应该是动态的,因为任务规划问题是在动态环境中创建路径。其

目的在于用机器替代人工,使之能在智能自主飞行器上应用[83-84]。

任务是通过执行不同的行动来实现的,即运动行动、环境行动、信息收集等。实施行动所能动用的资源数量是有限的[99]。对自主飞行器来说,随着任务的进行,燃料和电力逐渐减少,资源逐渐耗尽。任务规划根据任务的需要来调整飞行。任务规划问题是在一组要实现的目标中选择和排序最佳子集,并确定每个目标的起止时间,以便在遵循资源和任务约束的同时,将完成目标时得到的回报最大化,并将资源消耗降到最低。

任务规划可认为是一个选择问题。其目标与奖励相关联,而奖励的价值因每个目标的重要性而有所差异。规划必须选择在规定时间和有限资源内实现的目标子集。现行的规划系统大多不适用于解决智能自主飞行器的问题。这些系统要解决的是多个目标结合的问题,且如果没有达到目标则问题无法解决。另外,目标的选择并不能完全解决任务规划的问题。实际上,这种选择往往是基于问题资源的简化模型,而忽略了实现同一目标的多种途径。在多数情况下,将目标选择、规划和任务调度 3 个层次结合起来,从而得到一个可行的解决方案,而每一层将问题界定到较低一层的调度算法中。与任务准备阶段进行的规划不同,在线规划的特点是,规划所需时间是判断一种方法优劣的主要标准之一。规划问题及相关方法模型的描述可分为 3 种类型。

(1) 逻辑型表述。飞机的动力学转化为由时间参数索引的连续状态。这些状态由一组逻辑命题描述,动作是从一个状态转变为另一个状态的算子。规划的目的是在状态空间中合成一条轨迹,预计该进程得到的回报,选择并组织不同类型的动作以实现目标或优化回报函数。

(2) 图表型表述。这是一种更加结构化、条理化的表述形式。其方法有佩特里网和贝叶斯网络等。

(3) 对象型表述。该类型与面向对象的编程语言存在关联,因而得以传播。

其目的在于将飞机的飞行行为表述为具有一系列事件的逻辑任务,确保控制飞机的特定功能。这一概念是为未来系统使用而设计的关键组成部分。使用专家系统控制飞机的概念看似简单,实际在应用上却很困难。专业飞行员的决策过程很难由计算机实施[147]。这种专家系统必须适应那些对飞机产生影响的动态环境和条件。飞行控制所涉及的多个任务须分解成易于操作的步骤。

任务规划的目的是在考虑到环境的前提下,选择要实现的目标并找到实现这些目标的方法。在可能的解决方案中,规划系统必须选择一种能够在考虑每个目标的奖励和实现其成本的情况下,将标准最优化且遵循时间和资源约束的方案。当飞机执行动作而导致完成目标的时间不同时,奖励和约束是时间和资源的非线性函数。实现一个目标包括处理开始、处理结束以及何时获得与目标相关的回报等阶段。任务规划系统必须选择和排序目标子集，以实现所有的任务目标。它应该将动作选择最优化，并了解资源、环境以及与每个目标相关的最大回报和时间约束。该方法最初用来解决组合优化方面的传统问题，如旅行商问题或中国邮递员问题[202]、最大流量问题、独立集点等[140,142,146]。这些问题多与图论密切相关。

通过将问题分解为两个层面，可将问题形式化。

(1) 顶层对应任务目标。

(2) 底层将目标的实现描述为时间和资源的函数。

它形式化了一个不确定的问题，即规划目标的数量不是事先固定的。

4.4.1 旅行商问题

一个商品推销员要去若干个城市(或路口)推销商品。从某一城市出发，他想找到一条最短路线，恰好穿过每个城市一次，并最终回到出发地。可将该问题视为一个带有 N 个顶点的完全图，推销员要进行一次旅行或哈密尔顿回路，经过每个顶点仅一次且回到出发点[50]。

旅行商问题(TSP)实例可由节点集 $\boldsymbol{V}=\{1,2,\cdots,m\}$ 上的完全图 $\boldsymbol{G}$ 来给出，其中 m 为整数，代价函数为 $\boldsymbol{V}$ 中的任意 i、j 的弧度 (i,j) 指定一个代价 c_{ij}。推销员要进行总代价最小的旅行，而总代价为旅行中各边代价的总和[44]。

问题 4.12 相应决策问题的公式表达为

$$\text{TSP}=\begin{cases}(G,c,k):G=(V,E)\text{是完全图}\\ c\text{ 是 }V\times V\rightarrow N\text{ 的函数},k\in\mathbb{N}\\ G\text{ 有一个旅行推销员之旅,花费最多为 }k\end{cases}$$

数据包括有限完全图各边的权值，目标是得出一个经过图的各个顶点且总权值最小的哈密尔顿回路。$c(A)$ 代表子集 $A\subseteq E$ 中各边的总代价，即

$$c(A)=\sum_{(u,v)\in A}c(u,v) \tag{4.147}$$

在实际情况中，从 u 出发到达 w 的代价最小的路径是不经过任何中间步骤的直线路径。如果所有顶点 u、v、$w\in V$，则代价函数 c 满足三角不等式，即

$$c(u,w)\leqslant c(u,v)+c(v,w) \tag{4.148}$$

在许多应用中，该三角不等式都成立。但并非所有情况都如此，这取决于选择的代价。在这个问题中，只要代价函数满足三角不等式，最小生成树可用来创建代价不超过最小生成树权重 2 倍的旅行。因此，TSP 的伪码可由算法 9 表示。

算法 9：带有三角不等式的 TSP

(1) 选择顶点 $r \in \boldsymbol{G}, V$ 为根顶点。
(2) 使用 MST－PRIM($\boldsymbol{G}, c, r$)计算出图 $\boldsymbol{G}$ 从根顶点 r 开始的最小生成树 T。
(3) $\boldsymbol{H}$ 为顶点列表，根据它们在预先树遍历中第一次被访问的时间 T 来排序。
(4) 运用状态转移规则逐步构建解决方案。
(5) 返回哈密尔顿回路 $\boldsymbol{H}$
(6) 最小生成树：程序 MST－PRIM($\boldsymbol{G}, c, r$)
(7) 对于每个 $u \in \boldsymbol{G}, V$
(8) $u.\text{key} = \infty$
(9) $u.\pi = \text{NULL}$
(10) $r.\text{key} = 0$
(11) $\boldsymbol{Q} = \boldsymbol{G}.V$
(12) While $\boldsymbol{Q} \neq 0$
(13) $u = \text{EXTRACT－MIN}(\boldsymbol{Q})$
(14) 对于每个 $v \in \boldsymbol{G}.\text{Adj}[u]$
(15) if $v \in \boldsymbol{Q}$ 和 $w(u,v) < v.\text{key}$
(16) $v.\pi = u$
(17) $v.\text{key} = w(u,v)$

算法 9 的第 7～11 行将每个顶点的键值(key)设置为∞(根顶点 r 除外，根顶点 r 键值设为 0 以便它将是处理的第一个顶点)。将每个顶点的父顶点设为 NULL，并初始化最小优先队列 $\boldsymbol{Q}$ 使之包含全部顶点。

在第 12～17 行的 while 循环每次迭代之前，该算法保证下列 3 部分的循环不变。

(1) $A = \{(\nu, u, \pi) : \nu \in V - \{r\} - \boldsymbol{Q}\}$。

(2) $V - \boldsymbol{Q}$ 中的顶点已经放入最小生成树中。

(3) 对于 $v \in \boldsymbol{Q}$ 的所有顶点，若 $u.\pi \neq \text{NULL}$，则 $u.\text{key} < \infty$，$u.\text{key}$ 为连接 v 与已放入最小生成树中某顶点的边(ν, u, π)的权值。

第 13 行确定一个顶点 $u \in \boldsymbol{Q}$，该顶点关联在穿过切割$(V - \boldsymbol{Q}, \boldsymbol{Q})$的轻边上(首次迭代除外，根据第 4 行，此时 $u = r$)。将 u 从集合 $\boldsymbol{Q}$ 中移除，并将它添加到树中顶点集合 $V - \boldsymbol{Q}$ 中，从而将$(u, u.\pi)$加入到 A 中。第 14～17 行的 for 循环更新了每个邻近 u 但不在生成树中的顶点 v 的 key 和 π 的属性，从而确保循环的第三部分不变。

还有一些在实际应用中表现更好的其他近似算法。如果代价 c 不满足三角不等式，则无法在多项式时间内得出好的近似旅行。求解 TSP 问题有不同的方法，经典方法包括启发式算法和精确算法。启发式算法，如割平面算法、分支定界算法等，只能最优地解决小问题，而马尔可夫链、模拟退火算法、禁忌搜索等则适用于大型问题[113]。此外,一些基于贪婪原则的算法,如最近邻算法和生成树算法等也可以作为有效的求解方法。但是求解 TSP 问题的经典方法通常带来几何级数增长的计算复杂性。一些新方法,如基于自然的优化算法、演化计算、神经网络、时间自适应自组织映射、蚁群系统、粒子群优化算法、模拟退火算法和蜂群优化等,是通过观察自然受到启发的求解方法。其他算法还有智能水滴算法、人工免疫系统等[46]。

在旅行商问题的一个例子中,任意 n 个点对之间的距离是已知的。问题是找到恰好访问每个点一次的最短闭合路径。该问题传统上是通过移动机器人的分层控制体系结构分两步解决的。以下讨论主要基于文献[116,172]。

问题 4.13 Dubins 旅行商问题(DTSP)。已知一个包含平面上 n 个点的集合,Dubins 旅行商问题求解一个距离不超过 $L(L>0)$ 的旅行,使 Dubins 飞机经过所有点仅一次。

在更高的决策层中,通常不考虑自主飞行器的动力学特征,任务规划系统通常选择用欧几里得度量标准(ETSP)来求解旅行商问题(TSP),即采用航路点之间的欧几里得距离。为此,可直接利用 ETSP 图上的许多现有结果。第一步确定自主飞行器应该访问航路点的顺序。在较低层次上,路径规划系统将航路点序列作为输入,并根据飞机动力学设计航路点之间的可行轨迹。在本节中,假设飞机在恒定高度上的转弯半径是有限的,且可被模拟为 Dubins 飞机。因此,路径规划系统能够解决一系列连续航路点之间 Dubins 最短路径问题(DSPP)。然而,即使每个问题都以最优方法解决,将问题分成两个连续的步骤也可能是低效的,因为 TSP 算法选择的点的序列对物理系统来说通常是很难遵循的。

为了提高自主飞行器系统的性能,综合任务规划和路径规划步骤,Dubins 飞机可以被认为是在恒定高度下的一个可接受的近似的固定翼飞机。由于自主飞行器应用的激励,旅行商问题被视为 Dubins 飞机问题。

问题 4.14 已知平面上有 n 个点,求经过这些点的最短 Dubins 路径及其长度。

最差的情况下路径的长度随着 n 的取值而呈线性增长,可以提出一种算法,其性能在最差情况下点集的最优常数因子范围内。最优路径长度的上界也可得出[172]。由于自主飞行器需要监测大量分布在空间内的兴趣点,因此自然产生了研究 Dubins 旅行商问题的实际需求。在某一情况下,兴趣点的位置可能是已知的并且是静态的。此外,自主飞行器的应用促进了动态旅行商问题(DTRP)的研究,在这一问题中,自主飞行器需要访问一组动态变化的目标[14]。这类问题属于分布式任务分配问题,目前引起了极大的研究兴趣,例如与自主飞行器分配问题相关的复杂性问题、监视多个移动目标的 Dubins 飞机、具有动态威胁的任务等[67]。精确算法、启发式算法以及多项式时间常数因子近似算法可用于欧几里得旅行商问题。TSP 的一个变体是角度度量问题。与其他 TSP 变体不同的是,尚无方法将 Dubins TSP 简化为一个有限维度图形的问题,因此无法在组合优化中使用成熟的工具。

定义 4.5 可行曲线(Feasible Curve)。对于 Dubins 飞机或 Dubins 路径来说,可行曲线被定义为曲线 $\gamma:[0,T]]\rightarrow\mathbb{R}^2$,该曲线几乎在各处都是二阶可微的,并且其曲率的大小在 $1/\rho$ 以上,其中 $\rho>0$ 为最小转弯半径。

$(x,y,\psi)\in SE(2)$ 表示自主飞行器配置,其中 (x,y) 为飞机的笛卡儿坐标,ψ 为其航向。令 $P=p_1,p_2,\cdots,p_n$ 为紧致域 $Q\subseteq\mathbb{R}^2$ 上的 n 个点的集合,P_n 为所有基数为 n 的点 $P\subset\boldsymbol{Q}$ 的集合。用 ETSP(P) 表示 P 的欧几里得 TSP 的代价,即经过 P 内所有点的最短闭合路径的长度。相应地,用 DTSP(P) 表示经过 P 内所有点的 Dubins 路径的代价,最小转弯半径为 ρ。假设初始配置 $(x_{\text{init}},y_{\text{init}},\psi_{\text{init}})=(0,0,0)$。设 $C\rho:SE(2)\rightarrow\bar{\mathbb{R}}$ 的最短 Dubins 路径长度与配置 (x,y,ψ) 相关联,且定义 $F_0:]0,\pi[\times]0,\pi[\rightarrow]0,\pi[$, $F_1:]0,\pi[\rightarrow\mathbb{R}$ and $F_2:]0,\pi[\rightarrow\mathbb{R}$

$$F_0(\psi,\theta)=2\arctan\left(\frac{\sin\left(\frac{\psi}{2}\right)-2\sin\left(\frac{\psi}{2-\theta}\right)}{\cos\left(\frac{\psi}{2}\right)+2\cos\left(\frac{\psi}{2-\theta}\right)}\right)\tag{4.149}$$

$$F_1(\psi)=\psi+\sin\left(\frac{F_0\left(\frac{\psi,\psi}{2-\alpha(\psi)}\right)}{2}\right)+4\arccos\left(\sin\left(\frac{0.5\left(\psi-F_0\left(\frac{\psi,\psi}{2-\alpha(\psi)}\right)\right)}{2}\right)\right)\tag{4.150}$$

$$F_2(\psi)=2\pi-\psi+4\arccos\left(\frac{\sin\left(\frac{\psi}{2}\right)}{2}\right)\tag{4.151}$$

其中,

$$\alpha(\psi)=\frac{\pi}{2}-\arccos\left(\frac{\sin(0.5\psi)}{2}\right)\tag{4.152}$$

上述过程的目的是设计一种算法,该算法可以对 Dubins 旅行商问题(DTSP)的最优解进行较好且可行的近似估算。交替算法的工作原理如下:计算出 P 的最优 ETSP 路径,并使用连续整数按顺序标记该路径的边。通过保留所有奇数标记的边(除了第 n 个)并将所有偶数标记的边替换为最短Dubins路径,以此保留点排序并构造出 DTSP 路径。该方法的伪代码如算法 10 所示。

算法 10：Dubins 旅行商问题

(1) 设$(a_1,a_2,\cdots,a_n)=P$ 的 ETSP 最优排序

(2) 设 ψ_1：从 $a_1 \sim a_2$ 的方位

(3) 对于 $i \in 2,\cdots,n-1$

若 i 为偶数，则设 $\psi_i = \mathrm{psi}_{i-1}$

否则，设 ψ_i 为 $a_i \sim a_{i+1}$ 的方位

(4) 若 n 为偶数，则设 $\psi_n = \psi_{n-1}$；否则，设 ψ_n 为 $a_n \sim a_1$ 的方位

(5) 返回配置序列$(a_i,\psi_i)\, i \in 1,2,\cdots,n$

最近邻启发式算法能提供 Dubins 旅行商问题的完全解，包括航路点排序和每个点的航向。该启发式算法从一个任意点出发，确定初始构型并任意选择航向。然后在每一步，根据 Dubins 度量，找到还不在路径上但与最后添加的构型邻近的点。这一最邻近的点被添加到具有相关最优到达航向的路径中。当所有节点已添加到路径中时，连接最后得到的构型与初始构型的 Dubins 路径就被加入进来。如果为每个点选择 K 个航向，则每个点有一个预先设置的可能航向的有限集合，并且对应于 n 个航路点的 n 个聚类可构成一个图形，其中每个聚类包含对应航向选择的 K 个节点。然后计算出不同聚类中对应的一对节点配置之间的 Dubins 距离。最后，计算出经过 n 个聚类的路径，该路径包含且仅包含每个聚类中的一个点。该问题被称作 nK 个节点上的广义非对称旅行商问题。在文献[141]中讨论使用一个或多个照相机执行侦察任务的单个固定翼飞机的路径规划问题。针对地面静态目标的飞机视觉侦察问题被表述为多边形访问的 Dubins 旅行商问题。

4.4.2 重规划或战术与战略规划

任务参数由更高级别的自动调度系统提供。在起飞前进行战略规划，并根据事先得到的关于操作环境和任务目标的信息，为既定决策目标创建最优路径。战术规划是在飞行过程中，基于目标和操作环境的更新信息，重新评估和重新生成的飞行规划。在给定可用信息的情况下，生成的规划应该尽可能接近最优规划。

自主飞行器必须选择并排序目标子集，以实现所有的任务目标。它应该优化其行动选择，了解其资源、环境、每个目标的最大回报及时间限制。通过将问题分解为两个层面，可将问题形式化：最高层次对应于任务目标，最低层次将目标的实现描述为时间和资源的函数。它明确了不确定性问题，即规划目标的数量不是事先固定的。离线使用静态算法以得出一个或多个可行规划。然后在线使用动态算法，逐步构建正确的风险解决方案。“静态”和“动态”两个术语描述

了执行规划的环境。经典规划假设环境为静态,即不存在不确定性。然后离线使用预测算法生成一个单一的规划,该规划可以在线执行而不会受到质疑。在动态环境中,则可能有多种方法[70]。

(1) 保持离线预测算法,且当危险线使初始规划不连贯、需要重规划时,执行反应算法作为补充。

(2) 考虑来自离线构建阶段的不确定性,这称为主动方法。

(3) 规划应该总是具有预见性的,但此时则是在线的、短期的、不断发展变化的,在这种情况下,执行规划将逐步消除不确定性,使进一步的规划成为可能。

决策自主权的级别由规划系统决定。它要求在线计算规划,称为重规划。在线重规划涉及混合式架构的开发,包括突发的危险情况下重规划的计算及其计算结果。提出的架构允许建立一个在线的事件规划,对任务进行多层次管理。任务规划问题是从要实现的目标集合中选择并排列最佳子集,确定每个目标开始和结束的时间,在遵循资源和任务约束的前提下,将目标执行过程中的回报最大化,并将资源消耗降到最低。

任务规划可以看作一个选择问题。目标与奖励相关,奖励的价值则根据每个目标的重要性而有所不同。规划必须在规定时间和有限的资源内选择要实现的目标子集。现行的规划系统大多不适合解决这样的问题。这些系统要解决的是多个目标结合的问题,且如果没有达到目标则问题无法解决。另外,目标的选择往往是基于对问题资源的简化模型,而忽略了实现同一目标的多种途径。在多数情况下,通过在多级构架中结合目标的选择、规划和任务调度来获得实际的解决方案:每一级都将问题定义到较低级别的调度算法中。与任务准备阶段进行的规划不同,在线规划的特点是规划所需时间是判断一种方法优劣的主要标准之一。

机载智能系统使飞机能够在考虑到任务执行过程中的不确定性的同时,实现任务目标并确保生存。规划的功能通常包括安排各任务区域的航道、计算航线上各要素之间的路径、下达需要完成的任务。确定性/随机性混合技术的使用将为这一问题提供解决方案。任务规划系统必须能够实现以下功能。

(1) 评估多个目标。

(2) 处理不确定性。

(3) 有效率地计算。

出于对多决策目标(如安全和任务目标)优化的需要,任务规划显得非常重要。例如,安全目标的评估可以依据空中碰撞风险标准和对第三方风险标准来进行。安全目标的满意度是由汇总相关标准最终得出的。约束指的是加在单个决策标准(决策变量)上的限制,如最大允许风险。

在一些应用中,如喷洒作物、执行监控等任务是在终点执行的。另一个重要考虑是在线或飞行中的重规划。一项规划在生成时可能是最优的,但可能随着飞行规划中的变化而变得无效或次最佳。例如,意料之外的风会增加燃料消耗;到达航路点的时间可能比预期更长;随着新信息的出现,任务目标可能会发生变化等。

与载人航空器一样,无人机驾驶平台的可靠性和完整性可能会受到内源性和外源性事件发生的影响。有许多与安全相关的技术挑战亟待解决,如当无人机出现紧急情况时执行的安全着陆区检测算法。在这类紧急情况下,安全算法都需要考虑的一个关键因素是剩余飞行时间,这可能会受到电池寿命、可用燃料和天气状况的影响。无人机剩余飞行时间的估算可用在重大安全事件发生时协助自主决策[145]。

4.4.3 路径最优化

一般来说,路径规划在于将一般路径问题简化为最短路径问题。路径的详细规划是一个独立的问题。如果路径网络被表示为有向图,则路径问题是在图中寻找路径的离散问题,必须在寻找速度剖面之前解决这个问题[168]。

1. 经典方法

自动任务规划可以为多种操作场景提供高度的自主性[74,116]。完全自主操作要求智能自主飞行器上安装任务规划器。飞行规划的计算要考虑多个因素。这些因素可分为连续型和离散型,包括非线性飞机性能、大气环境、风预测、飞机结构、起飞燃油量、操作约束等。此外,飞行规划还必须考虑多个不同特征的飞行阶段。飞行规划问题可视为轨迹优化问题[118]。任务规划通过定义一系列步骤来确定飞行路径。在自主飞行器的任务规划中,规划必然与位移相关。因此规划包含几何空间内的一系列航路点。寻找一条可行路径,使飞机从当前位置驶向目的地,并尽可能规避障碍物。调度算法必须集成到嵌入式架构中,使系统的运转能够根据自身状态和动态环境进行调整[73]。

这种方法通过在线重规划和在规划过程中纳入公差来降低动态环境固有的不确定性[121]。运动规划受飞机动力学和环境/操作约束。另外,规划的路径必须满足多个可能冲突的目标,如燃油效率和飞行时间。在含有上述所有决策变量的高维搜索空间中进行规划,在计算上是不可行的。相反,通常是通过将决策变量整合为单一的、非二进制的代价项在全局空间(x,y,z,t)中规划路径。

整合必须考虑到激活计算规划是由事件触发的。执行任务期间可能会发生随机事件,其发生时间是不可预测的。自主系统有两个主要目标。

（1）保持运行的同时完成任务。

（2）对任务、环境或系统中的不确定性做出反应。

嵌入式架构必须通过组织物理任务和推理任务来满足上述两个目标。在控制架构中执行规划的过程中，这种反应受到限制。每个控制器由一组用于规划、监控、诊断和执行的算法构成[45]。这一架构可应用于基于层次分解的复杂问题的解决。采用层次分解的方法能从时间和功能上将问题分解为更小的部分。这种方法为实时闭环规划和执行提供了可行的解决方案：

（1）较高层级创建的规划具有最大的时间范围，但规划活动的详细程度较低。

（2）较低层级的时间范围较小，但规划活动的细节增多了。

注 4.7 态势感知包括监控和诊断。将规划生成和执行进行分组。选择分层规划方法的原因在于它能对动态任务事件做出快速、有效的反应。

必须对任务进行功能和时间分析，确定需要执行的任务。随着任务问题逐渐被分解为较小的子问题，功能活动就出现了。在整个分解过程的最底层，功能活动在秒的时间尺度上运行。这些活动在树形结构中互相关联。最底层（叶）节点向制导、导航和控制系统提供输出命令。

对于自主飞行器，其状态至少通过 12 个变量来确定，包括 3 个位置坐标、3 个速度坐标、3 个方位角和 3 个方向角速率。飞机的动态特性决定了系统的维数，许多系统可以使用一组简化的变量来充分描述飞机的物理状态。通常考虑具有耦合状态的较小状态空间，或者将状态空间扩展使其包含高阶导数。

规划方案可分为显式的和隐式的。

（1）隐式方法是一种指定飞机动态特性的方法。然后，从起始构型到目标构型所需的轨迹和执行器输入是由飞机和环境之间的相互作用推导出来的。这种方法最著名的例子是势场法[104]及其扩展。应用随机方法[111]或图论[41]的方法也属于此类。

（2）显式方法试图在运动过程明确地找到轨迹和执行器输入的解。显式方法可以是离散的或连续的。离散方法主要集中在几何约束和在没有碰撞的终端状态之间找到一组离散配置的问题上。

解决任务规划问题主要从人工智能、控制理论、形式化方法和混合系统等方面进行考虑[25]。一类复杂的目标对给定系统的轨迹施加时间约束，这类目标也称为时间目标。它们可以用诸如线性时态逻辑（LTL）、计算树逻辑和微积分的形式框架来描述。规范语言、飞机模型的离散抽象和规划框架取决于要解决的具体问题和所需的保障类型。不幸的是，只能采用线性近似的飞机动力学模型。

多层次规划用于具有可达性规范的混合系统的安全分析和涉及复杂模型和环境的运动规划。该框架利用问题中存在的离散结构将离散部件引入搜索过程。

该框架包括以下步骤。

(1) 为系统构建离散抽象。

(2) 使用来自低级规划器的规范和探测信息进行抽象的高级规划。

(3) 使用物理模型和推荐的高级规划进行基于抽样的低级规划。

高级和低级规划层级之间存在双向信息交换。由于时间目标产生的约束通过协同作用,从高级层系统地传递到低级层。离散抽象的构建和层之间的双向交互是影响该方法整体性能的关键问题。

2. 动态多分辨率路径最优化

本节介绍了自主飞行器的动态路径最优化方法[169],提出了一种多分辨率表示方法,该方法使用沿轨迹不同位置的不同支持度的 B 样条基函数,用无量纲参数进行参数化。将多速率滚动时域问题表述为一个反馈下的在线多分辨率优化的例子。底层的优化问题用一个随时进化的计算算法来解决。通过选择特定的基函数系数作为优化变量,可将计算资源灵活地分配到轨迹上最需要关注的区域。令人感兴趣的是,无人机在飞行中能够动态地对其路径进行重新优化。动态规划是一种流行的路径优化技术,通常与其他方法结合使用。动态规划生成的航路点可以作为最优控制或虚拟势场法的输入。势场法通过弹簧和阻尼器连接的质点来模拟路径。威胁和目标则是由引力和斥力的虚拟力场建模的。优化的路径遂与该机械等效物的最低能量状态对应。

总体要求是寻求风的最佳路线,出于一些原因规避某些区域,最大限度地降低燃油成本,并满足到达时间的要求。动态规划方法可应用于预期的领域。然而动态规划是一种全局优化器,需要考虑更灵活的方法。

1) 路径最优化问题描述

路径由航路点序列$(x_k, y_k, z_k, t_k)_{k=1}^{K}$表示,其中$(x_k, y_k, z_k)$为航路点的笛卡儿坐标,$t_k$为到达航路点的预期时间。

问题 4.15 路径最优化问题可表示为

$$\boldsymbol{X} = \arg_{X \in D_X} \min J(X) \tag{4.153}$$

式中:$\boldsymbol{X}$ 为包含航路点参数的列表;J 为路径最优化指数;D_X为路径的允许范围。路径优化问题涉及数千个航路点。

因此,考虑到机载处理约束,不能直接求解式(4.153)。优化集仅限于由样条函数表示的一簇参数化轨迹。轨迹由无量纲参数 u 参数化,并由样本 $x(u)$、$y(u)$和 $z(u)$表示。

注 4.8 考虑到飞机的机动性和飞行速度，必须仔细选择整个路径 u 的范围。

假设速度恒定，固定 Δu 所跨越的距离沿此路径应该近似相等。由于当 $\Delta u=1$，生成的距离较小时，优化将改变航路点的位置，所以生成不可飞行路线的可能性更大；在航路点处所需的转向可能会超过飞机的机动能力。另外，当 $\Delta u=1$，生成的距离较大时，寻求最优路径的灵活性不足。路径参数化使用以下B样条展开，即

$$x(u) = \sum_{n=0}^{N_{\max}} a_n \tilde{\psi}(u-n) + x_0(u) \tag{4.154}$$

$$y(u) = \sum_{n=0}^{N_{\max}} b_n \tilde{\psi}(u-n) + y_0(u) \tag{4.155}$$

$$z(u) = \sum_{n=0}^{N_{\max}} c_n \tilde{\psi}(u-n) + z_0(u) \tag{4.156}$$

式中：$\tilde{\psi}(u)$ 为基函数；$(x_0(u), y_0(u), z_0(u))$ 为路径的初始近似值（来自离线任务规划）。使用以下二阶B样条基函数，即

$$\tilde{\psi}(w) = \begin{cases} 0 & w<0 \\ w^2 & 0\leqslant w\leqslant 1 \\ -2w^2+6w-3 & 1\leqslant w\leqslant 2 \\ (3-w)^2 & 2\leqslant w\leqslant 3 \\ 0 & w\geqslant 3 \end{cases} \tag{4.157}$$

该基函数在区间 $w\in[0,3]$ 上是有定义的。式(4.154)和式(4.155)定义了一个三维轨迹。这必须由飞机位置的时间相关性来补充（用于评估转弯约束）。假设速度 V 恒定，有

$$\dot{\boldsymbol{s}} = \boldsymbol{V} \tag{4.158}$$

从 $u=0$ 处的轨迹起点到由 $u=w$ 参数化的点的路径由下式给出，即

$$S(w) = \int_{u=0}^{w} \sqrt{\left(\left(\frac{\mathrm{d}x}{\mathrm{d}u}\right)^2 + \left(\frac{\mathrm{d}y}{\mathrm{d}u}\right)^2 + \left(\frac{\mathrm{d}z}{\mathrm{d}u}\right)^2\right)\mathrm{d}u} \tag{4.159}$$

通过式(4.158)、式(4.159)及 w 的解，可以生成一条路径，该路径由 K 个时间标记的航路点 $(x_k, y_k, z_k, t_k)_{k=1}^{K}$ 来表示。

2）反馈下的在线最优化

大部分现行的飞机路径优化采用离线的方式。在任务之前就给出路径优化

的准则，并预先计算路径。因此，一种能够在可用计算时间的限制内重新优化路径的算法应运而生。在文献[169]中解决了滚动时域优化控制问题。在每个样本中，考虑到情况变化和干扰，使用在线优化算法来更新路径。路径点 $u=k$，$u \geqslant k$的路径规划为

$$x_{k+1}(u) = \sum_{n=0}^{N_{\max}} a_n \tilde{\psi}(u-n-k) + x_k(u) + \Delta x_k(u) \tag{4.160}$$

$$y_{k+1}(u) = \sum_{n=0}^{N_{\max}} b_n \tilde{\psi}(u-n-k) + y_k(u) + \Delta y_k(u) \tag{4.161}$$

$$z_{k+1}(u) = \sum_{n=0}^{N_{\max}} c_n \tilde{\psi}(u-n-k) + z_k(u) + \Delta z_k(u) \tag{4.162}$$

式中：$x_{k+1}(u)$、$y_{k+1}(u)$、$z_{k+1}(u)$为在更新之前计算出的轨迹；$\Delta x_k(u)$、$\Delta y_k(u)$、$\Delta z_k(u)$为应对干扰进行的修正。通过求解类似于式(4.153)的优化问题，在每个步骤重新计算扩展权值 a_n、b_n、c_n。由于诸如风之类的扰动会导致在时间$u=k$时的飞机位置和速度与标称轨迹 $x_k(k)$、$y_k(k)$、$z_k(k)$给出的位置和速度不同，因此在式(4.160)到式(4.162)中引入修正 $\Delta x_k(u)$、$\Delta y_k(u)$、$\Delta z_k(u)$。修正使路径优化器能够根据飞机的实际位置生成新路径。假设在路径点坐标 $u=k$ 处，飞机的制导和导航系统确定出与先前规划路径相比的位置偏差 $\Delta x_k(u)$、$\Delta y_k(u)$、$\Delta z_k(u)$和速度偏差 $\Delta V_x(k)$、$\Delta V_y(k)$、$\Delta V_z(k)$。随后围绕飞机位置调整路径。由于式(4.154)到式(4.156)及式(4.157)中的B样条近似给出了一个分段二阶多项式轨迹，所以计算校正的最自然方法也是分段二阶多项式样条。通过匹配$u=k$处的轨迹坐标和导数，可以用以下方法计算修正，即

$$\Delta x_k(u) = \Delta x(k)\,\tilde{\alpha}(u-k) + \Delta V_x(k)\,\tilde{\beta}(u-k) \tag{4.163}$$

$$\Delta y_k(u) = \Delta y(k)\,\tilde{\alpha}(u-k) + \Delta V_y(k)\,\tilde{\beta}(u-k) \tag{4.164}$$

$$\Delta z_k(u) = \Delta z(k)\,\tilde{\alpha}(u-k) + \Delta V_z(k)\,\tilde{\beta}(u-k) \tag{4.165}$$

其中，

$$\tilde{\alpha}(w) = \begin{cases} 1-0.5w^2 & 0<w\leqslant 1 \\ 0.5\,(w-2)^2 & 1<w\leqslant 2 \end{cases} \tag{4.166}$$

$$\tilde{\beta}(w) = \begin{cases} w-0.75w^2 & 0<w\leqslant 1 \\ 0.25\,(w-2)^2 & 1<w\leqslant 2 \end{cases} \tag{4.167}$$

在点 $u=k$ 处的滚动时域更新计算出式(4.160)至式(4.162)的轨迹，其中扩展权值 a_n、b_n、c_n($n=1,2,\cdots,N_{\max}$)使式(4.153)中修正的最优化指数降到最低。修正的最优化指数仅考虑了 $u\geq k$ 的轨迹的未来部分。

3) 多尺度路径表示

路径必须在飞行中进行动态更新，以补偿干扰和整个任务结构的变化，如威胁和目标的出现或消失。由于能可靠地预测当前的位置信息，因此可以在当前位置附近进行详细的路径规划。还必须在飞机驶出太远前迅速完成规划。此时，更长期的规划不太重要。使用多尺度表示可以利用有限的计算资源来实现不同优化水平之间的最佳权衡。一种类似于小波展开的技术因其提供了一种有效的信号表示方式而被采用，如在多个时间和频率尺度上的随时间变化的轨迹。

4.4.4 模糊规划

许多传统的形式化建模、推理和计算工具具有简明性、确定性和精确性。然而，大多数实际问题涉及的数据具有不确定性。概率论、模糊集理论、粗糙集理论、vague 理论、灰色集理论，直觉模糊集理论和区间数学等方面已经有了大量的研究[187]。软集及其各种扩展已经应用于处理决策问题。该问题涉及对所有决策选项对象的评估。

飞机动态约束和风险限制等施加的约束，与技能水平决策相对应[10]。用于计算路径成本的评估函数是基于规则的，反映了规则级别。最后，评估功能的选择和规划活动的安排(如在任何时候的框架中)都模仿知识水平。

启发式算法的主要作用是缩小搜索空间，从而引导决策系统在短时间内找到令人满意或可能的最优解。由于飞行规划倾向于遵循标准飞行轨迹，因此启发式算法适用于任务规划。此外，由于在线重新规划的时间压力，可以使用合适的启发式算法来快速找到可协商路径，而不是提供一个延迟的最优解。

规划系统可以考虑各类决策准则，如障碍物、道路、地面坡度、风和降雨量等。将决策变量综合成单一的成本值，用于启发式搜索算法。例如，降雨准则由隶属函数表示，如小雨、中雨和大雨。然后，使用 if – then 规则将隶属度关联到可移动性(即遍历难度)的输出隶属函数。矢量邻域法可以被认为是克服有限的轨道角分辨率，以确保路径最优的合适方法。通过在线重规划、多目标决策和将公差纳入规划路径，通常可以减少不确定性[48]。

在任务规划的环境中，每个决策标准都有约束和理想值。例如，理想的巡航速度、最高和最低空速限制。约束可以通过简单的边界检查来实施，并与技能的认知水平相对应。然而，优化所选择的路径需要根据规则级别对多个决策规则进行评估。安全目标可分解为风险准则、禁飞区准则、风速约束和最大速度约束。另外,需要对飞机动态约束进行逼近,以确保最终问题是可遍历的。每个隶属函数目标可以分解为单个决策准则[170,175]。

1. 飞行航迹的模糊决策树克隆

文献[197]中提出了一种基于图形的任务设计方法,涉及大量修正轨迹之间的动作。在这种方法中,图形并不是一般动力学的近似,而是每个节点包含一种可行的动作,并且如果在修正轨迹之间存在较低的成本转换,则节点间存在连接。该方法可以分为两个主要部分,即离线任务规划阶段和机载阶段。任务规划步骤在计算上相对成本较高,其中包括创建、编目、有效地存储动作和边界条件,以及描述离散化动力学和燃料估算之间的关系。另外,机载过程可以快速利用地面完成的工作,并存储在存储器中,使用搜索和修正方法快速进行传输。机载和离线部分彼此互补:任务规划阶段将连续的系统动力学转化并压缩为离散的表示形式,而机载部分搜索和选择离散信息,并重建连续的轨迹[26,36,59]。

轨迹优化的目的是确定在时间和能源方面高效的最佳飞行步骤。文献[198]提出了一种基于混合整数线性规划优化的二维避障轨迹的决策树算法。提出了一种利用模糊决策树预测不连续函数的方法,该方法在显著降低计算成本的同时,能够很好地逼近优化行为。决策树可以推广到比训练数据更复杂的新情景,在时间尺度上做出决策,从而能在实时系统中实现。基于规则方法的透明性有助于理解控制器所表现出的行为。因此,当使用合适的优化技术(如混合整数线性规划)生成的数据进行训练时,决策树显示出成为有效的在线避障控制器的潜力。

自适应动态规划(ADP)和强化学习(RL)是解决性能指标必须随时间优化的决策问题的两种方法。它们能够处理复杂的具有不确定性、随机效应和非线性等特征的问题。自适应动态规划通过开发适应不确定系统的最优控制方法来应对这些挑战。强化学习从代理的角度出发,通过与最初未知的环境进行交互,并从收到的反馈中学习来优化其行为。

问题在于控制自主飞行器,使其遵循近似最优的轨迹到达被一个或多个威胁所遮蔽的目标,实现路径长度最小化且遵循飞机动力学约束。该路径必须始终位于已知威胁区域之外。假设威胁大小不变,并且威胁和目标是固定的。此外,假设飞机以恒定的高度和速度飞行,并配备自动驾驶仪以跟随输入的参考航向。控制器的输出应是所需的航向变化 $\Delta\chi$,输入的形式为 $\{R_{\text{target}},\theta_{\text{target}},R_{\text{threat}},\theta_{\text{threat}}\}$,其中 R_{target}、θ_{target} 是目标的范围和角度,R_{threat}、θ_{threat} 是威胁的范围和角度。所有角度都是相对于自主飞行器的当前位置和航向。

系统有两种模式,即学习和运行。在学习模式下,使用混合整数线性规划生成航向偏差决策。航向偏差与当前航向相加,用作飞机的参考输入,并同优化输入共同输入训练集中。一旦进行足够的训练(文献[198]中约有 100 个),运行模式就启动,决策树生成航向偏差命令和性能评估。

预测航向偏差并选择相对于飞机航向的固定参考系,将得到在整体平移和旋转下恒定的数据表示。这些基本转换的独立性通过将许多不同的方案映射到一个表示上,来减少问题空间并提高泛化能力。

该优化方法利用飞机动力学的线性近似来求解最短时间路径。变量为到达目标 N 的时间和预测步骤 $k=0,1,\cdots,N-1$ 时的加速度 $a(k)$。

问题 4.16 最优化问题可表述为

$$\min_{N,a(k)}\left[N+\tilde{\gamma}\sum_{k=0}^{N}\|a(k)\|^{2}\right] \tag{4.168}$$

对于 $\forall k\in\{0,1,\cdots,(N-1)\}$ 有

$$R(0)=R_0 \quad V(0)=V_0 \tag{4.169}$$

$$\begin{cases}V(k+1)=V(k)+a(k)\delta z\\ R(k+1)=R(k)+V(k)\delta z+\dfrac{1}{2}a(k)\delta z^2\end{cases} \tag{4.170}$$

$$\|a(k)\|_2\leqslant a_{\max} \quad \|V(k)\|_2\leqslant a_{\max} \tag{4.171}$$

$$\|R(N)-R_{\text{target}}\|_\infty\leqslant D_T \quad \|R(k)-R_{\text{threat}}\|_2\geqslant R_0 \tag{4.172}$$

式(4.168)主要以 δz 为步长,将到达目标 N 的时间成本最小化,并在加速度大小上有一个小的权值 $\bar{\gamma}$,以确保唯一解。式(4.169)是位置、航向和速度的初始条件。式(4.170)是飞机动力学和运动学的前向欧拉近似。式(4.171)是最大加速度和速度的约束。式(4.172)确保飞机在时间 N 处位于目标的给定容差内,并且飞机与障碍物的距离 r_{threat} 始终都在障碍物半径 R_0 之外。这些非凸约束使问题的解决变得困难。式(4.172)的 2 - 范数约束是通过一个线性约束来逼近它,并使用二进制变量来选择性地放宽除此之外的其他约束,从而得以实现。由此产生的优化是混合线性整数规划。

当前航向与通过优化预测的航向之差,可得出航向偏差指令 $\Delta\chi$。通过优化预测的航向是由速度矢量 $\boldsymbol{V}(k+1)$ 得出的,速度矢量是其输出的一部分的。计算出航向偏差来代替所需的航向,以获得平移和旋转不变性。通过以下算法 11 将优化与模型结合起来。

算法 11:滚动时域 MILP 控制器

(1) 将 $\{R_{\text{target}}, \theta_{\text{target}}, R_{\text{threat}}, \theta_{\text{threat}}\}$ 转化为 $\{r_{\text{target}}, r_{\text{threat}}\}$

(2) 求解优化问题

(3) 从优化输出推导初始航向偏差 $\Delta\chi$

(4) 设置新的所需航向 χ_{k+1}

(5) 以优化的时间步长 δz 进行仿真

(6) 返回步骤(1)

语言决策树是由描述系统的属性形成的一组树形结构的语言规则。如果分支为真时,树的叶节点表示覆盖目标变量的描述性标签在集合 L_t 上的条件概率分布。该算法基于最小化训练数据库中的熵,通过对训练数据表示的每个变量进行随机集划分来构建决策树。这些规则是由一组标签 LA 构成的,而这些标签描述了提供当前状态信息的每个属性的范围。对于给定的实例,特定标签的适当程度 L 量化了 L 用于描述 X 的适当性。自动算法用来定义最佳分割数据的适当性度量。同一个全域的焦元集合 F 被定义为可以同时用于描述给定 X 的所有标签集合。

定义 4.6 熵(Entropy)。熵是度量分布紧凑程度的标量值。当用于表示知识的概率分布的熵越小,分配给状态空间较小区域的概率越大,因此分布所反映的关于状态的信息就越多。当变量 X 分布为多元高斯概率分布时,其熵 $h(X)$ 可以从其协方差矩阵中计算出来,即

$$h(X) = \frac{1}{2}\log((2\pi e)^n |\boldsymbol{P}|) \tag{4.173}$$

为了模拟飞机最容易获得的数据,并实现旋转和平移的不变性,使用距离和方位角将威胁位置与飞机位置联系起来。每个描述当前状态的属性,即 $\{R_{\text{target}}, \theta_{\text{target}}, R_{\text{threat}}, \theta_{\text{threat}}\}$,由一组标签或焦元覆盖。

在实际操作中,可以使用近 20 个焦元捕获最终细节。该应用中的目标属性是飞机航向偏差 $\Delta\chi$,它由一组相似的标签覆盖。焦元的隶属关系是特定标签对属性给定值的适当描述。隶属关系使得特定分支能够贴切地描述当前模拟状态成为可能。

注 4.9 方位角数据的特点是圆形。实现方法为:将来自线性域的两个边界模糊集合并,以在极坐标图中给定一个覆盖范围,其中角度表示方位角,半径表示每个焦元的属性隶属度。

2. 消防飞机的模糊逻辑规划

这里的重点是使用模糊逻辑来规划单架消防飞机的路径。在这种情况下,系统使用基本的启发式方法来航行到持续更新的目标,同时规避各种静止或移

动的障碍物[167]。在消防场景中，飞机能够实时执行规避动作是非常重要的。在交流尽可能少的情况下，所有相关智能体之间的有效协作可能变得非常困难，因此规避障碍至关重要[137]。

该方法在模糊决策函数的监督下进行多解分析，该决策函数在算法中加入了消防问题的知识。本研究探讨了模糊逻辑在获取可表示消防启发式算法的规则库方面的应用。在消防场景中，利用来自地面部队和事故指挥员的关于目标落点位置$(x_t, y_t, z_t)^T$和系统当前位置$(x_0, y_0, z_0)^T$的信息，系统将会不断调整航向角度使其与目标角度之间的差值变为零。系统的感应范围是指能够在一定半径范围内感应到$\pm\frac{\pi}{2}$rad 的障碍物。当在该区域内检测到障碍物时，系统会根据障碍物的距离和角度以及目标的位置信息来调整速度和航向角，以规避障碍物并恢复原状。同样，当系统到达目标位置时，就会减速以便施加阻燃剂。

在该设置中，模糊化可使用 4 个输入接口，解模糊后给出两个输出接口。系统的输入是障碍物的距离、障碍物的角度、航向角误差及目标距离。利用这些输入和规则库，可获得控制输入，即从模糊推理系统输出最大速度和航向角的百分比，并用作系统的输入。在感应范围内没有障碍物时，控制器的主要目标是规划出一条直接到达目标的路径。以惯性坐标系作为参考，测得航向角θ为智能体的当前航向与水平方向的夹角，测得航向角χ为目标与水平面的夹角。因此，根据智能体的位置(x_0, y_0, z_0)和目标位置(x_t, y_t, z_t)的信息，相应的角度由以下公式确定，即

$$\chi = \arctan\left(\frac{y_0}{x_0}\right) \quad \phi = \arctan\left(\frac{y_t}{x_t}\right) \quad e = \phi - \chi \tag{4.174}$$

智能体根据简单的 if – then 规则进行航向角的细微调整，来尝试将航向角误差e变为零。由于目标位置是已知的，因此根据距离公式和给定信息就很容易确定目标距离D_t。当感应范围内没有障碍物时，控制目标就很简单。而一旦智能体到达目标，它将减速并将阻燃剂施加到该位置。该动作完成后，新的目标位置就变为允许智能体加油和重新装载的基地。如果智能体感知到路径途中的障碍物，则必须减速并改变航向以避免碰撞。障碍物距离D_0和角度β等信息是从智能体的传感器中获得的。

将模糊逻辑控制器的输入和输出相关联的规则是以 if – then 语句的形式设置的，并且是基于启发式算法和人类的经验。在文献[167]中共有 40 条规则适用于这种设置，这些规则可以分为两种情况，即在感应范围内是否有障碍物，如果没有检测到障碍物，则到障碍物的距离的默认设置为非常远，智能体的主要任务是向目标移动；当障碍物在感应范围内时，智能体必须减速并改变路线以避开

障碍物。一旦摆脱障碍物,它就可以继续朝着目标航行。描述障碍物的角度可以使用 NB(负大)、NM(负中)、NS(负小)、PS(正小)、PM(正中)、PB(正大)。到障碍物的距离用近、中、远或非常远(超出范围)来描述。同样,目标角度为 NB(负大)、NM(负中)、NS(负小)、ZE(零)、PS(正小)、PM(正中)、PB(正大)。输出速度为慢、快或非常快。输出角度与目标角度的设置是一样的。感应半径也称为与障碍物的安全距离。前两组规则用于距离障碍物非常远且目标距离和航向角度是变化的情况。中间 3 组描述了当检测到障碍物时航向速度和角度的变化。最后一组规则用于障碍物处于极端角度且不构成碰撞威胁的情况。

4.4.5 覆盖问题

对未知环境的覆盖也被称为扫描问题,或未知环境的映射。基本上,这个问题首先可以通过提供定位和地图构建的能力来解决,也可通过直接导出一种执行扫描而不显式映射区域的算法来解决。可采用平均事件检测时间代替覆盖率的测量来评估算法。

1. 巡逻问题

文献[100-101]中解决了以下基地周边巡逻问题:无人机和远程操作器协同执行周边巡逻任务。由无人值守地面传感器(UGS)组成的警戒站位于基地周边的关键位置。当探测到其所在区域有入侵时,无人值守的地面传感器会发出警报。假设警报实现过程的信息已知。一架装有摄像头的无人机在周边不断巡逻,并负责检查无人值守的地面传感器和发出警报。一旦无人机到达已触发的无人值守的地面传感器,它会捕获附近的图像,直到控制器指示它继续前进。这样做的目的是使所获信息最大化,同时减少其他地方警报的预期响应时间[129]。该问题可通过 m(m 是一个有限的固定值)个无人值守地面传感器位置的离散时间演化方程来简化。假设无人机可以访问关于每个警戒站的警报状态的实时信息。由于无人机不断巡逻并正在服务于某个触发的无人值守地面传感器,所以该问题是一个离散时间控制排队系统领域的循环轮询问题。巡逻周界是一条简单闭合曲线,有 N($N \geqslant m$)个节点,这些节点在空间上均匀分布,其中 m 个节点是警戒站(无人值守的地面传感器位置)。

目标是找到一个合适的策略,同时最大限度地降低服务延迟并使巡逻时所获信息最大化。因此,考虑了一个随机最优控制问题[177]。为了确定最优控制策略,对马尔可夫决策过程进行求解[32,89]。然而,其庞大的规模使精确的动态编程方法变得难以实现。因此,转而采用基于状态聚合的近似线性规划方法来构建可行的、良好的、次优巡逻策略[183]。对状态空间进行分区,并且将每个分区上的最优成本或价值函数限制为常数。由此得到的线性不等式约束系统嵌入了一簇低维的马尔可夫链,其中一个可用于构建最优值函数的下界。周边巡逻问题呈现出一种特殊的结构,使下界的线性规划公式易于处理[6]。

定义 4.7 马尔可夫链(Markov Chain)。离散时间马尔可夫链(MC)是一个元组 $\mathcal{M}=\langle S,P,s_{\text{init}},\Pi,L\rangle$,其中 S 是一组可数的状态;$P:S\times S\rightarrow[0,1]$ 是转移概率函数,使得对于任何状态 $s\in S$, $\sum_{s'\in S}P(s,s')=1$;$s_{\text{init}}\in S$ 是初始状态;Π 是一组原子命题;$L:S\rightarrow 2^{\Pi}$ 是一个标号函数。

可观测的一阶离散马尔可夫链被编码为状态转移矩阵。它的行和为 1,但列不一定满足。如果 $a_{ii}=1$,则马尔可夫链中的状态 S_i 被称为吸收状态。否则这种状态被称作是暂态。

定义 4.8 隐马尔可夫模型(Hidden Markov Model):隐马尔可夫模型(HMM)是一种状态被隐藏的马尔可夫模型。所有由底层马尔可夫模型描述的观测值都是可用的,而不是访问隐马尔可夫模型的内部结构。隐马尔可夫模型 λ 的描述如下。

(1) N 表示模型中的状态数。

(2) M 表示每个状态的不同观察符号的数量。个体符号为 $\boldsymbol{V}=\{V_1,\cdots,V_M\}$。

(3) $\boldsymbol{A}$ 表示状态转移概率分布。对于马尔可夫链 $\boldsymbol{A}=\{a_{ij}\}=\text{Prob}(q_t=S_j\mid q_{t-1}=S_i)$。

(4) $\boldsymbol{B}$ 表示状态 $\boldsymbol{B}=\{b_{ij}\}=\text{Prob}(V_k(t)\mid q_j=S_i)$ 的观测状态概率分布。$\boldsymbol{B}$ 被称为发射矩阵。

(5) $\boldsymbol{\pi}$ 表示初始状态概率分布,$\boldsymbol{\pi}=\{\pi_i\}=\text{Prob}(q_1\mid S_i)$。

定义 4.9 马尔可夫决策过程(Markov Decision Process)。马尔可夫决策过程(MDP)是根据元组 $\langle S,A,T,R\rangle$ 定义的。

(1) S 是一个有限状态集。

(2) A 是一个有限行为集。

(3) $T:S\times A\rightarrow S$ 是状态转移函数。若智能体从 s 开始并执行动作 a,每个状态转移都与转移概率 $T(s,a,s')$ 相关联,即在状态 s' 下结束的概率。

(4) $R:S\times A\rightarrow S$ 是在从特定状态下采取特定行为之后得到的即时奖励函数。

定义 4.10 有限马尔可夫决策过程(Finite Markov Decision Process)。特定的有限马尔可夫决策过程由其状态和动作集以及环境的一步动力学来定义。给定任何状态 s 和动作 a,每个可能的嵌套状态 s' 的概率为

$$P_{ss'}^{a}=\text{Prob}\{s_{t+1}=s'\mid s_t=s,a_t=a\} \tag{4.175}$$

式中:$P_{ss'}^{a}$ 为转移概率;t 为有限时间步长。

在马尔可夫决策过程中，$P_{ss'}^{a}$的值并不取决于过去的状态转移。智能体每次执行一步转移都会收到一个奖励 r。给定任何当前状态 s 和动作 a，以及下一个任意状态 s'，下一个奖励的期望值为

$$R_{ss'}^{a} = E[r_{t+1} | s_r = s, a_t = a, s_{t+1} = s'] \tag{4.176}$$

式中，$P_{ss'}^{a}$和 $R_{ss'}^{a}$完全说明了有限马尔可夫决策过程的动态。

在有限的马尔可夫决策过程中，智能体遵循策略 Π。策略 Π 是从状态 s 和动作 a 到当处于状态 s 时采取动作 a 的概率 $\Pi(s,a)$ 的映射。在随机规划计算中，基于马尔可夫决策过程，确定策略 Π 以使价值函数 $V^{\Pi}(s)$ 最大化。$V^{\Pi}(s)$ 表示从 S 开始并遵循 Π 的预期收益。$V^{\Pi}(s)$ 的定义为

$$V^{\Pi}(s) = E_{\Pi}\left[\sum_{K=0}^{\infty} \gamma^{k} r_{t+k+1} | s_t = s\right] \tag{4.177}$$

式中：E_{Π}为智能体遵循策略 Π 所给出的期望值；γ 为贴现率，$0<\gamma<1$。如果 $P_{ss'}^{a}$和 $R_{ss'}^{a}$是已知的，则使用动态规划来计算最大化价值函数 $V^{\Pi}(s)$ 的最佳策略 Π。如果 $P_{ss'}^{a}$和 $R_{ss'}^{a}$的是未知的，诸如在线强化学习的方法有助于在学习环境中获得最佳策略 Π[57]。规划计算完成后，选择最大化 $V^{\Pi}(s)$ 的动作值 a 的贪心策略是最优的。

定义 4.11 路径（Path）：通过马尔可夫决策过程的路径是一系列状态，即

$$\omega = q_0 \xrightarrow{(a_0,\sigma_{a_0}^{q_0})(q_1)} q_1 \longrightarrow \cdots q_i \xrightarrow{(a_i,\sigma_{a_i}^{q_i})(q_{i+1})} \longrightarrow \cdots \tag{4.178}$$

其中，每个转移过程是由当前步骤（$i \geqslant 0$）的动作选择引起的。路径 ω 的第 i 个状态由 $\omega(i)$ 表示，有限路径和无限路径的集合分别表示为 $\mathrm{Path}^{\mathrm{fin}}$和 Path。

控制策略定义了马尔可夫决策过程的每个状态下的动作选择。控制策略也称为计划或“对于”，其正式定义如下。

定义 4.12 控制策略（Control Policy）：MDP 模型的控制策略 μ 是一个将有限路径，如 $\omega^{\mathrm{fin}} = q_0, q_1, \cdots, q_n$ 映射到 $A(q_n)$ 中的动作上的函数。策略是一个函数：μ：$\mathrm{Path}^{\mathrm{fin}} \to$ 动作，即为每个有限路径指定要执行的下一个动作。如果一种控制策略仅取决于最后状态 ω^{fin}，则称其为平稳策略。

对于每个策略 μ，在 μ 中的所有路径集合 Path_{μ}上引入概率测量 Prob_{μ}。它由无限状态马尔可夫链按以下情况构造而成：在策略 μ 下，马尔可夫决策过程变为马尔可夫链，记为 D_{μ}，其状态为马尔可夫决策过程的有限路径。在马尔可夫决策过程中，D_{μ}的路径和路径集合 Path_{μ}之间存在一一对应关系。因此，$\omega^{\mathrm{fin}} \in \mathrm{Path}^{\mathrm{fin}}$的概率等同于 D_{μ} 中对应的转移概率的乘积，这可以用来定义路径集合 $\mathrm{Path}_{\mu}^{\mathrm{fin}}$ 上的概率测量 Prob_{μ}[200]。

利用模糊逻辑，将成本要素表示为模糊隶属函数，反映了与规划的轨迹、路径沿线障碍物以及飞机在地形中导航时需要执行的机动相关的固有不确定性。若采用该逻辑，A^*算法可以使用关于当前状态与目标状态的近似度的启发式知识来指导搜索。每个搜索单元 n 的成本由两部分组成：从起始单元到单元 n 的最低成本路线（到目前为止在搜索中找到的）的成本以及从单元 n 到目标单元的最小成本路线的启发式（即估计的）成本。给定一个搜索状态空间、一个初始状态（起始节点）和一个最终状态（目标节点），A^*算法将找到从起始节点到目标节点的最优（最低成本）路径（如果存在这样的路径）。所生成的单元路径由滤波算法进一步优化并使其平滑。

滤波后的路径是一组连续航路点，自主飞行器可以通过这些航路点导航。监督模块读取任务目标和状态，并在此基础上配置搜索引擎，为路线的3个成本要素分配权重。此外，监控模块根据飞机的当前状态（即不论它是静止的还是已经朝向目标航行并且需要重新设定导航至另一目的地）选择搜索引擎的起始单元和目标单元。学习支持模块从位于某些地图地标的搜索引擎获取路线成本数据，并更新成本数据库，该成本数据库随后可提供更好的启发法来引导搜索引擎。因此，必须解决两点边界值问题（TPBVP），以创建跟踪系统要遵循的参考路径。

2. 路径问题

无人机传感器选择和路径问题是定向运动问题的推广。在这个问题中，飞机从起始位置开始，必须在时间 T 之前到达指定目标。除了起点和终点外，还存在一组可能会被飞机收集到相关利益的位置。任务规划可以视为路径规划的复杂版本，其目的是访问一系列目标点以实现任务目标[50-51]。集成传感器选择和路径模型可以由混合整数线性规划公式定义[134]。

文献[82]提出了一种用于感测一组密集目标的路径规划方法，该方法利用传感器覆盖区提供的规划灵活性，同时在飞机的动力学约束下运行。路径规划目标是最小化遍历所有目标所需的路径长度。为了解决这种性质的问题，必须面对3个技术挑战，即路径段之间的耦合、传感器覆盖区的利用和遍历目标的顺序。一种成功的路径规划算法应该生成一条不受终点或航向约束的路径，该路径充分利用飞机传感器的全部功能并满足飞机动力学约束。这些功能可以由离散时间路径提供。通过组合原始转弯和直线段来构建可飞行路径。为此，离散步骤路径中的每个原始段具有指定的长度，并且原始段要为转弯或直线。组合左转、右转和直线段，创建一个可飞行路径树。因此，路径规划器的目的是在路径树中搜索最短距离内实现预期目标的分支。实时学习的 A^*算法可用于了解已定义的路径树中哪个分支能够最好地实现预期路径规划目标。

现场作业应尽量减少航行的时间和航程。三维的覆盖路径规划具有进一步优化现场作业和提供更精确导航的巨大潜力[76]。

例如,给定地形(自然地形、城市地形或混合地形)中的一组静止地面目标,目的是为侦察机计算一条路径,以便在最短时间内拍摄所有目标。因为地形特征可能影响能见度,所以为了拍摄目标,飞机必须位于与目标距离足够近的地方,以满足照片的分辨率,并且目标不能被地形阻挡。对于给定的目标,所有这些飞机位置的集合称为目标的可见区域。飞机路径规划可能受一些因素影响而更加复杂,如风、空域约束、飞机动力学约束和机体能见度。然而,在简化的假设下,如果飞机被模拟为 Dubins 飞机,则目标的可见区域可以用多边形来近似,并且路径是闭合的[141]。因此,二维侦察路径规划可以简化如下:对于 Dubins 飞机,找到一个最短的平面闭合路径,使其能至少访问一组多边形中的每个点,这称为多边形访问 Dubins 旅行商问题(PVDTSP)。基于采样的路线图方法通过在目标可见区域中对有限离散的位置和配置进行采样,以便将多边形访问 Dubins 旅行商问题近似为一个有限集的旅行商问题(FOTSP)。有限集旅行商问题是寻找最小成本的闭合路径问题,该路径至少经过有限集中的每个顶点,而这些顶点是互斥的有限顶点集合。路线图一旦建立,该算法将有限集旅行商问题转化为非对称旅行商问题(ATSP)实例来求解,从而得到一个标准的解决方案。

再例如,无人机需要跟踪、保护或监视地面目标,在目标轨迹已知的情况下,可以通过求解确定的优化或控制问题得到可行的无人机轨迹。文献[4]的目标是制定一个反馈控制策略,允许无人机在不完全了解当前目标位置或未来轨迹的情况下,以最佳方式保持与目标的标称距离。假设目标运动是随机的,并由二维随机过程描述。针对固定速度、固定高度的无人机,开发了一种最优反馈控制方法,通过预测其未知的未来轨迹,保持与地面目标的标称距离。假设目标运动为布朗运动,在问题中引入随机性,进而解释了未知目标运动实现的可能性。追踪飞机应该达到并保持与目标的标称距离 d。为此,带有折扣因子和控制惩罚的无限时域成本函数的期望值被最小化。此外,假设目标的观测时间呈指数分布,还考虑到观察过程可能会中断,从而产生两种离散的运行状态。基于与随机运动学一致的近似马尔可夫链的贝尔曼方程,计算最优控制策略,该策略使得基于标称无人机目标距离的成本函数的期望值最小化。

3. 飞机网络的离散随机过程

这里考虑自主飞行器的网络。每架飞机都配备某种机载传感器,如照相机或不同的传感器,以拍摄地面区域的快照[212]。这种网络的总体目标是探索某一特定区域,即利用若干应用程序覆盖该区域:在未知区域识别目标甚至检测和跟踪、监测地理上无法进入的或危险的区域(如野火或火山),或在灾难发生时协助应急人员。

其目的是提供一种简单的分析方法,从覆盖分布范围的角度评估不同机动模式的性能。为此,可以使用马尔可夫链建立一个随机模型。状态是飞机的位置,而转移是由移动模型确定的。该模型可用于随机游走、随机方向等独立移动模型。

然而在协作网络中,每架自主飞行器根据从其通信范围内的其他飞行器接收到的信息来决定移动方向,创建一个简单的马尔可夫模型并非易事。因此,除了为随机游走和随机方向提供所需的转移概率外,还要提出协作网络中这些概率的近似值。当一架或多架自主飞行器相遇时,选择用于运动路径的直观规则,可以对提出的模型进行扩展,以便可以并入其他规则。

近来提出了几种自主智能体的移动模型,其中一些是合成的,如随机游走和随机方向,另一些则是现实的,它们主要用于描述用户在给定环境中的运动。在自主飞行器领域,该模型可以很好地比较不同方法,但在自主飞行器执行协同任务时会给出错误的结果。移动性可以提高能源效率、覆盖率和其他网络参数。因此,通过对移动模型的分析来设计节点移动性以提高网络的重要程度,已成为研究热点。

1）马尔可夫链

引入一种时间离散状态离散的随机过程,可用于分析自主飞行器网络的覆盖性能。节点可以独立运行,也可以协作运行。系统区域被建模为二维网格,在该网络中,自主飞行器在每个时间步长从一个网格点移动到另一个网格点。假设自主飞行器只能移动到最近的 4 个相邻网格点,即半径为 1 的冯·诺依曼邻域。移动到相邻网格点的概率由相关移动模型确定。下文提出了马尔可夫链的两个主要组成部分,即状态概率和转移概率。

在这个模型中,状态被定义为[当前位置,先前位置]。关联状态的数量根据位置而有所不同。如果当前位置在拐角、边界或中间网格点,则分别有 2 个、3 个或 4 个关联状态:P_f、P_b、P_l、P_r分别是向前、向后、向左和向右移动的概率。该马尔可夫链的稳态概率用 $\boldsymbol{\pi}=[\pi(i,j,k,l)]$ 表示,转移概率矩阵用 $\boldsymbol{T}$ 表示,其中矩阵的实体是状态$[(i,j);(k,l)]$之间的转移概率。相应地,在时间步长为 n 时瞬态概率由 $\boldsymbol{\pi}^{(n)}=[\pi_{i,j,k,l}^{(n)}]$ 表示。因此,稳态概率和瞬态概率的关系可表示为

$$\begin{aligned}&\boldsymbol{\pi}=\pi.T \quad (稳态)\\&\boldsymbol{\pi}^{(n)}=\pi^{(0)}T^{n} \quad (瞬态)\\&\lim_{n\to\infty}\boldsymbol{\pi}^{(n)}=\boldsymbol{\pi}\end{aligned} \tag{4.179}$$

式中:$\sum\pi_{i,j,k,l}=1$。由于 $\boldsymbol{\pi}$ 的解与初始条件无关,初始状态 $\boldsymbol{\pi}^{(0)}$ 可以选择为

$[1,0,\cdots,0]$。从这些线性方程中可以得到稳态概率和瞬态概率。这用于确定给定移动模式的覆盖范围。

2）覆盖度量

$a\times a$ 区域的稳态覆盖概率分布由 $\boldsymbol{P}=[P(i,j)](1\leqslant i\leqslant a、1\leqslant j\leqslant a)$ 表示。概率矩阵表示给定位置(i,j)被占用的时间百分比，并且概率矩阵可以通过将从式(4.179)获得的相应稳态概率相加来计算，即

$$P(i,j)=\sum_{k,l}\pi(i,j;k,l) \tag{4.180}$$

其中，对于非边界状态，$(k,l)=\{(i-1,j),(i,j-1),(i+1,j),(i,j+1)\}$。边界状态的$(k,l)$可以直接确定。瞬态覆盖概率分布 $\boldsymbol{P}^{(n)}=[P(i,j)](1\leqslant i\leqslant a、1\leqslant j\leqslant a)$，有

$$\boldsymbol{P}^{(n)}=\sum_{k,l}\boldsymbol{\pi}^{(n)}(i,j;k,l) \tag{4.181}$$

利用得到的 $\boldsymbol{P}^{(n)}$，可以计算位置(i,j)被时间步长覆盖的概率，即

$$C^{(n)}(i,j)=1-\prod_{v=0}^{n}(1-P^{(v)}(i,j)) \tag{4.182}$$

多架自主飞行器的状态概率也是可以计算的。已知自主飞行器 k 的稳态覆盖分布矩阵 $\boldsymbol{P}_k$ 是由关系式(4.180)求得的，并且假设机动独立/解耦，则 m 个自主飞行器网络的稳态覆盖分布可由下列公式求出，即

$$p^{\mathrm{multi}}(i,j)=1-\prod_{k=1}^{m}(1-P_k(i,j)) \tag{4.183}$$

m 个飞机网络的瞬态行为也可类似地计算：将式(4.181)中的瞬态覆盖概率矩阵 $P_n^{(k)}$ 的(i,j)项代入式(4.183)中。现在除了定义网格中的移动模型的覆盖分布外，还在时间步长为 n、网格尺寸为 $a\times a$ 的情况下，定义了一些潜在的相关指标。

（1）平均覆盖，即

$$E[\boldsymbol{C}^{(n)}]=\frac{1}{a^2}\sum_{i,j}C^{(n)}(i,j) \tag{4.184}$$

（2）全覆盖，即

$$\boldsymbol{\epsilon}^{(n)}=\Pr(\boldsymbol{C}^{(n)}=\mathbf{1}_{a\times a})=\prod_{i,j}C^{(n)}(i,j) \tag{4.185}$$

式中：$\mathbf{1}_{a\times a}$为 $a\times a$ 矩阵。

这些指标提供了一些关于覆盖性能的有价值信息，如给定点的覆盖程度、整个区域的覆盖程度以及覆盖整个区域需要多少时间。

3）转移概率:独立移动

首先讨论随机游走和方向移动模型的状态转移概率,其中转移概率非常直观。随机游走模型不需要知道先前位置。因此,分析工具的状态(i,j,k,l)可以进一步简化为(i,j)。对于随机游走,假设在每个时间步长,自主飞行器可以以相等的概率到达任何一个相邻的网格点。显然,相邻点的数量会根据位置而变化。另外,对于随机方向模型,仅当自主飞行器到达网格边界时方向才会改变。因此,需要考虑先前位置,它也相当于网格的方向。对于这两种方案,以及在边界和拐角的协作方案,下一个位置是以相等的概率在可到达的相邻点中随机选择的。

4）转移概率:协同移动

这里提出了一种估计协同移动网络覆盖性能的方法。在这样的网络中,节点相互交互,即每当它们相遇时就交换信息。目标是提出一个适当的转移概率矩阵,该矩阵可以由提出的随机工具使用。对于独立移动,所提出的马尔可夫链可以很容易地扩展到多架自主飞行器。然而,对于协同移动性来说,这种马尔可夫链不足以对交互进行建模。能精确地模拟所有交互的马尔可夫链的状态将随着自主飞行器的数量呈指数级增长[158]。因此,可以提出一种近似方法来模拟飞机的行为,这种方法允许将协同移动视为独立移动[201]。

为了将飞机的动作相互解耦,对于 m 个飞机网络,定义以下概率,即

$$P_X = \sum_{k=0}^{m-1} P_{X|k} \Pr(k + 1\text{nodes meet}), X \in \{B,F,L,R\} \tag{4.186}$$

其中,向后、向前、左转和右转的概率由协同移动的决策度量 $P_{X|k}$ 和相遇飞机的数量给出。假设任意节点在网格中的任意位置的概率相等,则 m 架飞机中恰好有 k 架飞机处于(i,j)的概率由二项分布给出,即

$$\Pr(k+1\ \text{节点相遇}) = \binom{m-1}{k}\left(\frac{1}{a^2}\right)^k \left(1-\frac{1}{a^2}\right)^{m-1-k} \tag{4.187}$$

给定决策度量 $P_{X|k}$,可以使用式(4.186)和式(4.187)计算出相应的转移概率矩阵。

4. 多目标搜索和跟踪应用中的传感器任务分配

这里讨论了规划和执行情报、监视、侦察(ISR)任务的不确定性和复杂性管理问题。这种情报、监视、侦察任务使用的是无人机传感器资源网络[86]。在这种应用中,重要的是设计均匀的覆盖动态,使得传感器覆盖区几乎不重叠,并且传感器覆盖区之间几乎不留空间。传感器覆盖区必须均匀分布,这样目标就很

难逃脱检测。为了搜索固定目标,可以根据固定概率分布来表示目标位置的不确定性。光谱多尺度覆盖算法使传感器移动,以使传感器轨迹上的点均匀地对这种平稳概率分布进行采样。与传感器观测相结合的均匀覆盖动态有助于降低目标位置的不确定性[13]。

覆盖路径规划确定了一条在自由工作空间中确保完全覆盖的路径。由于飞机必须飞过该空间中的所有点,因此覆盖问题与覆盖推销员的问题有关。覆盖可以是静态概念,即它是智能体的静态配置,也是如何覆盖一个区域或对概率分布进行采样的一种度量。覆盖也可以是动态概念,即它是传感器轨迹上的点覆盖一个区域的程度的度量。随着区域中的每个点被访问或间接被智能体访问,覆盖变得越来越好。均匀覆盖采用了受动力学系统的遍历理论启发的度量。试图实现均匀覆盖的算法的行为本质上是多尺度的。保证了首先检测到大尺寸的特征,其次是越来越小尺寸的特征[192,194,196]。

定义 4.13 遍历动态(Ergodic Dynamics)。如果一个系统访问相空间的每个子集的概率等于该子集的度量,则称该系统表现出遍历动态。对固定目标的良好覆盖意味着要求移动传感器在任意集合中花费的时间与在该集合中找到目标的概率成比例。对移动目标的良好覆盖意味着要求在某些管组中花费的时间与在该集合中找到目标的概率成比例。

为目标运动建立一个模型,以构建这些管组并定义适当的覆盖指标。目标运动的模型可以是近似的,并且没有精确知识的目标动力学可以使用随机模型来捕获。通过这些用于均匀覆盖的指标,导出移动传感器运动的集中反馈控制律。

对于移动传感器网络在环境监控中的应用,生成标量场(如温度或污染物浓度)的精确时空图通常很重要。有时绘制一个区域的边界也很重要。在文献[191]中,一种多飞机采样算法生成用于非平稳时空场的非均匀覆盖的轨迹,该时空场特征在于分别在空间和时间上变化的空间和时间去相关尺度。该采样算法使用非线性坐标变换,使得场局部平稳,以使现有的多飞机控制算法可以用于提供均匀的覆盖。当变换回原始坐标时,采样轨迹集中在较短的时间和空间去相关尺度区域。

对于多智能体持续监控的应用,其目标是在整个任务域内巡视,同时将任务域的所有目标的不确定性降至零[182]。假设每个目标点的不确定性在时间上非线性演化。给定一条封闭路径,通过优化智能体在路径上的移动速度和的初始位置来实现具有最小巡视周期的多智能体持续监控[63,207]。

注 4.10 多智能体持续监控和动态覆盖的主要区别在于:当所有点都达到令人满意的覆盖水平时,动态覆盖任务就完成了,而持续监控则会一直进行。

1）静止目标的覆盖动态

假设有 N 个移动智能体按照一阶或二阶动力学运动。需要一个合适的度量来量化轨迹在给定概率分布 μ 下的采样程度。假设 μ 在矩形域$\mathbb{U} \in \mathbb{R}^n$之外是零，并且智能体的轨迹被限制在域$\mathbb{U}$ 中。对于遍历的动态系统，轨迹花费的时间必须等于集合的度量。令 $B(X,R) = \{R: \| Y - X \| \leqslant R\}$ 为球形集，$\chi(X,R)$为与集合 $B(X,R)$对应的指标函数。给定轨迹 $X_j:[0,t] \to \mathbb{R}^n, j = 1,2,\cdots,N$，则智能体在集合 $B(X,R)$中花费的时间的比例为

$$d^t(X,R) = \frac{1}{Nt}\sum_{j=1}^{N} \int_0^t \chi(X,R)(X_j)(\tau)\,\mathrm{d}\tau \tag{4.188}$$

集合 $B(X,R)$的度量为

$$\bar{\mu}(X,R) = \int_{\mathbb{U}} \mu(Y)\chi(X,R)(Y)\,\mathrm{d}Y \tag{4.189}$$

对于遍历动态，必须满足以下关系式，即

$$\lim_{t\to\infty} d^t(X,R) = \bar{\mu}(X,R) \tag{4.190}$$

上述等式对于几乎所有的点 X 和半径 R 都必须成立，这是定义度量的基础，即

$$E^2(t) = \int_0^R \int_{\mathbb{U}} \left(d^t(X,R) - \bar{\mu}(X,R)\right)^2 \mathrm{d}X\mathrm{d}R \tag{4.191}$$

$E(t)$是一个度量，用于量化球形集合中的智能体所花费的时间比例与球形集合度量相等相差多远。将分布 $\boldsymbol{C}^t$ 定义为

$$C^t(X) = \frac{1}{Nt}\sum_{j=1}^{N} \int_0^t \delta(X - X_j(\tau))\,\mathrm{d}\tau \tag{4.192}$$

$\phi(t)$为 $\boldsymbol{C}^t$ 和 μ 间的距离，由 $s = \dfrac{n+1}{2}$的索伯列夫空间的负指数范数 H^{-1}给出，即

$$\phi^2(t) = \| \boldsymbol{C}^t - \mu \|_{H^{-s}}^2 = \sum_K \Lambda_k \left| s_k(t) \right|^2 \tag{4.193}$$

式中，

$$s_k(t) = C_k(t) - \mu_k \quad \Lambda_k = \frac{1}{(1 + \| \boldsymbol{k} \|^2)^s} \tag{4.194}$$

$$C_k(t) = \langle \boldsymbol{C}^t, f_k \rangle \quad \mu_k = \langle \mu, f_k \rangle \tag{4.195}$$

式中：f_k为具有波数向量 $\boldsymbol{k}$ 的傅里叶基函数；度量 $\phi^2(t)$量化傅里叶基函数的时间平均值相对空间平均值偏离程度，但更重视大尺度模式而非小尺度模式。这

种情况下传感器以下面一阶动力学来运动,即

$$\dot{\boldsymbol{X}}_j(t) = \boldsymbol{U}_j(t) \tag{4.196}$$

目标是设计反馈律,有

$$\boldsymbol{U}_j(t) = \boldsymbol{F}_j(X) \tag{4.197}$$

从而智能体具有遍历动态。制定模型预测控制问题,以在短时域结束时将覆盖度量 $\phi^2(t)$ 的衰减速率最大化,并且随着滚动时域大小变为零,在极限中导出反馈律。成本函数为时域 $[t, t+\Delta t]$ 末端时 $\phi^2(t)$ 的一阶导数,即

$$C(t,\Delta t) = \sum_K \Lambda_k \boldsymbol{s}_k(t+\Delta t)\dot{\boldsymbol{s}}_k(t+\Delta t) \tag{4.198}$$

极限 $\Delta t \to 0$ 时,反馈律为

$$\boldsymbol{U}_j(t) = -\boldsymbol{U}_{\max}\frac{\boldsymbol{B}_j}{\|\boldsymbol{B}_j(t)\|_2} \tag{4.199}$$

其中,

$$\boldsymbol{B}_j(t) = \sum_K \Lambda_k \boldsymbol{s}_k(t)\nabla \boldsymbol{f}_k(t)(X_j(t)) \tag{4.200}$$

式中:$\nabla \boldsymbol{f}_k(t)$ 为傅里叶基函数 f_k 的梯度场。

2) 移动目标的覆盖动态

可用一组确定的常微分方程来描述目标运动,即

$$\dot{\boldsymbol{Z}}(t) = V(\boldsymbol{Z}(t), t) \tag{4.201}$$

$\boldsymbol{Z}(t) \in \mathbb{U}$,$\mathbb{U} \subset \mathbb{R}^3$ 代表在 $[0, T_{\mathrm{f}}]$ 时间内目标运动被限制的区域。令 T 表示描述目标位置演化过程的对应映射,即如果目标在 $t = t_0$ 时间处于 $Z(t_0)$ 点,则其位置 $\boldsymbol{Z}(t_{\mathrm{f}}) = T(\boldsymbol{Z}(t_0), t_0, t_{\mathrm{f}})$。

已知集合 $\mathbb{A} \subset \mathbb{U}$,则它在转换 $T(\cdot, t_0, t_{\mathrm{f}})$ 下的逆像为

$$T^{-1}(.\,, t_0, t_{\mathrm{f}})(\mathbb{A}) = \{Y : T(Y, t_0, t_{\mathrm{f}}) \in \mathbb{A}\} \tag{4.202}$$

目标位置的初始不确定性由概率分布 $\mu(0, X) = \mu_0(X)$ 确定。

令 $[P^{t_0, t_{\mathrm{f}}}]$ 为对应于变换 $T(\cdot, t_0, t_{\mathrm{f}})$ 的 Perron – Frobenius 算子簇,即

$$\int_{\mathbb{A}} [P^{t_0, t_{\mathrm{f}}}]\mu(t_0, Y)\,\mathrm{d}Y = \int_{\mathbb{A}} \mu(t_{\mathrm{f}}, Y)\,\mathrm{d}Y = \int_{T^{-1}(.\,, t_0, t_{\mathrm{f}})(\mathbb{A})} \mu(t_0, Y)\,\mathrm{d}Y \tag{4.203}$$

在 t 时刻,考虑半径为 R 且中心为 X 的球面集 $B(X, R)$ 以及相应的管组,有

$$H^t(B(X,R)) = \{(Y, \tau) : \tau \in [0, t] \text{ 和 } T(Y, \tau, t) \in B(X, R)\} \tag{4.204}$$

管组 $H^t(B(X,R))$ 是扩展时空域的一个子集,是以下集合的并集,即

$$T^{-1}(.\,,\tau,t)(B(X,R))\times\{\tau\},\ \forall\,\tau\in[0,t] \tag{4.205}$$

这个管集可以被认为是扩展时空域中的所有点的集合,当根据目标动力学在时间上向前演化时,这些点在时刻 t 时结束于球面集 $B(X,R)$。

在该管组内的任何时间片段内找到目标的概率是相同的,即

$$\begin{aligned}\mu(\tau_1,T^{-1}(.\,,\tau_1,t)(B(X,R))) &= \mu(\tau_2,T^{-1}(.\,,\tau_2,t)(B(X,R)))\\ &= \mu(t,(B(X,R)))\\ &\quad \forall\,\tau_1,\tau_2\leqslant t\end{aligned} \tag{4.206}$$

这是由于可能的目标轨迹都没有离开或进入管组 $H^t(B(X,R))$。假设传感器的轨迹为 $X_j:[0,t]\to\mathbb{R}^2,\ \forall j=1..N$。传感器轨迹 $(X_j(t),t)$ 在管组 $H^t(B(X,R))$ 中所花费的时间比为

$$d^t(X,R)=\frac{1}{Nt}\sum_{j=1}^{N}\int_0^t \chi T^{-1}(.\,,\tau,t)(B(X,R))(X_j(\tau))\,\mathrm{d}\tau \tag{4.207}$$

$$d^t(X,R)=\frac{1}{Nt}\sum_{j=1}^{N}\int_0^t \chi B(X,R)(T(X_j(\tau),\tau,t))\,\mathrm{d}\tau \tag{4.208}$$

$\chi B(X,R)$ 是集合 $B(X,R)$ 上的指标函数。用球面积分来计算 $d^t(X,R)$,即

$$d^t(X,R)=\int_{B(X,R)}\boldsymbol{C}^t(Y)\,\mathrm{d}Y \tag{4.209}$$

分布为

$$\boldsymbol{C}^t(X)=\frac{1}{Nt}\sum_{j=1}^{N}\int_0^t P^{\tau,t}\delta X_j(\tau)(x)\,\mathrm{d}\tau \tag{4.210}$$

该分布为覆盖分布。$\delta X_j(\tau)$ 是在点 $X_j(\tau)$ 处质量的 delta 分布。覆盖分布 $\boldsymbol{C}^t$ 可以被认为是移动传感器根据目标动力学在时间上向前演化时所访问的点的分布。

对于目标轨迹的均匀采样,理想情况是传感器轨迹在管组中花费的时间的比例必须接近在管组中找到目标轨迹的概率,即

$$\mu(t,B(X,R))=\int_{B(X,R)}\mu(t,Y)\,dY=\int_{T^{-1}(.\,,0,t)B(X,R)}\mu_0(Y)\,\mathrm{d}Y \tag{4.211}$$

这是定义度量的基础,即

$$\boldsymbol{\Psi}^2(t)=\|\boldsymbol{C}^t-\mu(t,.)\|_{H^{-s}}^2 \tag{4.212}$$

使用与前述静止目标相同的滚动时域方法,可获得类似于式(4.199)的反馈律。

在搜索任务期间,有效利用飞行时间需要一条最大可能找到目标的飞行路

径。由于植被密度、光照条件等环境因素不同，基于无人机传感器信息检测到目标的概率在不同的搜索区域会有所不同，因此无人机只能检测到部分目标。在文献[119]中提出了一种以难度映射的形式说明部分检测的算法。它产生近似最优解收益的路径，将路径规划视为离散的优化问题。它使用模式优度比启发式算法，该算法使用高斯混合模型来为搜索子区域划分优先级。该算法在不同分辨率的参数空间中搜索有效路径。任务难度映射是传感器检测概率的空间表示，并且定义了不同难度级别的区域[15]。

4.4.6 自主飞行器群的资源管理

气象特性知识是许多决策过程的基础。当相关的测量过程可以通过全自动方式进行时尤其有用。自主飞行器所展现的第一种合作方式是：当有证据表明值得注意的物理现象已经出现后，它们互相提供支持。当飞机发生故障或可能发生故障时，通过控制算法，飞机展现出第二种合作方式。如果一架飞机的内部诊断显示可能存在故障，它会给其他飞机发送一个全方向的请求，请它们协助完成任务。每架自主飞行器都会计算其提供帮助的优先级。自主飞行器将提供帮助信息的优先级发送给求援的飞机。求援飞机随后会发送一条消息，将最高优先级的飞机 ID 告知该自主飞行器群。然后高优先级飞机开始援助求援飞机。救援飞机可以通过多种形式提供支援。当求援飞机怀疑它的传感器发生故障，救援飞机可对该飞机所测量的怀疑点中的某一部分进行重新测量。这种方式有助于确定求援飞机传感器的状态。如果额外的采样结果表明求援飞机出现故障并表示对该组负有责任，它就会返回基地。在这种情况下，救援飞机将会接管求援飞机的任务[180]。

救援飞机是否对求援飞机的所有剩余样本点进行采样，随后放弃其原始点，取决于样本点的优先级。如果确定求援飞机没有发生故障或仍然可以继续工作，那么求援飞机可以留在现场并继续完成当前的任务[3]。

1. 单飞行器加油补给的航线规划

研究了具有多个加油点的单自主飞行器航线规划问题。飞机可以在其中任何一个加油点进行加油补给。该问题的目标是为飞机在燃油储备的约束下，至少访问每个目标一次并在过程中最小化其燃油量。为了构建快速的问题解决方法和启发式的改进方案，提出了一种近似算法[189]。

通常小型无人机由于燃油携带的限制，往往很难在某个加油点加油之前就完成监视任务。例如，在一个典型的监视任务中，一架无人机从从一个站点出发去对一组对象进行访问。假设无人机在给定路径上飞行所需的燃料与路径长度成正比。为了完成这一任务，无人机从一个站点出发，访问一组目标后到达其中一个加油点加油，然后开始一条新的路径。如果任务目标是访问每个给定目标一次，那么无人机可能不得不重复访问某些加油点进行燃油补充，然后才能实现对所有目标的访问。在这种情况下，会出现以下问题。

问题 4.17 路径问题。给定一组目标和加油点以及无人机的初始位置，需要找到一条路径使得每个目标至少被访问一次，同时在满足燃油约束的前提下使飞行成本最小化。其中飞行成本定义为无人机飞行路径中所消耗燃油的总量。

该问题的主要难点在于组合[113]。只要能够有效计算从自主飞行器初始点到目的地的最小航程的路径，飞机本身的运动约束并不会使问题复杂化。这种无人机可视为 Dubins 飞机。如果指定每个目标上的最优航向角，那么访问目标的最优序列问题就可以被简化为广义旅行商问题[155]。

自主飞行器必须以指定的航向角访问每个目标。因此，飞行成本可能是不对称的。不对称意味着以χ_A为航向角从 A 出发，并以航向角χ_B飞行至目标点 B 的成本可能与从 B 点出发以χ_B角飞行，并以航向角χ_A到达 A 点的成本不同。

定义 4.14 优化问题的 α 近似算法指的是在多项式时间内寻求一个可行的算法，其成本至多是每个实际问题最优成本的 α 倍。

其中，α 也称为算法的近似因子。这一近似因子为各种实例问题的算法所获得方案的质量提供了一个理论上限。这些上限是先验已知的。而近似因子所提供的界限往往都是保守的。

令$\mathbb{T}$表示目标集合，$\mathbb{D}$表示加油点的集合。其中 $s\in\mathbb{D}$ 表示无人机初始所在加油点。该问题在完全有向图中表示为 $G=(\mathbb{V},E)$，其中$\mathbb{V}=\mathbb{T}\cup\mathbb{D}$。令$f_{ij}$表示飞机从点 $i\in\mathbb{V}$ 到点 $j\in\mathbb{V}$ 所需的燃油量。假设燃油消耗满足三角形不等式，即对于所有不同的 i、j、$k\in\mathbb{V}$ 有 $f_{ij}+f_{jk}\geqslant f_{ik}$。设 L 指飞机最大的燃油携带量，对于任意给定目标 $i\in\mathbb{I}$，假设存在加油站 d_1 和 d_2，使得 $f_{ij}+f_{jk}\leqslant aL$，其中 $a(0<a<1)$为固定常数。另外，假设无人机总可以从一个加油点到另一个加油点（无论是直接还是间接，还是经过其他加油站，并且不违反燃油约束）。对于两个独立的加油站 d_1 和 d_2，令 $\ell'_{d_1d_2}$表示从 d_1 到 d_2所需的最少燃油量。对于一对独立的 d_1、d_2，存在常数β使得 $\ell'_{d_1d_2}\leqslant\beta\ell'_{d_1d_2}$。飞机的飞行路径由其访问点的序列 $T=(s,v_1,v_2,\cdots,v_p,s)$表示，其中 $v_i\in\mathbb{V}\ (i=1,2,\cdots,p)$。由此，一条访问所有目标点的路径可以转化为一条访问所有目标点和初始加油点的路径；反之亦然。

问题 4.18 问题的目标是要寻找一条路径 $T=(s,v_1,v_2,\cdots,v_p,s)$，有$\mathbb{T}\subseteq(v_1,v_2,\cdots,v_\mathrm{p})$使得从 d_1 出发到 d_2为止，按照任意序列$(d_1,t_1,t_2,\cdots,t_k,d_2)$飞行时，在对目标子集$(t_1,t_2,\cdots,t_k)\in\mathbb{T}$的访问中，其油耗都不高于 L，即

$$f_{d_1t_1}+\sum_{i=1}^{k-1}f_{t_it_{i+1}}+f_{t_kd_2}\leqslant L \tag{4.213}$$

其中，飞行成本$f_{sv_1}+\sum_{i=1}^{p-1}f_{v_iv_{i+1}}+f_{v_ps}$为最小值。当$i$或$j$为一个目标时，令$x_{ij}$为一个整数决定变量，决定网络中从点$i$到点$j$有向边的数量，且有$x_{ij}\in\{0,1\}$。

公式所选择的边表明，从一个站点必有一条路径通往所有的目标。流量约束用于表明其中的连接约束。在这些流量约束中，飞机在加油点承载$|T|$单位的商品，并在其飞行路径上向每个目标点交付一个单位的商品。p_{ij}表示从点i流向点j的商品数量，而r_i表示当访问第i个目标时，飞机中燃油的剩余量。

问题 4.19 该问题可表述为混合整数线性规划，即

$$\min\sum_{(i,j)\in\mathbb{E}}f_{ij}x_{ij} \tag{4.214}$$

服从程度约束，即

$$\sum_{i\in V/\{k\}}x_{ik}=\sum_{i\in V/\{k\}}x_{ki}\quad\forall k\in\mathbb{V} \tag{4.215}$$

$$\sum_{i\in\mathbb{V}/\{k\}}x_{ik}=1\quad\forall k\in\mathbb{T} \tag{4.216}$$

容量和流量约束为

$$\sum_{i\in\mathbb{V}/\{s\}}(p_{si}-p_{is})=|T| \tag{4.217}$$

$$\sum_{j\in\mathbb{V}/\{i\}}(p_{ji}-p_{ij})=1\quad\forall i\in\mathbb{T} \tag{4.218}$$

$$\sum_{j\in\mathbb{V}/\{i\}}(p_{ji}-p_{ij})=0\quad\forall i\in\mathbb{D}/\{s\} \tag{4.219}$$

$$0\leqslant p_{ij}\leqslant|T|x_{ij}\quad\forall i,j\in\mathbb{V} \tag{4.220}$$

燃油约束为

$$-M(1-x_{ij})\leqslant r_j-r_i+f_{ij}\leqslant M(1-x_{ij})\quad\forall i、j\in\mathbb{T} \tag{4.221}$$

$$-M(1-x_{ij})\leqslant r_j-L+f_{ij}\leqslant M(1-x_{ij})\quad\forall i\in\mathbb{D},\forall j\in\mathbb{T} \tag{4.222}$$

$$-M(1-x_{ij})\leqslant r_i-f_{ij}\quad\forall i\in\mathbb{T},\forall j\in\mathbb{D} \tag{4.223}$$

$$x_{ij}\in\{0,1\}\quad\forall i、j\in\mathbb{V}\quad i\text{或}j\text{都是目标} \tag{4.224}$$

$$x_{ij}\in\{0,1,2,\cdots,|T|\}\quad\forall i、j\in\mathbb{D} \tag{4.225}$$

式(4.215)表明，每个顶点的入度和出度必须相同，式(4.216)确保每个目标都被飞机访问一次。这些等式允许飞机多次访问一个加油点进行加油。约束条件式(4.217)至式(4.220)确保$|T|$单位的商品从一个加油点运出，并且飞机在每个目标处恰好交付一个单位的商品。在式(4.221)至式(4.225)中，M表示

一个大的常数,可以等于 $L+\max_{i,j\in\mathbb{V}}f_{ij}$。如果无人机从目标 i 行驶到目标 j,等式(4.221)表示无人机在达到目标 j 后剩余的燃油为 $r_j=r_i-f_{ij}$。如果无人机从加油点 i 行驶到目标 j,式(4.222)表示无人机在达到目标 j 后剩余的燃油是 $r_j=L-f_{ij}$。如果无人机直接从任意目标行驶到一个加油点,式(4.224)必须至少与到达加油点所需的量相等。

一种自主飞行器的轨迹生成方法是使用混合整数线性规划(MILP)和修正的 A^* 算法来优化动态环境中的路径,特别是环境中已知未来出现概率的突发事件。每个突发事件导致一个或多个可能的规避动作,其特征是在一个整数线性规划模型中使用一组值作为决策参数,该模型根据所施加的约束(如燃油消耗和花费的时间),通过选择最合适的替代轨迹来优化最终路线。决策变量是无人机状态变量,即位置和速度。约束条件来自无人机的简化模型和其飞行环境[166]。

2. 多飞行器加油补给的航线规划

接下来讨论多自主飞行器航线规划问题。给定一组异构飞机,要找到每架无人机要访问的目标以及访问的顺序,使每个目标至少被一架飞机访问一次,所有无人机在访问目标后返回到其各自的站点,并使自主飞行器航行的总距离最小。

问题 4.20 假设 n 个目标和 m 架飞机分别位于不同的站点,$\mathbb{V}$ (T)是对应于飞机(目标)初始位置的顶点集,该集合具有 m 个顶点,$\mathbb{V}=\{V_1,\cdots,V_m\}$ 代表飞机(即顶点 i 对应于第 i 架飞机),$T=\{T_1,\cdots,T_n\}$ 代表目标。设 $\mathbb{V}^i=\mathbb{V}_i\cup T$ 为对应于第 i 架飞机的所有顶点的集合,$C^i:\mathbb{E}^i\to\mathbb{R}^+$ 表示成本函数,其中 $C^i(a,b)$ 表示第 i 架飞机从顶点 a 到顶点 b 的飞行成本。成本函数具有不对称性,即 $C^i(a,b)\neq C^i(b,a)$。一架飞机要么不访问任何目标,要么访问 T 中的一个目标子集。如果第 i 架飞机不访问任何目标,那么它的路径为 $\text{TOUR}_i=\varnothing$,其对应的成本函数为 $C(\text{TOUR}_i)=0$。如果第 i 架飞机至少访问了一个目标,那么它的路径可以用一个有序的集合 $\{V_i,T_{i_1},\cdots,T_{i_{r_i}},V_i\}$ 来表示,其中 $T_{i\ell}(\ell=1,\cdots,r_i)$ 对应于第 i 架飞机在该序列上访问的 r_i 目标。第 i 架飞机访问至少一个目标的路径的成本 $C(\text{TOUR}_i)$ 定义为

$$C(\text{TOUR}_i)=C^i(V_i,T_{i_1})+\sum_{k=1}^{r_i-1}C^i(T_{i_k},T_{i_{k+1}})+C^i(T_{i_{r_1}},V_i)\quad(4.226)$$

找到飞机的航行路径,使这些飞机访问每个目标恰好一次,并将由 $\sum_{i\in V}C(\text{TOUR}_i)$ 定义的总体成本降至最低。

该方法是将路径问题转化为单一的非对称旅行商问题(ATSP),并使用可用

于非对称旅行商问题的算法来解决路径问题[140]。

在广义旅行商问题中,一个主要问题是其数学公式涉及连续和整数决策变量[69]。为了解决该问题,必须确定以下 3 点,以最大限度地缩短任务完成时间。

(1) 点的访问顺序。

(2) 起飞次数以及每次起飞和着陆之间必须访问的点的数量。

(3) 飞机必须遵循的连续路径。

多准则决策分析(MCDA)技术是一个允许在多个准则存在潜在冲突时做出决策的过程[187]。决策分析过程中的常见要素是一套设计方案、多个决策准则和偏好信息,而偏好信息代表了决策者对某一准则的支持态度,通常以加权因子的形式表示。由于存在不同的偏好和不完整的信息,所以决策分析过程中总是存在不确定性[188]。

为了有效地为给定的决策问题选择最合适的决策分析方法,可以遵循以下步骤。

(1) 定义问题。

(2) 定义评估准则。

(3) 计算适用性指数。

(4) 评估决策分析方法。

(5) 选择最合适的方法。

(6) 进行敏感度分析。

文献[54]提出了一种基于图论的综合方法来解决协同决策与控制中的死锁问题。飞机组可以包括一组有不同操作功能和运动学约束的固定翼无人机。由于异构性,一项任务不能由异构组中的任意一架飞机执行。任务分配问题被描述为一个组合优化问题。每种分配多架飞机在多个目标上执行多种任务的分配方法都是一种候补解。完成任务所需的执行时间被选为要最小化的目标函数。在多目标上执行多个任务时,如果另一个目标需要飞机改变路径,则该飞机需要等待另一架执行先前或者同时执行任务的飞机,由此产生了死锁的风险。由于资源共享和多种任务之间的优先级约束,两架及以上的飞机可能陷入无限等待的情况。为了检测死锁,可构建并分析解的任务优先图。此外,还将拓扑排序任务用于飞机路径延伸。因此,可得出无死锁的解并完成路径坐标[35]。

重点是找到一种应对非死锁条件和时间约束的方法。因此,可以处理组合优化问题。所有初始分配都根据一个方案进行编码,该方案能使候补解满足约束条件。每个可行的任务分配都是组合优化问题的一个可行解。生成初始分配后,必须检查该分配是否编码死锁,因为非死锁条件是后续进程的先决条件。根据两种类型的任务关系将初始分配划分为两组:第一组是任务执行子图,由基于飞机的任务组得出;第二组是任务约束子图,由目标任务得出[71]。

4.5 本章小结

本章第一部分介绍了路径和轨迹规划。修正涉及在固定的控制下确保飞行平衡的能力。然后,针对上面提出的系统,推导出二维和三维开环路径规划算法。接下来探讨了策梅洛导航问题。根据初始和最终构型,研究参数路径。通过求路径曲率和扭转导数的连续性来获得更平滑的路径。保留的机动动作应该只加入两条修正飞行路径。最后,提出了一些参数曲线,如多项式、毕达哥拉斯速度图和 η^3 样条曲线。

本章第二部分讨论了静态和动态环境下制导和碰撞/障碍物规避。作者认为算法并无优劣之分,只是根据任务的不同,某些算法比其他算法更行之有效。只有实际操作者才能选择适合其案例研究的算法。

本章最后一部分讨论了任务规划,包括路径最优化、模糊规划、覆盖问题和资源管理。

参考文献

[1] Acevedo, J. J.; Arrue, B. C.; Diaz - Banez, J. M.; Ventura, I.; Maza, I.; Ollero, A. (2014): One - to one coordination algorithm for decentralized area partitionin surveillance missions with a team of aerial robots, Journal of Intelligent and Robotic Systems, vol. 74, pp. 269 - 285.

[2] Ahuja, R. K.; Magnanti, T. L; Orlin, J. B. (1993): Network Flows, Prentice - Hall, Englewood Cliffs, NJ.

[3] Alighanbari, M.; Bertuccelli, L. F.; How, J. P. (2006): A robust approach to the UAV task assignment problem, IEEE Conference on Decision and Control, San Diego, CA, pp. 5935 - 5940.

[4] Anderson, R. P.; Milutinovic, D. (2014): A stochastic approach to Dubins vehicle tracking problems, IEEE Transactions on Automatic Control, vol. 59, pp. 2801 - 2806.

[5] Arsie, A.; Frazzoli, E. (2007): Motion planning for a quantized control systemon SO(3), 46th IEEE conference on Decision and Control, New Orleans, pp. 2265 - 2270.

[6] Atkins, E.; Moylan, G.; Hoskins, A. (2006): Space based assembly with symbolic and continuous planning experts, IEEE Aerospace Conference, Big Sky, MT, DOI 10.1109/AERO.2006.1656009.

[7] Aurenhammer, F. (1991): Voronoi diagrams, a survey of fundamental geometric data structure, ACM Computing Surveys, vol. 23, pp. 345 - 405.

[8] Avanzini, G. (2004): Frenet based algorithm for trajectory prediction, AIAA Journal of Guidance, Control and Dynamics, vol. 27, pp. 127 - 135.

[9] Avis, D.; Hertz, A.; Marcotte, O. (2005): Graph Theory and Combinatorial Optimization, Springer - Verlag.

[10] Babel, L. (2013): Three dimensional route planning for unmanned aerial vehicles in a risk environment, Journal of Intelligent and Robotic Systems, vol. 71, pp. 255 - 269, DOI 10.1007/s10846 - 012 - 9773 - 7.

[11] Bakolas, E. ; Tsiotras, P. (2010): Zermelo – Voronoi Diagram: A dynamic partition problem, Automatica, vol. 46, pp. 2059 – 2067.

[12] Bakolas, E. ; Tsiotras, P. (2012): Feedback navigation in an uncertain flowfield and connections with pursuit strategies, AIAA Journal of Guidance, Control and Dynamics, vol. 35, pp. 1268 – 1279.

[13] Banaszuk, A. ; Fonoberov, V. A. ; Frewen, T. A. ; Kobilarov, M. ; Mathew, G. ; Mezic, I; Surana, A. (2011): Scalable approach to uncertainty quantification and robust design of interconnected dynamical systems, IFAC Annual Reviewsin Control, vol. 35, pp. 77 – 98.

[14] Bertsimas, D. ; VanRyzin, G. (2011): The dynamic traveling repairman problem, MIT Sloan paper 3036 – 89 – MS.

[15] Bertuccelli, L. F. ; Pellegrino, N. ; Cummings, M. L. (2010): Choice Modeling of Relook Tasks for UAV Search mission, American Control Conference, pp. 2410 – 2415.

[16] Bertsekas, D. P. (1995): Dynamic Programming and Optimal Control, One, Athena Scientific.

[17] Bestaoui, Y. ; Dahmani, H. ; Belharet, K. (2009): Geometry of translational trajectories for an autonomous aerospace vehicle with wind effect, 47th AIAA Aerospace Sciences Meeting, Orlando, FL, paper AIAA 2009 – 1352.

[18] Bestaoui, Y. : (2009) Geometric properties of aircraft equilibrium and nonequilibrium trajectory arcs, Robot Motion and Control 2009, Kozlowski, K. ed. , Springer, Lectures Notes in Control and Information Sciences, Springer, pp. 1297 – 1307.

[19] Bestaoui, Y. ; Lakhlef, F. (2010): Flight Plan for an Autonomous Aircraft ina Windy Environment, Unmanned Aerial Vehicles Embedded Control, Lozano, R. (ed.), Wiley, ISBN – 13 – 9781848211278.

[20] Bestaoui, Y. (2011): Collision avoidance space debris for a space vehicle, IAASS conference, Versailles, France, ESA Special Publication, vol. 699, pp. 74 – 79.

[21] Bestaoui, Y. (2012): 3D flyable curve for an autonomous aircraft, ICNPAA World Congress on Mathematical Problems in Engineering, Sciences and Aerospace, AIP, Vienna, pp. 132 – 139.

[22] Bestaoui, Y. ; Kahale, E. (2013): Time optimal trajectories of a lighter than air robot with second order constraints and a piecewise constant velocity wind, AIAA Journal of Information Systems, vol. 10, pp. 155 – 171, DOI10. 2514/1. 55643.

[23] Bestaoui Sebbane Y. (2014): Planning and Decision – making for Aerial Robots, Springer, Switzerland, ISCA 71.

[24] Bethke, B. ; Valenti, M. ; How, J. P. (2008): UAV task assignment, an experimental demonstration with integrated health monitoring, IEEE Journal on Robotics and Automation, vol. 15, pp. 39 – 44.

[25] Bhatia, A. ; Maly, M. ; Kavraki, L. ; Vardi, M. (2011): Motion planing with complex goals, IEEE Robotics and Automation Magazine, vol. 18, pp. 55 – 64.

[26] Bicho, E. ; Moreira, A. ; Carvalheira, M. ; Erlhagen, W. (2005): Autonomous flight trajectory generator via attractor dynamics, Proc. of IEEE/RSJ Intelligents Robots and Systems, vol. 2 , pp. 1379 – 1385.

[27] Bijlsma, S. J. (2009): Optimal aircraft routing in general wind fields, AIAA Journal of Guidance, Control, and Dynamics, Vol. 32, pp. 1025 – 1029.

[28] Bloch, A. M. (2003): Non Holonomics Mechanics and Control, Springer – Verlag, Berlin.

[29] Boizot, N. ; Gauthier, J. P. (2013): Motion planning for kinematic systems, IEEE Transactions on Automatic Control, vol. 58, pp. 1430 – 1442.

[30] Boukraa, D. ; Bestaoui, Y. ; Azouz, N. (2008) : Three dimensional trajectory generation for an autonomous plane, Inter. Review of Aerospace Engineering, vol. 4, pp. 355 – 365.

[31] Braunl, T. (2008) : Embedded Robotics, Springer.

[32] Brooks, A. ; Makarenko, A. ; Williams, S. ; Durrant – Whyte(2006) : Parametric POMDP for planning in continuous state spaces, Robotics and Autonomous Systems, vol. 54, pp. 887 – 897.

[33] Bryson, A. E. ; Ho, Y. C. (1975) : Applied Optimal Control: Optimization, Estimation and Control, Taylor and Francis, New York.

[34] Budiyono, A. ; Riyanto, B. ; Joelianto, E. (2009) : Intelligent Unmanned Systems: Theory and Applications, Springer.

[35] Busemeyer, J. R. , Pleskac, T. J(2009) : Theoretical tools for aiding dynamic decision – making, Journal of Mathematical Psychology, vol. 53, pp. 126 – 138.

[36] Calvo, O. ; Sousa, A. ; Rozenfeld, A. ; Acosta, G. (2009) : Smooth path planning for autonomous pipeline inspections, IEEE Multi – conferenceon Systems, Signals and Devices, pp. 1 – 9, IEEE, DOI 978 – 1 – 4244 – 4346 – 8/09.

[37] Campbell, S. ; Naeem, W. , Irwin, G. W. (2012) : A review on improving the autonomy of unmanned surface vehicles through intelligent collision avoidance maneuvers, Annual Reviews in Control, vol. 36, pp. 267 – 283.

[38] Chakravarthy, A. ; Ghose, D. (2012) : Generalization of the collision cone approach for motion safety in 3D environments, Autonomous Robots, vol. 32, pp. 243 – 266.

[39] Chang, D. E. (2011) : A simple proof of the Pontryagin maximum principle on manifolds, Automatica, vol. 47, pp. 630 – 633.

[40] Chavel, I. (ed.) (1984) : Eigenvalues in Riemannian Geometry, Academic Press.

[41] Choset, H. ; Lynch, K. ; Hutchinson, S. ; Kantor, G. ; Burgard, W. ; Kavraki, L. ; Thrun, S. (2005) : Principles of Robot Motion, Theory, Algorithms and Implementation, The MIT Press.

[42] Chryssanthacopoulos, J. ; Kochender, M. J. (2012) : Decomposition methods for optimized collision avoidance with multiple threats, AIAA Journal of Guidance, Control and Dynamics, vol. 35, pp. 368 – 405.

[43] Clelland, J. N. ; Moseley, C. ; Wilkens, G. (2009) : Geometry of control affine systems, Symmetry, Integrability and Geometry Methods and Applications(SIGMA), vol. 5, pp. 28 – 45.

[44] Cook, W. J. (2012) : In Pursuit of the Traveling Salesman: Mathematics at the Limits of Computation, Princeton University Press.

[45] Cormen, T. H. (2012) : Introduction to Algorithms, The MIT Press, Cambridge.

[46] Cotta, C. ; Van Hemert, I. (2008) : Recent Advances in Evolutionary Computation for Combinatorial Optimization, Springer.

[47] Cruz, G. C. ; Encarnacao, P. M. (2012) : Obstacle avoidance for unmanned aerial vehicles, Journal of Intelligent and Robotics Systems, vol. 65, pp. 203 – 217.

[48] Dadkhah, N. ; Mettler, B. (2012) (2012) : Survey of motion planning literature in the presence of uncertainty: considerations for UAV guidance, Journal of Intelligent and Robotics Systems, vol. 65, pp. 233 – 246.

[49] Dai, R. ; Cochran, J. E. (2010) : Path planning and state estimation for unmanned aerial vehicles in hostile environments, AIAA Journal of Guidance, Control and Dynamics, vol. 33, pp. 595 – 601.

[50] Dantzig, G. ; Fulkerson R. ; Johnson, S. (1954) : Solution of a large – scale traveling salesman problem, Jour-

nal of the Operations Research Society of America, vol. 2, pp. 393 – 410.

[51] Dantzig, G B.; Ramser, J. H. (1959): The Truck dispatching problem, Management Science, vol. 6, pp. 80 – 91.

[52] De Filippis, L.; Guglieri, G. (2012): Path planning strategies for UAV in 3D environments, Journal of Intelligent and Robotics Systems, vol. 65, pp. 247 – 264.

[53] Delahaye, D.; Puechmurel, S.; Tsiotra, s P.; Feron, E. (2013): Mathematical models for aircraft design: a survey, Air Traffic Management and Systems, Springer, Japan, pp. 205 – 247.

[54] Deng, Q.; Yu, J.; Mei, Y. (2014): Deadlock free consecutive task assignment of multiple heterogeneous unmanned aerial vehicles, AIAA Journal of Aircraft, vol. 51, pp. 596 – 605.

[55] Devasia, S. (2011): Nonlinear minimum – time control with pre – and postactuation, Automatica, vol. 47, pp. 1379 – 1387.

[56] Dicheva, S.; Bestaoui, Y. (2011): Route finding for an autonomous aircraft, AIAA Aerospace Sciences Meeting, Orlando, FL, USA, paper AIAA 2011 – 79.

[57] Doshi – Velez, F.; Pineau, J.; Roy, N. (2012): Reinforcement learning with limited reinforcement: Using Bayes risk for active learning in POMDP, Artificial Intelligence, vol187, pp. 115 – 132.

[58] Dubins, L. E. (1957): On curves of minimal length with a constraint on average curvature and with prescribed initial and terminal positions and tangents. American Journal of Mathematics, vol. 79, pp. 497 – 517.

[59] Eele, A.; Richards, A. (2009): Path planning with avoidance using nonlinear branch and bound optimization, AIAA Journal of Guidance, Control and Dynamics, vol. 32, pp. 384 – 394.

[60] Enes, A.; Book, W. (2010): Blended shared control of Zermelo's navigation problem, American Control conference, Baltimore, MD, pp. 4307 – 4312.

[61] Farault, J. (2008): Analysis on Lie Groups: an Introduction, Cambridge Studies in Advanced Mathematics.

[62] Farouki, R. T. (2008): Pythagorean Hodograph Curves, Springer.

[63] Foka, A.; Trahanias, P. (2007): Real time hierarchical POMDP for autonomous robot navigation, Robotics and Autonomous Systems, vol. 55, pp. 561 – 571.

[64] Foo, J.; Knutzon, J.; Kalivarapu, V.; Oliver, J.; Winer, E. (2009): Path planning of UAV using B – splines and particles swarm optimization, AIAA Journal of Aerospace Computing, Information and Communication, vol. 6, pp. 271 – 290.

[65] Fraccone, G. C.; Valenzuela – Vega, R.; Siddique, S.; Volovoi, V. (2013): Nested modeling of hazards in the national air space system, AIAA Journal of Aircraft, vol. 50, pp. 370 – 377, DOI: 10. 2514/1. C031690.

[66] Fraichard, T.; Scheuer, A. (2008): From Reeds and Shepp's to continuous curvature paths, IEEE Transactions on Robotics, vol. 20, pp. 1025 – 1035.

[67] Frederickson, G.; Wittman, B. (2009): Speed up in the traveling repairman problem with unit time window, arXiv preprint arXiv: 0907. 5372. [cs. DS].

[68] Funabiki, K.; Ijima, T.; Nojima, T. (2013): Method of trajectory generation for perspective flight path display in estimated wind condition, AIAA Journal of Aerospace Information Systems, Vol. 10, pp. 240 – 249. DOI: 10. 2514/1. 37527.

[69] Garone, E.; Determe, J. F.; Naldi, R. (2014): Generalized traveling salesman problem for carrier – vehicle system, AIAA Journal of Guidance, Control and Dynamics, vol. 37, pp. 766 – 774.

[70] Girard, A. R.; Larba, S. D.; Pachter, M.; Chandler, P. R. (2007): Stochastic dynamic programming for un-

certainty handling in UAV operations, American Control Conference, pp. 1079 – 1084.
[71] Goel, A.; Gruhn, V. (2008): A general vehicle routing problem, European Journal of Operational Research, vol. 191, pp. 650 – 660.
[72] Goerzen, C.; Kong, Z.; Mettler, B. (2010): A survey of motion planning algorithms from the perspective of autonomous UAV guidance, Journal of Intelligent and Robotics Systems, vol. 20, pp. 65 – 100.
[73] Greengard, C.; Ruszczynski, R. (2002): Decision – making under Uncertainty: Energy and Power, Springer.
[74] Guerrero, J. A.; Bestaoui, Y. (2013): UAV path planning for structure inspection in windy environments, Journal of Intelligent and Robotics Systems, vol. 69, pp. 297 – 311.
[75] Habib, Z.; Sakai, M. (2003): Family of G^2 cubic transition curves, IEEE. Int. Conference on Geometric Modeling and Graphics. pp. 117 – 122.
[76] Hameed, T. A. (2014): Intelligent coverage path planning for agricultural robots and autonomous machines on three dimensional terrain, Journal of Intelligent and Robotics Systems, vol. 74, pp. 965 – 983.
[77] Holdsworth, R. (2003): Autonomous in flight path planning to replace pure collision avoidance for free flight aircraft using automatic dependent surveillance broadcast, PhD Thesis, Swinburne Univ., Australia.
[78] Holt, J.; Biaz, S.; Aj, C. A. (2013): Comparison of unmanned aerial system collision avoidance algorithm in a simulated environment, AIAA Journal of Guidance, Control and Dynamics, vol. 36, pp. 881 – 883.
[79] Holzapfel, F.; Theil, S. (eds) (2011): Advances in Aerospace Guidance, Navigation and Control, Springer.
[80] Hota, S.; Ghose, D. (2014): Optimal trajectory planning for unmanned aerial vehicles in three – dimensional space, AIAA Journal of Aircraft, vol. 51, pp. 681 – 687.
[81] Hota, S., Ghose, D. (2014): Time optimal convergence to a rectilinear path in the presence of wind, Journal of Intelligent and Robotic Systems, vol. 74, pp. 791 – 815.
[82] Howlett, J. K.; McLain, T., Goodrich, M. A. (2006): Learning real time A* path planner for unmanned air vehicle target sensing, AIAA Journal of Aerospace Computing, Information and Communication, vol. 23, pp. 108 – 122.
[83] Hsu, D.; Isler, V.; Latombe, J. C.; Lin, M. C. (2010): Algorithmic Foundations of Robotic, Springer.
[84] Hutter, M. (2005): Universal Artificial Intelligence, Sequential Decisions based on Algorithmic Probability, Springer.
[85] Huynh, U.; Fulton, N. (2012): Aircraft proximity termination conditions for 3D turn centric modes, Applied Mathematical Modeling, vol. 36, pp. 521 – 544.
[86] Ibe, O.; Bognor, R. (2011): Fundamentals of Stochastic Networks, Wiley.
[87] Igarashi, H.; Loi. K(2001): Path – planning and navigation of a mobile robot asa discrete optimization problems, Art Life and Robotics, vol. 5, pp. 72 – 76.
[88] Innocenti, M.; Pollini, L.; Turra, D. (2002): Guidance of unmanned air vehicles based on fuzzy sets and fixed way points, AIAA Journal on Guidance, Control and Dynamics, vol. 27, pp. 715 – 720.
[89] Itoh, H.; Nakamura, K. (2007): Partially observable Markov decision processes with imprecise parameters, Artificial Intelligence, vol. 171, pp. 453 – 490.
[90] Jaklic, G.; Kozak, J.; Krajnc, M.; Vitrih, V.; Zagar, E. (2008): Geometric Lagrange interpolation by planar cubic Pythagorean hodograph curves, Computer Aided Design, vol25, pp. 720 – 728.
[91] Jardin, M. R.; Bryson, A. E. (2001): Neighboring optimal aircraft guidance in winds, AIAA Journal of Guidance, Control and Dynamics, vol. 24, pp. 710 – 715.

[92] Jardin, M. R. ; Bryson, A. E. (2012) : Methods for computing minimum time paths in strong winds, AIAA Journal of Guidance, Control and Dynamics, vol. 35, pp. 165 – 171.

[93] Jarvis, P. A. ; Harris, R. ; Frost, C. R. (2007) : Evaluating UAS Autonomy Operations Software In Simulation, AIAA Infotech@ Aerospace Conference and Exhibit, DOI 10. 2514/6. 2007 – 2798.

[94] Jennings, A. L. ; Ordonez, R. ; Ceccarelli, N. (2008) : Dynamic programming applied to UAV way point path planning in wind, IEEE International Symposium on Computer – Aided Control System Design, San Antonio, TX, pp. 215 – 220.

[95] Jiang, Z. ; Ordonez, R. (2008) : Robust approach and landing trajectory generation for reusable launch vehicles in winds. 17th IEEE International Conference on Control Applications, San Antonio, TX, pp. 930 – 935.

[96] Johnson, B. ; Lind, R. (2011) : 3 – dimensional tree – based trajectory planning with highly maneuverable vehicles, 49th AIAA Aerospace Sciences Meeting, paper AIAA 2011 – 1286.

[97] Jonsson, A. K. (2007) : Spacecraft Autonomy: Intelligence Software to increase crew, spacecraft and robotics autonomy, AIAA Infotech@ Aerospace Conference and Exhibit, DOI 10. 2514/6. 2007 – 2791, paper AIAA 2007 – 2791.

[98] Jurdjevic, V. (2008) : Geometric Control Theory, Cambridge studies in advanced mathematics.

[99] Kaelbling, L. ; Littman, M. ; Cassandra, A. (1998) : Planning and acting in partially observable stochastic domains, Artificial Intelligence, vol. 101, pp. 99 – 134.

[100] Kalyanam, K. ; Chandler, P. ; Pachter, M. ; Darbha, S. (2012) : Optimization of perimeter patrol operations using UAV, AIAA Journal of Guidance, Control and Dynamics, vol. 35, pp. 434 – 441.

[101] Kalyanam, K. ; Park, M. ; Darbha, S. ; Casbeer, D. ; Chandler, P. ; Pachter, M. (2014) : Lower bounding linear program for the perimeter patrol optimization, AIAA Journal of Guidance, Control and Dynamics, vol. 37, pp. 558 – 565.

[102] Kampke, T. ; Elfes, A. (2003) : Optimal aerobot trajectory planning for wind based opportunity flight control, IEEE/RSJ Inter. Conference on Intelligent Robots and Systems , Las Vegas, NV, pp. 67 – 74.

[103] Kang, Y. ; Caveney, D. S. ; Hedrick, J. S. (2008) : Real time obstacle map building with target tracking, AIAA Journal of Aerospace Computing, Information and Communication, vol. 5, pp. 120 – 134.

[104] Khatib, O. (1985) : Real time obstacle avoidance for manipulators and mobile robots, IEEE Int. Conference on Robotics and Automation, pp. 500 – 505.

[105] Kothari, M. ; Postlethwaite, I. ; Gu, D. W. (2014) : UAV path following in windy urban environments, Journal of Intelligent and Robotic Systems, vol. 74, pp. 1013 – 1028.

[106] Kluever, C. A. (2007) : Terminal guidance for an unpowered reusable launch vehicle with bank constraints, AIAA Journal of Guidance, Control, and Dynamics, Vol. 30, pp. 162 – 168.

[107] Kuwata, Y. ; Schouwenaars, T. ; Richards, A. ; How, J. (2005) : Robust constrained receding horizon control for trajectory planning, AIAA Conference on Guidance, Navigation and Control, DOI 10. 2514/6. 2005 – 6079.

[108] Lam, T. M. (ed) (2009) : Aerial Vehicles, In – Tech, Vienna, Austria.

[109] Laumond, J. P. (1998) : Robot Motion Planning and Control, Springer.

[110] Laugier, C. ; Chatila, R. (eds) (2007) : Autonomous Navigation in Dynamic Environments, Springer.

[111] Lavalle, S. M. (2006) : Planning Algorithms, Cambridge University Press.

[112] Lavalle, S. M. (2011) : Motion planning, IEEE Robotics and Automation Magazine, vol. 18, pp. 108 – 118.

[113] Lawler, E. L. ; Lenstra, J. K; Rinnoy Kan, A. H. ; Shmoys, D. B (1995) : A Guided Tour of Combinatorial Optimization, Wiley.

[114] Lee, J. ; Kwon, O. ; Zhang, L. ; Yoon, S. (2014) : A selective retraction based RRT planner for various environments, IEEE Transactions on Robotics, vol. 30, pp. 1002 – 1011, DOI 10. 1109/TRO. 2014. 2309836.

[115] Lekkas, A. M. ; Fossen, T. I. (2014) : Integral LOS path following for curved paths based on a monotone cubic Hermite spline parametrization, IEEE Transactions on Control System Technology, vol. 22, pp. 2287 – 2301, DOI10. 1109/TCST. 2014. 2306774.

[116] LeNy, J. ; Feron, E. ; Frazzoli, E. (2012) : On the Dubins traveling salesman problem, IEEE Transactions on Automatic Control, vol. 57, pp. 265 – 270.

[117] Li, Z. ; Canny, J. F. (1992) : Non holonomic Motion Planning, Kluwer Academic Press, Berlin.

[118] Li, B. ; Xu, C. ; Teo, K. L. ; Chu, J. (2013) : Time optimal Zermelo' s navigation problem with moving and fixed obstacles, Applied Mathematics and Computation, vol. 224, pp. 866 – 875.

[119] Lin, L. ; Goodrich, M. A. (2014) : Hierarchical heuristic search using a Gaussian mixture model for UAV coverage planning, IEEE Transactions on Cybernetics, vol. 44, pp. 2532 – 2544, DOI 10. 1109/TCYB. 2014. 2309898.

[120] Liu, Y. ; Saripelli, S. (2014) : Path planning using 3D Dubins curve for unmanned aerial vehicles, Int. Conference on Unmanned Aircraft System, pp. 296 – 304, DOI 978 – 1 – 4799 – 2376 – 2.

[121] Littman, M. (2009) : A tutorial on partially observable Markov decision process, Journal of Mathematical Psychology, vol. 53, pp. 119 – 125.

[122] Ludington B. ; Johnson, E. , Vachtsevanos, A. (2006) : Augmenting UAV autonomy GTMAX, IEEE Roboticsand Automation Magazine, vol. 21 pp. 67 – 71.

[123] Macharet, D. ; Neto, A. A. ; Campos, M. (2009) : On the generation of feasible paths for aerial robots in environments with obstacles, IEEE/RSJ Int. conference on Intelligent Robots and Systems, pp. 3380 – 3385.

[124] Maggiar, A. ; Dolinskaya, I. S. (2014) : Construction of fastest curvature constrained path in direction dependent media, AIAA Journal of Guidance, Control and Dynamics, vol. 37, pp. 813 – 827.

[125] Marigo, A. , Bichi, A. (1998) : Steering driftless nonholonomic systems by control quanta, IEEE Inter. conference on Decision and Control, vol. 4, pp. 466 – 478.

[126] Masoud, A. A. (2012) : A harmonic potential approach for simultaneous planning and control of a generic UAV platform, Journal of Intelligent and Robotics Systems, vol. 65, pp. 153 – 173.

[127] Matsuoka, Y. , Durrant – Whyte, H. , Neira, J. (2010) : Robotics, Science and Systems, The MIT Press.

[128] Mattei, M. ; Blasi, L. (2010) : Smooth flight trajectory planning in the presence of no – fly zones and obstacles, AIAA Journal of Guidance, Control and Dynamics, vol. 33, pp. 454 – 462, DOI 10. 2514/1. 45161.

[129] Matveev, A. S. ; Teimoori, H. ; Savkin, A. (2011) : Navigation of a uni – cyclelike mobile robot for environmental extremum seeking, Automatica, vol. 47, pp. 85 – 91.

[130] Mc Gee, T. ; Hedrick, J. K. (2007) : Optimal path planning with a kinematic airplane model, AIAA Journal of Guidance, Control and Dynamics, vol. 30, pp. 629 – 633, DOI 10. 2514/1. 25042.

[131] Miele, A. ; Wang, T. ; Melvin, W. (1986) : Optimal takeoff trajectories in the presence of winds hear, Journal of Optimization, Theory and Applications, vol. 49, pp. 1 – 45.

[132] Miele, A. ; Wang, T; Melvin, W. (1989) : Penetration landing guidance trajectories in the presence of windshear AIAA Journal of Guidance, Control and Dynamics, vol. 12, pp. 806 – 814.

[133] Missiuro, P. ; Roy, N. (2006) : Adaptive probabilistic roadmaps to handle uncertainmaps, IEEE

Int. Conference on Robotics and Automation, pp. 1261 – 1267, Orlando, FL.

[134] Mufalli, F. ; Batta, R. ; Nagi R. (2012): Simultaneous sensor selection and routing of unmanned aerial vehicles for complex mission plans, Computers and Operations Research, vol. 39, pp. 2787 – 2799.

[135] Mujumda, A. , Padhi, R. (2011): Evolving philosophies on autonomous obstacles/collision avoidance of unmanned aerial vehicles, AIAA Journal of Aerospace Computing, Information and Communication, vol. 8, pp. 17 – 41.

[136] Musial, M. (2008): System Architecture of Small Autonomous UAV, VDM.

[137] Naldi, R. ; Marconi, L. (2011): Optimal transition maneuvers for a class ofV/STOL aircraft, Automatica, vol. 47, pp. 870 – 879.

[138] Nelson, R. ; Barber, B. ; McLain, T. ; Beard, R. (2007): Vector Field Path Following for Miniature Air Vehicle. IEEE Transactions on Robotics, vol. 23, pp. 519 – 529,.

[139] Ng, H. K. ; Sridhar, B. ; Grabbe, S. (2014): Optimizing trajectories with multiple cruise altitudes in the presence of winds, AIAA Journal of Aerospace Information Systems, vol. 11, pp. 35 – 46.

[140] Oberlin, P. ; Rathinam, S. ; Darbha, S. (2010): Todays traveling salesman problem, IEEE Robotics and Automation Magazine, vol. 17, pp. 70 – 77.

[141] Obermeyer, K. ; Oberlin, P. ; Darbha, S. (2012): Sampling based path planning for a visual reconnaissance unmanned air vehicle, AIAA Journal of Guidance, Control and Dynamics, vol. 35, pp. 619 – 631.

[142] Oikonomopoulos, A. S. ; Kyriakopoulos, K. J. ; Loizou, S. G. (2010): Modeling and control of heterogeneous nonholonomic input – constrained multi – agentsystems, 49th IEEE Conference on Decision and Control, pp. 4204 – 4209.

[143] Okabe, A. R. ; Boots, B. ; Sugihara, K. ; Chiu, S. N. (2000): Spatial Tessalations: Concepts and Applications of Voronoi Diagrams, Wiley.

[144] Patsko, V. S. ; Botkin, N. D. ; Kein, V. M. ; Turova, V. L. ; Zarkh, M. A. (1994): Control of an aircraft landing in winds hear, Journal of Optimization Theory and Applications, vol. 83, pp. 237 – 267.

[145] Patterson, T. ; McClean, S. ; Morrow, P. ; Parr, G. (2012): Modeling safe landing zone detection options to assist in safety critical UAV decision – making, Procedia Computer Science, vol. 10, pp. 1146 – 1151.

[146] Pavone, M. ; Frazzoli, E. ; Bullo, F. (2011): Adaptive and distributive algorithms for vehicle routing in a stochastic and dynamic environment, IEEE Transactions on Automatic Control, vol. 56, pp. 1259 – 1274.

[147] Peng, R. ; Wang, H. ; Wang. Z. ; Lin, Y. (2010): Decision – making of aircraft optimum configuration utilizing multi dimensional game theory, Chinese Journal of Aeronautics, vol. 23, pp. 194 – 197.

[148] Persiani, F. ; De Crescenzio, F. ; Miranda, G. ; Bombardi, T. ; Fabbri, M. ; Boscolo, F. (2009): Three dimensional obstacle avoidance strategies for uninhabited aerial systems mission planning and replanning, AIAA Journal of Aircraft, vol. 46, pp. 832 – 846.

[149] Pettersson, P. O. ; Doherty, P. (2004): Probabilistic road map based path planning for an autonomous helicopter, Journal of Intelligent and Fuzzy Systems: Applications in Engineering and Technology, vol. 17, pp. 395 – 405.

[150] Petres, C. ; Pailhas, Y. ; Pation, P. ; Petillot, Y. ; Evans, J. ; Lame, D. (2007): Path planning for autonomous underwater vehicles, IEEE Transactions on Robotics, vol. 23, pp. 331 – 341.

[151] Phillips, J. M. ; Bedrossian, N. ; Kavraki, L. E. (2004): Guided expansive space trees: a search strategy for motion and cost constrained state spaces, IEEE Int. Conference on Robotics and Automation, vol. 5,

pp. 3968 – 3973.

[152] Piazzi, A.; Guarino Lo Bianco, C.; Romano, M. (2007): η^3 Splines for the smooth path generation of wheeled mobile robot, IEEE Transactions on Robotics, vol. 5, pp. 1089 – 1095.

[153] Plaku, E.; Hager, G. D. (2010): Sampling based motion and symbolic action planning with geometric and differential constraints, IEEE Int. Conference on Robotics and Automation, pp. 5002 – 5008.

[154] Poggiolini, L.; Stefani, G. (2005): Minimum time optimality for a bang – singulararc: second order sufficient conditions, IEEE 44th Conference on Decision and Control, pp. 1433 – 1438.

[155] Powell, W. B. (2011): Approximate Dynamic Programming: Solving the Curse of Dimensionality, Halsted Press, New York.

[156] Prasanth, R. K.; Boskovic, J. D.; Li, S. M.; Mehra, R. (2001): Initial study of autonomous trajectory generation for UAV, IEEE Inter. conference on Decision and Control, Orlando, Fl, pp. 640 – 645.

[157] Prats, X.; Puig, V.; Quevedo, J.; Nejjari, F. (2010): Lexicographic optimization for optimal departure aircraft trajectories, Aerospace Science and Technology, vol. 14, pp. 26 – 37.

[158] Puterman, M. L. (2005): Markov Decision Processes Discrete Stochastic Dynamic Programming, Wiley.

[159] Qu, Y.; Zhang, Y.; Zhang, Y. (2014): Optimal flight planning for UAV in3D threat environment, Int. Conference on Unmanned Aerial Systems, DOI978 – 1 – 4799 – 2376 – 2.

[160] Rabier, P. J.; Rheinboldt, W. C. (2000): Nonholonomic Motion of Rigid Mechanical Systems from a DAE Viewpoint, SIAM press.

[161] Richards, A.; Schouwenaars, T.; How, J.; Feron, E (2002): Spacecraft trajectory planning with avoidance constraints using mixed integer linear programming, AIAA Journal of Guidance, Control and Dynamics, vol. 25, pp. 755 – 764.

[162] Rosen, K. H. (2013): Discrete Mathematics, McGraw Hill.

[163] Rysdyk, R. (2007): Course and heading changes in significant wind, AIAA Journal of Guidance, Control and Dynamics, vol. 30, pp. 1168 – 1171.

[164] Ruchti J.; Senkbeil, R.; Carroll, J.; Dickinson, J.; Holt, J.; Biaz, S. (2014): Unmanned aerial system collision avoidance using artificial potential fields, AIAA Journal of Aerospace Information Systems, vol. 11, pp. 140 – 144.

[165] Rupniewski, M. W.; Respondek, W. (2010): A classification of generic families of control affine systems and their bifurcations, Mathematics, Control, Signals and Systems, vol. 21, pp. 303 – 336.

[166] Ruz, J. J.; Arevalo, O.; Pajares, G.; Cruz, J. M. (2007): Decision – making along alternative routes for UAV in dynamic environments, IEEE conference on Emerging Technologies and Factory Automation, pp. 997 – 1004, DOI – 1 – 4244 – 0826 – 1.

[167] Sabo C., Cohen K., Kumar M., Abdallah S.: (2009): Path planning of a firefighting aircraft using fuzzy logic, AIAA Aerospace Sciences Meeting, Orlando, FL, paper AIAA 2009 – 1353.

[168] Sadovsky, A. V. (2014): Application of the shortest path problem to routing terminal airspace air traffic, AIAA Journal of Aerospace Information System, vol. 11, pp. 118 – 130.

[169] Samad, T.; Gorinevsky, D.; Stoffelen, F. (2001): Dynamic multi – resolution route optimization for autonomous aircraft, IEEE Int. Symposium on Intelligent Control, pp. 13 – 18.

[170] Santamaria, E.; Pastor, E.; Barrado, C.; Prats, X.; Royo, P.; Perez, M. (2012): Flight plan specification and management for unmanned aircraft systems, Journal of Intelligent and Robotic Systems, vol. 67, pp.

155 – 181.

[171] Sastry, S. (1999): Nonlinear Systems, Analysis, Stability and Control, Springer, Berlin.

[172] Savla, K.; Frazzoli, E.; Bullo, F. (2008): Traveling sales person problems for the Dubbins vehicle, IEEE Transactions on Automatic Control, vol. 53, pp. 1378 – 1391.

[173] Schmitt, L.; Fichter, W. (2014): Collision avoidance framework for small fixed wing unmanned aerial vehicles, AIAA Journal of Guidance, Control and Dynamics, vol. 37, pp. 1323 – 1328.

[174] Schouwenaars, T.; Valenti, M.; Feron, E.; How, J.; Roche, E. (2006): Linear programming and language processing for human/unmanned – aerial – vehicle team missions, AIAA Journal of Guidance, Control, and Dynamics, vol. 29, no. 2, pp. 303 – 313.

[175] Seibel, C. W.; Farines, J. M.; Cury, J. E. (1999): Towards hybrid automata for the mission planning of Unmanned Aerial Vehicles, Hybrid Systems V, Antsaklis, P. J. (ed), Springer – Verlag, pp. 324 – 340.

[176] Selig, J. M. (1996): Geometric Methods in Robotics, Springer.

[177] Sennott, L. I. (1999): Stochastic Dynamic Programming and the Control of Queuing Systems, Wiley.

[178] Shah, M. Z.; Samar, R.; Bhatti, A. I. (2015): Guidance of air vehicles: a sliding mode approach, IEEE transactions on Control Systems Technology, vol. 23, pp. 231 – 244, DOI 10. 1109/TCST. 2014. 2322773.

[179] Sinha, A.; Tsourdos, A.; White, B. (2009): Multi – UAV coordination for tracking the dispersion of a contaminant cloud in an urban region, European Journal of Control, vol. 34, pp. 441 – 448.

[180] Smith, J. F.; Nguyen, T. H. (2006): Fuzzy logic based resource manager for a team of UAV, Annual Meeting of the IEEE Fuzzy Information Processing Society, pp. 463 – 470.

[181] Soler, M.; Olivares, A.; Staffetti, E. (2014): Multiphase optimal control framework for commercial aircraft 4D flight planning problems, AIAA Journal of Aircraft, vol. 52, pp. 274 – 286, DOI 10. 2514/1C032677.

[182] Song, C.; Liu, L.; Feng, G.; Xu, S. (2014): Optimal control for multi – agent persistent monitoring, Automatica, vol. 50, pp. 1663 – 1668.

[183] Sridharan, M.; Wyatt, J.; Dearden, R. (2010): Planning to see: a hierarchical approach to planning visual action on a robot using POMDP, Artificial Intelligence, vol. 174, pp. 704 – 725.

[184] Stachura, M.; Frew, G. W. (2011): Cooperative target localization with a communication aware – Unmanned Aircraft System, AIAA Journal of guidance, control and dynamics, 34, pp. 1352 – 1362.

[185] Stranders, R.; Munoz, E.; Rogers, A.; Jenning, N. R. (2013): Near – optimal continuous patrolling with teams of mobile information gathering agents, Artificial Intelligence, vol. 195., pp. 63 – 105.

[186] Sujit, P. B.; Saripalli, S.; Sousa, J. B. (2014): Unmanned aerial vehicle path following, IEEE Control System Magazine, vol. 34, pp. 42 – 59.

[187] Sun, L. G.; de Visser, C. C.; Chu, Q. P.; Falkena, W. (2014): Hybrid sensor based backstepping control approach with its application to fault – tolerant flight control, AIAA Journal of Guidance, Control and Dynamics, vol. 37, pp. 59 – 71.

[188] Sun, X.; Gollnick, V.; Li, Y.; Stumpf, E. (2014): Intelligent multi criteria decision support system for systems design, AIAA Journal of Aircraft, vol. 51, pp. 216 – 225.

[189] Sundar, K.; Rathinam, S. (2014): Algorithms for routing an unmanned aerial vehicle in the presence of refueling depots, IEEE Transactions on Automation Science and Engineering, vol. 11, pp. 287 – 294

[190] Sussman, H. J. (1997): The Markov Dubins problem with angular acceleration control, IEEE 36th Conference on Decision and Control, pp. 2639 – 2643.

[191] Sydney, N.; Paley, D. A. (2014): Multiple coverage control for a non stationarys patio – temporal field, Automatica, vol. 50, pp. 1381 – 1390.

[192] Tang, J.; Alam, S.; Lokan, C.; Abbass, H. A. (2012): A multi – objective approach for dynamic airspace sectorization using agent based and geometric models, Transportation Research part C, vol. 21, pp. 89 – 121.

[193] Techy L. (2011): Optimal navigation in planar true varying flow: Zermelo's problem revisited, Intelligent Service Robotics, vol. 4, pp. 271 – 283.

[194] Temizer, S. (2011): Planning under uncertainty for dynamic collision avoidance, PhD Thesis, MIT, MA, USA.

[195] Tewari, A. (2011): Advanced Control of Aircraft, Spacecrafts and Rockets, Wiley Aerospace Series.

[196] Toth, P.; Vigo, D. (2002): The Vehicle Routing Problem, SIAM, Philadelphia.

[197] Trumbauer, E.; Villac, B. (2014): Heuristic search based framework for onboard trajectory redesign, AIAA Journal of Guidance, Control and Dynamics, vol. 37, pp. 164 – 175.

[198] Turnbull, O.; Richards, A.; Lawry, J.; Lowenberg, M. (2006): Fuzzy decision tree cloning of flight trajectory optimization for rapid path planning, IEEE Conference on Decision and Control, San Diego, CA, pp. 6361 – 6366.

[199] VanDaalen, C. E.; Jones, T. (2009): Fast conflict detection using probability flow, Automatica, vol. 45, pp. 1903 – 1909.

[200] Vanderberg, J. P. (2007): Path planning in dynamic environments, PhD thesis, Univ. of Utrecht, The Netherlands.

[201] Vazirani, V. (2003): Approximation Algorithms, Springer – Verlag.

[202] Wang, H. F.; Wen, Y. P. (2002): Time – constrained Chinese postman problems, International Journal of Computers and Mathematics with Applications, vol. 44, pp. 375 – 387.

[203] Wang, X.; Wei, G.; Sun, J. (2011): Free knot recursive B Spline for compensation of nonlinear smart sensors, Measurement, vol. 44, pp. 888 – 894.

[204] Wang, Y.; Wang, S.; Tan, M.; Zhou, C.; Wei, Q. (2014): Real time dynamic Dubins – helix method for 3D trajectory smoothing, IEEE Transactions on Control System Technology, vol. 23, pp. 730 – 736, DOI10. 1109/TCST. 2014. 2325904.

[205] Watkins, A. S. (2007): Vision based map building and trajectory planning to enable autonomous flight through urban environments, PhD Thesis, Univ. of Florida, Gainesville.

[206] Weiss, A.; Petersen, C.; Baldwin, M.; Scott, R.; Kolmanovsky, I. (2014): Safe positively in variant sets for spacecraft obstacle avoidance, AIAA Journal of Guidance, Control and Dynamics, vol. 38, pp. 720 – 732, DOI: 10. 2514/1. G000115.

[207] Wilkins, D. E.; Smith, S. F.; Kramer, L. A.; Lee, T.; Rauenbusch, T. (2008): Airlift mission monitoring and dynamic rescheduling, Engineering Application of Artificial Intelligence, vol. 21, pp. 141 – 155.

[208] Williams, P. (2005): Aircraft trajectory planning for terrain following incorporating actuator constraints, AIAA Journal of Aircraft, vol. 42, pp. 1358 – 1362.

[209] Wu, P. (2009): Multi – objective mission flight planning in civil unmanned aerial systems, PhD thesis, Queensland Univ. of Technology (Australia).

[210] Yakimenko, O. A. (2000): Direct method for rapid prototyping of near optimal aircraft trajectory,

AIAA. Journal of Guidance, Control and Dynamics, vol. 23, pp. 865 – 875.

[211] Yang, I.; Zhao, Y. (2004): Trajectory planning for autonomous aerospace vehicles amid known obstacles and conflicts, AIAA Journal of Guidance, Control and Dynamics, vol. 27, pp. 997 – 1008.

[212] Yanmaz, E.; Costanzo, C.; Bettstetter, C.; Elmenreich, W. (2010): A discrete stochastic process for coverage analysis of autonomous UAV networks, IEEE GLOBECOM Workshop, pp. 1777 – 1782.

[213] Yanushevsky, R. (2011): Guidance of Unmanned Aerial Vehicles, CRC Press.

[214] Yokoyama, N. (2012): Path generation algorithm for turbulence avoidance using real time optimization, AIAA Journal of Guidance, Control and Dynamics, vol. 36, pp. 250 – 262.

[215] Zhao, Y.; Tsiotras, P. (2013): Time optimal path following for fixed wing aircraft, AIAA Journal of Guidance, Control and Dynamics, vol. 36, pp. 83 – 95.

[216] Zhang, J.; Zhan, Z.; Liu Y., Gong Y. (2011): Evolutionary computation meets machine learning: a survey, IEEE Computational Intelligence Magazine, vol. 6, pp. 68 – 75.

[217] Zou, Y.; Pagilla, P. R.; Ratliff R. T. (2009): Distributed formation flight controlusing constraint forces, AIAA Journal of Guidance, Control and Dynamics, vol. 32, pp. 112 – 120.

第5章 飞行安全

态势感知常用于底层控制以及上层控制的飞行和任务规划。态势感知的数据来自不同类型的传感器,每种传感器都可以感知到环境的不同特征。将传感器的数据整合后可以使自主飞行器具有较强的鲁棒性,以及获取原本无法获取的信息。由于数据的采集和处理存在不确定性和不精确性,所以必须对单个信息数据源进行适当的整合和验证。综合导航系统是机载导航解决方案的组合,可提供从加速度计和陀螺仪得出的位置、速度和姿态信息。这种组合是通过使用不同的滤波器来实现的,本章的第一部分将会介绍这些滤波器。自主飞行器的机载控制系统必须能够感知系统健康信息,并且能够确定适当的飞行方案。这就要求无人机具有一定的处理能力,能够感知并处理健康信息,使得健康监控系统和飞行控制系统实现一体化。本章的第二部分对集成系统健康监控进行了研究,提出了一些诊断工具和方法。由于信息存在不确定性,通常需要考虑几种情况,然后给出合适的诊断方案。本章的第三部分研究了基于线性时不变和线性变参数系统的容错飞行控制,然后进行模型参考自适应控制。本章的最后一部分涉及容错规划器修正状态规划、可靠性分析、规避安全性分析和最终风险检测。

5.1 概述

在许多领域中,选择最佳的决策或行为可以使自主飞行器所获得的累积回报最大化。在实际应用中,由于建模误差、数学模型、气象现象的动态环境造成数据的不确定性,使这些控制器和规划器面临各种挑战。

自主飞行控制器必须对任何控制系统都具备自适应能力[13],即鲁棒性和容错性。

(1) 控制律的鲁棒性。

① 考虑到数据的不确定性、分散性及领域的覆盖范围。

② 确保在一定的概率下能够符合规范(频率和时间)。

③ 在鲁棒性与性能之间进行权衡。

(2) 容错性。

① 通过复杂的传感器余度以及对执行器异常行为的快速检测或校正来实

现容错性。

② 用最小容量的算法处理双重故障。

这种方法的局限性在于以下几点。

a. 轴之间出现耦合。

b. 简化了物理/实际复杂性的控制器逻辑等式。

c. 控制功能与其他功能以及子系统之间存在相互作用。

飞行控制系统的性能通过以下方式进行验证：

1. 地面系统研究

(1) 定义算法。

(2) 用数学模型对飞行包络线进行先验验证。

(3) 用无人机进行后验验证。

2. 电气系统和嵌入式软件研究

(1) 在机载计算机上实时编码。

(2) 将输入输出端口与电气硬件设备连接。

(3) 利用备用设备来提高可靠性。

飞机综合健康管理系统可以在一个涉及多传感器技术和不同数据模型的多信息系统环境下工作。飞机综合健康管理(系统)对采集到的与飞机部件相关的数据进行处理,同时监测参数、评估当前或未来的健康状况并提供相应的维护措施[112]。

早期的系统健康监控侧重于健康和使用情况的监控,通过提供设备使用的真实情况并确保在规定的运行时间后进行维护来提高安全性。而目前的系统健康监控可以根据设备的实际情况进行维护。

注 5.1 尽管为载人系统开发的健康监控系统可以应用于无人机系统,但是与载人系统相比,无人系统通常在尺寸、重量和功率要求方面低于载人系统,直接将有人机技术应用到无人机上是不切实际的。将健康监控技术从有人驾驶飞机运用到无人机上还存在另一个挑战,即无人机上缺少解释健康信息并采取适当措施的机上操作员[126]。

高级故障检测与诊断技术(FDD)可以降低飞行控制系统故障的发生。确定精确分布和分布参数产生的不确定性,当数据足够时可以在概率框架内描述,对于缺乏充足数据而产生的不确定性可以在非概率框架内描述[141]。

决策和评估对无人机而言至关重要,因为它经常需要根据有限的信息(当这些信息可靠时)来推断环境状况。

注 5.2 一些评估无人机系统操作安全性的研究使用均一化流量密度。其他的研究与定量建立感知与规避系统的边界有关。在文献[66]中,使用一年内实际流量数据来构建分布式流量模型,采用概率的方法进行评估。

5.2 态势感知

态势感知系统能够检测系统存在的问题,找到解决方案并做出相应的反应。(美国)联邦航空管理局根据感知传感器、感知数据融合、自分离声明/碰撞规避声明和自分离反应/碰撞反应,将态势感知系统的 8 个子功能分为检测、跟踪、评估、优先级排序、声明、确定动作、指挥、执行模块[8]。

三维环境感知和描述是非结构化环境中实现自主智能功能的重要基础[18,86]。为了与环境实现准确交互,智能自主飞行器必须了解它所处的环境以及其本身在该环境中的状态。通过定位算法计算飞机的位置和方向,并使用多个传感器了解环境图的情况。定位问题涉及以下 4 个主要概念,即环境、环境图、飞机配置、环境测量。环境的每次测量都与一个或一组方程相关联,这些方程将地图、飞机的配置和测量值联系起来。定位问题可表述为约束满足问题,约束满足问题可以看作涉及待确定变量(如飞机配置)的一组方程或约束条件。这些变量都属于域或搜索空间的已知集合。在这种情况下,每个约束条件都可以看作信息的表示[106]。

马尔可夫分析是一项辅助系统分析技术,可用于具有多个有效状态并且状态之间相互关联的系统。一个系统是否适航这一问题不是简单的数学计算,而是取决于系统各部分的相对状态[78-79]。在规划文献中还研究了在存在不确定性的情况下如何做出决策的问题。典型的方法是在马尔可夫决策过程框架中规划这些问题,并寻找最优策略。

注 5.3 如果态势感知系统结合了不同系统分析技术的测量结果,则应该及时将不同的数据进行调整,对由于技术或维度不同带来的不确定性进行适当的补偿,并对数据给予适当的权重。

5.2.1 滤波器

通常,在贝叶斯框架中对动力学系统的状态和参数进行估计,用概率密度函数表示不确定性[33]。研发评估方案首先需要对测量值进行适当的描述,并描述估计器状态 - 时间变化的动力学方程[53]。

航位推算是根据先前对速度、方向、行进时间的估算,来对飞机位置进行估计的一种方法。卡尔曼滤波器利用综合导航系统估计新的结构。可用的主要传感器有大气数据、磁性、惯性和雷达传感器。每种机载传感器都有其独特的属性和优缺点。机载传感器还应与外部导航设备和系统结合使用,以实现导航系统的最佳性能。搜寻算法是三轴姿态估计中应用最广泛和使用最频繁的算法,也是多数卡尔曼滤波器常用的算法[26]。

状态动力学可以看作离散时间系统,从而可以使用多种常用的过滤方法,如本节中介绍的方法。在本节中,分析了用于线性和非线性滤波的常规贝叶斯框架。

1. 经典卡尔曼滤波器

对于线性高斯系统,可以得到时序序列的精确解析表达式,来描述概率密度函数,这就是卡尔曼滤波器方法。它是利用噪声传感器的输出来估计不确定性动力学系统状态的过程,其中不确定性因素包括由于风、传感器以及执行器参数变化对飞机造成不可预测的扰动[44]。

经典卡尔曼滤波器有以下两种类型的变量。

(1) 预测状态向量。

(2) 协方差矩阵,用于估计不确定性。

下面介绍用于传播协方差矩阵模型和处理不确定性的方程式,该方程式考虑了传感器噪声和动态不确定性对估计系统状态不确定性的影响。

卡尔曼滤波器通过对自身估计不确定性和各种传感器输出中的相对不确定性的估计,能够最优地组合所有传感器信息,将二次损失函数的估测误差、状态估计误差的线性组合的均方值最小化。卡尔曼滤波器增益是一种最优加权矩阵,它将新的传感器数据与先验估值相结合来获得新的估计值[128]。

卡尔曼滤波器包括预测和校正两个步骤。校正部分是根据传感器测量获得的新信息来对估计值进行校正。

在预测部分中,估计值 $\hat{\boldsymbol{X}}$ 及估值不确定性 $\boldsymbol{P}$ 的协方差矩阵从一个时间点传播到另一个时间点,这一步涉及飞机线性化动力学的内容。飞机的状态是一个由变量构成的向量,它定义了完整的初始边界值条件,来传播未来时刻的动态过程的轨迹,这一传播过程称为状态预测。

算法 12:基本卡尔曼滤波器方程

---

(1) 预测器(时间更新)

① 预测状态向量

$$\hat{\boldsymbol{X}}_k^- = \boldsymbol{\Phi}_k \hat{\boldsymbol{X}}_{k-1}^+$$

② 协方差矩阵

$$\boldsymbol{P}_k^- = \boldsymbol{\Phi}_k \boldsymbol{P}_{k-1}^+ \boldsymbol{\Phi}_k^{\mathrm{T}} + \boldsymbol{Q}_{k-1}$$

(2) 校正器(测量更新)

① 卡尔曼增益

$$\overline{\boldsymbol{K}}_k = \boldsymbol{P}_k^- \boldsymbol{H}_k^{\mathrm{T}} (\boldsymbol{H}_k \boldsymbol{P}_k^- \boldsymbol{H}_k^{\mathrm{T}} + \boldsymbol{R}_k)^{-1}$$

② 校正状态估计器

$$\hat{\boldsymbol{X}}_k^+ = \hat{\boldsymbol{X}}_k^- + \overline{\boldsymbol{K}}_k (\boldsymbol{Z}_k - \boldsymbol{H}_k \hat{\boldsymbol{X}}_k^-)$$

③ 校正协方差矩阵

$$\boldsymbol{P}_k^+ = \boldsymbol{P}_k^- - \overline{\boldsymbol{K}}_k \boldsymbol{H}_k \boldsymbol{P}_k^-$$

从状态向量传播模型出发，推导出估计不确定度协方差矩阵的传播模型。使用以下公式，即

$$\begin{cases} \boldsymbol{X}_k = \boldsymbol{\Phi}_k \boldsymbol{X}_{k-1} + \boldsymbol{\vartheta}_{k-1} \\ \boldsymbol{Z}_k = \boldsymbol{H}_k \boldsymbol{X}_k + \boldsymbol{\upsilon}_{k-1} \end{cases} \tag{5.1}$$

式中：噪声 $\boldsymbol{\vartheta}_k$、$\boldsymbol{\upsilon}_k$ 为白噪声过程，均值为零且不相关。已知的协方差矩阵分别为 $\boldsymbol{Q}_k$、$\boldsymbol{R}_k$。在下面的推导中，$\hat{\boldsymbol{X}}_k^-$ 表示先验估计，$\hat{\boldsymbol{X}}_k^+$ 表示后验估计，$\boldsymbol{P}_k^-$ 表示先验协方差，$\boldsymbol{P}_k^+$ 表示后验协方差。

算法 12 为卡尔曼滤波器的主要步骤。

Joseph 公式是一个常用的协方差更新公式，不仅对卡尔曼滤波器有效，而且对标准卡尔曼滤波假设下的任何线性无偏估计器都有效[136]。Joseph 公式为

$$\boldsymbol{P}^+ = (\boldsymbol{I}_{n\times n} - \boldsymbol{KH})\boldsymbol{P}^-(\boldsymbol{I}_{n\times n} - \boldsymbol{KH})^{\mathrm{T}} + \boldsymbol{KRK}^{\mathrm{T}} \tag{5.2}$$

式中：$\boldsymbol{I}_{n\times n}$为单位矩阵；$\boldsymbol{K}$ 为增益；$\boldsymbol{H}$ 为测量映射矩阵；$\boldsymbol{P}^-$ 和 $\boldsymbol{P}^+$ 分别为测量前和测量后更新的估计误差协方差矩阵。

最优线性无偏估计器、等效的最优线性最小均方误差估计器以及卡尔曼滤波器通常使用简化的协方差更新公式，例如

$$\boldsymbol{P}^+ = (\boldsymbol{I}_{n\times n} - \boldsymbol{KH})\boldsymbol{P}^- \tag{5.3}$$

或

$$\boldsymbol{P}^+ = \boldsymbol{P}^- - \boldsymbol{K}(\boldsymbol{HP}^-\boldsymbol{H}^{\mathrm{T}} + \boldsymbol{R})\boldsymbol{K}^{\mathrm{T}} \tag{5.4}$$

注 5.4 虽然这些简化公式与 Joseph 公式相比计算量较少，但它们仅当 $\boldsymbol{K}$ 作为最优卡尔曼增益时才有效。

2. 扩展卡尔曼滤波器

对于呈现高斯特性的非线性系统，该系统对当前平均值局部线性化，并且使用近似线性动力学来传播协方差阵，这种方法用于扩展卡尔曼滤波器(EKF)。飞控计算机使用差分 GPS 传感器，磁力计和惯性测量装置在 6 个自由度内提供飞机的位置和姿态。扩展卡尔曼滤波器能够通过整合这些传感器的原始数据来提供 6 个自由度的精确解。扩展卡尔曼滤波器在姿态估计中也得到了广泛的应用。

非线性滤波问题需要定义动力学模型和测量模型。假设在时间 t 上的状态变量 $\boldsymbol{X}(t) \in \mathbb{R}^n$，对于连续时间随机模型，有

$$\dot{\boldsymbol{X}} = \boldsymbol{f}(X(t), t) + \boldsymbol{G}(\boldsymbol{X}(t), t)\boldsymbol{\vartheta}(t) \tag{5.5}$$

式中：$\boldsymbol{f}: \mathbb{R}^n \times \mathbb{R} \to \mathbb{R}^n$，$\boldsymbol{G}: \mathbb{R}^n \times \mathbb{R} \to \mathbb{R}^{n\times m}$；$\boldsymbol{\vartheta}(t)$ 为协方差矩阵 $\boldsymbol{Q}(t)$ 的 m 维高斯白噪声过程。特别地，在式(5.5)中，函数 $\boldsymbol{f}$ 对模型中的确定性力分量进行编码，这些力分量有重力、升力、阻力，这些都是随机不确定因素。对于离散时间随机模

型，使用动力学模型的离散时间公式，即

$$\boldsymbol{X}_{k+1}=\boldsymbol{f}_k(\boldsymbol{X}_k)+\boldsymbol{G}_k(\boldsymbol{X}_k)\boldsymbol{\vartheta}_k \tag{5.6}$$

式中：$\boldsymbol{X}_k=\boldsymbol{X}(t_k)$，$\boldsymbol{f}:\mathbb{R}^n\to\mathbb{R}^n$，$\boldsymbol{G}_k:\mathbb{R}^n\to\mathbb{R}^{n\times m}$；$\boldsymbol{\vartheta}_k$ 为具有协方差矩阵 $\boldsymbol{Q}_k$ 的 m 维零均值高斯白噪声序列。

算法 13：扩展卡尔曼滤波器方程

（1）扩展卡尔曼滤波器的更新公式为[128]

$$\hat{\boldsymbol{X}}_{k+1}^-=\boldsymbol{f}(\hat{\boldsymbol{X}}_k,\boldsymbol{U}_k,0)$$

$$\boldsymbol{P}_{k+1}^-=\boldsymbol{A}_k\boldsymbol{P}_k\boldsymbol{A}_k^{\mathrm{T}}+\boldsymbol{W}_k\boldsymbol{Q}_k\boldsymbol{W}_k^{\mathrm{T}}$$

（2）测量更新公式为

$$\boldsymbol{K}_k=\boldsymbol{P}_k^-\boldsymbol{H}_k^{\mathrm{T}}(\boldsymbol{H}_k\boldsymbol{P}_k^-\boldsymbol{H}_k^{\mathrm{T}}+\boldsymbol{V}_k\boldsymbol{R}_k\boldsymbol{V}_k^{\mathrm{T}})^{-1}$$

$$\hat{\boldsymbol{X}}_k=\hat{\boldsymbol{X}}_k^-+\boldsymbol{K}_k(\boldsymbol{Z}_k-\boldsymbol{h}(\hat{\boldsymbol{X}}_k^-,0))$$

$$\boldsymbol{P}_k=(\boldsymbol{I}_{n\times n}-\boldsymbol{K}_k\boldsymbol{H}_k)\boldsymbol{P}_k^-$$

（3）其中

$$\boldsymbol{X}_{k+1}=\boldsymbol{f}_k(\boldsymbol{X}_k,\boldsymbol{U}_k,\boldsymbol{W}_k)$$

$$\boldsymbol{Z}_k=\boldsymbol{h}_k(\boldsymbol{X}_k,\boldsymbol{V}_k)$$

（4）并且

$$\boldsymbol{A}_k=\frac{\partial\boldsymbol{f}}{\partial\boldsymbol{X}}(\hat{\boldsymbol{X}}_k,\boldsymbol{U}_k,0)$$

$$\boldsymbol{W}_k=\frac{\partial\boldsymbol{f}}{\partial\boldsymbol{W}}(\hat{\boldsymbol{X}}_k,\boldsymbol{U}_k,0)$$

$$\boldsymbol{H}_k=\frac{\partial\boldsymbol{h}}{\partial\boldsymbol{X}}(\hat{\boldsymbol{X}}_k,0)$$

$$\boldsymbol{V}_k=\frac{\partial\boldsymbol{h}}{\partial\boldsymbol{W}}(\hat{\boldsymbol{X}}_k,0)$$

下式为离散时间测量模型，测量序列为 $\boldsymbol{Z}_k=z_1,\cdots,z_k$，其中测量函数 $\boldsymbol{h}_k:\mathbb{R}^n\to\mathbb{R}^p$ 与相应的运动学状态 $\boldsymbol{X}_k$ 相关。

$$\boldsymbol{Z}_k=\boldsymbol{h}_k(\boldsymbol{X}_k)+\boldsymbol{v}_k \tag{5.7}$$

式中：$\boldsymbol{v}_k$ 为具有协方差矩阵 $\boldsymbol{R}_k$ 的 P 维零均值高斯白噪声序列。一般的滤波器模型可以从非高斯测量模型、相关噪声项及传感器偏差的测量模型中推导出来。

对于采用贝叶斯方法的动态状态估计，基于先前状态信息构造状态的后验概率密度函数，并构造所接收的测量值。后验概率分布函数 $p(\boldsymbol{X}_k|\boldsymbol{Z}_k)$ 包含了所有的统计信息，可以看作估计问题的通解，由此可以计算各种最优状态估计。滤波器预测和校正步骤的解析解通常很难处理，且解析解仅在少数限制性情况下已知。在实际中，对于非线性模型，状态可以是非高斯的，仅仅能推导出贝叶斯状态估计量的近似或次优算法。算法 13 中给出了扩展卡尔曼滤波器方程。

注 5.5 当非线性程度较高时,这种方法的效果会较差,会导致估计器的不稳定。然而,如果对一组最小样本点 σ 使用非线性动力学来传播不确定性,则可以减小平均值和协方差中的误差。以 σ 点为特征的状态概率密度函数能够在泰勒级数表达式中精确地得到任何具有高斯行为的非线性特征的后验均值和 3 阶协方差。基于这一技术提出了无迹卡尔曼滤波器。上述滤波器是基于高斯概率密度函数提出的。如果传感器更新频繁,则扩展卡尔曼滤波器能够产生令人满意的结果。

3. 无迹卡尔曼滤波器

无迹卡尔曼滤波器采用一组确定的点来计算 Y 的平均值和协方差,以及 U 和 Y 之间的互协方差。扩展卡尔曼滤波器和无迹卡尔曼滤波器广泛应用于空中导航中;它们通过协方差矩阵表示状态不确定性,但这并不适用于所有情况。高阶无迹卡尔曼滤波器(也叫高斯 - 赫尔米特滤波器)利用了高斯 - 赫尔米特正交法则,无迹卡尔曼滤波器的点是基于矩匹配来选择的。滤波器的公式是基于标准姿态矢量测量的,该测量使用基于陀螺仪的姿态传播[60]。

注 5.6 对于非线性系统,与标准扩展卡尔曼滤波器的线性化相比,无迹卡尔曼滤波器在选点方面更加严谨,能够更准确地反映概率分布,从而在姿态估计问题上能从不准确的初始条件更快地收敛。

无迹卡尔曼滤波器由离散时间非线性方程导出,即

$$\begin{cases} \boldsymbol{X}_{k+1} = \boldsymbol{f}(\boldsymbol{X}_k, k) + \boldsymbol{G}_k \boldsymbol{\varrho}_k \\ \tilde{\boldsymbol{Z}}_k = \boldsymbol{h}(\boldsymbol{X}_k, k) + \boldsymbol{\upsilon}_k \end{cases} \tag{5.8}$$

式中:$\boldsymbol{X}_k$ 为 $n \times 1$ 维状态向量;$\tilde{\boldsymbol{Z}}_k$ 为 $m \times 1$ 维测量向量。连续时间方程通过对数值进行积分,可以用式(5.8)的形式表示。假设过程噪声 $\boldsymbol{\varrho}_k$ 和测量噪声误差 $\boldsymbol{\nu}_k$ 分别为协方差矩阵 $\boldsymbol{Q}_k$ 和 $\boldsymbol{R}_k$ 的零均值高斯噪声过程,则更新公式可写为

$$\begin{cases} \hat{\boldsymbol{X}}_k^+ = \hat{\boldsymbol{X}}_k^- + \boldsymbol{K}_k \boldsymbol{\vartheta}_k \\ \hat{\boldsymbol{P}}_k^+ = \hat{\boldsymbol{P}}_k^- - \boldsymbol{K}_k \boldsymbol{P}_k^{VV} \boldsymbol{K}_k^{\mathrm{T}} \end{cases} \tag{5.9}$$

式中:$\hat{\boldsymbol{X}}_k^-$ 和 $\hat{\boldsymbol{P}}_k^-$ 分别为更新前的状态估计和协方差;$\hat{\boldsymbol{X}}_k^+$ 和 $\hat{\boldsymbol{P}}_k^+$ 为更新后的状态估计和协方差;$\boldsymbol{\vartheta}_k$ 的协方差表示为 $\boldsymbol{P}_k^{VV}$。$\boldsymbol{\vartheta}_k$ 可表示为

$$\boldsymbol{\vartheta}_k = \tilde{\boldsymbol{Z}}_k - \tilde{\boldsymbol{Z}}_k^- = \tilde{\boldsymbol{Z}}_k - \boldsymbol{h}(\hat{\boldsymbol{X}}_k^-, k) \tag{5.10}$$

增量 $\boldsymbol{K}_k$ 可由下列公式计算得到,即

$$\boldsymbol{K}_k = \boldsymbol{P}_k^{XY} (\boldsymbol{P}_k^{VV})^{-1} \tag{5.11}$$

式中:$\boldsymbol{P}_k^{XY}$ 为 $\hat{\boldsymbol{X}}_k^-$ 和 $\hat{\boldsymbol{Z}}_k^-$ 的互相关矩阵。

无迹卡尔曼滤波器采用和标准扩展卡尔曼滤波器不同的传播方式。给定 $n\times n$ 维协方差矩阵 $\boldsymbol{P}$，可以从矩阵列 $\pm\sqrt{(n+\lambda)\boldsymbol{P}}$ 产生 $2n$ 个 σ 点，其中 $\sqrt{\boldsymbol{M}}$ 等于矩阵 $\boldsymbol{Z}$，$\boldsymbol{Z}\boldsymbol{Z}^{\mathrm{T}}=\boldsymbol{M}$。

该组点的均值为零，但是如果这组点的分布具有均值 μ，则应将 μ 添加到产生具有期望平均值和协方差的 $2n$ 个点的对称集合。由于这个集合具有对称性，其奇数中心矩为零，所以它的前 3 个矩与原始的高斯分布相同。标量 λ 是关于给定分布的高阶矩的适当参数[44]。

变换过程参照算法 14[60]。

注 5.7 在标量系统中，例如，对于 $n=1$，参数 $\lambda=2$ 将会导致平均值和方差的误差是 6 阶。对于更高维度的系统，选择 $\lambda=3-n$ 使均方误差最小化并降阶到 4 阶。然而，应当注意当 λ 为负时，预测的协方差阵可能变为非正半定。当 $n+\lambda$ 趋于零时，均值趋于通过截断的 2 阶滤波器计算的值。

算法 14：无迹卡尔曼滤波器

(1) 得到一组 σ 点

(2) 对状态方程进行以下变形，即

$$\chi_i(k+1\mid k)=\boldsymbol{f}(\chi_i(k\mid k),\boldsymbol{U}_k,k)$$

(3) 通过以下等式计算预计的均值，即

$$\hat{\boldsymbol{X}}(k+1\mid k)=\sum_{i=0}^{2n}\boldsymbol{W}_i\chi_i(k+1\mid k)$$

(4) 通过以下等式计算下一时刻的协方差，即

$$\boldsymbol{P}(k+1\mid k)=\sum_{i=0}^{2n}\boldsymbol{W}_i(\chi_i(k+1\mid k)-\hat{\boldsymbol{X}}(k+1\mid k)(\chi_i(k+1\mid k)-\hat{\boldsymbol{X}}(k+1\mid k))^{\mathrm{T}})$$

(5) 通过等式对下一时刻的点实例化，即

$$\boldsymbol{Z}_i(k+1\mid k)=\boldsymbol{h}(\chi_i(k+1\mid k),\boldsymbol{U}_k(k\mid k))$$

(6) 通过以下等式计算下一时刻点的观察值，即

$$\hat{\boldsymbol{Z}}(k+1\mid k)=\sum_{i=0}^{2n}\boldsymbol{W}_i\boldsymbol{Z}_i(k+1\mid k)$$

(7) 如果观测噪声满足可加性且两两独立，则新协方差阵为

$$\boldsymbol{P}_{vv}(k+1\mid k)=\boldsymbol{R}(k+1)+\sum_{i=0}^{2n}\boldsymbol{W}_i(\boldsymbol{Z}_i(k\mid k-1)-\hat{\boldsymbol{Z}}(k+1\mid k)(\boldsymbol{Z}_i(k\mid k-1)-\hat{\boldsymbol{Z}}(k+1\mid k))^{\mathrm{T}})$$

(8) 最后，由下式得到互关联矩阵，即

$$\boldsymbol{P}_{XZ}(k+1\mid k)=\sum_{i=0}^{2n}\boldsymbol{W}_i(\chi_i(k\mid k-1)-\hat{\boldsymbol{X}}(k+1\mid k)(\boldsymbol{Z}_i(k\mid k-1)-\hat{\boldsymbol{Z}}(k+1\mid k))^{\mathrm{T}})$$

可以使用另一种方法对 σ 点进行缩放，使得协方差矩阵半正定。

与扩展卡尔曼滤波器相比，无迹卡尔曼滤波器有以下优点。

(1) 预期误差小于扩展卡尔曼滤波器。

(2) 该滤波器可用于不可微函数。

(3) 避免了对雅可比矩阵进行求导。

(4) 比标准扩展卡尔曼滤波器更适合于高阶系统的展开。

4. 蒙特卡罗滤波器

近年来，基于蒙特卡罗的序贯滤波方法用来解决具有非高斯不确定性的非线性系统，而卡尔曼滤波器通常假定传感器中的误差具有高斯概率密度函数。蒙特卡罗估计器对误差的分布不做任何假设，并保持在多个不同的飞机状态向量。当有新的测量数据时，会对之前的状态进行对比，保留最合适的状态，这些状态受随机扰动以形成新的状态。总的来说，这些可能的状态及它们的值近似于待估计状态的概率密度函数。当模拟输入存在很大不确定性的情况下，且系统具有耦合自由度时，通常使用蒙特卡罗方法。

蒙特卡罗方法使用有限数量的样本来表示状态的概率密度函数。滤波任务通过重要的抽样递归地生成状态变量的加权样本。蒙特卡罗滤波器基于序贯蒙特卡罗方法，而在粒子滤波器中，使用非线性系统动力学来扩展整体数量或粒子。根据测量确定这些粒子的权重，再用于获取状态估计值。

蒙特卡罗方法根据不确定的输入参数来估计系统输出响应的概率分布[18]。蒙特卡罗方法获得模型输出统计数据的典型计算步骤如下。

(1) 从其各自概率分布函数中随机抽样得到解析或数值系统模型的不确定输入参数。

(2) 每种情况使用其对应的输出进行多次模拟。然后在估计各种统计量(如平均值和方差)的同时生成自定义输出度量的概率分布。

在标准蒙特卡罗方法中需要对输入参数分布进行随机抽样，所以模拟运行的数量必须足够大以确保能够表示整个输入参数范围，并能够收敛于输出分布。

统计方法能够在不确定性下提供预测的路径坐标并计算出相关的输出统计量，如平均值、方差和协方差。基于这些统计量，可以用由方差和协方差定义的椭圆来完善运动轨迹。椭圆能够表示路径上预测位置的置信度。给定足够的样本量 n，蒙特卡罗方法的运动轨迹坐标为 $\boldsymbol{X}_i=(x_i,y_i,z_i)^{\mathrm{T}}$，样本均值向量 $\bar{\boldsymbol{X}}=(\bar{x},\bar{y},\bar{z})^{\mathrm{T}}$ 可定义为

$$\begin{cases}\bar{x}=\dfrac{1}{n}\sum\limits_{i=1}^{n}x_i\\\bar{y}=\dfrac{1}{n}\sum\limits_{i=1}^{n}y_i\\\bar{z}=\dfrac{1}{n}\sum\limits_{i=1}^{n}z_i\end{cases}\tag{5.12}$$

样本协方差矩阵 $\boldsymbol{S}$ 为

$$\boldsymbol{S} = \frac{1}{n-1}\sum_{i=1}^{n}(\boldsymbol{X}_i - \bar{\boldsymbol{X}})(\boldsymbol{X}_i - \bar{\boldsymbol{X}})^{\mathrm{T}} = \\ = \begin{pmatrix} s_x^2 & rs_{xy} & rs_{xz} \\ rs_{xy} & s_y^2 & rs_{yz} \\ rs_{xz} & rs_{yz} & s_z^2 \end{pmatrix} \tag{5.13}$$

式中:s_x、s_y、s_z 为样本标准差;s_{xy}、s_{xz}、s_{yz}为样本协方差;r 为样本相关系数。

可以通过下式来表达置信椭圆的方程,即

$$C^2 = (\boldsymbol{X} - \bar{\boldsymbol{X}})^{\mathrm{T}}\boldsymbol{S}^{-1}(\boldsymbol{X} - \bar{\boldsymbol{X}}) \tag{5.14}$$

式中:$C = \sqrt{-2\ln(1-P)}$;P 为确定预测位置的置信度的概率。

对于给定概率 P,在 xy 平面中的置信椭圆的主半轴 a_x、a_y 由下式计算,即

$$\begin{cases} a_x = Cs'_x \\ a_y = Cs'_y \\ a_z = Cs'_z \end{cases} \tag{5.15}$$

式中:s'_x、s'_y分别为

$$s'_x = \sqrt{s_x^2 + s_y^2 + \frac{\sqrt{(s_x^2 - s_y^2)^2 + 4r^2 s_x^2 s_y^2}}{2}} \tag{5.16}$$

$$s'_y = \sqrt{s_x^2 + s_y^2 + \frac{\sqrt{(s_x^2 - s_y^2)^2 + 4r^2 s_x^2 s_y^2}}{2}} \tag{5.17}$$

置信度椭圆相在 xy 坐标系下的方向由倾斜角定义,有

$$\alpha = \frac{1}{2}\arctan\left(\frac{2rs_x s_y}{s_x^2 - s_y^2}\right) \tag{5.18}$$

5. 粒子滤波器

状态为 $\boldsymbol{X} \in \mathbb{R}^n$、输出为 $\tilde{\boldsymbol{Z}} \in \mathbb{R}^m$ 的飞机非线性动力系统由下式给出,即

$$\begin{cases} \dot{\boldsymbol{X}} = \boldsymbol{g}(X, \boldsymbol{\Delta}) \\ \tilde{\boldsymbol{Z}} = \boldsymbol{h}(X) + \boldsymbol{v} \end{cases} \tag{5.19}$$

式中:$\boldsymbol{v}$ 为测量噪声;$\boldsymbol{\Delta}$ 为随机参数向量。令 $p(\boldsymbol{\Delta})$ 为 $\boldsymbol{\Delta}$ 的概率密度函数,$\mathbb{D}_\delta$ 为 $\boldsymbol{\Delta}$ 的域。离散测量更新时间为 $t_0, t_1, \cdots, t_k$ 时刻。如果系统只有初始条件具有不确

定性，则 $\boldsymbol{\Delta} = \boldsymbol{X}$。可以通过适当地将参数估计扩充到系统中。

粒子滤波器基于重要性抽样定理，在 t_{k-1} 时刻对给定分布进行随机采样。根据分布函数对每个采样点给予不同的权重。这些采样点作为动态系统的初始条件，在 t_k 时刻使用式(5.19)，根据它们的位置，使用贝叶斯设定中对应的似然函数来获得先验密度函数，基于新的密度函数，生成新的一组采样点并重复该过程。

然而由于粒子退化，粒子滤波器需要大量的集合来收敛，从而导致计算量更大。这个问题可以通过重采样来解决。采用重采样技术的粒子滤波器通常称为自举滤波器。然而，自举滤波器会带来其他问题。例如，如果不能正确进行重采样，则会丢失粒子之间的多样性。

最近提出的技术已将重要性采样和马尔可夫、链蒙特卡罗方法相结合来选择样本，以获得对状态和参数的更准确估计。提出了其他几种方法。例如，正规化的粒子过滤器和涉及马尔可夫、链蒙特卡罗移动步骤的过滤器，用来改善样本的多样性。粒子滤波器的关键是决定每个样本的权重，这极大地影响了精确度。同时，对于计算量大的问题，样本数量的指数增长使得该方法在计算上难以实现。可以使用费罗宾尼斯－佩龙算子来确定权重。

费罗宾尼斯－佩龙算子用于预测非线性系统中不确定性的演化，并在估计过程中获得先验概率密度函数。刘维尔方程的费罗宾尼斯－佩龙算子以比蒙特卡罗方法更有效地预测不确定性的演化。

对于一个非线性系统，确定由参数系统不确定性引起的状态不确定性的问题，可以使用费罗宾尼斯－佩龙算子来解决[62]。动态系统在连续时间中的算子的定义为

$$\dot{\boldsymbol{X}} = \boldsymbol{f}(\boldsymbol{X}) \quad \boldsymbol{X} \in \mathbb{R}^n \quad \boldsymbol{f}: \mathbb{X} \to \mathbb{X} \tag{5.20}$$

由刘维尔方程可知

$$\frac{\partial P}{\partial t} + \sum_{i=1}^{n} \frac{\partial P \boldsymbol{f}_i(\boldsymbol{X})}{\partial \boldsymbol{X}_i} \tag{5.21}$$

式中：$\boldsymbol{f}(\boldsymbol{X}) = (\boldsymbol{f}_1(\boldsymbol{X}), \cdots, \boldsymbol{f}_n(\boldsymbol{X}))$；$\boldsymbol{p}(t, \boldsymbol{X}) = P_t p(t_0, x)$；$P_t$ 为连续时间费罗宾尼斯－佩龙算子；$p(t_0, x)$ 为初始时间 $t = t_0 \geqslant 0$ 时的密度函数。

费罗宾尼斯－佩龙算子是一个马尔可夫算子，并具有以下属性。

（1）连续性，即

$$\lim_{t \to t_0} \| P_t \boldsymbol{p}(t_0, \boldsymbol{X}) - \boldsymbol{p}(t_0, \boldsymbol{X}) \| = 0 \tag{5.22}$$

（2）线性，即

$$P_t(\lambda_1 \boldsymbol{p}_1(t_0, \boldsymbol{X}) + \lambda_2 \boldsymbol{p}_2(t_0, \boldsymbol{X})) = \lambda_1 P_t p_1(t_0, \boldsymbol{X}) + \lambda_2 P_t \boldsymbol{p}_2(t_0, \boldsymbol{X}) \tag{5.23}$$

λ_1、$\lambda_2 \in \mathbb{R}$ 且 $\boldsymbol{p}_1(t_0,\boldsymbol{X})$、$\boldsymbol{p}_2(t_0,\boldsymbol{X}) \in \mathbb{L}^1$

（3）正定性，即

$$P_t\boldsymbol{p}(t_0,\boldsymbol{X}) \geqslant 0 \text{ 若 } \quad \boldsymbol{p}(t_0,\boldsymbol{X}) \geqslant 0 \tag{5.24}$$

（4）不变性，即

$$\int_X P_t\boldsymbol{p}(t_0,\boldsymbol{X})\mu(\mathrm{d}\boldsymbol{X}) = \int_X \boldsymbol{p}(t_0,\boldsymbol{X})\mu(\mathrm{d}\boldsymbol{X}) \tag{5.25}$$

式中：$\boldsymbol{p}(t_0,\boldsymbol{X}) \in \mathbb{L}^1$，$\mathbb{L}^1$是一系列函数；$\boldsymbol{f}:\boldsymbol{X}\rightarrow\boldsymbol{R}$ 满足 $\int_{\mathbb{X}} |\boldsymbol{f}(\boldsymbol{X})|\mu(\mathrm{d}\boldsymbol{X}) < \infty$ ；μ 为定义在 $\boldsymbol{X}$ 上的测量值。

这些性质保证初始概率密度函数 $\boldsymbol{p}(t_0,\boldsymbol{X})$ 随时间连续变化且满足概率密度函数的性质。可以用特征值的方法求解一阶线性偏微分方程。因此，式(5.21)可写为

$$\frac{\partial P}{\partial t} + \sum_{i=1}^{n} \frac{\partial \boldsymbol{p}}{\partial \boldsymbol{X}_i}\boldsymbol{f}_i(\boldsymbol{X}) + \boldsymbol{p}\sum_{i=1}^{n} \frac{\partial \boldsymbol{f}_i(\boldsymbol{X})}{\partial \boldsymbol{X}_i} \tag{5.26}$$

定义

$$\boldsymbol{g}(\boldsymbol{X},\boldsymbol{p}) = -\boldsymbol{p}\sum_{i=1}^{n} \frac{\partial \boldsymbol{f}_i(\boldsymbol{X})}{\partial \boldsymbol{X}_i} \tag{5.27}$$

可得以下形式，即

$$\frac{\partial P}{\partial t} + \sum_{i=1}^{n} \frac{\partial \boldsymbol{p}}{\partial \boldsymbol{X}_i}\boldsymbol{f}_i(\boldsymbol{X}) = \boldsymbol{g}(\boldsymbol{X},\boldsymbol{p}) \tag{5.28}$$

式(5.28)是一个标准形式。假设 $\boldsymbol{g}(\boldsymbol{X},\boldsymbol{p}) \neq 0$，通过求解下式的 $n+1$ 个耦合常微分方程得到式(5.29)。

$$\frac{\mathrm{d}\boldsymbol{X}_1}{\mathrm{d}t} = \boldsymbol{f}_1(X)\cdots\frac{\mathrm{d}\boldsymbol{X}_n}{\mathrm{d}t} = \boldsymbol{f}_n(\boldsymbol{X})\frac{\mathrm{d}p}{\mathrm{d}t} = \boldsymbol{g}(\boldsymbol{X},\boldsymbol{p}) \tag{5.29}$$

这些方程在 $n+1$ 维空间中的轨迹用$(\boldsymbol{X}_1,\cdots,\boldsymbol{X}_n,\boldsymbol{p})$表示。为了获得唯一解，$\boldsymbol{p}(t,\boldsymbol{X})$的值必须在 t_0时刻由给定点 $\boldsymbol{X}(t_0)$ 确定。$\boldsymbol{p}(t,\boldsymbol{X})$ 在$\mathbb{R}\times\mathbb{X}$ 上的变化可以通过在$\mathbb{X}$上指定 $\boldsymbol{p}(t,\boldsymbol{X})$ 中的几个点来确定。这些点是通过对密度函数在 t_0 处进行采样得到的。式(5.29)确定 $\boldsymbol{p}$ 沿着 $\boldsymbol{X}(t)$ 的变化。

不确定性预测的准确性十分重要。由于该方法需要对状态空间中的点进行选择，所以该方法和蒙特卡罗方法类似。两者的主要区别在于，在费罗宾尼斯－佩龙算子中，密度函数的值由轨迹和最终时间确定，密度函数的值在某些离散点处是已知的。这些值是状态向量在最终时间处的值。然后使用内插法来确定域上的密度函数值[11]。

注 5.8 这个方法不能处理过程噪声。这是费罗宾尼斯－佩龙算子或Liouville方程的不足之处。若处理过程噪声，必须求解福克－普朗克－柯尔莫哥洛夫方程。

文献[33]提出了一种将费罗宾尼斯－佩龙算子理论与贝叶斯估计理论相结合的非线性状态估计算法。飞机和测量模型由式(5.19)给出。假设在离散时间 $t_0,\cdots,t_k$ 时刻可获得测量值。在 t_k 处，令状态、测量值、概率密度函数分别为 $\boldsymbol{X}_k$、$\boldsymbol{Y}_k$、p_k。$p_k^-(\cdot)$ 和 $p_k^+(\cdot)$ 表示 t_k 时刻上的先验密度函数和后验密度函数。接下来介绍估计算法，其步骤如下。

(1) 初始化。首先，将初始随机变量 $\boldsymbol{X}_0$ 的域 $\mathbb{D}_\Delta$ 离散化。根据随机变量 $\boldsymbol{X}_0$ 的概率密度函数 $P_0(\boldsymbol{X}_0)$，从离散域中随机选择 N 个样本。用 $\boldsymbol{X}_{0,i}$ 表示样本，其中 $i=1,2,\cdots,N$，$P_0(\boldsymbol{X}_0,i)$ 是 $P_0(\boldsymbol{X})$ 在采样点处的值。然后从 $k=1$ 开始递归地执行以下步骤。

(2) 传播。第 $k-1$ 步的初始状态为 $(\boldsymbol{X}_{k-1,i}\boldsymbol{P}_{k-1}(\boldsymbol{X}_{k-1,i}))$，对区间 $[t_{k-1},t_k]$ 上的每个时刻，根据式(5.29)进行积分得到 $(\boldsymbol{X}_{k,i}\,\bar{\boldsymbol{P}}_k(\boldsymbol{X}_{k,i}))^{\mathrm{T}}$。通过积分得到的 $\boldsymbol{P}_k(\boldsymbol{X}_{k,i})$ 是 $\boldsymbol{X}_{k,i}$ 的先验概率密度函数。

(3) 更新。首先使用高斯测量噪声和式(5.19)中提到的传感器模型确定每个时刻 i 的似然函数 $\boldsymbol{P}(\tilde{\boldsymbol{Y}}_k|\boldsymbol{X}_k=\boldsymbol{X}_{k,i})$。定义为

$$\ell(\tilde{\boldsymbol{Y}}_k|\boldsymbol{X}_k=\boldsymbol{X}_{k,i})=\frac{1}{\sqrt{(2\pi)^m|\boldsymbol{R}|}}\exp^{-0.5(\tilde{\boldsymbol{Y}}_k-h(X_{k,i}))^{\mathrm{T}}\boldsymbol{R}^{-1}(\tilde{\boldsymbol{Y}}_k-h(X_{k,i}))} \tag{5.30}$$

式中：$|\boldsymbol{R}|$ 为测量噪声的协方差矩阵的行列式。接下来用经典贝叶斯法则为每个时刻 i 构造状态概率密度函数。该密度函数为在当前测量状态下的密度函数。例如

$$\begin{aligned}\boldsymbol{P}_k^+(\boldsymbol{X}_{k,i}) &= \boldsymbol{P}(\boldsymbol{X}_k=\boldsymbol{X}_{k,i}\mid\tilde{\boldsymbol{Y}}_k)\\ &=\frac{\ell(\tilde{\boldsymbol{Y}}_k\mid\boldsymbol{X}_k=\boldsymbol{X}_{k,i})\boldsymbol{P}_k^-(\boldsymbol{X}_k=\boldsymbol{X}_{k,i})}{\sum\limits_{j=1}^{N}\ell(\tilde{\boldsymbol{Y}}_k\mid\boldsymbol{X}_k=\boldsymbol{X}_{k,i})\boldsymbol{P}_k^-(\boldsymbol{X}_k=\boldsymbol{X}_{k,i})}\end{aligned} \tag{5.31}$$

(4) 进行状态估计。根据期望值来计算第 k 步的状态估计。常见的状态估计条件如下。

① 对于最大似然估计，选择估计值 $\boldsymbol{X}_{k,i}=\hat{\boldsymbol{X}}_k$，$\hat{\boldsymbol{X}}_k$ 是 $\boldsymbol{P}^+(\boldsymbol{X}_{k,i})$ 的估计值。

② 对于最小方差估计，

$$\hat{\boldsymbol{X}}_k = \operatorname{argmin}\sum_{i=1}^{N} \|\boldsymbol{X}_k - \boldsymbol{X}_{k,i}\|^2 \boldsymbol{P}_k^+(\boldsymbol{X}_{k,i}) = \sum_{i=1}^{N} \boldsymbol{X}_{k,i}\boldsymbol{P}_k^+(\boldsymbol{X}_{k,i}) \tag{5.32}$$

估计值是$\boldsymbol{X}_{k,i}$的平均值。

③ 对于最小误差估计，使$|\boldsymbol{X}-\boldsymbol{X}_{k,i}|$最小，使得$\hat{\boldsymbol{X}}$为$\boldsymbol{P}_k^+(\boldsymbol{X}_{k,i})$的估计值。

(5) 重新采样。可以通过查看$X_{k,i}$的值来检测样本点的简并性，假设$\boldsymbol{P}^+(\boldsymbol{X}_{k,i}) < \ell, \ell \ll 1$。可以使用重新采样的方法得到新的点，并将相应的后验密度$\boldsymbol{P}_k^+(\boldsymbol{X}_{k,i})$作为初始状态。

6. 风的估计

风是造成飞行不确定性的主要原因之一，这种不确定性在飞机持续下降时尤为显著[57]。实际空速V_a由大气数据计算机（ADC）和静压系统决定，用于输入冲击压力、静压和总空气温度。地面速度由惯性参考装置和全球定位系统计算。飞行管理系统（FMS）通过计算来预测轨迹参数，如对时间和燃料进行估计。系统执行的这些计算需要沿着朝向基座的轨迹对风场进行估计，以提高计算的准确性。风场估计过程中出现的误差将导致预测的地面速度、减速度和飞行路径角度出现误差。与此同时，飞行路径角度误差反过来会影响预测的地面速度和预测的垂直轨迹。因此，风的估计误差极大地影响了时间和空间轨迹的准确性。飞机气象数据中继器（AMDAR）结合观测到的大气数据，包括经纬度位置、高度、时间、温度、水平风向、速度、湍流、湿度、结冰情况、垂直相位、侧倾和俯仰角以及航空器标识符。

使用广播式自动相关监视进行气象监测的相关研究可参考文献[67]。虽然最初提出的目的是用于监视，但是系统提供的数据也可用于估计风、压力和温度分布。地面速度矢量是空速和风矢量的总和，即

$$V_g = V_a + W \tag{5.33}$$

式中：V_g为飞机相对于地面的速度；V_a为飞机相对于大气的速度；W为风相对于地面的速度。可以通过对不同航迹角处飞机地面速度矢量的一系列观测值来估计风[93,105]。

为了能根据飞机的广播式自动相关监视数据估计风，飞机真空速的北向和东向分量可以表示为

$$V_{a_x} = \|V_g\| \sin\chi_g - \|W\| \sin\chi_w \tag{5.34}$$

$$V_{a_y} = \|V_g\| \cos\chi_g - \|W\| \cos\chi_w \tag{5.35}$$

式中：χ_g和χ_w为地面速度和风矢量相对于北的角度。因此，在恒定的气流速度和风矢量发生变化时，有

$$\| V_a \|^2 - (\| V_g \| \cos\chi_g - \| W \| \cos\chi_w)^2 - (\| V_g \| \sin\chi_g - \| W \| \sin\chi_w)^2 = 0 \tag{5.36}$$

式(5.36)可看作非线性最小二乘问题,定义向量

$$\boldsymbol{X} = (\| V_g \|, \chi_g)^{\mathrm{T}} \quad w_w = (\| V_a \|, \| W \|, \chi_w)^{\mathrm{T}} \tag{5.37}$$

使得下式最小,即

$$\sum_{i=0}^{t} \| \boldsymbol{Z}_i - \Gamma(w_w, \boldsymbol{X}_i) \|^2 \tag{5.38}$$

式中:$\boldsymbol{Z}_i$ 和 $\Gamma(w_w, x_i)$使得式(5.36)成立。为了递归地求解这个非线性最小二乘问题,提出算法 15。

算法 15:风的估计算法

对于 $k=0,1,\cdots,n$,算法可表示为

$$\boldsymbol{W}_{k+1} = \boldsymbol{W}_k + \boldsymbol{K}_k(\boldsymbol{Z}_k - \Gamma(\boldsymbol{W}_k, \boldsymbol{X}_k))$$

其中

$$\boldsymbol{K}_k = \boldsymbol{P}_k \boldsymbol{H}_k^{\mathrm{T}} (\boldsymbol{H}_k \boldsymbol{P}_k \boldsymbol{H}_k^{\mathrm{T}} + \boldsymbol{R}_k)^{-1}$$

$$\boldsymbol{P}_{k+1} = (\alpha+1)(\boldsymbol{P}_k - \boldsymbol{K}_k \boldsymbol{H}_k \boldsymbol{P}_k + \epsilon \boldsymbol{I}_{n\times n})$$

$$\boldsymbol{H}_k = \frac{\partial \Gamma(\boldsymbol{W}, \boldsymbol{X})}{\partial \boldsymbol{W}} \Big|_{\boldsymbol{W}=\hat{\boldsymbol{W}}, \boldsymbol{X}=\boldsymbol{X}_k}$$

$\alpha>0, \epsilon>0, \boldsymbol{P}_0$ 和 $\boldsymbol{R}_t$ 是对称正定协方差矩阵。

5.2.2 空中实时定位与地图建模

飞机必须了解其飞行时所处的环境才能实现自主飞行。自主系统必须具有感知、理解和记忆周围环境情况的能力[4]。自主飞行器的主要需求是检测障碍物,并为传感器数据生成环境图。使用基于网格的地图是表示环境图的一种方法。网格图需要融合来自不同传感器的数据(包括降噪和同步姿势估计),因此具有很大的存储需求。此外,它们侧重于整体而非单个对象。第二种方法为基于特征的地图,其侧重于单个对象。早期使用线条来进行二维平面的建模,后来的方法使用平面或矩形表面进行三维平面的建模,主要通过细节和可能的纹理映射重建模型。速度障碍样式对自主行为而言是一种合适的模型,它涉及如何测量障碍的规范。

1. 问题描述

不同的飞行任务需要提供不同类型的地图。由于基于地图的飞机定位和地图建模是相互依赖的,因此这两个问题需要同时解决。地图建模分为度量建模和拓扑建模两种方法。度量建模捕获环境的几何属性,而拓扑建模则通过节点

和图来描述不同地方的连通性。在实际应用中,度量图比拓扑图更精细,但高分辨率会造成计算负担。可以根据空间占用概率来离散度量图。该建模方法称为占用网格地图建模法。相比之下,几何元素的度量图保留了具有特定几何特征对象的位置和属性。

在许多情况下,比如,将基于网格的地图用于传感器融合以及将基于特征的多边形度量图用于局部规划对规避障碍物是有用的。此外,非度量拓扑图最适合诸如路径规划之类的全局搜索任务。情况复杂时,飞机必须处理这些不同的地图并对它们进行更新。这些任务需要有用的信息交换。文献[4]中提出了将网格图和多边形障碍物表示法结合的方法,并通过使用小型网格图来解决大型环境的问题。这些小型网格图仅涵盖了传感器感知环境的重要部分。识别特征,计算它们的形状并将其嵌入到占用较少内存且易于扩展的全局地图中。该地图不仅可以用于传感器环境,也可用于路径规划等其他应用[96]。空中地图建模是一个热门的研究领域。它解决了通过机载传感器获取环境空间模型的问题。Thrun 在文献[121]提出了一项关于室内环境中移动机器人地图建模算法的调查,然而,飞机导航在户外的三维动态环境中进行测试时情况截然不同。

为了实现真正的自主,飞机必须能够对自己进行定位[12]。当地图不可用时,飞机能够构建一份地图并对自己进行定位,即实时定位和地图建模问题。该问题可以看作一个估计问题。实时定位和地图建模算法属于闭环控制,如识别已访问过的位置。实时定位和地图建模问题的难度随着环境范围的增大而增加。

由于飞机的姿态和地图是不确定的,因此要考虑地图建模问题和机器人地图定位的感应问题[80]。飞机地图建模和定位的基本原理是贝叶斯滤波器。通过滤波器计算飞机姿态和地图建模后验概率分布,给出所有的控制和测量。

注 5.9　如果无人机能将其传感器获得的信息与其电机/推进动作联系起来,则能检测出不一致性并对突发情况做出反应。

一些实时定位方法(SLAM)是增量式的且允许实时启用,而另一些则需要通过感知数据的多次传递。许多增量法使用卡尔曼滤波器来估计地图,进行飞机定位,生成描述地标、信标和某些物体位置的地图。另一种方法是基于邓普斯特的期望最大化算法,它是通过递归算法来找到最可能的地图。这些方法解决了实际应用中目标感知问题[104,107]。

动态环境地图建模是一个重要问题,因为飞机的许多实际应用都是在非静态环境中进行的。虽然卡尔曼滤波方法可以在地标随时间缓慢变化的条件下,来适应地图建模动态环境,而且占用网格地图也可通过减少占用时间来进行移动,但在动态环境中的生成地图的方法却很少。智能自主飞行器解决了智能导航的关键问题,如动态环境中的导航及改善环境中的导航问题[7]。

飞机的任务是在不使用基于定位系统(如全球定位系统或任何先验地形数据)的情况下感知未知环境并对其感知到的特征进行地图建模。实时定位和地图建模可以同时估计飞机的位置以及探测到的目标位置[20]。

实时定位和地图建模的关键是要反复观察特征,可以起到以下两个作用。

(1) 特征的位置估计将得到改善。

(2) 由于平台与特征具有统计相关性,平台的位置估计也随之得到改善。

实时定位和地图建模通常被作为统计滤波器,可以同时进行点特征位置的预测和估计以及飞机姿态和速度的预测和估计。特征是环境中可以用三维空间中的点表示的任何对象。实时定位和地图建模预测阶段主要依靠惯性导航,进行飞机和特征模型的传播及对不确定性的预测。当实时定位和地图建模在地面进行特征观测时,由于实时定位和地图建模使得平台和特征具有相关性,所以观测能够用于改善特征的位置估计和飞机的位置估计。观测在改善飞机位置估计中发挥的作用取决于观测到的特征的顺序和飞机的轨迹。飞机探索未知地形要将新观测到的特征预置到地图中,因此需要返回地图上的已知区域以减少定位错误。该过程是闭环控制,通过实时定位和地图建模滤波器中飞机和地图状态的相关性来减少飞机定位和地图位置估计的不确定性。另外,观测特征期间飞机的机动飞行会影响定位估计的准确性。飞机的控制策略会影响滤波器估计的准确性。

估计过程使代价函数 J_{est} 最小化,以获得对所有地标 l_j、$[t_0, t_c]$ 时间内的轨迹 $X_{0:c}$、内参数 $\boldsymbol{\rho}_{\text{int}}$ 和过去过程噪声 $\boldsymbol{\nu}_{0:c}$ 的最优估计。代价函数 J_{est} 是后验函数 $p(X_{0:c}, \boldsymbol{\nu}_{0:c}, l_{1,K}, \boldsymbol{\rho}_{\text{int}} \mid \{Z_{ij}, U_{0:c-1}\})$ 的负对数,用于提供最大后验概率估计[120]。假设状态和参数具有高斯先验,即 $\boldsymbol{X}_0 \propto \aleph(\hat{\boldsymbol{X}}_0, \boldsymbol{P}_X^{-1})$,$\boldsymbol{\rho}_{\text{int}} \propto \aleph(\hat{\boldsymbol{\rho}}_{\text{int}}, \boldsymbol{P}_{\text{int}}^{-1})$,不确定性也符合高斯分布 $\boldsymbol{\nu}_i \propto \aleph(0, \boldsymbol{P}_{\nu i}^{-1})$,$\boldsymbol{\vartheta}_i \propto \aleph(0, \boldsymbol{P}_{\vartheta i}^{-1})$。代价函数 J_{est} 的形式为

$$J_{\text{est}} = \| \boldsymbol{X}_0 - \hat{\boldsymbol{X}}_0 \|_{P_x}^2 + \| \boldsymbol{\rho}_{\text{int}} - \hat{\boldsymbol{\rho}}_{\text{int}} \|_{P_{\text{int}}}^2 + \| v \|_{p_{v_i}}^2 + \sum_{ij} \| \boldsymbol{h}_{ij}(\boldsymbol{X}_i, l_j) - \boldsymbol{Z}_{ij} \|_{P_{\vartheta_{ij}}}^2 \tag{5.39}$$

且满足动态约束

$$\dot{\boldsymbol{X}} = \boldsymbol{f}(\boldsymbol{X}(t), \boldsymbol{U}(t), \boldsymbol{\nu}(t), \boldsymbol{\rho}_{\text{int}}, t) \tag{5.40}$$

$$\boldsymbol{Z}_{ij} = \boldsymbol{h}_{ij}(\boldsymbol{X}(t_i), l_j) + \boldsymbol{\vartheta}_{ij} \tag{5.41}$$

式中:$\boldsymbol{X}(t) \in \mathbb{X}$、$\mathbb{U}(t) \in \mathbb{U}$ 分别为状态约束和输入约束;$\boldsymbol{f}$ 和 $\boldsymbol{h}_{ij}$ 分别为非线性动力学函数和测量函数。

控制过程使第二个代价函数 J_{mpc} 最小化，来计算最优控制策略 $\boldsymbol{U}_{c:N-1}$ 和相应的未来轨迹 $\boldsymbol{X}_{c+1:N}$，即

$$J_{\mathrm{mpc}} = \tilde{J}_{X_N} + \sum_{i=c}^{N-1} L_i(\boldsymbol{X}_i, \boldsymbol{U}_i, l_{1:K}, \boldsymbol{\rho}_{\mathrm{int}}) \tag{5.42}$$

式中：$\tilde{J}_{X_N}$ 为终端指标；$L_i(\boldsymbol{X}_i, \boldsymbol{U}_i, l_{1:K}, \boldsymbol{\rho}_{\mathrm{int}})$ 为过程指标。

注 5.10 因子图用于表示估计和控制问题。通常采用非线性最优化理论来解决没有非线性约束条件的非线性因子图。一般动力学和运动学可以表示为状态李群流的微分方程。在因子图中，它们等同于每个时间步长的约束因子。然后可以使用连续二次型规划法来解决图形最优化问题[120]。

为了验证实时定位和地图建模定位技术的水平，必须在没有全球定位系统之类外部数据的条件下，仅依靠实时定位和地图建模技术来控制飞机状态误差。当飞机在完成不同控制动作时，实时定位和地图建模估计的概率分布中包括的信息量也需要考虑。该信息是指分布中的概率质量集中到小容量分布状态空间的程度：由分布的熵（概率分布的紧密度）度量的特性。

信息度量可以用来测定飞机控制动作，从而改善其定位系统功能的函数。在实时定位和地图建模中，使用信息度量进行规划存在一些实际约束问题。

（1）对于飞机而言，飞机能够以 6 个自由度机动飞行，因此可采取的优化措施很多。

（2）随着地图中特征数量 N 的增加，评估信息量度的计算复杂度以 $O(N^2)$ 的程度增长。通过使用近似方法计算所提供路径的信息效用，可以在一定程度上减少计算复杂度。

为实现对飞机高效控制的要求，在实时计划可行前必须减少计算信息效用的复杂性。文献[20]没有对每条可行轨迹的信息增益进行评估，但是路径规划器对地图中涉及的每个特征进行观察，使用简单直线和水平飞行轨迹对信息增益进行了评估。根据观察特征时飞机应有的飞行轨迹来对飞机作进一步控制。这个问题可以通过对惯性 SLAM 进行可观察性分析，并基于此分析评估基于行为的几种决策规则来解决。决策规则轨迹用于规划飞机运动，对系统中局部不可观的模式给予指引，从而实现在多个时间段上状态的可观察性。

2. 惯性 SLAM 算法

惯性 SLAM 算法使用扩展卡尔曼滤波器，根据飞机和每个特征之间的相对观察值来估计地图特征位置、飞机位置、速度和姿态[12,20,37]。

估算的状态向量 $\hat{\boldsymbol{X}}(k)$ 包含 3D 飞机位置 $\boldsymbol{p}^n = (x^n, y^n, z^n)$，速度 $\boldsymbol{v}^n$，欧拉角 $\boldsymbol{\eta}_2^n = (\phi^n, \theta^n, \psi^n)$ 和环境中的 3D 特征定位 m_i^n。

$$
\hat{\boldsymbol{X}}(k)=\begin{pmatrix}\boldsymbol{p}^{n}(k)\\ \boldsymbol{v}^{n}(k)\\ \boldsymbol{\eta}_{2}^{n}(k)\\ \boldsymbol{m}_{1}^{n}(k)\\ \boldsymbol{m}_{2}^{n}(k)\\ \vdots\\ \boldsymbol{m}_{N}^{n}(k)\end{pmatrix}
$$

式中：$i=1,\cdots,n$；上标 n 表示各状态为矢量。状态估计 $\hat{\boldsymbol{X}}(k)$ 是由 $\hat{\boldsymbol{X}}(k-1)$ 通过过程模型预测得到的，即

$$
\hat{\boldsymbol{X}}(k)=F(\hat{\boldsymbol{X}}(k-1),\boldsymbol{U}(k),k)+\boldsymbol{W}(k) \tag{5.43}
$$

式中：F 为在 k 时刻的非线性状态转移函数；$\boldsymbol{U}(k)$ 为在 k 时刻的系统输入；$\boldsymbol{W}(k)$ 为协方差 $\boldsymbol{Q}$ 不相关的、飞机过程零均值噪声误差。过程模型是标准的六自由度惯性导航方程，它可以预测飞机的位置、速度和姿态。采用惯性坐标系，即

$$
\begin{pmatrix}\boldsymbol{p}^{n}(k)\\ \boldsymbol{v}^{n}(k)\\ \boldsymbol{\eta}_{2}^{n}(k)\end{pmatrix}=\begin{pmatrix}\boldsymbol{p}^{n}(k-1)+\boldsymbol{v}^{n}(k)\Delta t\\ \boldsymbol{v}^{n}(k-1)+(\boldsymbol{R}_{\mathrm{b}}^{\mathrm{n}}(k-1)\boldsymbol{f}^{\mathrm{b}}(k)+\boldsymbol{g}^{n})\Delta t\\ \boldsymbol{\eta}_{2}^{n}(k-1)+\boldsymbol{J}_{\mathrm{b}}^{\mathrm{n}}(k-1)\omega^{\mathrm{b}}(k)\Delta t\end{pmatrix} \tag{5.44}
$$

式中：$\boldsymbol{f}^{\mathrm{b}}$ 和 ω^{b} 分别为由第 n 个飞机的惯性传感器提供的飞机加速度和旋转速度；$\boldsymbol{g}^{n}$ 为第 2 章所提到的重力加速度；式(2.4)给出了方向余弦矩阵 $\boldsymbol{R}_{\mathrm{b}}^{n}$；式(2.25)定义了体坐标系和导航体系间的旋转速率变换 $\boldsymbol{J}_{\mathrm{b}}^{n}$。假设特征定位是静止的，则第 i 个特征的定位过程模型为

$$
m_{i}^{n}(k)=m_{i}^{n}(k-1) \tag{5.45}
$$

机载传感器可使用雷达、视觉摄像机和激光测距仪对第 i 个特征进行范围和方位观察，观察值为 $\boldsymbol{Z}_{i}(k)$。

SLAM 算法要求可以从观测传感器数据中提取关联点特征。从这个意义上讲，特征是指传感器数据中彼此不同且可识别的点，或者与离线的给定特征模型或模板相关的传感器数据中的点。飞机上的传感器处理算法可给出在环境中的视觉模型和/或感兴趣的形状模型，并且特征提取将尝试找到与传感器数据相关的区域模型属性。通过创新选通，可以使用与特征或者通用特征一致的传感器

数据的属性匹配，从后续的框架中对特征数据关联进行提取。

与估算状态相关的观察值 $\boldsymbol{Z}_i(k)$ 为

$$\boldsymbol{Z}_i(k) = H_i(\boldsymbol{p}^n(k), \boldsymbol{\eta}_2^n(k), \boldsymbol{m}_i^n(k), k) + v(k) \tag{5.46}$$

式中：$H_i(\cdots,k)$ 为特征定位、飞机位置、欧拉角的函数；$v(k)$ 为协方差 R 的非相关的、零均值观测噪声误差。观测模型为

$$\boldsymbol{Z}_i(k) = \begin{pmatrix} \rho_i \\ \phi_i \\ \upsilon_i \end{pmatrix} = \begin{pmatrix} \sqrt{(x^s)^2 + (y^s)^2 + (z^s)^2} \\ \arctan\left(\dfrac{y^s}{x^s}\right) \\ \arctan\left(\dfrac{-z^s}{\sqrt{(x^s)^2 + (y^s)^2}}\right) \end{pmatrix} \tag{5.47}$$

式中：ρ_i、ϕ_i 和 υ_i 为观测范围、相对于特征的方位角和仰角；x_s、y_s、z_s 为 $p_{\mathrm{ms}}^{\mathrm{s}}$ 的笛卡儿坐标。传感器测量的特征相对于传感器的相对位置的笛卡儿坐标 $p_{\mathrm{ms}}^{\mathrm{s}}$ 由下式得出，即

$$\boldsymbol{p}_{\mathrm{ms}}^{\mathrm{s}} = \boldsymbol{R}_{\mathrm{b}}^{\mathrm{s}} \boldsymbol{R}_n^{\mathrm{b}} (\boldsymbol{m}_i^n - \boldsymbol{p}^n - \boldsymbol{R}_{\mathrm{b}}^n \boldsymbol{p}_{\mathrm{sb}}^{\mathrm{b}}) \tag{5.48}$$

式中：$\boldsymbol{R}_{\mathrm{b}}^s$ 为机身到传感器的变换矩阵；p_{sb} 为主体框架中测得的传感器偏离的飞机质心，又称为杠杆臂。

估算过程是递归的，如下面的算法所示。

（1）预测。通过惯性传感器提供的数据，可以在特征观测之间及时预测飞机的位置、速度和姿态。状态协方差 $\boldsymbol{P}$ 的前向方程为

$$\boldsymbol{P}(k|k-1) = \nabla\boldsymbol{F}_X(k)\boldsymbol{P}(k-1|k-1)\nabla\boldsymbol{F}_X^{\mathrm{T}}(k) + \nabla\boldsymbol{F}_w(k)\boldsymbol{Q}\,\nabla\boldsymbol{F}_w^{\mathrm{T}}(k) \tag{5.49}$$

式中：$\nabla\boldsymbol{F}_X$ 和 $\nabla\boldsymbol{F}_w$ 分别为相对于状态向量 $\hat{\boldsymbol{X}}(k)$ 和噪声输入 $\boldsymbol{W}(k)$ 的状态转换函数的雅克比行列式。

（2）特征初始化。当首次观察到范围/方位时，使用初始化函数 $G_1(\hat{\boldsymbol{X}}(k))$、$G_2(\hat{\boldsymbol{X}}(k))$ 计算其位置，计算式为

$$G_1 \rightarrow \boldsymbol{m}_i^n = \boldsymbol{p}^n + \boldsymbol{R}_{\mathrm{b}}^n \boldsymbol{p}_{\mathrm{sb}}^{\mathrm{b}} + \boldsymbol{R}_{\mathrm{b}}^n \boldsymbol{R}_{\mathrm{s}}^{\mathrm{b}} \boldsymbol{p}_{ns}^{\mathrm{s}} \tag{5.50}$$

$$G_2 \rightarrow \boldsymbol{p}_{\mathrm{ns}}^{\mathrm{s}} = \begin{pmatrix} \rho_i \cos\varphi_i \cos\upsilon_i \\ \rho_i \sin\varphi_i \cos\upsilon_i \\ -\rho_i \sin\upsilon_i \end{pmatrix} \tag{5.51}$$

然后将状态向量协方差作为新的特征位置，即

$$\hat{\boldsymbol{X}}_{\text{aug}}(k)=\begin{pmatrix}\hat{X}(k)\\ m_i^n(k)\end{pmatrix} \tag{5.52}$$

且

$$\boldsymbol{P}_{\text{aug}}(k)=\begin{pmatrix}\boldsymbol{I} & 0\\ \nabla\boldsymbol{G}_x & \nabla\boldsymbol{G}_z\end{pmatrix}\begin{pmatrix}\boldsymbol{P}(k) & 0\\ 0 & \boldsymbol{R}(k)\end{pmatrix}\begin{pmatrix}\boldsymbol{I}_{n\times n} & 0\\ \nabla\boldsymbol{G}_x & \nabla\boldsymbol{G}_z\end{pmatrix}^{\mathrm{T}} \tag{5.53}$$

式中：$\nabla\boldsymbol{G}_x$ 和$\nabla\boldsymbol{G}_z$ 分别为相对于状态估计 $\hat{\boldsymbol{X}}(k)$ 和观察值 $\boldsymbol{Z}_i(k)$ 初始值的雅克比行列式。该特征的位置与飞机的姿态、速度及地图其他特征的位置相关。

(3) 更新。若将特征初始化为状态向量，该状态向量包括飞机姿态、速度以及特征的位置和环境中其他特征，则状态估计可更新为

$$\hat{\boldsymbol{X}}(k|k)=\hat{\boldsymbol{X}}(k|k-1)+\boldsymbol{W}(k)\boldsymbol{\nu}(k) \tag{5.54}$$

式中：增益矩阵 $\boldsymbol{W}(k)$ 和新定义的向量 $\boldsymbol{\nu}(k)$ 计算公式为

$$\boldsymbol{\nu}(k)=\boldsymbol{Z}_i(k)-\boldsymbol{H}_i(\hat{\boldsymbol{X}}(k|k-1)) \tag{5.55}$$

$$\boldsymbol{W}(k)=\boldsymbol{P}(k|k-1)\nabla\boldsymbol{H}_X^{\mathrm{T}}(k)\boldsymbol{S}^{-1}(k) \tag{5.56}$$

$$\boldsymbol{S}(k)=\nabla\boldsymbol{H}_X(k)\boldsymbol{P}(k|k-1)\nabla\boldsymbol{H}_X^{\mathrm{T}}(k)+\boldsymbol{R} \tag{5.57}$$

式中：$\nabla\boldsymbol{H}_X^{\mathrm{T}}(k)$ 为观察函数关于预测状态向量 $\hat{\boldsymbol{X}}(k|k-1)$ 的雅克比行列式。将观察值进行协方差更新后的状态协方差阵 $\boldsymbol{P}(k|k)$ 为

$$\boldsymbol{P}(k|k)=\boldsymbol{P}(k|k-1)-\boldsymbol{W}(k)\boldsymbol{S}(k)\boldsymbol{W}^{\mathrm{T}}(k) \tag{5.58}$$

若某个特征离开传感器的视野，其位置仍将保持在状态向量中，并通过状态向量中其他传感器可见特征的相关性继续更新。

由于过程和观测模型的线性化，扩展卡尔曼滤波器中概率分布是状态 $\boldsymbol{X}$ 的函数。当可以将状态值控制在一定程度时，扩展卡尔曼滤波概率分布的变化也能够得到控制，以实现熵的最小化。可以将这一过程定义为一组受控状态和未来 n 步之内进行的观察值，即

$$a\in\{\boldsymbol{X}(k),\boldsymbol{Z}(k),\boldsymbol{X}(k+1),\boldsymbol{Z}(k+1),\cdots,\boldsymbol{X}(k+n),\boldsymbol{Z}(k+n)\} \tag{5.59}$$

当飞机要完成定位和地图建模时，需要一组在不同时间范围内观察的不同

特征的观察结果,包括飞机的位置、速度和姿态轨迹[54]。熵信息增益 $I[\boldsymbol{X},a]$ 定义为预测状态在行动前和行动后产生的熵分布差异,它可以对每个可能采取的行动进行说明。

$$I[\boldsymbol{X},a]=\boldsymbol{h}(\boldsymbol{X})-\boldsymbol{h}(\boldsymbol{X}|a)=-\frac{1}{2}\log\left(\frac{|\boldsymbol{P}(\boldsymbol{X}|a)|}{|\boldsymbol{P}(\boldsymbol{X})|}\right) \tag{5.60}$$

式中:$\boldsymbol{h}(\boldsymbol{X})$ 和 $\boldsymbol{P}(\boldsymbol{X})$ 为行动前的熵与协方差;$\boldsymbol{h}(\boldsymbol{X}|a)$ 和 $\boldsymbol{P}(\boldsymbol{X}|a)$ 为在采取动作 a 之后状态 $\boldsymbol{X}$ 的熵与协方差(如沿着特定的飞机轨迹并且沿途对特征进行观察)。熵信息增益是一个常数,信息损失则值为负,信息增加则值为正。将熵和熵信息增益作为控制问题中的效用度量的优点在于,它们代表了标量值中多维变量分布的整体信息,从而将控制问题简化为

$$a^{*}=\operatorname{argmax}(I[\boldsymbol{X},a]) \tag{5.61}$$

式中:a^{*} 为最优控制决策。然而,这种标量测量可能存在一个不足之处,即跨状态的信息分布可能不均匀。然而基于实时定位和地图建模,标量测量足以确定总体信息增益。

3. 感知 - 规避方案

视觉控制是一个热门的研究领域[28]。无人机的定位技术通过使用全球定位系统、运动捕捉系统、激光、摄像机、kinect RGBD 传感器,已经获得了许多不错的效果。碰撞规避问题也称为感知 - 规避问题,已经成为飞机进入空域所面临的最大挑战之一。因此,“感知”定义为利用传感器信息来自动检测飞机可能遇见的冲突,而“规避”则表示对检测/预测到碰撞采取自动控制来进行规避。单个或多个机载传感器可以为飞机提供感知 - 规避性能。然而,相机传感器对无人机来说是最重要的传感器,因为它可用于规避碰撞。无人机在发生故障时,如全球定位系统出现离线、惯导系统产生漂移、无人机的软件/硬件突发故障,这时规避碰撞的能力就尤为重要了。对于需要环境感应功能的应用,可以将与飞行控制器分离的视觉系统安装在飞机上。这种情况下只能使用相机传感器,因为它们具有重量轻、无源、功耗低的优点。专用计算机用来处理图像信息,这样可以提高飞行控制计算机的速度且不对实时行为产生影响。利用本地网络来进行数据交换,可以实现基于对图像处理的结果和飞行控制之间的交互。在飞行控制计算机上安装任务规划和自动控制系统,它可计算周围障碍物的轨迹,当实际中基于图像的地图更新而导致变化时,可以指示飞机的飞行路径。

由于障碍物地图建模和其他基于图像的算法需要飞行信息,因此导航解决方案可以提供飞机的总体位置和姿态,先验离散事件监控控制器也可以用来解

决感知 - 规避问题。无人机控制决策是离散的,而飞机的嵌入式飞行模型动力学是连续的。该技术是在有限的时间范围内以在线方式计算控制器[35]。假设在无人机上存在一个能够三维识别入侵飞机位置的传感器包,其前进方向和初始速度是未知的。除了考虑参数和状态未知数外,还需要考虑影响飞机飞行路径的不可控动作。为了最大限度地保障安全,可以假设入侵飞机随时都有可能与无人机相撞,那么就不会出现假设之外更糟糕的情况。

从深度图像序列中解读数据的基本方法遵循占用网格的经典方法。对于障碍物地图建模,这些网格允许传感器融合并降低传感器噪声。在这种情况下,采用以世界为中心的三维网格表示地图。每个单元都包含描述障碍物存在的数值。高数值表示单元被占用的概率较高。地图的创建从空网格开始,然后将每个新的深度图像写入实际的传感器信息来进行扩充。占用网格图的方法用于从深度图像序列中解读数据。此外,用这些占用网格构建特征图,将障碍物的整体信息进行压缩存储,并作为使用该特征图的应用程序的输入。因此,确定在特征图中表示对象所需的详细程度是基本要求[10]。对于规避障碍物的程序,需要满足以下重要标准[14]。

(1) 不需要小的细节。

(2) 不需要识别用于纹理投影的平面。

(3) 实时能力比精度要求更重要。

这些标准意味着在对象周围标记一个框并仅避开该区域就足够了。像城市这样的真实场景中,对象可以被建模为棱镜。世界被分成不同高度的层次,每一层都有自己的多边形二维障碍图。这对于诸如城市中的飞行轨迹规划是足够的。建模过程如算法 16 所示。

这种方法使用不同类型的地图。传感器输入的占用网格图(第 0 层)被划分为多个区域,并且分别在每个区域中搜索障碍物(第 1 层)。然后,生成具有单独障碍物但没有区域分离的地图(第 2 层),最后从其中提取棱镜形状(第 3 层)。网格分辨率和区域大小由用户定义,但在处理图像序列时可能不会随时间而改变。

从网格图中提取对象,然后通过阈值将全局图分割为被占用的区域和空闲区域对对象特征进行检测。单个对象是连接三维阵列占用单元的集群。这些对象由泛填充算法(flood fill algorithm)识别。通过保存对象的单元格坐标的最小值和最大值,计算边界框并将其放入全局特征图中。对于每个对象,除了边界框之外也存储二进制单元格形状,以便可以重新插入该形状。这种方法适用于八叉树结构的压缩。

算法 16:地图建模算法

(1) 如果地图中没有飞机的位置,需在飞机周围创建一个占用网格

(2) 如果分配了新网格或扩展了网格,检查是否可以插入先前存储的特征

(3) 将实际的传感器数据信息插入网格

(4) 查找被占用的网格单元格,并将其标记为一个障碍特征

(5) 找出哪些障碍物特征是新的,哪些是上一个循环中更新的对象,可以删除之前存在的对象

(6) 计算新的或被更新的特征形状

(7) 若要插入下一个传感器数据,请返回步骤(1)

4. 基于模糊逻辑控制器的单目视觉 - 惯性 SLAM 方法

实际控制技术中普遍存在着不确定性、不准确性、近似性和不完整性问题。因此,无模型控制方法在高度非线性、动态、复杂、实时变化的无人机动力学中通常具有良好的鲁棒性和适应性。模糊逻辑控制器主要由 3 种不同的参数组成。

(1) 比例因子。比例因子是输入和输出的增益。增益的调整会对模糊控制器产生影响,如影响整个规则表。

(2) 隶属函数。隶属函数的改变会导致中等程度的变化,即更改规则表的某行/列。

(3) 规则权重。规则权重(RW)也称为每个规则的确定性等级,会影响整个模糊逻辑控制器,如改变规则表的一个单元。

交叉熵方法涉及迭代过程,其中每个迭代可以分为以下两个阶段。

(1) 首先根据规定的机制生成随机数据样本(如模糊控制器的比例因子或隶属函数)。

(2) 然后根据数据对随机机制的参数进行更新,以便在下一次迭代中产生更好的样本。

视觉和惯性测量单元的融合可以分为以下三类。

(1) 修正。使用一种传感器的结果来校正或验证另一个传感器的数据。

(2) 归类。使用惯性数据中的一些变量和视觉数据中的变量。

(3) 融合。有效地结合惯性和视觉数据来改善姿态估计。

模糊逻辑控制器具有良好的鲁棒性和适应性,可控制无人机的方向。该模糊逻辑控制器为 PID 类型,其中包括以下几个。

(1) 3 个输入。参考航向与无人机实际航向之间的角度估计误差、该估计误差的导数和积分值。

(2) 一个输出。以°/s 为单位改变航向。

用 t 范数进行连接规则,去模糊化,有

$$
Y = \frac{\sum_{i=1}^{M} \bar{Y}^l \sum_{i=1}^{N} (\mu_{X_i^l}(X_i))}{\sum_{i=1}^{M} \sum_{i=1}^{N} (\mu_{X_i^l}(X_i))} \tag{5.62}
$$

式中:N 和 M 分别为输入变量的数量和规则的总数;$\mu_{X_i^l}(X_i)$ 为第 i 个输入变量的第 l 个规则的隶属函数;$\bar{Y}^l$ 为第 l 个规则的输出[24]。

5.2.3 地理定位

1. 带有清晰照相机的协同地理定位

地理定位是使用可视摄像机跟踪固定或移动的点。它是一个使用传感器数据来发现地面上兴趣点的统计估计的过程。自主飞行器的地理定位系统需要将多个复杂的硬件组件(摄像机、无人机、全球定位系统、姿态传感器)和软件组件(摄像机图像处理、内循环和路径规划控制、估计软件)进行复杂的集成,以准确地估计被跟踪对象的数量。以分散的方式估计传感器偏差和未知兴趣点的状态,同时使用机载导航系统来降低计算量,解决了以分散方式合作的多个无人机的联合估计问题,从而使该无人机共享兴趣点状态上的信息,并仅对其局部偏差建模。这种分散化的方案可以减少计算和通信,同时给出与集中式方案精度相当的地理定位。此外,这种分散的方法不仅可以促进具有不同偏差的自主飞行器之间的有效合作,也能促进不同传感器之间的有效合作。

基于无人机位置和方向在无人机上应用视觉传感器,摄像机会通过安装在无人机内部的有效载荷——云台指向地面上的兴趣点,但是当无人机移动时,兴趣点也可能移动;云台相机必须根据兴趣点调整其角度。相机指向兴趣点,使兴趣点始终在相机的视野内[127]。地理定位的目标是根据飞机、云台和相机测量值估计兴趣点的二维或三维位置。飞机位置和方位、云台角度、相机规格、测量值及干扰的不确定性使地理定位变得复杂。最准确的估计是将单个估计器中的无人机导航、姿态、摄像机云台、兴趣点状态相结合,这需要完整的无人机、云台模型及兴趣点模型。然而在使用多个无人机时,这种估计器需要非常大的计算、存储和通信。事实上,大多数自主飞行器使用的导航系统带有估计器,可为姿态和无人机导航状态提供估计和协方差。此外,云台相机姿态可直接测得。因此,可以设计一种仅估计兴趣点状态的地理定位估计器,从而节省计算和存储[129]。

设计了一种扩展信息滤波器,它使用导航系统来解决协同地理定位问题,并提出有关无人机状态估计的假设。需要被估计的状态为 $X_{k,\mathrm{POI}}$,即兴趣点的状态,离散时间动态由下式决定,即

$$\boldsymbol{X}_{k+1}=\boldsymbol{f}(\boldsymbol{X}_k,\boldsymbol{W}_k)=\boldsymbol{f}_{\mathrm{POI}}(\boldsymbol{X}_{k,\mathrm{POI}},\vartheta_{k,\mathrm{POI}}) \tag{5.63}$$

式中:干扰 $\vartheta_{k,\mathrm{POI}}$是带有协方差 $\boldsymbol{Q}_{k,\mathrm{POI}}$的零均值高斯白噪声,下标表示时间 t_k。

假设 N 架无人机的姿态为 $\boldsymbol{\psi}^j_{k+1}$,$j=1,2,\cdots,N$,由无人机的位置 $\psi^j_{k+1,\mathrm{NAV}}$组成,无人机状态为 $\psi^j_{k+1,\mathrm{ATT}}$,式中,$j=1,2,\cdots,N$,云台相机姿态 $\psi^j_{k+1,\mathrm{GIM}}$式中 $j=1,2,\cdots,N$,其矢量形式可写为

$$\boldsymbol{\psi}^j_{k+1}=\begin{pmatrix}\psi^j_{k+1,\mathrm{NAV}}\\ \psi^j_{k+1,\mathrm{ATT}}\\ \psi^j_{k+1,\mathrm{GIM}}\end{pmatrix} \tag{5.64}$$

进一步假设无人机具有机载导航系统和相机云台角的误差测量,这样可以对无人机姿态 $\hat{\boldsymbol{\psi}}^j_{k+1}$进行估计。可用下面的模型表示,即

$$\boldsymbol{\psi}^j_{k+1}=\hat{\boldsymbol{\psi}}^j_{k+1}+\boldsymbol{\eta}^j_{k+1} \tag{5.65}$$

式中:无人机姿态估计误差 $\boldsymbol{\eta}^j_{k+1}$是零均值且具有协方差${}^{\eta}\boldsymbol{R}^j_{k+1}$的高斯白噪声。因为统计信息未经白化处理,而是通过导航过滤器互相关联,显然该模型是不正确的。很多时候,由于自相关产生的误差很小,但有的偏差也可能对精度有显著的影响。通过以下方法对自主飞行器的兴趣点进行测试,即

$$\boldsymbol{Z}^j_{k+1}=\boldsymbol{h}^j(\boldsymbol{X}_{k+1},\boldsymbol{\eta}^j_{k+1},\boldsymbol{\nu}^j_{k+1})=\boldsymbol{h}_{SCR}(\boldsymbol{X}_{k+1,\mathrm{POI}},\hat{\psi}^j_{k+1}+\boldsymbol{\eta}^j_{k+1},\boldsymbol{\nu}^j_{k+1,\mathrm{SCR}}) \tag{5.66}$$

式中:传感器噪声 $\boldsymbol{\nu}^j_{k+1}$是带有协方差${}^{\nu}\boldsymbol{R}^j_{k+1}$的零均值高斯白噪声。过程噪声、传感器噪声和导航系统噪声($\vartheta_k,\boldsymbol{\nu}^j_{k+1},\boldsymbol{\eta}^j_{k+1}$)是互不相关的。式(5.66)中的测量函数是关于兴趣点状态和无人机姿态的一个复杂的非线性函数。目前可以通过扩展信息滤波器来解决协同地理定位问题,基于状态估计误差协方差 $\boldsymbol{P}_k$ 和状态估计 $\hat{\boldsymbol{X}}_k$ 来定义信息矩阵 $\boldsymbol{Y}_k$ 和信息状态 $\boldsymbol{Y}_k$,即

$$\boldsymbol{Y}_k=\boldsymbol{P}_k^{-1} \tag{5.67}$$

$$\boldsymbol{Y}_k=\boldsymbol{Y}_k\hat{\boldsymbol{X}}_k \tag{5.68}$$

如文献[129]所示,扩展信息滤波算法可以用于 N 个自主飞行器。

2. 带有偏差估计的地理定位

假设无人机姿态估计的误差是零均值高斯白噪声,这一假设在实际情况中并不准确,主要原因有两个,即导航滤波器的相关输出、输出值的偏差。传感器偏差是地理定位误差的主要因素。

一系列兴趣感知点是基于估计自主飞行器状态(无人机导航、姿态、摄像机

云台)所计算的摄像机与地面的视线交点。这些兴趣感知点绕着真实的兴趣点位置粗略地做圆周运动。这种摆动的周期与无人机关于兴趣点的轨迹一致,是由自主飞行器姿态估计中的非零平均误差(偏差)造成的。对传感器偏差进行建模,且对传感器偏差和未知的兴趣点位置一起估计。这些偏差 b_k^j 可作为无人机导航系统输出和摄像机云台测量的一部分,有

$$\psi_k^j = \hat{\psi}_k^j + b_k^j + \eta_k^j \tag{5.69}$$

式中:偏差状态模型 $\boldsymbol{b}_k^j$ 为

$$\boldsymbol{b}_{k+1}^j = \boldsymbol{b}_k^j + \vartheta_{k,b}^j \tag{5.70}$$

无人机姿态估计误差的自相关性可在式(5.69)中加入自相关状态 $\mu_k^{j,m}$ 来求解,即

$$\psi_k^j = \hat{\psi}_k^j + b_k^j + \eta_k^j + \mu_k^{j,1} + \cdots + \mu_k^{j,n_\mu} \tag{5.71}$$

式中,每个自相关状态可表示为

$$\mu_{k+1}^{j,n_\mu} = a^{j,m}\mu_k^{j,n_\mu} + \vartheta_{k,\mu_j,m}^j \tag{5.72}$$

式中:参数 $a^{j,m}$ 为自相关频率。直接使用导航系统和摄像机万向架测量,递归地估计偏差 $\boldsymbol{b}^j$ 和兴趣点状态 $\boldsymbol{X}_{k,\mathrm{POI}}$,这样能够省去大量的计算,同时有效地提高对无人机状态的估计,从而优化地理定位[23]。

5.3 集成系统健康监控

无人机有几个飞行关键部件和系统,包括执行器、控制面、发动机、传感器、飞行计算机和通信设备[98]。这些组件的故障可能会危及无人机的飞行。控制面故障会降低性能,也可能导致不稳定性,这取决于健康管理系统的有效性。反馈回路中的传感器容易遭受两种故障的影响,即失控故障和软故障。失控故障可能是灾难性的,但这种故障相对容易检测,失控故障通常由具有内置测试的传感器检测和识别。软故障包括测量中的小偏差、测量值的缓慢漂移或两者都存在、精度不足和传感器冻结到一定的值。

危险的环境可能会对无人机造成损害。平台本身、飞行关键部件和系统都可能受到损害。对于固定翼无人机而言,控制表面受损会改变其动力学特性,将其转化为修正的控制输入状态矩阵中,并作为非对称的后损伤动力学的附加非线性项。恶劣的天气或者其他不利的环境因素可能会导致无人机传感器和制动器的性能下降。自然因素对小型交通工具的影响大于对大型飞机的影响。机上功率限制以及允许的有效载荷质量和体积都会间接影响小型无人机控制的复杂

性。空气动力学维数和可用的控制权限使得小型无人机难以抵抗风力的影响。对于配备全球定位系统接收机的无人机,全球定位系统数据的干扰和多路径效应引起的延迟会导致不准确的定位。这些因素必然会限制制动器和传感器的选择和数量。

定义 5.1 故障(Fault)是指系统特性或参数与标准条件下相比,出现不允许偏差,故障意味着部分系统的永久性中断。

注 5.11 有人驾驶飞机和无人驾驶飞机有许多共同点,并且可以使用相似的分析技术来检测和追踪部件和子系统中的故障。然而,由于平台尺寸、重量和供电方面的差异,健康监控系统的物理操作可能在无人系统和载人系统中有所不同。

一个关键的要求是实现对健康管理系统与自主飞行器控制器的集成[17]。健康监控系统和飞机控制计算机必须能够实现信息交互,以实现高水平的自主。综合的系统健康管理的实施通常包括收集、处理、监控来自传感器和信号的数据,以确定平台的健康状况。对重量、尺寸和功率要求是无人系统健康监控中的重要制约因素,健康监控的重量、大小和功率要求是无人系统中的重要约束,因为它们在这些参数中占很高的比例[39]。

面向对象的通用故障模型,是根据因果图理论构建的,可以集成到一个整体软件体系结构中,用于监控和预测任务关键系统的健康状况[134]。对于一般故障的处理由事件检测逻辑触发,根据系统及其组件的具体功能需求而定义。一旦触发故障处理,故障模型会自动执行上游根因分析(Root Cause Analysis,RCA)和预测下游影响分析并预估后果。该方法已经应用于集成系统健康管理[43]。

注 5.12 实时飞行包线监控系统综合使用 3 种独立的检测算法,以在失速前发出警告。实时飞机控制面铰链力矩信息可以对飞机性能和控制权限下降提供可靠的预测。对于具有控制面、副翼、方向舵或升降舵的翼剖面,控制面铰链力矩对该部分的气动特性很敏感。因此,受攻角或环境因素影响(如结冰、大雨、表面污染物、禽鸟撞击等)而引起的航空动力学的变化会影响控制面铰链力矩。这些变化包括时间平均意义上的铰链力矩的大小及其方向、铰链力矩随时间的变化。该系统从飞机控制面获取实时铰链力矩信息,并设计一个系统来预测飞机在一定条件下的包线边界,提醒飞行管理系统降低飞机的可控性和飞行边界。

通过在飞机设备上应用遗传优化和目标寻求算法,可以在系统与模型之间进行军事演习,如文献[15]中所示,该演习环境可发现被测系统的任何不期望的行为。基于状态和模型的工程技术的进步,将该技术用在飞机设备上,这对于定义自主系统的行为至关重要。它也可以使用目标网络来描述测试场景[89]。一种常用的方法是基于余度管理系统的故障检测隔离技术。

定义 5.2 故障检测(Fault Detection)是指判断是否出现故障,故障隔离指查找和排除有故障部件的过程。故障检测和隔离技术一般分为硬件余度和解析余度管理两大类。

注 5.13 通常用于大型常规飞机的 3 倍或 4 倍硬件余度不适用于小型无人机,因为小型廉价系统受成本和有效载荷空间的限制。

近年来,基于模型的故障检测与隔离问题的研究十分广泛。从根本上讲,所有基于模型的故障检测和隔离方法的目的都是通过将测得的系统输出与使用预期健康飞机行为模型合成的预测输出进行比较来监控残差。如果模型是准确的,那么预测值应该接近相应的实际传感器信号。执行(制动)器、传感器或飞机本身的故障通过统计学意义上的巨大差异得以体现。已知的飞机模型可构成基于分析余度设计的基础,同时诊断传感器和执行(制动)器的故障。

在文献[130]中提出了一种检测策略,用于在线检测无人机执行(制动)器故障。它为设计容错机制提供了必要的飞行信息,能补偿出现故障时产生的影响。提出的故障检测策略由一组无迹卡尔曼滤波器组成,每一个滤波器能检测一种特定类型的制动器故障并估计相应的速度和姿态信息。

系统中未检测到的故障可能会产生灾难性后果。故障检测方案和控制系统的集成也称为容错飞行控制系统(FTFCS)。它们用于检测、识别和适应飞机上可能发生的任何类型的故障[106]。

有一种基于多模型方法用于检测和识别制动器和传感器中故障[59]。这些方法也可以用于检测故障、识别故障模式和估计故障值。这类方法通常将卡尔曼滤波器或扩展卡尔曼滤波器或无迹卡尔曼滤波器与多个假设检验结合使用,并且对于解决偏差类型的故障很有效,如当飞机控制面被卡在未知值或传感器(如速率陀螺仪)上发生未知偏差时就十分有效。这些方法的基本要求是输入和传感器要能够被识别。

如果控制系统中使用故障误差传感器的测量结果,那么多传感器故障检测、隔离和适应方案则尤为重要。

由于飞机控制规则需要传感器反馈来设置飞机当前的动态状态,所以即使微小的传感器误差,如果未被检测到或未解决,都可能导致系统不稳定。此外,如今状态监控正在朝着信息化迈进,操作人员需要一个健康监控系统来解决故障[131]。

大多基于模型的多传感器故障检测、隔离和调节方案都依赖于线性时不变模型。然而,在非线性时变系统中,如飞机,线性时不变模型有时不能给出令人满意的结果[106]。一般来说,大多数故障检测隔离方法可以分为两组,最初设计都为使飞机在实际飞行中具有鲁棒性。

(1) 使用飞机模型。

(2) 不使用飞机模型。

存在一套性能评价标准:

(1) 故障检测时间;

(2) 误报率;

(3) 未检测到的故障数量;

(4) 隔离故障的能力。

定义 5.3 可靠性(Reliability)是指在规定的条件下、指定时间间隔内执行其预期功能的概率。有效性是指给定系统在时间 t 内成功执行任务的概率,与之前的状态无关。平均有效性用于衡量正常运行时间占给定工作周期的比例。

从量化可靠性的各种技术来看,故障树分析是最常用的一种,可以将其他方法(如失效模式和影响分析、马尔可夫分析、蒙特卡罗方法)与故障树分析结合起来,使结果更准确。可靠性是一个复杂的理论。由于系统存在不同特征,可靠性的概念需要适用不同的系统。故障率 λ 用于衡量可靠性,它表示单位时间内发生故障的次数,通常测量每十亿小时内发生故障的次数,用 FIT 来表示。

当时间趋于无穷大时,可用度达到稳定状态,仅受故障和修复率的影响。此外,必须假设故障的概率分布函数为指数函数,即

$$A(\infty)=\frac{\mu}{\mu+\lambda_{\mathrm{f}}} \tag{5.73}$$

式中:μ 为修复率;λ_{f}为故障率。

5.3.1 诊断工具和方法

基于模型的诊断和预测技术取决于飞机的模型。在存在不确定性的情况下,模型误差会降低系统对故障的敏感度,增加误报的发生率,降低故障预测的准确性。已经提出的鲁棒性设计,可以解决飞机模型存在的不确定性。此外,提出了自适应设计,假设已知飞机动力学方程,并考虑具有未知系统参数的飞机[88]。诊断应用程序围绕以下 3 个主要步骤构建。

(1) 观察。

(2) 比较。

(3) 诊断。

在设计中可能没有专门考虑传感器故障模型;而是指出任何传感器异常都

将导致相关的输出估计误差不收敛,从而导致无法检测故障、隔离故障。此外,该设计可以支持对传感器故障的任意组合进行诊断,而不需要监控每个传感器的输出估计。

基于模型的方法在提供自动诊断功能的智能系统的设计和实现方面已取得丰硕成果[95]。这些方法使用了各种各样的模型来表示特定的领域知识,包括基于状态的分析模型、输入输出传递函数模型、故障传播模型和基于定性和定量的物理模型[61]。

如果从无人机发展的早期就开始建模,则可以使用如故障传播模型这一工程模型进行可测性分析,来对观察系统行为的仪表套件进行定义和评估。分析模型可用于设计监控算法、处理观察结果,为该过程的第二步提供信息。

将智能自主飞行器的预期行为与实际测量行为进行比较。在最终诊断中,可以用各种方式对结果进行步骤推理,如关联矩阵、图形传播、约束传播和状态估计[100,116,137]。

下面介绍运行时间分析诊断的3个主要组成部分。

(1) 混合观察器采用结合了混合自动机方案的滤波器来追踪标称系统行为。诊断引擎架构包括一个混合观测器,用于追踪连续的系统行为和模式变化,同时考虑测量噪声和建模误差。当观测器输出显示与模型预测的行为有显著偏差时,故障检测器触发故障隔离方案。

(2) 故障检测和符号生成。故障检测器连续监控测量残差 $\boldsymbol{R}(k)=\boldsymbol{Y}(k)-\hat{\boldsymbol{Y}}(k)$,式中 $\boldsymbol{Y}$ 是测量值,$\widehat{\boldsymbol{Y}}$ 为由混合观测器决定的预期系统输出。由于系统测量通常很杂乱,并且系统模型并非完全已知,因此预测系统并不完善,故障检测器采用基于Z检验的鲁棒故障统计检测方案。根据信号幅度和高阶导数变化来定义故障特征。

(3) 故障隔离引擎使用时间因果图(TCG)作为诊断模型。时间因果图描绘了系统参数和观测值之间因果关系的动态。所有可以解释初始测量偏差的参数变化都被认为是可能的故障候选组。由时间因果图生成的定性故障信号可用于进一步追踪测量偏差。故障信号与观察偏差之间的不一致导致该故障候选组被剔除。随着越来越多的测量偏差的出现,故障候选组越来越小。

对混合诊断而言,为了适应诊断分析期间可能发生的模式变化,故障隔离过程分为两个步骤。

(1) 定性回滚。

(2) 定性前滚。

故障识别使用参数方案:采用混合模拟和搜索优化方案来估计系统模型中

的参数偏差。当候选集合中存在多个假设时,将同时运行多个优化,且每个优化都会估计一个标量退化参数值。产生最小平方误差的参数值被确定为故障候选项。

控制面故障诊断对于无人机的机动性和稳定性风险的时间检测至关重要。文献[19]提出了一种应用基本通用模型的方法,并在飞行中确定了残差产生器的必要参数。由先前飞行的离线分析可知参数的初始估计。将自调节残差产生器与变化检测相结合,实现了对故障进行及时诊断。对参数收敛和检测参数进行研究,从而对识别和改变检测技术提出建议。可以采用自调节来适应飞行参数,同时保留检测故障的能力。变化检测只应用于残差,并且应用于有参数估计的残差。

定义 5.4 失控(Runaway)是不希望的控制面偏转,这种偏转会一直持续到运动面停止为止。失控的飞机有多种速度,主要是由于电子元件故障、机械损坏或飞行控制计算机故障引起。

根据失控动力学,该故障可能会导致本不希望出现的俯仰操纵,也可能需要在飞机上增加局部结构载荷。

定义 5.5 干扰(Jamming)是一种常见的系统故障情况,这会导致机械控制表面卡在其当前位置使阻力增加,燃料消耗增加。

注 5.14 采用不同的硬件和基于余度的技术是常用的方法,并能够达到符合载人飞机要求的高度鲁棒性和良好的性能。故障检测主要采用交叉检验或一致性检验两种方法[39]。目前对载人飞机控制表面卡塞和失控检测采用的方法主要是在两个余度信号之间进行一致性检验。如果两个飞行控制计算机通道中所得的信号差值大于给定时间内的阈值,则确认检测完成。整个过程可以分为两个步骤,即残差生成和残差评估。

在给定的时间窗口或规定时间内,当对比产生的信号超过给定的阈值则会触发报警。另一个故障检测和诊断的基本思想是用专用卡尔曼滤波器在残差生成和决策组合之间求积分。

1. 传感器选择和优化组合

传统上,在飞行系统中,传感器主要是通过试探式的方法进行选择,在该过程中,将针对各个域组对它们在系统中所需要的传感器进行一一试探。虽然安全性和可靠性与系统性能一样重要,但传感器的选择主要是根据控制要求和性能评估,而不是健康监控和管理。

要将传感器的选择纳入设计过程,必须要建立公认的方法和程序,在满足飞机要求的限制内,为选定的传感器提供依据。为了精确量化传感器在飞行系统中的作用,满足选择性能标准要求的系统技术必须取代试探式方法[75]。

选择传感器的目标是在满足系统约束条件下，提供满足指定性能要求的传感器。这些性能要求称为系统的品质因数：

（1）可观测性解决了传感器如何为特定的系统过程提供信息、哪些参数可被直接观察、哪些参数可被推断。

（2）传感器可靠性/传感器故障鲁棒性解决了传感器的可靠性以及传感器实用性如何影响传感器整体性能。

（3）故障检测能力/故障识别能力专门解决传感器套件是否能够检测和识别系统故障。

（4）代价包括传感器的开发、采购、维护以及资源和通信代价。

传感器的选择受目标函数的一系列约束，目标函数是已建立的品质因数和系统约束的算法表示。对传感器的不确定和故障进行准确的飞行检测，对自主飞行器的安全和任务关键系统而言至关重要。例如，如果传感器指示参数超出了正常工作范围，则有两种可能性。这两种情况下控制系统做出的反应是不同的。

（1）传感器发生了如下故障：传感器提供了错误的测量值，而实际上被监控过程处于正常运行状态。如果基于模型的诊断系统与控制系统结合，设备则能够按计划继续运行。

（2）测量参数超出正常工作范围。控制系统需要采取行动，可能使用备用传感器或虚拟传感器。

加速度计通常用于飞机的健康监测。它们用于感知涡轮发动机内的振动信号和冲击，以便能识别运行过程中的问题[68]。通过对这些系统的物理理解，可以预先识别潜在的故障，从而及时进行纠正。如果要根据加速度计提供的反馈（如发动机的自动关闭）设计飞机健康监控系统并及时纠正错误，就必须确保传感器的可靠性。

自诊断加速度计系统检测压电加速度计来检查加速度计是否正常运行。检测传感器能够识别物理损坏、电气断开、结构上的分离/松动故障模式。传感器的检测是通过导出具有扫频正弦电压的压电晶体来实现的，并对晶体的反应进行监控从而确定共振的频率。传感器的谐振频率取决于加速度计的机电性能，谐振频率远高于规定的工作频率范围。此外，传感器的谐振频率对传感器的安装扭矩十分敏感。当使用这种类型的输入信号检测传感器时，其他故障（如传感器晶体的物理损坏和电气断开）也是可识别的[75]。

信息驱动传感器计划利用信息理论函数来评估一组传感器测量值，并确定最佳传感器模式或测量顺序[72]。由于目标分类问题可被简化为从部分或不完全测量中估计一个或多个随机变量的问题，所以可用预期信息值表示未来的测量值。现已提出诸如信息熵的信息理论函数来评估传感器测量的信息值。

2. 危险报警

智能自主飞行器操作执行任务可能会被计划外的机动行为中断。因此，感知－规避系统能够从不危险的情况或其他危险的情况中区分出危险的情况，并且仅在需要时采取措施这是十分重要的[8]。威胁函数必须权衡以下两个要求。

(1) 需要采取一些措施确定某一危险情况是否构成威胁。

(2) 尽量减少这些实际上不构成威胁的目标。

危险报警系统在自主飞行器遇到潜在的不期望发生的事件时会发出警报，以便飞机采取措施规避风险。研究一种基于阈值的概率模型危险报警系统方法，将其中没有被规避的不期望事件的概率与阈值进行比较。另一种报警系统方法是将系统建模为马尔可夫决策过程，并使得危险报警策略达到期望效用最大化[27]。

基于阈值的危险报警系统方法包括利用明确的阈值标准来决定何时发出警报、发出什么警报。它们通常需要计算假设没有发出警报的情况下发生不期望事件的概率，以及无限期地遵循每个警报提供的指导性的事件概率[77]。可以使用分析法、蒙特卡罗法、数值近似法或动态规划法计算概率。基于阈值的系统可以分为以下两类。

(1) 恒定阈值系统使用不同场景下恒定的阈值。

(2) 动态阈值系统使用随危险情况变化而变化的阈值。

3. 故障树分析

故障树分析以分层、可视化的方式表示了可能影响先前定义的一组故障行为中的系统事件的组合。故障树分析的基础是布尔代数，以简化分析，并将其扩展到更复杂模型的概率和统计分析。故障树分析是一种面向系统故障模式的自上而下的方法。构建故障树分析法的基本规则如下。

(1) 准确描述顶级事件和系统行为的约束条件。

(2) 将问题分解为技术故障、人为失误或软件问题，并根据需要进行深入研究。

(3) 对所有设备和事件使用一致的术语；否则分析可能不正确。

可以使用故障树对余度控制系统中的常见故障进行分析。控制系统（传感器、控制单元、输入输出卡、通信系统和制动器）的余度至关重要。余度的实现可以遵循不同的策略。控制系统组件有不同的故障发生概率，并且对外部常见干扰有不同的灵敏度。余度意味着额外的代价，因此需要精确的可靠性分析来发现关键组件，从而设计出这些组件。故障树模型可用于分析控制可靠性。不同级别的系统模块分解和它们之间的识别交互用于构建故障树。与每个模块或组件相关的故障率被用于整个系统的可靠性分析。可靠性几乎不受共因故障(即同时影响多个组件的事件)的影响。共因故障一般是不可预测的,它是影响多个组件所在的公共区域的事件的结果。共因故障的分析对于确保关键过程持续运行至关重要[43,45]。

故障树分析结构以系统故障概率模型为目的,在该模型中明确表示了导致系统故障的诸要素。一个基本的模型在于连接描述子系统内元素和依赖关系的逻辑门(且和或是基本逻辑)。有不同的方法来评估基本事件的故障概率,有

$$\Pr_{\text{and}} = \Pr(a_1 \cap \cdots \cap a_n) = \prod_{i=1}^{n} \Pr(a_i) \tag{5.74}$$

$$\Pr_{\text{or}} = \Pr(a_1 \cup \cdots \cup a_n) = \sum_{i=1}^{n} \Pr(a_i) - \prod_{i=1}^{n} \Pr(a_i) \tag{5.75}$$

式中:$\Pr(a_i)$为元素 a_i 的概率。

在故障树的构建中,顶层节点代表故障模型,并通过由逻辑门组成的分支来汇集所有组件和子系统的影响。当分支不能被进一步延伸时,位于底部的元素称为基本事件。必须对它们进行详细说明,以便将这些组件与可用或可计算故障和修复率的组件相关联。以前的公式能够得到整个系统最终的可用性,并分析每个组件和事件的影响。受到相同不利(压力源)影响的要素通常被放置在一起,或被置于相同的环境条件下。它们多会被共因故障影响。

注 5.15 在余度研究中,考虑共因故障非常重要,需要考虑它们的总体可靠性。

分阶段任务描述的是整个操作过程中对成功的要求发生变化的情况,因此任务期间故障的原因也在变化。

执行不同任务过程中那些连续的且不同的周期被称为阶段,通常要按顺序执行。为了使任务取得成功,每个阶段都必须成功完成。如果一个阶段失败,整个任务就会失败[100]。自主系统决策过程中的一个重要因素就是未来阶段的任务失败概率。因此,需要进行两种预测,即任务开始之前的预测和任务进行过程中的预测。

预期工具应在短时间内提供准确信息,以便在灾难性事件发生之前充分了解决策过程,并作出适当的决策。故障树分析适用于描述组件故障不可修复的系统,当其中的部分组件发生故障后会单独处理。二元决策图可替代逻辑函数表示法。不同阶段的任务用于定义系统在任务不同部分的行为,并且进行分析。以下特征决定了不同阶段的任务。

(1) 每项任务由许多顺序执行的连续阶段组成。

(2) 由于每个阶段都要执行不同的任务,所以每个阶段都有不同的故障

标准。

(3) 所有阶段都必须成功才算整个任务成功。

分阶段执行的任务由许多故障树表示,每个故障树都表示阶段故障的原因。用 F_i 表示 i 阶段满足故障条件的逻辑表达式,用 ph_i 表示 i 阶段中任务失败的逻辑表达式;那么

$$\begin{aligned} Ph_1 &= \bar{F}_1 \\ &\vdots \\ Ph_i &= \bar{F}_1 \bar{F}_2 \cdots \bar{F}_{i-1} \bar{F}_i \end{aligned} \tag{5.76}$$

由于假定的不同阶段的故障是互斥事件,所以任务故障概率是不同阶段故障概率的总和。故障树分析可量化 i 阶段内任务发生故障的概率 Q_i,即

$$Q_i = \Pr(Ph_i) \tag{5.77}$$

如果有一个阶段的任务失败则整个任务失败,任务失败的逻辑表达式为

$$Ph_{\text{mission}} = Ph_1 + Ph_2 + \cdots + Ph_i \tag{5.78}$$

整个任务的失败率由这些阶段的任务失败率相加而得,即

$$Q_{\text{mission}} = Q_1 + Q_2 + \cdots + Q_n \tag{5.79}$$

式中:n 为任务的总阶段数。一旦任务开始,Q_i 的值也会基于前几个阶段的成功情况进行更新。假设阶段 k 的任务成功完成,更新后的阶段故障概率 $Q_{j|\bar{k}}$ 则是阶段 j 中的故障概率,有

$$Q_{j|\bar{k}} = \frac{Q_j}{1 - \sum_{i=1}^{k} Q_i} \tag{5.80}$$

然后通过将未来阶段的故障概率相加来计算任务故障总概率,即

$$Q_{\text{mission}|\bar{k}} = \sum_{j=k+1}^{n} Q_{j|\bar{k}} \tag{5.81}$$

如果任务失败的可能性太高,那么未来执行任务的风险就会很高,于是使用另一种任务规划。

两个对象之间碰撞的概率为测量物体相互碰撞进行定量测量提供了可能[31]。

4. 故障模式和影响分析

故障检测、隔离与修复方法通常使用详细的模型设计飞行关键组件(如制动器和传感器),在正常运行中的某个时刻,部件也可能会出现故障。受故障的

影响,平台的性能和运行也可能会受影响[99]。如果未检测到故障且未修复故障,最终可能会导致功能故障和平台的崩溃。在自主飞行器中,诊断-修复-替换步骤可能涉及执行诊断程序、将平台置于睡眠或安全模式、当平台需要设计和构建必要的余度情况时,切换到余度备份子系统。最后,可以对任务的各个方面进行重新计划或安排,以适应执行中的中断或由故障导致的功能降低。综合系统健康监控的一个目标是在发生故障后且在影响操作之前检测故障。一旦检测到故障,就可以评估平台的健康状况。系统健康监控可以实现自诊断和处理即将发生的故障。

在飞机维护的情况下,存在 3 个标准或输入会影响故障时间,并导致模型丢失其他输入。相关的预测方程涉及 4 个主要的估计函数,即指数函数、对数函数、线性函数和幂函数,即

$$
\begin{aligned}
\hat{Y} = &(\alpha_1 \exp(-\beta_1 X_1) + \gamma_1 \ln(-\beta_1 X_1) + \delta_1 X_1 + \epsilon_1 X_1^{\zeta_1}) + \\
&(\alpha_2 \exp(-\beta_2 X_2) + \gamma_2 \ln(-\beta_2 X_2) + \delta_2 X_2 + \epsilon_2 X_2^{\zeta_2}) + \\
&(\alpha_3 \exp(-\beta_3 X_3) + \gamma_3 \ln(-\beta_3 X_3) + \delta_3 X_3 + \epsilon_3 X_3^{\zeta_3})
\end{aligned}
\tag{5.82}
$$

式中:X_1 为起飞的总时长;X_2 为上一年的故障率;X_3 为故障时间;$\hat{Y}$ 为预计的故障时间。预测方程为每个输入的 4 种不同估计函数的线性组合。遗传算法可用于预测方程的参数估计[1,42]。建立了一种遗传算法,旨在以最小化平方和误差的方式来预测方程参数。误差平方和的表达方式为

$$
\mathrm{SSE} = \sum_{i=1}^{n} (Y_i - \hat{Y}_i)^2 \tag{5.83}
$$

式中:Y_i 为实际的故障时间;n 为数据个数;$\hat{Y}_i$ 为预计的故障时间。

5.3.2 基于风险的传感器管理

寻找一种基于风险的最优传感器管理方案,以便在存在不确定性的情况下,利用有限的传感器进行综合检测和估计。目的是有效地检测并完整地估计任务领域内的每个未知风险状态,同时将感知决策的风险最小化。

定义 5.6 完整性风险(IntegrityRisk)指状态估计误差超过预定可接受范围的概率。

推导出测量噪声和干扰输入自相关函数与状态估计误差向量的表达式[65]。

将检测和估计综合到基于单一风险的框架中,这有助于在竞争相同有限传感器的多个任务之间实现最优资源分配。

单个或多个传感器用于对连续随机变量的估计并同时执行离散随机变量的

检测。贝叶斯序贯检测及贝叶斯序贯估计的扩展用于解决该问题。风险评估应该考虑两个成本：在不作进一步观察的情况下进行错误的检测或决策估计的成本；采取更多观察来降低检测和估计决策风险的成本。进行次优传感器分配决策时，引入雷尼信息散度衡量相对信息丢失的标准，来定义观察成本。

贝叶斯序贯检测方法可用于解决检测问题。这是一个对固定离散随机变量的连续假设检验，允许观察数量发生变化以实现最优决策[126]。综合决策和估计的风险分析需要比较离散（用于检测）和连续（用于估计）随机变量综合的预期信息增益。Renyi 信息散度可用于对某种传感器分配决策获得的信息进行建模。次优分配决策的相对信息损失用于定义观察代价。

1. 贝叶斯序贯检测

存在离散时间状态 X、时间独立的马尔可夫链，其中转移概率矩阵由单位矩阵给出。如果一个进程存在于给定区域内，则它等于 1；如果没有进程存在，则它等于 0。

由于存在状态是二元的，所以使用具有伯努利分布的传感器模型。在 k 时刻，假设传感器的输出 $Y_k=1$，则为正观测，即过程存在；或 $Y_k=0$，则为负观测，即过程不存在。传感器模型由以下条件概率矩阵可得

$$\boldsymbol{B}=\begin{pmatrix}\Pr(Y_k=0\,|\,X=0) & \Pr(Y_k=0\,|\,X=1)\\ \Pr(Y_k=1\,|\,X=0) & \Pr(Y_k=1\,|\,X=1)\end{pmatrix} \tag{5.84}$$

假设存在状态为 $X=l$，$\Pr(Y_k=i\,|\,X=l)$，i、$l=0,1$ 描述了测量值 $Y_k=i$ 的概率。

令 β 为传感器测量值等于真实存在状态的概率，即检测概率，那么，有

$$\Pr(Y_k=0\,|\,X=0)=\Pr(Y_k=1\,|\,X=1)=\beta \text{ 且}$$

$$\Pr(Y_k=0\,|\,X=1)=\Pr(Y_k=1\,|\,X=0)=-\beta$$

因为测量值随时间改变，过程存在概率也会根据贝叶斯规则而更新。这个概率由 $\Pr(X=1;k)=p_k$ 和 $\Pr(X=0;k)=1-p_k$ 可得。因此，仅需要更新测量值 p_k，更新公式为

$$\hat{p}_k=\begin{cases}\dfrac{\beta\bar{p}_k}{(1-\beta)(1-\bar{p}_k)+\beta\bar{p}_k} & \text{若}\quad Y_k=1\\[2ex] \dfrac{(1-\beta)\,\bar{p}_k}{\beta(1-\bar{p}_k)+(1-\beta)\,\bar{p}_k} & \text{若}\quad Y_k=0\end{cases} \tag{5.85}$$

这些方程组成了置信度预测和更新公式。

贝叶斯序贯检测的目的是给定一个时间到 t 的观测序列，以最小的风险确定过程存在 X 的实际状态。每个决策都可以与贝叶斯风险相关联，贝叶斯风险考虑以下两种代价。

（1）做出错误决定的预期代价。

（2）进行新的观察从而做出可能更好的决定的预期代价。

观察代价 c_{obs} 可能包括感知能量、潜在信息损失、经济成本。

当利用当前数据做出决策的风险低于下一次测量做出正确决策的风险时，传感器会停止运作并根据状态过程做出决策[125,126,141]。

决策成本分配：考虑以下假设：H_0，假设 $X=0$；H_1，假设 $X=1$。当实际存在状态 $X=j$ 时，定义接受 H_i 假设的代价为 $C(i,j)$。

$$C(i,j)=\left.\begin{cases}0 & 若\quad i=j\\ c_{\mathrm{d}}(\tau) & 若\quad i\neq j\end{cases}\right\}\tau\geqslant 0 \tag{5.86}$$

式中：$i=0,1$ 分别对应于接受 H_0 和 H_1；$j=0,1$ 分别对应存在 $X=0$ 和 $X=1$ 的真实状态；$c_{\mathrm{d}}(\tau)\geqslant 0$ 为做出错误决策的代价；$\tau\geqslant 0$ 为观测的次数。

检测决策：在 t 时刻，进行观测后使用递归贝叶斯更新 Y_t、$\hat{p}_t$ 和 $\bar{p}_{t+1}$。如果在不进行后续观测的情况下做出关于过程存在的决策，即观测次数 τ 值为 0，则将贝叶斯风险 r 定义为接受所有先前观测 X 的错误假设的预期代价。

如果检测概率接近 0.5，即传感器返回正确或错误观察值的概率相等，那么则需要进行更多的观测从而做出风险最小的最优决策。

2. 贝叶斯序贯估计

贝叶斯风险分析工具用于贝叶斯序贯估计。考虑一个连续随机变量的线性系统，它满足离散时间马尔可夫链模型，即

$$\begin{cases}\boldsymbol{X}_{k+1}=\boldsymbol{F}_k\boldsymbol{X}_k+\boldsymbol{\nu}_k\\ \boldsymbol{Y}_k=\boldsymbol{H}_k\boldsymbol{X}_k+\boldsymbol{\vartheta}_k\end{cases} \tag{5.87}$$

第一个方程为过程状态序列。式中：$\boldsymbol{X}_k\in\mathbb{R}^n,k\in\mathbb{N}$，$\boldsymbol{F}_k\in\mathbb{R}^{n\times n}$ 为过程状态矩阵；$\boldsymbol{\nu}_k\in\mathbb{R}^n,k\in\mathbb{N}$ 为具有零均值和半正定协方差的独立同分布的高斯过程噪声序列。$\boldsymbol{Q}_k\in\mathbb{R}^{n\times n}$，$\boldsymbol{Y}_k\in\mathbb{R}^m,k\in\mathbb{N}$ 为测量序列；$\boldsymbol{H}_k\in\mathbb{R}^{n\times n}$ 为输出矩阵；$\boldsymbol{\vartheta}_k\in\mathbb{R}^m,k\in\mathbb{N}$ 为具有零均值和正定协方差的独立同分布高斯测量噪声序列 $\boldsymbol{R}_k\in\mathbb{R}^{m\times m}$。假设过程状态的初始条件为高斯噪声序列，均值为 $\bar{X}_0$，正定协方差为 $\boldsymbol{P}_0\in\mathbb{R}^{n\times n}$。假定初始过程状态、过程噪声和测量噪声互不相关。

作为线性高斯系统的最优滤波器，卡尔曼滤波器允许构造合适的估计器。

在 k 时刻的过程状态和误差协方差矩阵预测方程为

$$\begin{cases} \bar{\boldsymbol{X}}_k = \boldsymbol{F}_{k-1}\hat{\boldsymbol{X}}_{k-1} \\ \bar{\boldsymbol{P}} = \boldsymbol{Q}_{k-1} + \boldsymbol{F}_{k-1}\hat{\boldsymbol{P}}_{k-1}\boldsymbol{F}_{k-1}^{\mathrm{T}} \end{cases} \tag{5.88}$$

式中：$\hat{\boldsymbol{X}}_{k-1}$为在时间 $k \sim k-1$ 时更新的状态过程预测。后验状态估计由下式可得，即

$$\hat{\boldsymbol{X}}_k = \bar{\boldsymbol{X}}_k + \boldsymbol{K}_k(\boldsymbol{Y}_k - \boldsymbol{H}_k\bar{\boldsymbol{X}}_k) \tag{5.89}$$

只需确定是否能接受将预测值作为真实状态，并停止进行额外的测量或至少再进行一次测量。因此，决策列表为接受预测值并停止测量、再进行一次测量。

令 $\boldsymbol{X}_k^e(\boldsymbol{Y}_k)$为基于观测值 $\boldsymbol{Y}_k$ 的对实际过程状态 $\boldsymbol{X}_k$ 进行的估计，即计算估计。基于实际过程状态 $\boldsymbol{X}_k$ 得到的接受估计值 $\boldsymbol{X}_k^e(\boldsymbol{Y}_k)$的代价为 $C(\boldsymbol{X}_k^e,\boldsymbol{X}_k)$。

函数 $C(\boldsymbol{X}_k^e,\boldsymbol{X}_k) = c_e(\tau)\|\boldsymbol{X}_k^e - \boldsymbol{X}_k\|^2$ 是二次代价，$c_e(\tau)>0$ 依赖于 τ 值，$\tau>0$表示将要进行的观测次数，有

$$C(\boldsymbol{X}_k^e,\boldsymbol{X}_k) = \begin{cases} 0 & 若\ \|\boldsymbol{X}_k^e - \boldsymbol{X}_k\| \leqslant \epsilon \\ c_e(\tau) & 若\ \|\boldsymbol{X}_k^e - \boldsymbol{X}_k\| > \epsilon \end{cases} \tag{5.90}$$

式中：ϵ 为一些预设间隔。可以使用更新后的卡尔曼滤波估测 $\hat{X}$。

对于决策估计，在 k 时刻，测量 $\boldsymbol{Y}_k$ 之后，如果传感器不需要进行其他更多的测量(如序贯检测方法)，则贝叶斯风险定义为过程状态的所有可能实现的期望值。以之前所有的测量为条件，选择估测值 $\hat{\boldsymbol{X}}_t$ 的成本。

5.4 容错飞行控制

一般地，容错飞行控制系统要求能够对传感器和执行器进行故障检测、识别和调节[97]。自适应容错飞行控制系统可以大致分为基于投射和基于在线控制器重新设计两种方法。目前，开始从鲁棒被动容错飞行控制向基于转换增益调度和线性变参数(LPV)主动方法转变[94]。已经做了多项研究来寻找一种通用的飞行控制系统，该系统可以适用于任何飞机，并在飞行中进行训练，以及寻找一种可以处理故障并且解释建模错误原因的容错飞行控制系统[91]。大量的研究都侧重于改善受损飞机稳定性的控制方法上。现有的可重构控制设计方法有线性二次、伪逆、增益调度/线性变参数、自适应控制/模型跟随、特征结构配置

法、多重模型反馈线性化或动态逆、鲁棒控制、滑模控制、智能控制[109,111,137]等几种。自适应飞行控制方法适用于由飞机损坏或者故障引起的系统不确定性,包括空气动力学改变、结构劣化、发动机损坏以及飞行控制效率降低[132]。鲁棒控制问题用于减少实际系统的动态行为和系统模型之间的差别[142]。

传统控制系统和确定性优化方法提供了一种能够在给定范围内处理不确定性的方法。引入人工智能的方法来实现、增强和优化无人机自主能力,是基于传统反馈控制理论的拓展,包括神经网络、模糊逻辑、遗传算法、强化学习、时序逻辑、知识系统、最优控制问题。对于易受模型不确定性和外界干扰的动力学系统,提出了自适应模糊控制(AFC)。神经模糊近似可以用来识别未知系统动力学,是非线性控制器的一部分,该控制器最终使得系统状态向量收敛到参考设定值。通过李雅普诺夫稳定性分析,最终确定神经－模糊近似器在学习中的自适应增益。结合了带有动态反转功能的直接自适应控制神经网络控制结构,能够适应多种故障条件下的损坏或者故障。本节主要讲述传统控制系统。

5.4.1 线性时不变模型

对于线性时不变系统的鲁棒控制,有两种基本方法,即考虑动态不确定性的鲁棒控制和考虑参数不确定性的鲁棒控制。

允许模型匹配(AMM)容错控制方法的基本理念是,在故障发生后不去针对给出的单一行为寻找一个能提供最确切(或者最好)的控制器,而是指定一系列可接受的闭环行为。考虑下列线性时不变飞机模型,即

$$\dot{\boldsymbol{X}}(t)=\boldsymbol{AX}(t)+\boldsymbol{BU}(t) \tag{5.91}$$

设计系统状态反馈控制律为

$$\boldsymbol{U}(t)=-\boldsymbol{KX}(t) \tag{5.92}$$

由式(5.91)和式(5.92)得到状态反馈的闭环状态方程为

$$\dot{\boldsymbol{X}}(t)=(\boldsymbol{A}-\boldsymbol{BK})\boldsymbol{X}(t)=\boldsymbol{MX}(t) \tag{5.93}$$

选择系统矩阵 $\boldsymbol{M}$ 使得系统稳定。对于一组符合条件的系统矩阵,可以使得飞行容错控制器满足该闭环状态方程。定义矩阵集 $\mathbb{M}_a$,使得下式的任何解都满足闭环状态方程,即

$$\dot{\boldsymbol{X}}(t)=\boldsymbol{MX}(t)\quad \boldsymbol{M}\in\mathbb{M}_a \tag{5.94}$$

参考矩阵集 $\mathbb{M}_a$ 由用户定义。

此外,如果对于标称系统,已知状态反馈 $\boldsymbol{K}_m$ 满足某些控制技术参数,那么

$$\dot{\boldsymbol{X}}(t)=(\boldsymbol{A}_m-\boldsymbol{B}_m\boldsymbol{K}_m)\boldsymbol{X}(t)=\boldsymbol{M}^*\boldsymbol{X}(t) \tag{5.95}$$

且 $\boldsymbol{M}^*$ 为参考模型。

对于一个给定的故障 $\boldsymbol{A}_{\mathrm{f}},\boldsymbol{B}_{\mathrm{f}}$,故障调节的目的是找到一个反馈增益 $\boldsymbol{K}_{\mathrm{f}}$,该增益提供一个容许的闭环行为 $(\boldsymbol{A}_{\mathrm{f}},-\boldsymbol{B}_{\mathrm{f}}\boldsymbol{K}_{\mathrm{f}})\in\mathbb{M}_{\mathrm{a}}$。

$\mathbb{M}_{\mathrm{a}}$ 的一个特征可以用一组不等式约束来表示,即

$$\mathbb{M}_{\mathrm{a}}=\{\boldsymbol{M}:\boldsymbol{\Phi}(m_{ij},i=1,2,\cdots,n,j=1,2,\cdots,n)\leqslant 0\} \tag{5.96}$$

式中:$m_{ij}(i=1,2,\cdots,n、j=1,2,\cdots,n)$ 是矩阵 $\boldsymbol{M}$ 的通项;$\boldsymbol{\Phi}:\mathbb{R}^{n\times n}\to\mathbb{R}^d$ 为一个给定的向量函数。

5.4.2 线性参数时变模型

飞机模型是一个强非线性系统,可用一个线性变参数系统描述,如第 2 章所示。有以下两个常用方法[124]。

(1) 故障估计法,将估计的故障作为故障指示信号。

(2) 残差生成法,生成残差使得对建模误差和未知输入具有鲁棒性。

1. 短周期动力学

文献[90]中提出了一种用于短周期动力学的不确定类线性变参数系统,即

$$\begin{pmatrix}\dot{q}\\ \Delta\dot{\alpha}\end{pmatrix}=\begin{pmatrix}0 & \dfrac{1}{I_{yy}}M_{\alpha}(\alpha)_{\mathrm{unc}}\\ 1+\dfrac{\cos\alpha}{mV_0}Z_q(\alpha)_{\mathrm{unc}} & \dfrac{\cos\alpha}{mV_0}Z_q(\alpha)_{\mathrm{unc}}\end{pmatrix}\begin{pmatrix}q\\ \Delta\alpha\end{pmatrix}+\begin{pmatrix}\dfrac{1}{I_{yy}}M_{\delta_e}(\alpha)_{\mathrm{unc}}\\ \dfrac{\cos\alpha}{mV_0}Z_{\delta_e}(\alpha)_{\mathrm{unc}}\end{pmatrix}\Delta\delta_e \tag{5.97}$$

式中:参数 q 和 α 分别为俯仰角和迎角;δ_e 为升降偏转角;I_{yy} 和 m 分别为惯性力矩和飞机质量。

该模型适用于以速度 V_0 和高度 z_0 为特征的平衡点。信号 $\Delta\alpha=\alpha-\alpha_0$ 和 $\Delta\delta_e=\delta_e-\delta_{e0}$ 代表了与平衡点 (α_0,δ_{e0}) 的偏差。在空气动力系数上,不确定性以空气动力学加权不确定性的形式表示。设计了以下非线性动态逆控制律,即

$$\Delta\delta_e=\left(\frac{M_{\delta_e}(\alpha)}{I_{yy}}\right)^{-1}\left(U_\theta-\frac{M_{\alpha}(\alpha)_{\mathrm{unc}}}{I_{yy}}\Delta\alpha\right) \tag{5.98}$$

式中:外部信号 U_θ 为俯仰加速度。

2. 一般模型

1）控制器设计

飞机模型可以通过以下 LPV 系统来描述，即

$$\dot{\boldsymbol{X}}(t)=\boldsymbol{A}(\boldsymbol{\varpi})\boldsymbol{X}(t)+\boldsymbol{B}(\boldsymbol{\varpi})\boldsymbol{U}(t) \tag{5.99}$$

$$\boldsymbol{Y}(t)=\boldsymbol{C}(\boldsymbol{\varpi})\boldsymbol{X}(t)+\boldsymbol{D}(\boldsymbol{\varpi})\boldsymbol{U}(t) \tag{5.100}$$

在文献[81]中，除了随着运行条件 $p(t)$ 的参数进行调度外，也根据由故障、检测和隔离模块提供的故障估计 $\hat{f}(t)$ 进行调度。因此，LPV 的参数调度可以表示为

$$\boldsymbol{\varpi}_t=\boldsymbol{\varpi}(p(t),\hat{f}(t)) \tag{5.101}$$

式中：故障估计 $\hat{f}(t)$ 在可允许故障集 $\hat{f}(t)\in\mathbb{F}_t$ 和工作点 $p(t)\in\mathbb{P}$ 中。凸多面体 LPV 系统的时变参数 $\boldsymbol{\varpi}$ 在一个凸多面体上变化。状态空间矩阵在一个凸面体矩阵上变化，该空间由数量有限矩阵 N 的凸包定义为

$$\begin{aligned}&\begin{pmatrix}\boldsymbol{A}(\boldsymbol{\varpi}_t) & \boldsymbol{B}(\boldsymbol{\varpi}_t)\\ \boldsymbol{C}(\boldsymbol{\varpi}_t) & \boldsymbol{D}(\boldsymbol{\varpi}_t)\end{pmatrix}\in \boldsymbol{C}_o\left\{\begin{pmatrix}\boldsymbol{A}_j(\boldsymbol{\varpi}_j) & \boldsymbol{B}_j(\boldsymbol{\varpi}_j)\\ \boldsymbol{C}_j(\boldsymbol{\varpi}_j) & \boldsymbol{D}_j(\boldsymbol{\varpi}_j)\end{pmatrix},j=1,\cdots,N\right\}\\ &\begin{pmatrix}\boldsymbol{A}(\boldsymbol{\varpi}_t) & \boldsymbol{B}(\boldsymbol{\varpi}_t)\\ \boldsymbol{C}(\boldsymbol{\varpi}_t) & \boldsymbol{D}(\boldsymbol{\varpi}_t)\end{pmatrix}=\sum_{j=1}^{N}\alpha_j(\boldsymbol{\varpi}_t)\begin{pmatrix}\boldsymbol{A}_j(\boldsymbol{\varpi}_j) & \boldsymbol{B}_j(\boldsymbol{\varpi}_j)\\ \boldsymbol{C}_j(\boldsymbol{\varpi}_j) & \boldsymbol{D}_j(\boldsymbol{\varpi}_j)\end{pmatrix}\end{aligned} \tag{5.102}$$

式中：$\alpha_j(\boldsymbol{\varpi}_t)\geqslant 0$、$\sum_{j=1}^{N}\alpha_j(\boldsymbol{\varpi}_t)=1$、$\boldsymbol{\varpi}_j=\boldsymbol{\varpi}(p_j,f_j)$ 为对应第 j 个模型的参数向量。每一个第 j 个模型称为一个顶点系统。因此，LPV 系统故障表示为

$$\dot{\boldsymbol{X}}(t)=\sum_{j=1}^{N}\alpha_j(\boldsymbol{\varpi}_t)(\boldsymbol{A}_j(\boldsymbol{\varpi}_j)\boldsymbol{X}(t)+\boldsymbol{B}_j(\boldsymbol{\varpi}_j)\boldsymbol{U}(t)) \tag{5.103}$$

$$\boldsymbol{Y}(t)=\sum_{j=1}^{N}\alpha_j(\boldsymbol{\varpi}_t)(\boldsymbol{C}_j(\boldsymbol{\varpi}_j)\boldsymbol{X}(t)+\boldsymbol{D}_j(\boldsymbol{\varpi}_j)\boldsymbol{U}(t)) \tag{5.104}$$

式中：$\boldsymbol{A}_j$、$\boldsymbol{B}_j$、$\boldsymbol{C}_j$、$\boldsymbol{D}_j$ 为基于第 j 个模型定义的状态空间矩阵。式(5.103)和式(5.104)是线性时不变(系统)的状态方程，其中：

$$\boldsymbol{A}(\boldsymbol{\varpi}_t)=\sum_{j=1}^{N}\alpha_j(\boldsymbol{\varpi}_t)(\boldsymbol{A}_j(\boldsymbol{\varpi}_j)) \tag{5.105}$$

其他矩阵表达式类似。式(5.102)的形式取决于函数 $\alpha_j(\boldsymbol{\varpi}_t)$。可以用重心的顶点组合定义它们。

式(5.103)给出了 LPV 待控系统的故障表示，其状态反馈控制律为

$$U(t) = -K_{\varpi}X(t) = -\sum_{j=1}^{N}\alpha_j(\varpi_t)(K_j(\varpi_j)X(t)) \tag{5.106}$$

使得闭环控制满足

$$\varpi_t = \sum_{j=1}^{N}\alpha_j(\varpi_t)(M_j(\varpi_j)) \tag{5.107}$$

其中，

$$M_j(\varpi_j) = A_j(\varpi_j) - B_j(\varpi_j)K_j(\varpi_j) \tag{5.108}$$

可允许条件可以用线性矩阵不等式表示；当且仅当对称矩阵 $X_j, j \in [0\cdots N]$ 满足以下条件，下列线性矩阵不等式有解，即

$$(A_j - B_jK_j)X_j + X_j(A_j^{\mathrm{T}} - K_j^{\mathrm{T}}B_j^{\mathrm{T}}) + 2\alpha X_j < 0 \tag{5.109}$$

$$\begin{pmatrix} -rX_j & (A_j - B_jK_j)X_j \\ X_j(A_j^{\mathrm{T}} - K_j^{\mathrm{T}}B_j^{\mathrm{T}}) & -rX_j \end{pmatrix} < 0 \tag{5.110}$$

文献[103]讨论了根据不确定线性参数时变系统设计一种 LPV 状态反馈控制器，使系统能够保证在 H_∞ 和 H_2 上的期望边界，并且满足在闭环上的理想约束。H_∞ 性能便于增强鲁棒性以对不确定性进行建模并表示频域性能指标，如带宽和低频率增益。H_2 性能能够处理随机问题，如测量噪声和随机干扰。通过把极点限制在一个规定的区域，可以得到一个符合要求的瞬态响应[103]。

基于鲁棒控制理论的线性变参数控制器设计方法的一个普遍问题是，所设计控制器的保守性。作为降低保守性并改善单 LPV 控制器实现的闭环性能的一种方法，转换 LPV 控制器设计方法可以使用基于多个参数的李雅普诺夫函数。增益调度变量的移动区域分为多个子区域，每个子区域与一个局部 LPV 控制器有关[47]。

2）基于观测器的方法

飞机运动方程可以表示为

$$\dot{X}(t) = A(\varpi)X(t) + B(\varpi)U(t) + \sum_{j=1}^{m}L_j(\varpi)f_j(t) \tag{5.111}$$

$$Y(t) = C(\varpi)X(t) + D(\varpi)U(t) + \sum_{j=1}^{m}M_j(\varpi)f_j(t) \tag{5.112}$$

存在不同的故障信号 f_j 对系统造成影响；矩阵 A、B、C、D 与参数有关；L_j 是故障输入项，大部分情况是由于执行器出现故障；而 M_j 是故障输出项，大部分情况是针对传感器出现故障。对于故障检测隔离滤波器问题，目的是为了检测执行器和传感器故障，忽略其他故障[123]。

下列方法可用于 LPV 飞机执行器模型和文献[123]的非线性升降舵。基于观测器的方法通过使用龙伯格观测器来估计系统的输出，假设在随机情况下采用确定的设置或卡尔曼滤波器，然后采用加权输出估计误差作为残差。期望使用泛函或广义的 LPV 类似龙伯格观测器和下面的观测器，来估计 LPV 函数的输出，即 $\boldsymbol{C}(\varpi)\boldsymbol{X}(t)$，有

$$\dot{\boldsymbol{Z}}(t)=\boldsymbol{F}(\varpi)\boldsymbol{Z}(t)+\boldsymbol{K}(\varpi)\boldsymbol{Y}(t)+\boldsymbol{J}(\varpi)\boldsymbol{U}(t) \tag{5.113}$$

$$\tilde{\boldsymbol{W}}(t)=\boldsymbol{G}(\varpi)\boldsymbol{Z}(t)+\boldsymbol{R}(\varpi)\boldsymbol{Y}(t)+\boldsymbol{S}(\varpi)\boldsymbol{U}(t) \tag{5.114}$$

$$\hat{\boldsymbol{Y}}(t)=\tilde{\boldsymbol{W}}(t)+\boldsymbol{D}(\varpi)\boldsymbol{U}(t) \tag{5.115}$$

$$\boldsymbol{R}(t)=\boldsymbol{Q}(\boldsymbol{Y}(t)-\hat{\boldsymbol{Y}}(t))=\boldsymbol{Q}_1(\varpi)\boldsymbol{Z}(t)+\boldsymbol{Q}_2(t)\boldsymbol{Y}(\varpi)+\boldsymbol{Q}_3(\varpi)\boldsymbol{U}(t) \tag{5.116}$$

式中：$\boldsymbol{Z}(t)\in\mathbb{R}^q$ 为函数观测器的状态向量；$\boldsymbol{F}$、$\boldsymbol{K}$、$\boldsymbol{J}$、$\boldsymbol{R}$、$\boldsymbol{G}$、$\boldsymbol{S}$、$\boldsymbol{D}$、$\boldsymbol{Q}$、$\boldsymbol{Q}_1$、$\boldsymbol{Q}_2$、$\boldsymbol{Q}_3$ 为状态方程中的矩阵。该观测器输出 $\tilde{\boldsymbol{W}}(t)$ 为估计值 $\boldsymbol{C}(\varpi)\boldsymbol{X}(t)$ 在没有故障的情况下的估计值。残差 $\boldsymbol{R}(t)$ 为由于观测器的状态产生的，式中 $\boldsymbol{Q}_i$ 是自由参数，且满足下列一组等式，即

$$\mathrm{eig}(\boldsymbol{F}(\varpi))<0 \tag{5.117}$$

$$\boldsymbol{T}\boldsymbol{A}(\varpi)-\boldsymbol{F}(\varpi)\boldsymbol{T}=\boldsymbol{K}(\varpi)\boldsymbol{C} \tag{5.118}$$

$$\boldsymbol{J}(\varpi)=\boldsymbol{T}\boldsymbol{B}(\varpi)-\boldsymbol{K}(\varpi)\boldsymbol{D} \tag{5.119}$$

$$\boldsymbol{Q}_1(\varpi)\boldsymbol{T}+\boldsymbol{Q}_2(\varpi)\boldsymbol{C}=0 \tag{5.120}$$

$$\boldsymbol{Q}_3(\varpi)+\boldsymbol{Q}_2(\varpi)\boldsymbol{D}=0 \tag{5.121}$$

如果 $\boldsymbol{C}$、$\boldsymbol{D}$ 是常数，那么 $\boldsymbol{T}$ 是一个变换常数矩阵。可以看到，对于一个稳定的估计器，残差仅仅取决于渐进意义下的故障。

在文献[101]中给出了一个容错控制方法，能够通过设计一个自适应凸多面体观测器(APO)弥补时变或恒定执行器的故障效果，该自适应凸多面体观测器能够预测系统的状态以及执行器故障的严重程度。基于这个自适应凸多面体观测器提供的信息，得出状态反馈控制律使系统达到稳定。

5.4.3 滑模控制方法

滑模理论已经在容错控制领域中得到了应用，它利用了针对匹配不确定性的鲁棒性。滑模理论对于匹配的不确定性具有鲁棒性[3]。大多数滑模容错控制用于处理执行器故障，因为这些故障发生在输入通道中，一般属于匹配不确定性。另外一个属性与滑模观测器在系统中重建未知信号(如故障)的能力有关，

同时提供准确的状态估计。滑模观测器能够在系统中重建未知信号(如故障),同时提供精确的状态估计。这种重构能力与传统基于残差的容错控制相比更有优势,因为故障重构信号提供了关于未知故障信号形状和尺寸的信息。在文献[3]中提出的方法是基于传感器容错控制的角度,并且在闭环系统中利用了现有的控制器。利用滑模观测器重构传感器故障,然后利用该信号对错误的测量结果进行校正,再由现有的控制器进行校正。只需要对反馈回路进行少量修改即可实施此方案,并且可以单独设计观测器。滑模控制不能直接处理执行器的全部故障,因为通道有效性完全丧失而破坏了滑模的规律性,也无法再决定一个独特的等值。积分型切换函数目的是消除传统滑模控制中存在的达到阶段,从而在控制器在线切换时就存在滑模。

大多数基于 FDI 设计的 LTI 技术能够直接应用到 LPV 模型中,来处理系统中的正常变化,如运转状况的改变。虽然在实际的系统建模中,LPV 模型表现得比 LTI 模型要好,而且前者能够处理运转状况的改变,但工厂模型不匹配和不确定性的问题仍然存在[2]。对于执行器故障的不确定仿射 LPV 飞机模型为

$$\begin{cases}\dot{\boldsymbol{X}}(t)=\boldsymbol{A}(\boldsymbol{\varpi})\boldsymbol{X}(t)+\boldsymbol{B}(\boldsymbol{\varpi})\boldsymbol{U}(t)+\boldsymbol{D}(\boldsymbol{\varpi})f_j(t)+\boldsymbol{M}\zeta(t,y,u)\\ \boldsymbol{Y}_m(t)=\boldsymbol{C}(\boldsymbol{\varpi})\boldsymbol{X}(t)+d(t)\end{cases}\tag{5.122}$$

对 FDI 方案,已知输入 $\boldsymbol{U}(t)$ 和输出测量值 $\boldsymbol{Y}_m$。可使用以下观测器结构,即

$$\begin{cases}\dot{\hat{\boldsymbol{X}}}(t)=\boldsymbol{A}(\boldsymbol{\varpi})\hat{\boldsymbol{X}}(t)+\boldsymbol{B}(\boldsymbol{\varpi})\boldsymbol{U}(t)-\boldsymbol{G}_l(\boldsymbol{\varpi})\boldsymbol{e}_{ym}(t)+\boldsymbol{G}_m\nu(t,y,u)\\ \hat{\boldsymbol{Y}}(t)=\boldsymbol{C}\hat{\boldsymbol{X}}(t)\end{cases}\tag{5.123}$$

式中:$\boldsymbol{G}_l(\boldsymbol{\varpi})$、$\boldsymbol{G}_m\in\mathbb{R}^{n\times p}$为观测器增益矩阵;$\boldsymbol{\nu}(t)$为引入滑模运动时的非连续转换元件。输出估计误差为

$$\boldsymbol{e}_{ym}(t)=\hat{\boldsymbol{Y}}(t)-\boldsymbol{Y}_m(t)=\boldsymbol{C}\boldsymbol{e}(t)-\boldsymbol{d}(t)\tag{5.124}$$

式中:$\boldsymbol{e}(t)=\hat{\boldsymbol{X}}(t)-\boldsymbol{X}(t)$。状态估计误差输出为

$$\dot{\boldsymbol{e}}(t)=\boldsymbol{A}(\boldsymbol{\varpi})\boldsymbol{e}(t)-\boldsymbol{G}_l(\boldsymbol{\varpi})\boldsymbol{e}_{ym}(t)+\boldsymbol{G}_m\boldsymbol{\nu}(t,y,u)-\boldsymbol{D}(\boldsymbol{\varpi})f_j(t)-\boldsymbol{M}\zeta(t,y,u)\tag{5.125}$$

观测器的目的是使输出估计误差 $\boldsymbol{e}_{ym}(t)$ 在有限时间趋近于 0,然后在滑动面上获得了滑模模式。

$$\mathbb{S}=\{\boldsymbol{e}\in\mathbb{R}^n:\boldsymbol{e}_{ym}(t)=0\}\tag{5.126}$$

理想状态下,测量误差项 $\boldsymbol{d}(t)=0$,在这种情况下,式(5.126)对应一个滑动面,在该滑动面中,观测器的输出完全跟随对象输出。其思想是在滑动中,信号 $\boldsymbol{\nu}(t)$ 必须取平均值以维持滑动。

LPV 系统中的参数可以看作参数不确定性或在飞行过程中实时测量的参数[41]。在文献[50]中,为 LPV 系统设计了一个 H_∞ 滤波器。通过 LMI 约束条件,确定了参数相关的 Lyapunov 函数的存在条件,并提出了基于 LMI 条件解的 LPV 滤波器增益算法。

5.4.4 直接模型参考自适应控制

飞行控制系统的设计旨在飞行过程中承受传感器和执行器的各种故障,尽快检测并且隔离这些故障,以使得整个系统能够继续执行某项任务[43]。容错飞行控制(FTFC)旨在通过重新设计控制律,而不是只通过硬件余度的方式来提高故障飞机的生存能力。有许多控制方法可以实现容错飞行控制[79]。这些算法一个很重要的方面是,它们不仅仅具有鲁棒性,而且还应具有自适应性,以适应故障情况。现在,在间接自适应领域进行了许多研究,适应性增益范围比只调节 PID 控制器的增益范围广。这些间接控制可用于处理不等式约束的自适应模型预测控制(AMPC)。这些约束条件很好地表示了执行器故障。

1. 线性方法

自适应控制算法能够处理由于系统部件故障而引起的系统动力学的变化。执行器和传感器的故障已经导致多起飞机失控的事故和事件。模型参考自适应控制(MRAC)方法被认为是一种很有前景的方法,能够在出现不确定性和执行器故障时保持稳定性和可控性,而不需要故障探测、识别和控制器重构。除了执行器故障外,传感器故障也有可能导致传感器出现未知偏差,它可能发生在工作期间的一个或者多个传感器上,如速率陀螺仪、加速计、高度计[58]。

对于一个线性时不变系统飞机模型,受到执行器故障和传感器偏差的影响,该模型可表示为

$$\begin{cases}\dot{\boldsymbol{X}}(t)=\boldsymbol{A}\boldsymbol{X}(t)+\boldsymbol{B}\boldsymbol{U}(t)\\ \boldsymbol{Y}(t)=\boldsymbol{X}(t)+\beta\end{cases} \tag{5.127}$$

式中:$\boldsymbol{A}\in\mathbb{R}^{n\times n}$、$\boldsymbol{B}\in\mathbb{R}^{n\times m}$ 为系统矩阵和输入矩阵(假设未知且不确定);$\boldsymbol{X}(t)\in\mathbb{R}^n$ 为系统状态;$\boldsymbol{U}(t)\in\mathbb{R}^m$ 为控制输入;状态输出 $\boldsymbol{Y}(t)\in\mathbb{R}^n$ 包括未知偏差常数 $\beta\in\mathbb{R}^n$,偏差可能在开始时就存在,或者在运转中产生或改变。除了传感器偏差外,还有一些执行器 $\boldsymbol{U}(t)\in\mathbb{R}^m$(如飞机飞行控制的操纵面或者发动机)可能在运转中出现故障[58]。执行器故障方程为

$$U_j(t)=\bar{U}_j \quad t\geqslant t_j, j\in \mathbb{J}_p \tag{5.128}$$

式中：故障模式$\mathbb{J}_p\in\{j_1,j_2,\cdots,j_p\}\subseteq\{1,2,\cdots,m\}$以及故障发生时间$t_j$都是未知的。用$\boldsymbol{V}(t)=(V_1,V_2,\cdots,V_m)^{\mathrm{T}}\in\mathbb{R}^m$表示施加的(命令的)控制输入信号。

当出现执行器故障时，系统实际输入向量$\boldsymbol{U}(t)$可以表达为

$$\boldsymbol{U}(t)=\boldsymbol{V}(t)+\boldsymbol{\sigma}(\bar{\boldsymbol{U}}-\boldsymbol{V}(t))=(\boldsymbol{I}_{m\times m}-\boldsymbol{\sigma})\boldsymbol{V}(t)+\boldsymbol{\sigma}\bar{\boldsymbol{U}} \tag{5.129}$$

其中，

$$\bar{\boldsymbol{U}}=[\bar{U}_1,\bar{U}_2,\cdots,\bar{U}_m]^{\mathrm{T}} \quad \boldsymbol{\sigma}=\mathrm{diag}(\sigma_1,\sigma_2,\cdots,\sigma_m) \tag{5.130}$$

式中：$\boldsymbol{\sigma}$为一个对角矩阵(故障模型矩阵)，它是分段常数信号：如果第i个执行器故障，则$\boldsymbol{\sigma}_i=1$；否则$\boldsymbol{\sigma}_i=0$。

执行器故障的值$\bar{U}_j$和发生时间t_j不确定。目的是利用具有未知偏差$\boldsymbol{\beta}$的可用测量值$\boldsymbol{Y}(t)$来设计自适应反馈控制律，使得闭环信号有界，系统的状态方程为

$$\dot{\boldsymbol{X}}_m(t)=\boldsymbol{A}_m\boldsymbol{X}_m(t)+\boldsymbol{B}_m\boldsymbol{R}(t) \tag{5.131}$$

式中：$\boldsymbol{X}\in\mathbb{R}^n$为参考模型状态；$\boldsymbol{A}_m\in\mathbb{R}^{n\times n}$为赫尔维茨矩阵；$\boldsymbol{B}_m\in\mathbb{R}^{n\times m_r}$和$\boldsymbol{R}(t)\in\mathbb{R}^{n_r}(1\leqslant m_r\leqslant m)$为飞机过程中使用的有界参考输入。参考模型$(\boldsymbol{A}_m,\boldsymbol{B}_m)$通常基于标称对象参数，旨在获得对参考输入的理想闭环响应。比如，参考模型可以使用最优控制和鲁棒控制方法，如线性二次调节器(LQR)H_2、H_∞。

考虑单参考输入情况$m_r=1$、$\boldsymbol{B}_m\in\mathbb{R}^n$，假设执行器机构是相似的(如同一个操纵面的部分)，也就是说$\boldsymbol{B}$矩阵的b_i列只可以通过未知的标量乘法器来区分。可以假设：

$$b_i=\frac{B_m}{\alpha_i} \quad i=1,2,\cdots,m \tag{5.132}$$

对于一些未知(有限和非0)α_i的值，假设其信号是已知的。倍数α_i表示第i个执行器由于建模不确定性或者有效性降低引起(如由飞机控制面部分故障引起)。目的是为了设计一个自适应控制律来保证闭环信号的有限性和渐进状态跟踪，即尽管存在系统状态不确定性、执行器故障及传感器偏差，也能满足$\lim\limits_{t\to\infty}(\boldsymbol{X}(t)-\boldsymbol{X}_m(t))=0$。

自适应控制器应综合自动补偿执行器故障和传感器偏差故障的控制信号$\boldsymbol{U}(t)$。假设满足下列条件：存在增益矩阵$\boldsymbol{K}_1\in\mathbb{R}^{n\times m}$，$\boldsymbol{k}_2$、$\boldsymbol{k}_3\in\mathbb{R}^m$使得

$$\begin{cases}\boldsymbol{A}_m=\boldsymbol{A}+\boldsymbol{B}(\boldsymbol{I}_{m\times m}-\sigma)\boldsymbol{K}_1^{\mathrm{T}}\\ \boldsymbol{B}_m=\boldsymbol{B}(\boldsymbol{I}_{m\times m}-\sigma)k_2\\ \boldsymbol{B}\boldsymbol{\sigma}\bar{\boldsymbol{U}}=-\boldsymbol{B}(\boldsymbol{I}_{m\times m}-\sigma)(\boldsymbol{K}_1^{\mathrm{T}}\beta+\boldsymbol{k}_3)\end{cases} \tag{5.133}$$

前两个条件是典型的 MRAC 匹配条件,在不考虑传感器偏差的情况下处理执行器故障,而第三个条件考虑了传感器偏差的调整。为了满足上述条件,至少有一个执行器能够正常工作。参考模型($\boldsymbol{A}_m,\boldsymbol{B}_m$)表示理想闭环特性,通常对($\boldsymbol{A},\boldsymbol{B}$)使用合适的状态反馈进行设计。因此,在该情况下,总能满足匹配条件。对于自适应控制方案,只需要知道 $\boldsymbol{A}_m$ 和 $\boldsymbol{B}_m$。因为 $\boldsymbol{A}_m$ 是一个赫尔维茨矩阵,存在正定矩阵:$\boldsymbol{P}=\boldsymbol{P}^{\mathrm{T}},\boldsymbol{Q}=\boldsymbol{Q}^{\mathrm{T}}\in\mathbb{R}^{n\times n}$,满足下列李雅普诺夫不等式,即

$$\boldsymbol{A}_m^{\mathrm{T}}\boldsymbol{P}+\boldsymbol{P}\boldsymbol{A}_m\leqslant-\boldsymbol{Q} \tag{5.134}$$

用于反馈的传感器测量有未知偏差,如式(5.127)。用 $\hat{\beta}(t)$ 表示未知传感器偏差的估计值。修正状态 $\boldsymbol{X}(t)\in\mathbb{R}^n$,有

$$\bar{\boldsymbol{X}}=\boldsymbol{Y}-\hat{\beta}=\boldsymbol{X}+\tilde{\beta}\qquad\tilde{\beta}=\beta-\hat{\beta} \tag{5.135}$$

自适应控制律可以设计为

$$\boldsymbol{U}=\hat{\boldsymbol{K}}_1^{\mathrm{T}}\boldsymbol{Y}+\hat{\boldsymbol{k}}_2\boldsymbol{R}+\hat{\boldsymbol{k}}_3 \tag{5.136}$$

式中:$\hat{\boldsymbol{K}}_1(t)\in\mathbb{R}^{n\times m}$,$\hat{\boldsymbol{k}}_2$、$\hat{\boldsymbol{k}}_3\in\mathbb{R}^m$ 为自适应增益。因此,闭环修正状态方程为

$$\begin{cases}\dot{\bar{\boldsymbol{X}}}=(\boldsymbol{A}+\boldsymbol{B}(\boldsymbol{I}_{m\times m}-\sigma)\boldsymbol{K}_1^{\mathrm{T}})\boldsymbol{X}+\\ \boldsymbol{B}(\boldsymbol{I}_{m\times m}-\sigma)(\tilde{\boldsymbol{K}}_1^{\mathrm{T}}\boldsymbol{Y}+\boldsymbol{k}_2\boldsymbol{R}+\tilde{\boldsymbol{k}}_3)+\boldsymbol{B}(\boldsymbol{I}_{m\times m}-\sigma)\boldsymbol{k}_2\boldsymbol{R}+\\ +\boldsymbol{B}(\boldsymbol{I}_{m\times m}-\sigma)\boldsymbol{K}_1^{\mathrm{T}}\beta+\boldsymbol{B}(\boldsymbol{I}_{m\times m}-\sigma)\boldsymbol{k}_3+\dot{\tilde{\beta}}+\boldsymbol{B}\sigma\bar{\boldsymbol{U}}\end{cases} \tag{5.137}$$

式中:$\tilde{\boldsymbol{K}}_1=\hat{\boldsymbol{K}}_1-\boldsymbol{K}_1$,$\tilde{\boldsymbol{k}}_2=\hat{\boldsymbol{k}}_2-\boldsymbol{k}_2$,$\tilde{\boldsymbol{k}}_3=\hat{\boldsymbol{k}}_3-\boldsymbol{k}_3$。将式(5.133)代入式(5.137)中,得

$$\dot{\bar{\boldsymbol{X}}}=\boldsymbol{A}_m\bar{\boldsymbol{X}}+\boldsymbol{B}_m\boldsymbol{R}+\boldsymbol{B}(\boldsymbol{I}_{m\times m}-\sigma)(\tilde{\boldsymbol{K}}_1^{\mathrm{T}}\boldsymbol{Y}+\tilde{\boldsymbol{k}}_2\boldsymbol{R}+\tilde{\boldsymbol{k}}_3)-\boldsymbol{A}_m\tilde{\beta}+\dot{\tilde{\beta}} \tag{5.138}$$

可测量辅助误差信号 $\hat{\boldsymbol{e}}(t)\in\mathbb{R}^n$,且 $\hat{\boldsymbol{e}}(t)\in\bar{\boldsymbol{X}}-\boldsymbol{X}_m$,用来表示状态跟踪误差。将式(5.131)代入式(5.138),可以表示闭环辅助误差系统。

定理 5.1 根据式(5.127)、式(5.129)、式(5.131)及式(5.136)给出的自适应控制器,可以得到以下增益自适应律,即

$$\begin{cases}\dot{\hat{\boldsymbol{K}}}_{1j} = -\operatorname{sign}(\alpha_j)\boldsymbol{\Gamma}_{1j}\boldsymbol{B}_m^{\mathrm{T}}\boldsymbol{P}\hat{\boldsymbol{e}} \\ \dot{\hat{\boldsymbol{k}}}_{2j} = -\operatorname{sign}(\alpha_j)\gamma_{2j}\boldsymbol{B}_m^{\mathrm{T}}\boldsymbol{P}\hat{\boldsymbol{e}} \\ \dot{\hat{\boldsymbol{k}}}_{3j} = -\operatorname{sign}(\alpha_j)\gamma_{3j}\boldsymbol{B}_m^{\mathrm{T}}\boldsymbol{P}\hat{\boldsymbol{e}}\end{cases} \tag{5.139}$$

式中:$\boldsymbol{\Gamma}_{1j}\in\mathbb{R}^{n\times n}$为一个实对称正定矩阵;$\gamma_{2j}$、$\gamma_{3j}$为常数且大于零;$\boldsymbol{P}$ 在式(5.134)中定义,偏差估计律为

$$\dot{\hat{\boldsymbol{\beta}}} = -\eta\boldsymbol{P}^{-1}\boldsymbol{A}_m^{\mathrm{T}}\boldsymbol{P}\hat{\boldsymbol{e}} \tag{5.140}$$

式中:$\eta\in\mathbb{R}$ 为可调的正常数增益,使得当 $\hat{\boldsymbol{e}}\to 0$ 时所有闭环信号(包括 $\boldsymbol{e}(t)$、自适应增益和偏差估计)有限。

为了证明这一定理,针对文献[58]中飞机机翼水平巡航条件下飞机的 4 阶纵向动力学模型进行了研究。

目前,已经提出了用于线性系统的虚拟传感器和虚拟执行器作为故障重构方法。传感器容错控制基于虚拟传感器的使用,将基于故障检测隔离 FDI 模块与控制器重构(CR)相结合。检测机制基于预先计算的不变集和过渡集的分离,恰当的残差变量在出现故障时跳出。然后利用虚拟传感器对闭环系统进行重新配置,该虚拟传感器适用于已识别出的故障[83]。

已经提出将线性系统虚拟传感器用于故障调节的方法。此外,虚拟传感器方法还可以用于线性变参数系统的容错控制。容错控制的主要思想是重构控制回路,使得标称控制器不需要重新调整就可以使用。对于有故障传感器的飞机增加虚拟传感器,该模块能够掩盖传感器故障,允许控制器看到故障前的对象。LPV 虚拟传感器利用线性矩阵不等式 LMI 区域设计,而且考虑到故障和工作点的影响。这种方法要求以多面体方法近似线性变参数模型,以保证在不变性的前提下达到预期的性能指标。这样可以减少控制器设计以解决凸优化问题[82]。

在文献[109]中,提出了鲁棒增益调度控制概念的应用。利用了线性变参数控制综合方法设计容错控制器。为了应用鲁棒 LPV 控制综合方法,非线性动力学必须要用 LPV 模型表示,该模型是使用函数代换法在整个飞行包络线上建立的。所建立的与空气动力学系数不确定性相关的 LPV 模型,代表了包括平衡流以外的非线性动力学。对于存在升降舵故障的纵向方程,设计了被动和主动容错控制。

将与观测不符的模型舍弃,而不是识别最可能的故障对象模型。这种方法保证只要无故障飞机模型有效,就不会出现误报,即如果没有超过外部干扰范围,且飞机的动力学模型有效就不会报错。此外,不需要计算是否发生故障的决策阈值[102]。

注 5.16 飞机在障碍物附近飞行轨迹的调节必须关注关键性输出,该输出随着飞机相对于障碍物位置的函数变化而变化。飞机相对于其环境的管理不善,可能会带来严重后果。

在文献[34]中,通过增益调度技术解决关键调节问题,目的是随着规划逐步形成,调整控制参数以及可能的控制器结构。输出取决于参数向量,也就是飞机环境的函数。通过寻找与参数相关的控制律及李雅普诺夫函数来满足闭环系统稳定性的条件。在基于 LMI 的 H_∞ 控制情况下使用基于李雅普诺夫函数的参数,会得出参数化 LMI 形式的分析和综合情况[25]。

2. 非线性方法

另一种间接自适应非线性控制方法允许重构控制程序,将重点放在要研究的实体模型上,从而产生可在任何时间进行物理解释的内部参数。该技术不仅能够处理由气动变化引起的操纵面故障和结构损伤。重构控制的实施是对自动驾驶控制使用自适应非线性逆。控制设置的自适应性的实现是通过实时识别受损飞机的实体模型。在故障情况下,采用两步法实时识别受损飞机模型,然后将该模型提供给基于模型的自适应非线性动态逆(NDI)程序,使其变为模块化结构,实现在线飞机控制结构。

这种控制方法设置的 3 个重要模块如下。

(1) 空气动力学模型辨识。

(2) 自适应非线性控制。

(3) 控制分配。

飞机经常使用余度控制输入来追踪飞行线路。输入量多于自由度的系统称为驱动过度系统。参考信号可以用现有控制效应器的某种组合进行跟踪[30]。控制分配能够将虚拟控制律要求合理地分配给控制效应器,同时满足它们的约束条件[56]。即使是在控制效应器受损的情况下,也可以在不重新设计容错控制率的情况下实现控制的再分配。控制分配的一般方法包括内点算法、加权伪逆、线性规划、二次规划、序列约束二乘设计以及量化的控制分配方法。以往的大部分研究是通过编程算法研究线性控制分配,可以通过迭代的方法,以最大程度地减少虚拟控制律产生的指令和实际执行器结合产生的力矩之间的误差。

可以采用不同的控制分配(CA)方法来提高容错飞行控制系统的性能。这些方法可用于在各种不同的控制效应器上分配所需的控制力和力矩,如操纵面和发动机,这种发动机可以使控制系统在解决飞行中遇到的故障时更灵活。当需要向不同的输入通道动态地分配控制命令时,则控制分配尤为重要。非线性动态逆的主要假设是对象动力学是完全已知的,因此可以完全抵消。但是,在实际中,由于系统的不确定性,且对容错飞行控制产生的意外故障而言,该假设不现实。

为了解决这些问题,可以将鲁棒控制作为外环控制或者用神经网络来增强控制信号[52]。然而,另一种解决方式是使用实时识别算法,为动态逆控制器提供最新的模型信息。这些增强结构被称为自适应非线性动态逆(ANDI)。可以利用3个连续的逆循环,即机身角速率循环、空气动力角速度循环以及导航循环,可以根据时段分离原理进行串级排序。导航循环追踪航道、航线、迎角和节流阀调整。

基于非线性动态逆原则的高性能飞行控制系统要求高精度的飞机空气动力学模型。一般而言,内部模型的精确度决定了在何种程度上可以消除飞机非线性。在文献[122]中提出了一个控制系统,将非线性动态逆和基于多元样条的控制分配结合在一起,提出了利用分析性雅可比函数、多元样条模型的海赛函数的3种控制分配策略。非线性动态逆的一个主要优点是避免了整个飞行包络线的增益调度。另外,简单的结构使得所有飞行模式具有简单、灵活的设计。在飞机具有余度或者交叉耦合控制效应器的情况下,它可以通过控制分配模块增强该结构。

在第一阶段,可以用简化的飞机模型比较不同的直接控制分配方法,得出两种方法,即加权最小二乘法(WLS)和直接控制分配法(DCA)。加权最小二乘法理论上可以在所有可获得的虚拟控制中找到一种可行的解决方法。这是因为这种方法可以释放之前饱和的执行器。直接控制分配法可以替代优化控制分配。直接控制分配不把某些标准最优化,而是产生基于几何推理的解决方法。直接控制分配方法是在期望的虚拟控制方向上寻找能够产生的最大虚拟控制。高性能飞机的设计在特定飞行情况下有大量重叠的控制力矩效果,因此,最终的控制分配是不明确的[87]。在解决3个受到力矩限约束的控制分配的情况下,很多现存的文献关注的是高效数值最优化方法,可以在飞行软件上使用,放宽了力矩在控制中整体呈线性的要求,并明确考虑了执行器动力学特性和容错能力。

5.4.5 反步控制方法

在文献[116]中提出了一种基于奇异摄动理论和吉洪诺夫理论的基于增量型传感器的反步控制方法。这种基于李雅普诺夫函数的方法使用控制变量的测量值,且模型知识较少,不受因故障情况引起的模型不确定性影响。飞行控制器结合了非线性动态逆和基于传感器的反步控制方法。

利用剩余的有效的控制执行器,在发生许多故障的情况下,飞机还是可以实现一定程度的飞行性能。但是,因为结构执行器的故障,飞机的控制权或者安全飞行包线不可避免地受到限制。在基于传感器的反步控制方法中,采用了基于奇异摄动理论的控制近似值。为了应用奇异摄动理论,控制对象的系统动力学需要有时段分离属性。在飞机系统中,执行器系统可以看作与机身角动力系统级联的一个子系统。因为执行器动力学比机身速度动力学要快得多,保证了飞机的时段分离属性。下列表达式适用于机身角速率空气动力学,即

$$\begin{pmatrix} \dot{p} \\ \dot{q} \\ \dot{r} \end{pmatrix} = -\boldsymbol{I}^{-1}\left(\begin{pmatrix} p \\ q \\ r \end{pmatrix} \times \left(\boldsymbol{I}\begin{pmatrix} p \\ q \\ r \end{pmatrix}\right)\right) + \\ -\frac{1}{2}\rho V^2 \boldsymbol{S}\boldsymbol{I}^{-1}\begin{pmatrix} b\boldsymbol{C}_{ls} \\ \bar{c}\,\boldsymbol{C}_{ms} \\ b\boldsymbol{C}_{ns} \end{pmatrix} + \frac{1}{2}\rho \boldsymbol{V}^2 \boldsymbol{S}\boldsymbol{I}^{-1}\boldsymbol{M}_{\mathrm{CA}}\boldsymbol{U} \qquad (5.141)$$

其中,

$$\boldsymbol{U} = (\delta_a, \delta_e, \delta_r)^{\mathrm{T}}, \quad \boldsymbol{M}_{\mathrm{CA}} = \begin{pmatrix} b & 0 & 0 \\ 0 & \bar{c} & 0 \\ 0 & 0 & b \end{pmatrix}\boldsymbol{M}_{\mathrm{E}}$$

式中:$\boldsymbol{M}_{\mathrm{CA}}$为控制分配矩阵;$\boldsymbol{M}_{\mathrm{E}}$ 为控制效率矩阵;$\boldsymbol{U}$ 为由所有控制输入组成的向量;$\boldsymbol{C}_{ls}$、$\boldsymbol{C}_{ms}$、$\boldsymbol{C}_{ns}$为所有当前状态的无量纲矩阵。

根据式(5.141),可得飞机运动的简化方程为

$$\dot{\boldsymbol{X}} = \boldsymbol{f}(\boldsymbol{X}) + \boldsymbol{g}\boldsymbol{U} \quad \boldsymbol{X} = (p, q, r)^{\mathrm{T}} \quad \boldsymbol{g} = \frac{1}{2}\rho V^2 \boldsymbol{S}\boldsymbol{I}^{-1}\boldsymbol{M}_{\mathrm{CA}} \qquad (5.142)$$

其中,

$$\boldsymbol{f}(\boldsymbol{X}) = -\left(\boldsymbol{I}^{-1}\left(\begin{pmatrix} p \\ q \\ r \end{pmatrix} \times \left(\boldsymbol{I}\begin{pmatrix} p \\ q \\ r \end{pmatrix}\right)\right) - \frac{1}{2}\rho V^2 \boldsymbol{S}\boldsymbol{I}^{-1}\begin{pmatrix} b\boldsymbol{C}_{ls} \\ \bar{c}\,\boldsymbol{C}_{ms} \\ b\boldsymbol{C}_{ns} \end{pmatrix}\right) \qquad (5.143)$$

误差被定义为 $\boldsymbol{e} = \boldsymbol{X} - \boldsymbol{X}_r$,式中,$\boldsymbol{X}_r = (p_r, q_r, r_r)^{\mathrm{T}}$。为了设计一个单回路机

体速率反步控制器，当 $\dot{\lambda}=e$ 时，选择控制李雅普诺夫函数 $\tilde{V}$ 为

$$\tilde{V}(\boldsymbol{e})=\frac{1}{2}\boldsymbol{e}^2+\frac{1}{2}\boldsymbol{K}\boldsymbol{\lambda}^2 \tag{5.144}$$

式中：$\boldsymbol{K}$ 为控制器增益的一个对角矩阵，引入整数 $\boldsymbol{\lambda}$ 来消除由于内部动力引起的跟踪误差。

根据式(5.143)、式(5.144)，可以得出期望控制系统状态 $\boldsymbol{e}=\boldsymbol{X}_{\text{des}}-\boldsymbol{X}_r$ 以及

$$\dot{\tilde{V}}=\boldsymbol{e}\dot{\boldsymbol{e}}+\boldsymbol{K}\boldsymbol{\lambda}\boldsymbol{e}=\boldsymbol{e}(\dot{\boldsymbol{X}}_{\text{des}}-\dot{\boldsymbol{X}}_r+\boldsymbol{K}\boldsymbol{\lambda}) \tag{5.145}$$

为了使系统稳定，$\dot{\boldsymbol{X}}_{\text{des}}$可以选择为

$$\dot{\boldsymbol{X}}_{\text{des}}=-\boldsymbol{P}\boldsymbol{e}-\boldsymbol{P}(\boldsymbol{X}-\boldsymbol{X}_r)+\dot{\boldsymbol{X}}_r-\boldsymbol{K}\boldsymbol{\lambda} \tag{5.146}$$

式中：$\boldsymbol{P}$ 为正对角矩阵，为了使系统稳定，使得 $\dot{\boldsymbol{e}}=-c(\boldsymbol{X}-\boldsymbol{X}_r)$ 且等效输入为 $\boldsymbol{R}_{\text{red}}=\boldsymbol{M}_{\text{CA}}\boldsymbol{u}$。

$$\epsilon\dot{\boldsymbol{U}}_{\text{red}}=-\text{sign}\left(\frac{\partial\dot{\boldsymbol{X}}}{\partial\boldsymbol{U}_{\text{red}}}\right)\dot{\boldsymbol{X}}-\dot{\boldsymbol{X}}_{\text{des}} \tag{5.147}$$

式中：调节参数 ϵ 是一个较小的正数。由式(5.141)可以得到下列方程式，即

$$\epsilon\dot{\boldsymbol{U}}_{\text{eq}}=-\text{sign}\left(\frac{1}{2}\rho V^2\boldsymbol{S}\boldsymbol{I}^{-1}\right)\dot{\boldsymbol{X}}+\boldsymbol{P}(\boldsymbol{X}-\boldsymbol{X}_r)-\dot{\boldsymbol{X}}_r+\boldsymbol{K}\boldsymbol{\lambda} \tag{5.148}$$

以及

$$\boldsymbol{U}_{\text{eq}k}=\boldsymbol{U}_{\text{eq}k-1}+\int_{(k-1)T}^{kT}\dot{\boldsymbol{U}}_{\text{eq}}\text{d}t \tag{5.149}$$

根据式(5.146)，如果 $\boldsymbol{M}_{\text{CA}}$存在，控制输入 $\boldsymbol{U}$ 可以用控制分配算法解出。

5.4.6 控制概率方法

与飞机鲁棒静态优化相比，不确定性的飞机鲁棒动态优化算法是相对有限的。对不确定性进行建模，并通过计算模型进行传播是考虑不确定性的鲁棒最优化的关键一步。蒙特卡罗(MC)方法由于易于实现，因此常选择此方法。另一种方法称为混沌多项式(PC)扩展方法，与蒙特卡罗方法相比，该方法计算成本更低、精确度更高。在文献[70]中提出了一种关于不确定性的动态最优化方法，并应用到鲁棒飞机轨迹优化。可以采用非侵入式多项式混沌扩展方案将具有随机常微分方程的鲁棒轨迹优化问题转化为具有确定性常微分方程的等效确定性轨迹优化问题。

鲁棒最优化由于能够在出现不确定性时为最优化问题提供性能保证，因而

引起了越来越多的关注。鲁棒控制设计需要构建一个决策,使得约束条件满足某些不确定参数的所有允许值。另一种方法是用概率的方法来表示鲁棒性,允许低概率的约束冲突,形成概率约束的优化问题。不确定性的随机化提供了另一种方式,提供性能保证,而不需要对概率分布做出假设。通常,它需要收集不确定性样本,用数量有限的硬性约束代替之前的约束,以满足不确定性[74]。提出了一种基于概率和随机化的方法,与标准确定性方法结合来实现对具有不确定性系统的控制[22]。对鲁棒性复杂系统的研究起初用于对被控系统的不确定性的确定性描述[44,142]。但是,这些方法的计算量都较大,当不确定性以一种非线性的方式进入控制系统时,此现象更加严重。因此,提出逼近和松弛技术,只需确定鲁棒性边界的上、下限即可。

概率和随机方法的出发点是假设影响系统的不确定性具有概率特性。目的是提供系统的概率评估/特征。如果能够针对大多数可能的不确定性结果提供保障,则可以从概率意义上充分满足给定的性能水平。如果系统的风险属性可以看作一组概率较小的不确定性。从工程角度来看,这样的系统在实际中具有鲁棒性。

注 5.17 概率方法不仅限于控制问题,而且在相关领域也得到广泛的应用,如鲁棒优化以及一般工程设计,在这些领域中,要设计出能够在不确定性或者对抗性环境中令人满意的决策。

用概率方法进行控制的一个优点是同时考虑了鲁棒控制的经典最坏情况界限和概率信息,而在确定性情况下,经常会将其忽略。概率方法也与自适应控制有关系。概率和鲁棒性的结合引出了一些新的概念,如概率鲁棒性裕度和概率降级函数。但是,评估概率鲁棒性计算上会很难,因为要求计算多维概率积分。这些积分只能在非常特殊的有限实际情况下才能准确评估[22]。这些计算问题可以通过随机方法解决,这种方法已经被用来处理无法用精确确定方法解决的难题,如计算物理学中的蒙特卡罗方法和计算机科学中的拉斯维加斯方法。

就无人机而言,不确定性的随机化要求寻找一种特别的方法以生成作用于系统的结构化不确定性的随机样本。使用有限的随机样本来估计概率。因为估计概率本身是随机数,因此该方法总存在失败的风险,即存在一个错误估计的非零概率。由此产生的算法称为随机化算法(RA),也就是在运行过程中为了产生结果而做出随机选择。随机化算法不同于经典算法,其复杂度低且与鲁棒性界限有关,但是要以概率风险为代价。

在概率方法中,系统没有一个固定的先验概率,而是依赖于一些需要确定的参数(如定义控制器的参数),使得系统按照预期的方式运行。设计的随机化算法应该能够决定这些参数,以保证期望的系统参数能够达到给定的概率水平。

比如，为了考虑未知的运动学目标，可以假设运动目标是由二维布朗运动鲁棒定义的。Dubins 车辆控制中的随机问题一般集中在旅行商问题及其衍生问题，在这些问题中，其中目标位置是未知的或者是随机生成的。文献[6]中所做工作的目的是提出一个反馈控制律，允许无人机在不完全了解当前目标位置或其未来轨迹的情况下，以最佳方式保持与目标的距离。反馈控制律通过近似马尔可夫链离散化的 Bellman 方程计算。追踪的飞机应该达到并且维持与目标的标称距离。如果目标也建模为带有布朗运动航向角的 Dubins 飞机，目标的航向角应提供给 UVA 一个即时动作的指示以及一个适当的响应。

设一个通用不确定动态系统定义一个性能函数 $f(q)$，其中 $q \in \boldsymbol{Q}$ 是随机不确定参数的向量，$\boldsymbol{Q} \in \mathbb{R}^{\ell}$ 是给定的不确定域。可以定义以下两个概率分析问题。

问题 5.1 可靠性估算。给出 $\Gamma > 0$，估计可靠性评估规范 $f(q) \leqslant \Gamma$，即评估

$$R_l = \Pr\{f(q) \leqslant \Gamma\} \tag{5.150}$$

问题 5.2 性能级别预计。给出 $\epsilon \in [0,1]$，估计一个性能级别 Γ 使得 $f(q) \leqslant \Gamma$ 符合在 $1-\epsilon$ 维持可靠性，也就是说，找到 Γ 使得

$$\Pr\{f(q) \leqslant \Gamma\} \geqslant 1 - \epsilon \tag{5.151}$$

注 5.18 需要得知从该概率中获取的样本的有效性，而且上述结果保持不变且与概率方法无关。这一点非常重要，因为在实际情况下，样本可以直接从真实的 UVA 上通过测量或者试验获取。在其他情况下，当不能直接获得样本时，必须生成样本，因此必须对不确定集进行概率计算。在这种情况下，UAV 的可靠性 R_l 取决于方法的选择。在极端情况下，考虑不同的度量时，概率可能在 0～1之间不定。

如果对度量的选择没有任何要求，获得的概率预测可能是无意义的。在很多案例中，考虑到有限不确定集 $\mathbb{Q}$，均等概率分布具有这种最坏情况的属性，在实际中，当对实际分布知之甚少时，该分布经常被使用。在其他情况下，当不确定性集中在平均值周围时，可以利用高斯分布或者截断高斯分布[53]。对一般集合，通常采用渐进采样方法，这样的方法能够逐渐达到与期望目标分布一致的稳态分布，如马尔可夫链蒙特卡罗方法(MCMC)，这些方法不会产生在稳定状态下的独立相同分布样本，而且无法提前知道使用这种算法达到稳定状态所需要的时间。因此，对于有限样本复杂性的分析结果一般无法获得[5]。

5.5 容错规划器

5.5.1 人工智能规划器

人工智能规划器在将领域知识转化为基于环境的行动规划时是非常有用

的,但是这些规划的执行一般很难保证实时反馈[89]。规划器和规划执行系统在很多问题上都已经进行了许多测试,如移动机器人控制和不同的动力系统模拟,但是现在使用的大部分结构采用的是有不错效果的方法。因此,这些系统只会适用于软实时领域,在这些领域中,错过一个任务截止日期不会导致整个系统的故障[36]。

例如,要控制移动机器人,软实时规划执行能够成功是因为如果道路变得太危险机器人可以减慢速度来允许增加反应时间或者甚至停止运动[76]。对于自主飞行器,需要实时的响应,并要求容错。另外,特别对于异常或者紧急情况的反馈时,是需要有规划器的。关键安全系统如果违反了反应时间限制,就可能导致灾难性的后果。如果资源短缺使得无法满足所有约束条件的情况下,提出一个能降低系统性能的机制是目前重要的研究问题。

文献[48]描述了通过实时资源分配器与人工智能规划器的交互,来自动创建能够保证在强实时情况下执行的容错规划。规划器生成一个初始规划,以及一个能够规避故障的任务约束集。初始规划是资源分配器针对每种特定的内部故障情况设定的,如处理器或者通信信道故障以及标称无故障情况。如果资源过度使用,利用启发式算法决定代价最高的任务。将代价最高的任务反馈给规划器,规划器使用动态回溯法来替换掉这个任务,或者在需要时,规划器会生成一个更加可持续的任务集。规划和资源分配的结合充分利用了两种方法的优点:规划自动产生并且可以调整,同时保证规划执行能够接受特定用户列表上的潜在故障,也能够满足严格的实时约束。通过增加容错以及推断多个资源类和每个类实例的能力,以便在规划阶段明确考虑与规划执行相关的所有方面。

文献[40]中提出了一个启发式算法,将规划和资源分配模块中的相关信息结合在一起。由此产生的瓶颈任务信息用来指导规划器在出现调度冲突时进行跟踪。提出了一种将启发式和故障条件列表结合起来的容错方案集,来设计出一组容错规划,能够在强实时安全保证情况下执行。这种算法的实用性可以以一个飞机智能体为例,它必须在规划执行过程中容忍单处理器故障,然后描述在制订计划和计划执行智能体体系结构的相关工作。

在规划中,根据初始状态和所有可用的过度增量建立一个世界模型。规划器建立一个从初始状态到目标状态的状态转换网络,并根据执行这一行动的相对增益为每一个状况选择一个决策(如有的话)。如果选择的决策或者任何状态最终不能帮助实现目标,或者系统不能保证可以规避故障,那么规划器进行回溯。该规划器通过扩展从初始状态或初始状态中转换而来的状来最大程度地减少内存和使用时间,并利用一个概率模型促进最佳第一状态矢量空间搜索,并通过移除高度不可能的状态来缩小搜索范围。当目标达成并且规避故障状态后,规划停止。在规划构建过程中，确定行动转换时间限制使得系统能够保证可以规避所有到故障的时间转换（TTF），其中任何一种都足以导致系统发生灾难性的故障。时间模型计算在每一次到故障发生前允许存在最小延迟；然后每一个预先行动的截止时间都设置为该最小延迟。在构建每一个规划后，所有的预先行动（任务）都明确规划好，使得在规定时间内保证规避故障。建立贝叶斯网络主要依赖于专家的知识，这些专家根据他们的经验给出每一个节点之间的因果关系[38]。

智能自主飞行器路线规划系统应能够满足灵活性、最优性和实时的要求。

5.5.2 修正状态规划

自动路径规划器在已知飞机飞行包线的条件下，以保证提出的解决方案是可行的。现有的飞行管理系统假定一个标准性能包线，要求对任何性能下降进行实时识别或者特性描述。给定的可预估故障如操纵面堵塞，可以线下评估稳定性和可控性，来建立一个可稳定化的修正状态数据库，能在实时情况下利用该数据库规划可行降落路径。结构损坏，性能只能在难以预测的情况下实时决定。严重影响性能的损坏或者故障不能满足快速性和准确性的要求。虽然自适应控制方法能够维持受损飞机的稳定性和可控性，但在很多情况下，飞行包线会不可避免的收缩。因此，需要增加推力或者要更大的执行器偏转来补偿降低的性能。当达到饱和极限时，参考命令不再适用，因此，就需要改变控制律和飞行规划。飞机动力学是非线性的。因此，一般很难用一种可以识别所有运行包线的方法来满足稳定性和可控性。为了在发生损坏/故障时能够得出有效的序列决策，文献[133]中提出一个应急飞行管理系统。

了解安全操纵包线对于预防飞机失控事故时极其重要[51]。在本节中，安全操纵包线的问题是在可达性框架中解决的。通过利用半拉格朗日方法求解汉密尔顿函数 - Jacobi 偏微分方程，得到一个初始修正状态的前向和后向可达集。

定义 5.7 安全操纵集（Safe Maneuvering Set）指一个给定先验已知安全状态的前向和后向可达集之间的重叠部分。飞行包线描述了飞机运行范围内的高度和空速。

飞行包线的边界是根据飞机性能的各种约束来定义的，如可用发动机额定功率、失速特性、结构方面的因素。飞行包线的常用方法是用图表来说明飞机可以安全飞行范围内的高度、速度及其他相关变量。在飞机正常运行中，飞行包线上定义的约束就足够了。

注 5.19 传统飞行包线定义的主要问题在于只考虑到了准、平、稳状态的约束。另外，在传统定义中没有考虑环境对飞机状态的约束。飞机的动态行为可以对飞行包线产生其他的约束。

安全操纵包线是状态矢量空间的一部分,使得状态矢量空间中飞机安全运转可以得到保证,且不超过外界约束条件。它由以下 3 个包线的交集定义。

(1) 动态包线。由于飞机的空气动力学和运动学,飞机的动态行为对包络线构成约束。它是飞机的状态矢量空间,在该空间中,飞机可以实现安全控制,不会出现失控事件。

(2) 结构包线。由机身和有效载荷带来的约束,通过最大加速度和载荷来定义。

(3) 环境包线。飞机运行环境带来的约束。

可达集分析是确保系统安全的一个有用的工具。

定义 5.8 可达集(Reachable Set)。可达集描述了可以在一定时间内通过给定的初始状态达到的集合,或者在一定时间内可以达到给定目标集合的状态集合。

系统的动力可以随时后退或者前进,带来后向或前向可达集。对于一个前向可达集,指定初始状态,而且在初始集合中在路径中所有可达状态的集合是定义好的。对于后向可达集,定义目标状态集合,定义一个状态集合,从这个状态集合出发,路径状态可以达到给定的目标集合。给出系统的运动方程为

$$\dot{\boldsymbol{X}} = \boldsymbol{f}(\boldsymbol{X},\boldsymbol{U},\boldsymbol{d}) \tag{5.152}$$

式中:$\boldsymbol{X} \in \mathbb{R}^n$为系统状态;$\boldsymbol{U} \in \mathbb{U} \subset \mathbb{R}^m$ 为控制输入;$\boldsymbol{d} \in \mathbb{D} \subset \mathbb{R}^q$为干扰输入。

定义 5.9 后向可达集(Backwards Reachable Set)式(5.152)中所有状态$\boldsymbol{X}(\tau)$的初始目标集为$\mathbb{S}_0$,在$\tau(0 \leqslant \tau \leqslant t_f)$时刻的后向可达集为$\mathbb{S}(\tau)$,使得存在一个控制输入 $\boldsymbol{U}(t) \in \mathbb{U}(\tau \leqslant t \leqslant t_f)$,干扰输入 $\boldsymbol{d}(t) \in \mathbb{D}(\tau \leqslant t \leqslant t_f)$,对于某些$\mathbb{S}_0$中的 $\boldsymbol{X}(0)$,可以沿着满足式(5.152)中的路径达到状态 $\boldsymbol{X}(t_f)$。

定义 5.10 前向可达集(Forwards Reachable Set)式(5.152)中所有状态$\boldsymbol{X}(\tau)$的初始目标集为$\mathbb{V}_0$,在$\tau(0 \leqslant \tau \leqslant t_f)$时刻的后向可达集为$\mathbb{V}(\tau)$,使得存在控制输入 $\boldsymbol{U}(t) \in \mathbb{U}(\tau \leqslant t \leqslant t_f)$,干扰输入 $\boldsymbol{d}(t) \in \mathbb{D}(\tau \leqslant t \leqslant t_f)$,对于某些$\mathbb{V}_0$中的$\boldsymbol{X}(0)$,可以沿着满足式(5.152)中的路径达到状态 $\boldsymbol{X}(\tau)$。

如果初始目标集已知是安全的,那么所有同时属于前向和后向可达集的状态都可以认为是安全的。

为了解决飞行中的损坏/故障,规划器必须引导飞机进行一系列可行的修正状态,以实现安全着陆。在从当前已验证过的平衡状态过渡到一个新的状态之前,新状态的可行性要进行预测;否则飞机可能会过渡到运转包线外。修正状态发现的过程计算了一个路径修正状态矢量空间,3D 坐标($V_T,\dot{\gamma},\dot{\chi}$)转换为物理

3D空间,确保满足所需的高度和空域限制得到满足。

修正状态规划可以用来描绘未知故障的特征,在发现过程之前,未知故障的包线限制信息无法获得。这就要求利用动态路径规划策略,在该策略中,当接近包线约束时,将其建模为状态路径规划器的障碍。

问题5.3 修正状态规划。在修正状态空间 $\boldsymbol{s}_0=(V_0,\dot{\chi}_0,\gamma_0)$ 中,给定一个受损飞机的初始稳定的位置以及理想最终修正状态 s_{app},在状态空间中产生一个持续路径 P_T,从 $\boldsymbol{s}_0$ 到 $\boldsymbol{s}_{\mathrm{app}}$,其中 P_T 是一系列持续修正状态和转换。当出现扰动时,P_T 中所有的修正状态必须稳定。

利用上述公式,将修正状态规划映射到动作规划上,并且规避障碍。修正状态矢量空间的每一步(局部转换)都包含了两个阶段,即检测和修正。

使性能降低的故障或者损坏会给飞行中的飞机带来极大风险。自适应控制和系统识别可能使一个受损的飞机保持稳定,但是识别出的模型可能只有在接近每一个局部工作点时才成立。文献[133]提出了一个在未知事故情况下,发现一组能够使飞机安全着陆的可行飞行状态的引导系统。飞机被逐渐引导经过一系列的修正状态,在给出局部包线预测的情况下是可以稳定的。提出的引导系统渐进的检测修正状态矢量空间,而不是3D物理空间,从而识别一组修正状态。采用潜在的势场方法来引导通过修正状态矢量空间的探测,对包线约束将和理想修正状态进行建模。

为使飞机可以自由进入其完整的飞行包线,过失速状态对于从事故场景中设计出一个恢复策略是非常有用的。如果控制设计者可以获得飞机操纵性特征的先验信息,那么可以有效设计飞机的操纵。基于不同标准,提出了不同类型的敏捷性度量来描述飞机机动能力特征。另一个定义操纵特征的方法是基于计算可达平衡集。这个方法利用逆平衡函数,操纵可达平衡集的2D部分[63]。

基于可达到平衡集的机动构造包括从正常飞行状态(如水平飞行平衡状态)获取可达到平衡集中的期望飞机状态。对给定的飞机模型计算可达到的平衡集,设计出控制算法在可达到平衡集定义的可达区域内的工作点之间转换飞机状态,这是飞机操纵设计的关键。对于飞机模型,在控制原型上来设计操纵,提出了基于动态逆(DI)或者滑模控制(SMC)的非线性控制设计技术。

计算2D可达平衡域(AER)的过程中基于可达平衡域的界限是由一个或者多个操纵面的饱和度来定义。因此,首先使用连续方法来定位位于可达平衡域的边界上的点。利用边界上的平衡点作为初始条件,执行单独的延续过程,将饱和控制固定在限制值上,来获得包含平衡点的包线。

为了计算可达平衡域,扩展分叉分析(EBA)利用一个控制输入作为连续参数。包括以下两个阶段。

阶段1:同时求解以下状态和约束方程组,计算出可达平衡域边界上的平衡点,即

$$\dot{X} = f(X, U, d) = 0 \quad g(X) = 0 \tag{5.153}$$

式中:$X = (V, \alpha, \beta, p, q, r, \phi, \theta)^{T} \in \mathbb{X} \in \mathbb{R}^{8}$为状态变量;$U \in \mathbb{R}$为控制输入;$p$为自由控制参数的一个边界集合;$g(X)$为理想约束。为了利用扩展分叉分析解决式(5.153)的增强系统,必须施加相等数量的约束,如3个约束,加入了自由参数,使得连续问题变得很容易解决。如果任何一个自由控制参数饱和或者延续参数本身达到自己的偏转限度,延续过程就终止。系统式(5.513)的延续结果提供了在可达平衡域边界上的平衡点的增广状态向量以及饱和控制信息。因此,该平衡点可以用作起点,计算可达平衡域的边界。

阶段2:执行多次连续过程来跟踪可达域的边界。从而求解系统式(5.154),即

$$\dot{X} = f(X, U, p_1, p_2, p_s) = 0 \quad g(X) = 0 \tag{5.154}$$

式中:p_1、p_2为两个自由控制参数;p_s为饱和控制;$g(X)$为表示特定的约束的二维向量。对系统式(5.154)进行计算,直到连续参数达到本身的偏转界限或者两个自由控制参数中的任何一个达到饱和为止。如果两个自由控制参数在延续参数的界限之前达到饱和,就交换固定和自由控制参数,继续进行计算。但是,如果延续参数在任何一个自由控制参数达到最大/最小值之前就达到它的界限,那么交换固定和延续参数,并且重复连续过程。阶段2的每一个延续过程的解都附加上后续运行的结果。阶段2中任何一个延续过程的起始点是自动从上一个过程的解中获得的。延续过程一直持续到有界可达域。

在文献[9]中提出了一种飞机在局部地形机翼结构受损的情况下,生成安全着陆路径的方法。通过分析局部稳定性和在每个平衡情况下的飞行质量,对受损飞机操纵飞行包线而进行估计。将受损后飞行的修正状态选择的安全值指数作为一个飞行包线的修正状态距离,采用了一个势场策略来快速定义紧急着陆轨迹。飞机的损坏可能导致重心的偏移,也会让运动等式变得更复杂。根据未受损飞机的重心位置计算受损飞机的重心位置的变化。根据新的重心位置可以得出新的运动方程。利用飞机非线性运动方程得出受损飞机的修正状态,即

$$\dot{X} = f(X, U) \tag{5.155}$$

式中:$X = (V, \alpha, \beta, p, q, r, \phi, \theta)^{T} \in \mathbb{X} \in \mathbb{R}^{8}$;$U = (\delta_a, \delta_e, \delta_r, T) \in \mathbb{R}^{4}$;$f$为非线性六自由度向量。理想修正状态表示恒速$V$,理想转弯角速度$\dot{\chi}$和理想飞行航道倾角$\gamma$。推导这些修正状态的一个方法是解出非线性约束优化问题,使下列代价函数最小,即

$$J_{\text{trim}}(\boldsymbol{X},\boldsymbol{U})=\frac{1}{2}\dot{X}^{T}Q\dot{X} \tag{5.156}$$

式中:$\boldsymbol{Q}$ 为加权矩阵,描述了每个状态相对于维持修正状态的优先顺序。

可以定义一个与修正状态距离(在各飞行包线维度)相关的飞行包线界限的安全值指标。根据每一个修正状态到飞行包线边界的标准化的距离来计算。飞行规划器的任务是从初始飞机状态中识别一个合适的修正状态顺序,在这种情况下,故障会发生在期望的着陆点位置和航向。一个路径包含一系列的状态或者运动基元,可以分解成修正航迹和机动。对每一个修正状态定义一个邻近点集合,机动也根据每一个平衡的邻近状态保证。在离散空间中及进行运动规划,要考虑到对于修正和操纵路径部分一个固定的时间步长。

5.5.3 碰撞/障碍物规避系统

1. 碰撞/障碍物规避系统的安全性分析

碰撞规避系统对于空域安全至关重要。量化碰撞规避系统整体(系统层面)安全影响,需要理解防止碰撞的多层保护之间的相互作用,以及可能会引起碰撞的相遇频率和方式[125]。可以把预测碰撞风险的整体问题分为3步。

(1) 确定冲突发生的频率。

(2) 给定冲突,通过部署碰撞规避系统解决冲突的机会。

(3) 决定冲突概率,给出故障规避系统没能解决的冲突。

冲突概率的提出是为了规避两架飞机之间的碰撞并降低碰撞风险[92]。碰撞概率计算包括两个物体之间的相对路径以及综合相对位置误差概率密度。冲突概率的体积是比飞机的实际尺寸大得多的圆柱形体积。冲突体积的柱状高度垂直对齐。圆柱的圆截面在飞机水平位置,包括南北和东西方向。假设两架飞机的位置误差协方差为高斯分布,并且结合起来形成以第一架飞机为中心的相对位置误差协方差矩阵。冲突量集中在第二架飞机上。第一架飞机可能穿过冲突体量的概率就是冲突概率。冲突概率可以用作度量。

从系统可靠性和安全建模的角度而言,碰撞规避系统依赖于余度时间,因为有一系列的尝试来探测和解决冲突。这一时间余度被功能余度弥补,因为冲突之前的时间被分配到不同的阶段或者层,而冲突解决任务被分配到不同的子系统。这种功能分离是由于任务紧急性增加,以及冲突不确定性降低。因此,作为一个普遍规律,随着时间推移,冲突解决应该没有那么复杂,反而更加简单,因为要处理的不确定性更少。另外,增加保护层的多样性也提供了一些保护,免受常见故障造成意图余度失败。

将结构和时间余度结合可以提供更加有效的保护,比在其他应用中单独使用一种余度要高效,如设计一个容错计算机系统来越过瞬时故障的影响。虽然随着时间推移,探测会变得更高效,但是也有风险聚集的可能性。如果动态交互被限制在单一保护层,那么可能会有层次分析,正如在感应—规避系统中所提到的:包含冲突接触模型且依赖于蒙特卡罗模拟的内环,结合依据故障树的外环分析。但是,如果不同的层级有共同的故障模式,在故障树分析中忽略这个耦合可能会引起的风险评估[125]。

基于抽样的方法对于解决复杂运动规划问题有几个优势,包括有效探测构建上动态可行的高纬构形空间和路径(如非列举的)、检查可能的复杂约束。RRT 对于 UAV 来说是有效的规划算法[64]。但是,并不明确包含不确定性。RRT 算法可以推广到不确定环境中,将不确定性纳入到规划路径中。与粒子滤波器一样,该树可以通过概率模型上采样的不同情况来扩展该随机树。树的每一个顶点都是模拟结果的一个聚类,能够成功执行一个行动的可能性被量化,完全跟随一个路径的可能性也得以决定。另一种方法确定一个有限的不确定性传播的近似方法,目的是为了减少模型复杂度和每一个节点的模拟数量。在文献[64]中,概率约束 RRT 算法用来处理系统模型和环境态势感知中的不确定性。概率约束规划推广到解决非确定动力学障碍。

具有已知和未知障碍的智能自主飞行器的路径规划是无人机系统中的关键技术之一。故障树分析方法被应用到交通预警和空中防撞系统(TCAS)来进行安全分析,同时还使用失效模式与影响分析(FMEA)。采用功能性故障分析(FFA)来对无人机运行进行安全分析,包括碰撞规避。

在该分析中定义了两种危险,即空中碰撞和地面撞击。可以采用马尔可夫决策过程(MDP)求解器来产生规避策略,使得代价函数最优,该代价函数能够同时考虑飞行规划偏差和防碰撞。在碰撞规避操纵过程中飞机到障碍物的最短距离作为性能评估的标准。为了成功进行碰撞规避操纵,到障碍物的最短距离 $d_{\min}$ 必须大于包括安全余量的障碍物的半径 r_n。在存在所有可能不确定性时的情况下进行最坏情况分析,对于这个问题,要找到障碍物的最短距离 $d_{\min}$ 出现的多种可能性的组合[113]。

问题 5.4 初始鲁棒分析可以通过解决下列最优化问题来解决,即

$$d_{\min} = \min(d(t)) \tag{5.157}$$

受 $P_L \leqslant P \leqslant P_U$ 的控制,其中 $\boldsymbol{P}$ 是不确定参数集,P_L 和 P_U 是 $\boldsymbol{P}$ 的上、下界,$d(t)$ 是到障碍物的距离,t 是碰撞规避机动时间,$d_{\min}$ 是到障碍物的最短距离。

有几种方法可以用来解决这个问题,如序列二次规划法(SQP)、遗传算法或者全局优化。遗传算法可以利用 UAV 碰撞规避系统来找到全局最小值。不确

定参数集在这里表示为遗传表现，即染色体（遗传演算法）。每一个不确定性对应一个基因。产生一个二进制编码串来代表染色体，每一个不确定参数位于上、下界之间。转盘的选择方程可以应用到该研究中。

在文献[72]中提出了一个基于目标信息价值和几何结构的构建势导航函数和路线图的方法。该方法是基于从条件交互信息定义的势函数，用该势函数来设计一个转换反馈控制律，生成溢出局部最小值的 PRM，同时获得有价值的传感器测量数据。Shaffer 在文献[108]中提出了一个在机翼出现故障情况下重新规划的方法，而 Atkins 在文献[10]中提出了推力丧失情况下的规划技术。

2. 信息动作规划

信息型动作规划涉及动力受限感知部件的轨迹生成。飞机平台作为可移动智能体在运行环境中都会受非完整和差分动态约束。运行环境中的障碍物可以同时限制飞机运动以及障碍观察。最后，现有的传感机制（如小视野）中本身存在的局限性会进一步限制飞机规划的信息量。在文献[69]中提出了丰富信息快速搜索随机树算法（IRRT），它是一种线上解决方法，它的构建决定它能够适应信息型运动规划问题的一般限制特征。IRRT 是 RRT 的延伸，通过嵌入信息收集，就像利用费舍尔信息矩阵（FIM）在树状扩展和路径选择层面中预测的一样，因此修正了增加的可行规划集合的结构，并选择信息丰富的路径。IRRT 作为一种基于采样的运动规划器，可以线上生成可行解决方案。

可以考虑几种解决方案策略来实现丰富信息路径规划。分析解决方法经常使用费舍尔信息矩阵来量化最佳控制框架工作中的路径信息收集。解决方法希望能够最大化，如在路径结束时费舍尔信息矩阵行列式的下界。虽然分析方法一般形式简单，对低维无约束问题运行良好，但是它们一般很难扩展到复杂情况。另外一种方式是启发式路径形状，能在稳定状态下运行良好。对于有侧翼相机的飞机，可以提出在固定高度和变化高度下具有最优半径的圆形路径。虽然启发式约束轨迹也许可捕捉只跟方向有关的目标追踪的实际和几何偏转，如果在实际动态和感测约束条件下运行时，预期和实现的运动规划的信息量之间的差距可以变得很大。部分可观察的马尔可夫决定过程框架提供了一个方式解决就具有观察不确定性的规划问题，但也存在已处理性问题。对于目标追踪问题和它的逆问题，都可以提出置信空间规划；通过对之前规划过的环境中的完全已知目标的传感测量数据来定位飞机。部分观察马尔可夫决定过程解决方法现在可以追踪有复杂动力系统的飞机模型[16]。

5.5.4 路径规划的几何增强学习

智能自主飞行器经常在复杂环境下飞行。存在着很多风险，如山岭、树、其他飞机，都可能会导致自主飞机发生坠机[138]。一般情况下，只能在飞机有限范围内探测到这些威胁。但是，通过与其他自主飞机共享信息，这些威胁可以在更长的距离外探测到。另外，一个有效的导航路径应该保证飞行无阻，提供避障路径，且具有高效的计算能力[55]。在之前针对单一自动飞机的路径规划工作中，Voronoi 图搜索和可视图搜索被验证只在单一环境下才有效。这些搜索不是实时的，而且当地图信息无法完整获得时也会带来致命故障，如当故障没有探测到[32]。

进化算法具有解决路径规划问题的可能，能够在短时间内提供可行解决方法[29,84]。径向基函数人工神经网络（RBF - ANN）辅助微分进化（DE）算法用于设计已知静态环境下的自主飞机协调导航线下路径规划器[115 - 116,118]。行为协调与虚拟（BCV）目标方法提出了一种基于全局和本地行为协调的实时路径规划方法。控制本地行为的模糊逻辑控制器（FLC）被设计成实现威胁规避[49]。

多个自主飞机的路径规划着重于协同框架、协同策略和一致性问题。Voronoi 图搜索和 A* 或 Dijkstra 算法为多架飞机规划了一条全局路径，按照程序同时到达目标[73]。

也可以从强化学习的角度来解决多架自动飞机的路径规划问题。Q - 学习是解决路径规划问题的一种方法。Q - 学习的基本思想是根据在学习地图中观测到的环境状态，从延迟奖励中获得最优的控制策略，并制定一个控制策略以选择一种实现目标的行为。但是这一方法的设计实际上是针对规划器已知环境的完整地图情况。当仅部分地图信息可用时，Q - 学习不能利用几何距离信息，而这个信息对于路径规划来说是非常重要的。另外，对于多架自主飞机，由于在 Q - 学习中有许多不必要的计算要从一个点传播到另一个点，因此无法很好地利用来自其他飞机的共享信息，而且也有一些特殊的点没有考虑到，如起点和目标点。

提出了一种基于强化学习的方法，利用探测传感器和其他自主飞机上获取的几何距离和风险信息，建立一个一般路径规划模型。通过把地图划分为格子，将路径规划问题表示为最优路径规划问题。持续威胁函数可用来模拟实际环境。为了降低计算的复杂性，改变控制参数来控制地图大小。另外，通过利用多架飞机共享的信息，将算法推广到多架自主飞机，这就提供了一种有效方式来进行路径规划，并且避免了局部最优。该方法实现了自主飞行器对威胁目标的实时检测和信息共享。从一架被其他飞机认为是新的障碍的飞机上创建的虚拟飞机可以规避碰撞。另外，奖励矩阵可以根据暴露风险函数进行改变。目标规划器根据所有已知威胁信息和飞机实时位置获得最终路径[138]。

遇到障碍的概率风险模型可以表示如下。自主飞机需要与高风险区域保持一定距离来保证安全飞行。所以,遇到障碍的概率风险的测量可以看作连续分布函数。例如,当障碍物在位置(x_i,y_i,z_i)时,风险的测量用 F_i 表示,其中的参数与规划空间的维度有关系。

$$F_i(x,y,z) = \frac{1}{\sqrt{2\pi}\sigma_i}\exp\left(-\frac{d_i^2}{2\sigma_i}\right) \tag{5.158}$$

$$d_i = \sqrt{(x-x_i)^2+(y-y_i)^2+(z-z_i)^2} \tag{5.159}$$

在三维空间中,σ_i 是一个可调参数。

飞机无法飞行区域的概率风险可以用一个非常大的值来表示。另外,当地图上存在多个障碍时,在位置(x,y,z)的概率风险可以计算为

$$F(x,y,z) = 1 - \prod_{i=1}^{M}[1-f_i(x,y,z)] \tag{5.160}$$

当检测到新的威胁目标并更新权重矩阵 $\boldsymbol{Q}$ 时,将采用合作和几何学习算法。这一权矩阵描述了地图上不同点之间的关系,它用来测量地图上任何两点之间的风险和几何距离[140]。在一条路径上的风险矩阵 $\boldsymbol{Q}$、时间或长度矩阵 $\boldsymbol{T}$ 可以通过下式来计算,即

$$\boldsymbol{Q} = \int_{\mathbb{C}} F_i(x,y,z)\mathrm{d}s \quad T = \int_{\mathbb{C}} V\mathrm{d}s \tag{5.161}$$

式中:$\mathbb{C}$ 为给定路径的点集;V 为自主飞机的速度。为了找到当前飞机配置的下一个点,则要考虑基于几何距离和整体风险测量的关系权重矩阵。

协同和几何学习算法的关键点是计算成本矩阵 $\boldsymbol{G}$,可以利用成本矩阵找到从起点到终点的距离和整体风险的最优路径。在矩阵 $\boldsymbol{G}$ 中的每个元素为从它的起点到终点的成本的和。

文献[73]中提出了一种综合性的方法,该方法结合了进化算法的优化能力和强化学习效率,能够在有未知障碍的杂波环境下解决自主运动控制。这种综合导航方法同时考虑到协商模型方法的高效性和反馈方案的低水平导航能力。

5.5.5 概率天气预报

如雷雨、冰冻、湍流和风这一类的天气状况对无人机的安全和任务是否能够成功都有非常大的影响。所以,把天气预报加入到路径规划中去是非常重要的。近期数值天气预报的发展使得高清晰度集合预报变为可能。在集合预报中,每次迭代都会对不同的天气模型造成略微的改变,如模型输入、初始状态和边界状态。每一次迭代都将不同数量结合,并生成一个预报谱。这就需要建立一个客观随机的天气预报,支持统计后处理[119]。基于该信息,可以绘制一个概率气象

图。因为每一个单位时间内集合预报会持续更新，该分析可以提供一个在线4D气象图。在概率3D气象图中，可以最优规划路径。该问题定义如下。

问题5.5 给定UAV在非均匀网格描述的工作区域内，为每一个航点分配恶劣天气的概率，并定期对该概率进行更新，找到一条从起点到目的地的路径，使其代价最低，并且能满足任务失败风险约束。代价函数定义为

$$\mathrm{Min}(J = w_{\mathrm{time}}T_{\mathrm{time}} + w_{\mathrm{wea}}W_{\mathrm{wea}}) \tag{5.162}$$

$$R_{\mathrm{mission}} < R_{\mathrm{critical}} \quad T_{\mathrm{time}} < T_{\max} \tag{5.163}$$

式中：w_{time}、w_{wea}分别为任务持续时长和天气情况的权重因子，$w_{\mathrm{time}} + w_{\mathrm{wea}} = 1$；$R_{\mathrm{mission}}$为任务的风险水平；$R_{\mathrm{critical}}$为用户定义的极端风险水平；$T_{\mathrm{time}}$为任务持续时长；$T_{\max}$为允许的最大任务持续时长；$\max w_{\mathrm{wea}}$为在飞行路径的天气条件。

增量搜索算法对未知空间做出假设，并找到一条从当前位置到达目的地的最低成本路径。当发现新的区域时，气象图信息更新，并在必要时重新规划一个新的路径。这一过程不断重复，直至到达目的地，或者发现该目的地不可到达（如发生障碍）。当气象图更新时，距离无人机近的网格中的天气比距离无人机远的网格中的天气更确定。在这种情况下，在网格中的天气不确定性与该网格到无人机的距离成正比。当不确定性增大时，可认为天气情况是未知的。因此气象图尚不完全清楚[71]。

通过在路径规划中整合不确定性因素，可以改善任务风险估计和管理。表示网格的不确定因素$U(x)$可以描述为一个高斯函数，即

$$U_{un}(X) = 1 - \exp\left(-\frac{(X - X_0)^2}{2\sigma^2}\right) \tag{5.164}$$

式中：σ为一个可调参数；X_0为无人机当前位置；X为网格中心。每一次天气预报更新，要重新计算该不确定性因素，来获得一组新的不确定性，使得恶劣天气对于任务是否成功的影响也得到更新。通过不确定性因素对每个网格内的恶劣天气概率进行加权，即

$$P_{\mathrm{ad}-un} = P_{\mathrm{ad}}(i)(1 - U_{un}(i)) \tag{5.165}$$

式中：$P_{\mathrm{ad}-un}$为经过不确定性因素调整的恶劣天气概率；$P_{\mathrm{ad}}(i)$为在第i个网格中的恶劣天气概率；$U_{un}(i)$为经过不确定性因素调整的恶劣天气概率。

为了评估一个规划路径的任务风险，需要将每个网格单元中恶劣天气的概率转换为无人机经过该网格单元时的故障概率。可以利用韦伯分布来计算故障概率。输入包括在路径沿线每一个网格内出现恶劣天气的概率，以及无人机飞过每一个网格所需时间。在文献[139]中的研究中提出了韦伯因素计算为

$$\alpha = \frac{\mu_{\text{fail}}}{\Gamma\left(1 + \frac{1}{\beta}\right)} \tag{5.166}$$

式中:$\Gamma(\cdot)$为伽马函数;μ_{fail}为飞机在每个网格内出现故障的平均时间。然后建立韦伯分布来计算无人机故障概率。

5.5.6 风险度量

确定执行任务所需的最少飞机数量很重要,它取决于燃料限制、风险、成本和各个采样点。量度空间包括采样位置以及采样位置周围的理想区域。自主飞机在采样位置或者理想区域处进行测量。风险指的是湍流区。量度空间也包括禁戒点和禁戒点周围的不理想区域[11,141]。禁戒点是湍流点,以及其他可能威胁飞机现象的点。在其周围的不理想区域也可能带来不同程度的风险。规划算法自动建立飞机启动的规则,将它的值、机载传感器有效载荷、机载资源(如燃料、计算机 CPU 和存储器)考虑在内。也要考虑采样点的优先级及其周围理想区域。规划算法也计算在非理想区域的最优路径,将飞机路径引导飞机飞向采样点附近[65,126]。

注 5.20 在规划阶段,为了建立可能的位置,可以咨询专家。专家提供主观兴趣点的概率。采样网格上的这些点就是采样点。从最高概率假设位置提取的采样点的优先级是 1,与较低概率假设位置相关的采样点优先级是 2。

每个样本点被理想区域包围。根据当地天气和地形,理想的区域通常是同心的闭合球,每一个球体有它自己的理想度。理想区域不需要有球形几何形状。理想区域的概念是受以下事实启发的:至少一部分采样点的理想区域会在禁戒点的非理想区域之内;飞机只能在与风险容忍度一致的理想相邻区域内采样[66,100]。

禁戒点和其非理想区域通常表示对飞机的威胁。威胁的形式可能是强风、湍流、冰冻情况、山体。在禁戒点周围的非理想区域与该威胁的范围有关。量化该风险以及将该风险纳入路径分配算法中的方法,可以利用模糊逻辑来量化一个给定的相邻区域对一个自主飞机带来的风险。该量化后的风险随后被纳入飞机飞过该区域的成本中。一旦成本确定,利用最优化的算法来决定飞机到达目的地的最优路径。

当确定自主飞行器应该遵循的最优路径,规划算法和每一架飞机上运行的控制算法要考虑禁戒点和每一个禁戒点周围的非理想区域。路径规划和控制算法将不允许飞机飞过非禁戒点。根据飞机的风险容忍度,飞机可能要飞过多种禁戒点的相邻区域,然后遇到各种不同程度的风险。

注 5.21 风险和风险容忍度这两个概念都是基于专家意见,而且使用的规则有一定的不确定性。这一不确定性源于语言上的不准确性,专家无法将一个风险的详细任务具体化。对于这一不确定性,风险和风险容忍需要用模糊逻辑来具体化。

用一个模糊决策树来表示风险。这个风险树用来表示禁戒点和禁戒点周围的非理想区域。最优路径算法实际上是一种优化算法,在给定先验知识的情况下,使代价函数最小,来确定每个自主飞行器应该遵循的最优路径。优化算法的代价函数考虑到与飞机的属性和任务相关的各种因素。影响代价函数的两个主要因素是飞机起始点和最终目的地的有效距离,以及飞行相关风险。

首先根据飞机的能力对高优先级点进行采样。规划算法通常将尽可能多的高优先级点分配给一条路径,来确定飞行路径。同时考虑相对距离,包括采样和不采样的速度、禁戒点的风险和燃料限制。一旦确定了飞行路径,规划算法就会利用模糊逻辑决策树进行路径分配,给每一条路径分配最佳的飞机。规划算法必须给由最优过程决定的飞行路径分配飞机,即飞机路径分配问题。规划算法利用基于模糊逻辑的过程进行任务分配[135]。

注 5.22 专家给飞机$(i)A_i$分配的模糊可靠度用$\mu_{sr}(A_i)$来表示。这是介于0~1之间的一个实数,1代表传感器非常可靠,0代表传感器完全不可靠。类似地,$\mu_{nsr}(A_i)$是其他机载非传感器系统的模糊可靠度。这一模糊概念与任意非传感器系统有关,如推动器、计算机、硬盘、除冰系统。飞机(i)的值表示为$V(A_i)$。飞机(i)在时间点t的燃油量表示为燃料(A_i,t)。所有参与任务的飞机假设在$t=t_0$时刻离开基地。

给定隶属度的模糊等级,需要将之去模糊化,也就是制定明确飞机路径分配。考虑飞机所有可能路径,计算分配利益。为了确定优先顺序,必须要解决多目标控制问题。为了让目标和优先任务规范化,为每一个任务分配一个标量目标函数和一组难度增加的约束集。这些约束可以在优先级表中列出,其中最高优先级目标在第一栏中。以此类推,这些栏对应目标函数集的不同交集[85]。

5.6 本章小结

智能自主飞行器必须具有克服环境不确定性的能力,如建模错误、外界干扰和不完整态势感知。本章从飞行安全的角度出发,首先介绍了态势感知,然后介绍了综合系统健康监控。将系统健康监控与无人机指挥与控制系统结合在一起的好处是,通过将任务需求与平台功能匹配来实现健康状况的管理。这就可以减少由于故障部件导致的任务失败的概率以及平台损失的概率。本章最后一部分阐述了容错控制和容错规划器。

参考文献

[1] Altay, A. ; Ozkam, O. ; Kayakutlu, G. (2014) : *Prediction of aircraft failure timesusing artificial neural networks and genetic algorithms*, AIAA Journal of Aircraft, vol. 51, pp. 45 – 53.

[2] Alwi, H. ; Edwards, C. (2010) : *Robust actuator fault reconstruction for LPV system using sliding mode observers*, IEEE Conference on Decision and Control, pp. 84 – 89.

[3] Alwi, H. ; Edwards, C. ; Menon, P. P. (2012) : *Sensor fault tolerant control usinga robust LPV based sliding mode observer*, IEEE conference on Decision and Control, pp. 1828 – 1833.

[4] Andert, F. ; Goormann, L. (2009) : *Combining occupancy grids with a polygonal obstacle world model for autonomous flights*, Aerial Vehicles, Lam, T. M. (ed.), In Tech, pp. 13 – 28.

[5] Anderson, R. ; Bakolas, E. ; Milutinovic, D. ; Tsiotras, P. (2012) : *The Markov – Dubins problem in the presence of a stochastic drift field*, IEEE Conference on Decision and Control, pp. 130 – 135.

[6] Anderson, R. ; Milutinovic, D. (2014) : *A stochastic approach to Dubins vehicle tracking problems*, IEEE Transactions on Automatic Control, vol. 59, pp. 2801 – 2806, DOI: 10. 1109/TAC. 2014. 2314224.

[7] Angelov, P. ; Filev, D. P. ; Kasabov, N. (2010) : *Evolving Intelligent Systems*, IEEE Press.

[8] Angelov, P. (2012) : *Sense and Avoid in UAS – Research and Applications*, Wiley.

[9] Asadi, D. ; Sabzehparvor, M. ; Atkins, E. M. ; Talebi, H. A. (2014) : *Damaged airplane trajectory planning based on flight envelope and motion primitives*, AIAA Journal of Aircraft, vol. 51, pp. 1740 – 1757.

[10] Atkins, E. M. ; Abdelzaher, T. F. ; Shin, K. G. ; Durfee, E. H. (2001) : *Planning and resource allocation for hard real time fault tolerant plan execution*, Autonomous Agents and Multi – Agents Systems, Vol. 4, pp. 57 – 78.

[11] Banaszuk, A. ; Fonoberov, V. A. ; Frewen, T. A. ; Kobilarov, M. ; Mathew, G. ; Mezic, I. ; Surana, A. (2011) : *Scalable approach to uncertainty quantification and robust design of interconnected dynamical systems*, IFAC Annual Reviewsin Control, vol. 35, pp. 77 – 98.

[12] Benedettelli, D. ; Garulli, A. ; Giannitraponi, A. (2010) : *Multi – robot SLAM using M – space feature representation*, IEEE Conference on Decision and Control (CDC), pp. 3826 – 3831.

[13] Benosman, M. ; Lum, K. (2010) : *Passive actuators fault tolerant control for affine nonlinear systems*, IEEE Transactions on Control System Technology, vol. 18, pp. 152 – 163.

[14] Berger, J. ; Barkaoui, M. ; Boukhtouta, A. (2006) : *A hybrid genetic approach for airborne sensor vehicle routing in real time reconnaissance missions*, Aerospace Science and Technology, vol. 11, pp. 317 – 326.

[15] Bertsekas, D. P. ; Tsitsiklis, J. N. (1996) : *Neuro – Dynamic Programming*, One, Athena Scientific.

[16] BestaouiSebbane Y. (2014) : *Planning and Decision – making for Aerial Robots*, Springer, Switzerland.

[17] Bethke, B. ; Valenti, M. ; How, J. P. (2008) : *UAV task assignment, an experimental demonstration with integrated health monitoring*, IEEE Journal on Roboticsand Automation, vol. 15, pp. 39 – 44.

[18] Birk, A. ; Vaskevicius, N. ; Pathak, K. ; Schwerfeger, S. ; Poppinga, J. ; Bulow, H. (2009) : *3D perception and modeling*, IEEE Robotics and Automation Magazine, vol. 16, pp. 53 – 60.

[19] Blanke, M. ; Hansen, S. (2013) : *Towards self – tuning residual generators for UAV control surface fault diagnosis*, IEEE Conference on Control and Fault – tolerant Systems (SYSTOL), Nice, France, pp. 37 – 42.

[20] Bryson, M. ; Sukkarieh, S. (2008) : *Observability analysis and active control for airborne SLAM*, IEEE Transactions on Aerospace and Electronic Systems, vol. 44, pp. 261 – 278.

[21] Burkholder, J. O. ; Tao, G. (2011) : *Adaptive detection of sensor uncertainties and failures*, AIAA Journal of Guidance, Control and Dynamics, vol. 34, pp. 1065 – 1612.

[22] Calafiore, G. C. ; Dabbene, F. , Tempo, R. (2011) : *Research on probabilistic methods for control system design*, Automatica, vol. 47, pp. 1279 – 1295.

[23] Campbell, M. E. ; Wheeler, M. (2010) : *Vision based geolocation tracking system for uninhabited vehicle*, AIAA Journal of Guidance, Control and Dynamics, vol. 33, pp. 521 – 532.

[24] Catena, A. ; Melita, C. ; Muscato, G. (2014) : *Automatic tuning architecture for the navigation control loop of UAV*, Journal of Intelligent and Robotic Systems, vol. 73, pp. 413 – 427.

[25] Chen, B. ; Nagarajaiah, S. (2007) : *Linear matrix inequality based robust fault detectionand isolation using the eigenstructure assignment method*, AIAA Journalof Guidance, Control and Dynamics, vol. 30, pp. 1831 – 1835.

[26] Cheng, Y. ; Shusterr, M. D. (2014) : *Improvement to the implementation of the Quest algorithm*, AIAA Journal of Guidance, Control and Dynamics, vol. 37, pp. 301 – 305.

[27] Chryssanthacopoulos, J. P. ; Kochenderfer, M. J. (2012) : *Hazard alerting based on probabilistic models*, AIAA Journal of Guidance, Control and Dynamics, vol. 35, pp. 442 – 450.

[28] Corke, P. (2011) : *Robotics, Vision and Control*, Springer.

[29] Cotta, C. ; Van Hemert, I. (2008) : *Recent Advances in Evolutionary Computation for Combinatorial Optimization*, Springer.

[30] Cui, L. ; Yang, Y. (2011) : *Disturbance rejection and robust least – squares control allocation in flight control system*, AIAA Journal of Guidance, Control and Dynamics, vol. 34, pp. 1632 – 1643.

[31] DeMars, K. J. ; Cheng, Y. ; Jah, M. R. (2014) : *Collision probability with Gaussian mixture orbit uncertainty*, AIAA Journal of Guidance, Control and Dynamics, vol. 37, pp. 979 – 984.

[32] Doshi – Velez, F. ; Pineau, J. ; Roy, N. (2012) : *Reinforcement learning with limited reinforcement: Using Bayes risk for active learning in POMDP*, Artificial Intelligence, vol. 187, pp. 115 – 132.

[33] Dutta, P. ; Bhattacharya, R. (2011) : *Hypersonic state estimation using the Frobenius Perron operator*, AIAA Journal of Guidance, Control and Dynamics, vol. 34, pp. 325 – 344.

[34] Farhood, M. ; Feron, E. (2012) : *Obstacle – sensitive trajectory regulation via gain scheduling and semi definite programming*, IEEE Transactions on Control System Technology, vol. 20, pp. 1107 – 1113.

[35] Fatemi, M. ; Millan, J. ; Stevenson, J. ; Yu, T. ; Young, S. (2008) : *Discrete event control of an unmanned aircraft*, Int. Workshop on Discrete Event Systems, pp. 352 – 357.

[36] Forrest, L. J. ; Kessler, M. L. ; Homer D. B(2007) : *Design of a human – interactive autonomous flight manager for crewed lunar landing*, AIAA conference Infotech@ aerospace, Rohnert Park, CA, AIAA 2007 – 2708.

[37] Fu, C. ; Olivares – Mendez, M. ; Suarez – Fernandez, R. ; Compoy, P. (2014) : *Monocular visual – inertial SLAM based collision avoidance strategy for fail – safe UAV using fuzzy logic controllers*, Journal of Intelligent and Robotic Systems, vol. 73, pp. 513 – 533.

[38] Ge, Y. ; Shui, W. (2008) : *Study on algorithm of UAV threat strength assessment based on Bayesian networks*, IEEE Int. conference In Wireless Communications, Networking and Mobile Computing, pp. 1 – 4, DOI 978 – 1 – 4244 – 2108 – 41.

[39] Ghearghe, A. ; Zolghadri, A. ; Cieslak, J. ; Goupil, P. ; Dayre, R. ; Le Berre, H. (2013) : *Model – based approaches for fast and robust fault detection in an aircraft control surface servoloop*, IEEE Control System Magazine, vol. 33, pp. 20 – 30.

[40] Ghosh, P. ; Conway, B. A(2012) : *Numerical trajectory optimization with swarm intelligence and dynamic assignment of solution structure*, AIAA Journal of Guidance, Control and Dynamics, vol. 35, pp. 1178 – 1191.

[41] Girard, A. R. ; Larba, S. D. ; Pachter, M. ; Chandler, P. R. (2007) : *Stochastic dynamic programming for uncertainty handling in UAV operations*, American control conference, pp. 1079 – 1084.

[42] Goldberg, D. E. (2008) : *Genetic Algorithms*, Addison Wesley publishing company.

[43] Goupil P. (2011) : *Airbus state of the art and practices on FDI and FTC in flight control systems*, Control Engineering Practice, vol. 19, pp. 524 – 539.

[44] Greval, M. ; Andrews, A. (2008) : *Kalman Filtering*, Wiley.

[45] Halder, B. ; Sarkar, N. (2009) : *Robust Nonlinear Fault Detection and Isolationof Robotic Systems*, VDM.

[46] Hamayoun, M. T. ; Alwi, H. ; Edwards, C. (2012) : *An LPV fault tolerant control scheme using integral sliding modes*, IEEE Conference on Decision and Control, pp. 1840 – 1845.

[47] Hamifzadegan, M. ; Nagamine, R. (2014) : *Smooth switching LPV controller design for LPV system*, Automatica, vol. 50, pp. 1481 – 1488.

[48] Hantos, P. (2011) : *Systems engineering perspectives on technology, readiness assessment in software intensive system development*, AIAA Journal of Aircraft, vol. 48, pp. 738 – 748.

[49] Haykin, S. (2009) : *Neural Networks and Learning Machines*, Pearson Education.

[50] He, X. ; Zhao, J. (2012) : *Parameter dependent $H\infty$ filter design for LPV system and an autopilot application*, Applied Mathematics and Computation, vol. 218, pp. 5508 – 5517.

[51] Holzapfel, F. ; Theil, S. (eds) (2011) : *Advances in Aerospace Guidance, Navigation and Control*, Springer.

[52] Horn, J. ; Schmidt, E. ; Geiger, B. R. ; DeAngelo, M. (2012) : *Neural networkbased trajectory optimization for UAV*, AIAA Journal of Guidance, Controland Dynamics, vol. 35, pp. 548 – 562.

[53] Horwood, J. ; Aragon, N. ; Poore, A. (2011) : *Gaussian sum filters for spacesurveillance: theory and simulation*, AIAA Journal of Guidance, Control and Dynamics, vol. 34, pp. 1839 – 1851.

[54] Jefferies, M. E. ; Yeap, W. K. (2010) : *Robotics and Cognitive Approach to Spatial Mapping*, Springer.

[55] Jensen, R. ; Shen, Q. (2008) : *Computational Intelligence and Feature Selection*, IEEE Press.

[56] Johansen, T. A. ; Fossen, T. I. (2013) : *Control allocation: a survey*, Automatica, vol. 49, pp. 1087 – 1103.

[57] de Jong, P. M. ; van der Laan, J. J. , Veld, A. C. ; van Paassen, M. ; Mulder, M. (2014) : *Wind profile estimation using airborne sensors*, AIAA Journal ofAircraft, vol. 51, pp. 1852 – 1863, DOI 10. 2514/1. C032550.

[58] Joshi, S. M. ; Patre, P. (2014) : *Direct model reference adaptive control with actuator failures and sensor bias*, AIAA Journal of Guidance, Control and Dynamics, vol. 37, pp. 312 – 317.

[59] Joshi, S. M. ; Gonzalez, O. R. ; Upchurch, J. M. (2014) : *Identifiability of additive actuator and sensor faults by state augmentation*, AIAA Journal of Guidance, Control and Dynamics, vol. 37, pp. 941 – 946.

[60] Julier, S. J. ; Uhlmann, J. K. (1997) : *A new extension of the Kalman filter to nonlinear systems*, Int. Symp. on Aerospace/Defense Sensing, Simulation and Controls, vol. 3, pp. 182 – 193.

[61] Kelley, T. ; Avery, E. ; Long, L. ; Dimperio, E. (2009) : *A hybrid symbolic and subsymbolic intelligent system for mobile robots*, AIAA Infotech@ aerospace conference, paper AIAA 2009 – 1976.

[62] Khammash, M. ; Zou, L. ; Almquist, J. A. ; Van Der Linden, C(1999) : *Robust aircraft pitch axis control un-*

der weight and center of gravity uncertainty, 38*th* IEEE Conference on Decision and Control, vol. 2, pp. 190 – 197.

[63] Khatic, A. K. ; Singh, J. ; Sinha, N. K. (2013) : *Accessible regions for controlled aircraft maneuvering*, AIAA Journal of Guidance, Control and Dynamics, vol. 36, pp. 1829 – 1834.

[64] Khotari, M. ; Postlethwaite, I. (2012) : *A probabilistically robust path planning algorithm for UAV using rapidly exploring random trees*, Journal of Intelligent and Robotic Systems, vol. 71, pp. 231 – 253, DOI 10. 1007/s10846 – 012 – 9776 – 4.

[65] Langel, S. E. ; Khanafseh, S. M. ; Pervan, B. S. (2014) : *Bounding integrity risk for sequential state estimators with stochastic modeling uncertainty*, AIAA Journal of Guidance, Control and Dynamics, vol. 37, pp. 36 – 46.

[66] Lee, H. T. ; Meyn, L. A. ; Kim, S. Y. (2013) : *Probabilistic safety assessment of unmanned aerial system operations*, AIAA Journal of Guidance, Control and Dynamics, vol. 36, pp. 610 – 616.

[67] Leege, A. M. ; van Paassen, M. ; Mulder, M. (2013) : *Using automatic dependent surveillance broadcast for meteorological monitoring*, AIAA Journal of Aircraft, vol. 50, pp. 249 – 261.

[68] Lekki, J. ; Tokars, R. ; Jaros, D. ; Riggs, M. T. ; Evans, K. P. ; Gyekenyesi, A. (2009) : *Self diagnostic accelerometer for mission critical health monitoring of aircraft and spacecraft engines*, 47*th* AIAA Aerospace Sciences Meeting, AIAA2009 – 1457.

[69] Levine, D. ; Luders, B. , How, J. P. (2013) : *Information theoretic motion planning for constrained sensor networks*, AIAA Journal of Aerospace Information Systems, vol. 10, pp. 476 – 496.

[70] Li, X. ; Nair, P. B. ; Zhang, Z. , Gao, L. ; Gao, C. (2014) : *Aircraft robust trajectory optimization using nonintrusive polynomial chaos*, AIAA Journal of Aircraft, vol. 51, pp. 1592 – 1603, DOI 10. 2514/1. C032474.

[71] Lin, L. ; Goodrich, M. A. (2014) : *Hierarchical heuristic search using a Gaussian mixture model for UAV coverage planning*, IEEE Transactions on Cybernetics, vol. 44, pp. 2532 – 2544, DOI 10. 1109/TCYB. 2014. 2309898.

[72] Lu, W. ; Zhang, G. ; Ferrari, S. (2014) : *An information potential approach to integrated sensor path planning and control*, IEEE Transactions on Robotics, vol. 30, pp. 919 – 934, DOI 11. 1109/TRO. 2014. 2312812.

[73] Maravall, D. ; De Lope, J. ; Martin, J. A. (2009) : *Hybridizing evolutionary computation and reinforcement learning for the design of almost universal controllers for autonomous robots*, Neurocomputing, vol. 72, pp. 887 – 894.

[74] Margellos, K. ; Goulart, P. ; Lygeros, J. (2014) : *On the road between robust optimization and the scenario approach for chance constrained optimization problems*, IEEE Transactions on Automatic Control, vol. 59, pp. 2258 – 2263, DOI 10. 1109/TAC. 2014. 2303232.

[75] Maul, W. A. ; Kopasakis, G. ; Santi, L. M. ; Sowers, T. S. ; Chicatelli, A. (2007) : *Sensor selection and optimization for health assessment of aerospace systems*, AIAA Infotech@ Aerospace, AIAA 2007 – 2849.

[76] Melingui, A. ; Chettibi, T. ; Merzouki, R. ; Mbede, J. B. (2013) : *Adaptive navigation of an omni – drive autonomous mobile robot in unstructured dynamic environment*, IEEE Int. conference Robotics and Biomimetics, pp. 1924 – 1929.

[77] Miller, S. A. ; Harris, Z. ; Chong, E. (2009) : *Coordinated guidance of autonomous UAV via nominal belief state optimization*, American Control Conference, St. Louis, MO, pp. 2811 – 2818.

[78] Moir, A. ; Seabridge, A. (2006) : *Civil Avionics Systems*, Wiley.

[79] Moir, A. ; Seabridge, A. (2007) : *Military Avionics Systems*, AIAA Press.

[80] Montemerlo, M. ; Thrun, S. (2006) : *Fast SLAM: a Scalable Method for the Simultaneous Localization and*

Mapping Problems in Robotics, Springer.

[81] Montes de Oca, S. ; Puig, V. ; Theilliol, D. ; Tornil – Sin, S. (2010) : *Fault tolerant control design using LPV admissible model matching with H2/H∞ performance, application to a 2 dof helicopter*, IEEE Conference on Control and Fault – tolerant Systems, Nice, France, pp. 251 – 256.

[82] Montes de Oca, S. ; Rotondo, U. ; Nejjari, F. ; Puig, V. (2011) : *Fault estimation and virtual sensor FTC approach for LPV systems*, IEEE Conference on Decision and Control, Orlando, FL, pp. 2251 – 2256.

[83] Nazari, R. ; Seron, M. M. ; De Dona, J. A. (2013) : *Fault – tolerant control of systems with convex polytopic linear parameter varying model uncertainty using virtual sensor – based controller reconfiguration*, Annual Reviews in Control, vol. 37, pp. 146 – 153.

[84] Nicolos, I. K. ; Valavanis, K. P. ; Tsourveloudis, N. T. ; Kostaras, A. N. (2003) : *Evolutionary algorithm based offline/online path planner for UAV navigation*, IEEE Transactions on Systems, Man and Cybernetics, vol. 33, pp. 898 – 912.

[85] Ogren, P. ; Robinson, J. (2011) : *A model based approach to modular multiobjective robot control*, Journal of Intelligent and Robotic Systems, vol. 63, pp. 257 – 282, DOI 10. 1007/s10846 – 010 – 9523 – 7.

[86] Ollero, A. (2003) : *Control and perception techniques for aerial robotics*, *7th* IFAC Symposium on Robot Control, Wroclaw, Poland.

[87] Orr, J. S. ; Slegers, N. J. (2014) : *High – efficient thrust vector control allocation*, AIAA Journal of Guidance, Control and Dynamics, vol. 37, pp. 374 – 382.

[88] Palade, V. ; DanutBocaniala, C. ; Jain, L. C. (eds) (2006) : *Computational Intelligence in Fault Diagnosis*, Springer.

[89] Panella, I. (2008) : *Artificial intelligence methodologies applicable to support the decision – making capability onboard unmanned aerial vehicles*, IEEE Bioinspired, Learning and Intelligent Systems for Security Workshop, pp. 111 – 118.

[90] Papagoergiou, C. ; Glover, K. (2014) : *Robustness analysis of nonlinear dynamic inversion control laws with application to flight control*, *43th* IEEE Conference on Decision and Control, pp. 3485 – 3490, DOI. 0 – 7803 – 8682 – 5.

[91] Pashilkar, A. A. ; Sundararajan, N. ; Saratchandran, P. (2006) : *A fault – tolerant neural aided controller for aircraft auto – landing*, Aerospace Science and Technology, vol. 10, pp. 49 – 61.

[92] Patera, R. P. (2007) : *Space vehicle conflict avoidance analysis*, AIAA Journal of Guidance, Control and Dynamics, vol. 30, pp. 492 – 498.

[93] Patsko, V. S. ; Botkin, N. D. ; Kein, V. M. ; Turova, V. L. ; Zarkh, M. A. (1994) : *Control of an aircraft landing in windshear*, Journal of Optimization Theoryand Applications, vol. 83, pp. 237 – 267.

[94] Peni, T. ; Vanek, B. ; Szabo, Z. ; Bokor J. (2015) : *Supervisory fault tolerant control of the GTM UAV using LPV methods*, International Journal of Applied Mathematics and Computer Science, vol. 25, pp. 117 – 131.

[95] Poll, S. ; Patterson – Hine, A. ; Camisa, J. ; Nishikawa, D. ; Spirkovska, L. ; Garcia, D. ; Lutz, R. (2007) : *Evaluation, selection and application of model – based diagnosis tools and approaches*, AIAA Infotech@ Aerospace, AIAA 2007 – 2941.

[96] Pongpunwattana, A. ; Rysdyk, R. (2007) : *Evolution – based dynamic path planning for autonomous vehicles*, Innovations in Intelligent Machines, Springer, Berlin Heidelberg, pp. 113 – 145.

[97] Postlethwaite, I. ; Bates, D. (1999) : *Robust integrated flight and propulsion controller for the Harriet aircraft*,

AIAA Journal of Guidance, Control and Dynamics, vol. 22, pp. 286 – 290.

[98] Rabbath, C. A. ; Lechevin, N. (2010): *Safety and Reliability in Cooperating Unmanned Aerial Systems*, World Scientific.

[99] Reichard, K. ; Crow, E. ; Rogan, C. (2007): *Integrated system health management in unmanned and autonomous systems*, AIAA Infotech @ aerospace conference, AIAA 2007 – 2962.

[100] Remenyte – Prescott, R. ; Andrews, J. D. ; Chung, P. W. (2010): *An efficient phased mission reliability analysis for autonomous vehicles*, Reliability Engineering and Systems Safety, vol. 95, pp. 226 – 235.

[101] Rodrigues, M. ; Hamdi, H. ; Braiek, N. B. ; Theilliol D. (2014): *Observer – based fault tolerant control design for a class of LPV descriptor system*, Journal ofthe Franklin Institute, vol. 351, pp. 3104 – 3125.

[102] Rosa, P. ; Silvestre, C. (2013): *Fault detection and isolation of LPV system usingset – valued observers: an application to fixed wing aircraft*, Control Engineering Practice, vol. 21, pp. 242 – 252.

[103] Rotondo, D. ; Nejjari, F. ; Ping, V. (2014): *Robust state feedback control of uncertain LPV system: an LMI based approach*, Journal of the Franklin Institute, vol. 35, pp. 2781 – 2803.

[104] Rutkowski, L. (2008): *Computational Intelligence: Methods and Techniques*, Springer Verlag.

[105] Rysdyk, R. (2007): *Course and heading changes in significant wind*, AIAA Journal of Guidance, Control and Dynamics, vol. 30, pp. 1168 – 1171.

[106] Samy, I. ; Postlethwaite, I. ; Gu. D. W. (2011): *Survey and application of sensor fault detection and isolation schemes*, Control Engineering Practice, vol. 19, pp. 658 – 674.

[107] Santamaria, E. ; Barrado, C. ; Pastor, E. ; Royo, P. ; Salami, E. (2012): *Reconfigurable automated behavior for UAS applications*, Aerospace Science and Technology, vol. 23, pp. 372 – 386.

[108] Shaffer, P. J. ; Ross, I. M. ; Oppenheimer, M. W. ; Doman, D. B. (2007): *Fault tolerant optimal trajectory generator for reusable launch vehicles*, AIAA Journalof Guidance, Control and Dynamics, vol. 30, pp. 1794 – 1802.

[109] Shin, J. ; Gregory, I. (2007): *Robust gain scheduled fault tolerant control for atransport aircraft*, IEEE Int. Conference on Control Applications, pp. 1209 – 1214.

[110] Song, C. ; Liu, L. ; Feng, G. ; Xu, S. (2014): *Optimal control for multi – agent persistent monitoring*, Automatica, vol. 50, pp. 1663 – 1668.

[111] Spooner, J. T. ; Maggiore, M. ; Ordonez , R. ; Passino, K. M. (2002): *Stable Adaptive Control and Estimation for Nonlinear Systems: Neural and Fuzzy Approximator Techniques*, Wiley.

[112] Sreenuch, T. ; Tsourdos, A. ; Jennions, I. K. (2014): *Software framework for prototyping embedded integrated vehicle health management applications*, AIAA Journal of Aerospace Information Systems, vol. 11, pp. 82 – 96.

[113] Srikanthakumar, S. ; Liu, C. (2012): *Optimization based safety analysis of obstacle avoidance system for unmanned aerial vehicle*, Journal of Intelligent and Robotic Systems, vol. 65, pp. 219 – 231.

[114] Stachura, M. ; Frew, G. W. (2011): *Cooperative target localization with a communication aware – unmanned aircraft system*, AIAA Journal of Guidance, Controland Dynamics, vol. 34, pp. 1352 – 1362.

[115] Strang, G. (2007): *Computational Science and Engineering*, Wellesley – Cambridge Press.

[116] Sun, L. G. ; de Visser, C. C. ; Chu, Q. P. ; Falkena, W. (2014): *Hybrid sensor – based backstepping control approach with its application to fault – tolerant flight control*, AIAA Journal of Guidance, Control and Dynamics, vol. 37, pp. 59 – 71.

[117] Sun, B. ; Ma, W. (2014) : *Soft fuzzy rough sets and its application in decision – making*, Artificial Intelligence Review, vol. 41, pp. 67 – 80.

[118] Sutton, R. S. ; Barto, A. G. (1998) : *Reinforcement Learning*, The MIT Press.

[119] Sydney, N. ; Paley, D. A. (2014) : *Multiple coverage control for a non stationary spatio – temporal field*, Automatica, vol. 50, pp. 1381 – 1390.

[120] Ta D. N. ; Kobilarov M. ; Dellaert F. (2014) : *A factor graph approach to estimation and model predictive control on unmanned aerial vehicles*, Int. Conferenceon Unmanned Aircraft Systems(ICUAS), Orlando, FL, pp. 181 – 188.

[121] Thrun, S. ; Burgard, W. ; Fox, D. (2006) : *Probabilistic Robotics*, MIT Press.

[122] Tol, H. J. ; de Visser, C. C. ; van Kamper, E. ; Chu, Q. P. (2014) : *Nonlinear multivariate spline based control allocation for high performance aircraft*, AIAA Journal of Guidance, Control and Dynamics, vol. 37, pp. 1840 – 1862, DOI10. 2514/1. G000065.

[123] Vank B., Edelmayer A., Szabo Z., Bohor J. (2014) : *Bridging the gap between theory and practice in LPV fault detection for flight control actuators*, Control Engineering Practice, vol. 31, pp. 171 – 182, DOI10. 1016/j. conengprac. 2014. 05. 002.

[124] Varrier, S. ; Koening, D. ; Martinez, J. J. (2014) : *Robust fault detection for uncertain unknown inputs LPV system*, Control Engineering Practice, vol. 22, pp. 125 – 134.

[125] Volovoi, V. ; Balueva, A. ; Vega, R. (2014) : *Analytical risk model for automated collision avoidance systems*, AIAA Journal of Guidance, Control and Dynamics, vol. 37, pp. 359 – 363.

[126] Wang, Y. ; Hussein, I. ; Erwin R. (2011) : *Risk based sensor management for integrated detection and estimation*, AIAA Journal of Guidance, Control and Dynamics, vol. 34, pp. 1767 – 1778.

[127] Watkins, A. S. (2007) : *Vision based map building and trajectory planning to enable autonomous flight through urban environments*, PhD Thesis, Univ. of Florida, Gainesville.

[128] Welch, G. ; Bishop, G. (2001) : *An introduction to the Kalman filter*, Proceedings of the SISGRAPH conference, vol. 8, pp. 1 – 41.

[129] Whitacre, W. ; Campbell, M. E. (2011) : *Decentralized geolocation and bias estimation for UAV with articulating cameras*, AIAA Journal of Guidance, Control and Dynamics, vol. 34, pp. 564 – 573.

[130] Yang, X. ; Mejias, L. ; Gonzalez, F. ; Warren, M. ; Upcroft, B. ; Arain, B. (2014) : *Nonlinear actuator fault detection for small – scale UASs*, Journal of Intelligent and Robotic Systems, vol. 73, pp. 557 – 572.

[131] Yanmaz, E. ; Costanzo, C. ; Bettstetter, C. ; Elmenreich, W. (2010) : *A discrete stochastic process for coverage analysis of autonomous UAV networks*, IEEE GLOBECOM Workshop, pp. 1777 – 1782.

[132] Yi, G. ; Atkins E. M. (2010) : *Trim state discovery for an adaptive flight planner*, AIAA aerospace sciences meeting, AIAA 2010 – 416.

[133] Yi, G. ; Zhong, J. ; Atkins, E. M. ; Wang, C. (2014) : *Trim state discovery with physical constraints*, AIAA Journal of Aircraft, vol. 52, pp. 90 – 106, DOI10. 2514/1. C032619.

[134] Yoon, S. ; Kim, S. ; Bae, J., Kim, Y. ; Kim, E. (2011) : *Experimental evaluation of fault diagnosis in a skew configured UAV sensor system*, Control Engineering Practice, vol. 10, pp. 158 – 173.

[135] Zaheer, S; Kim, J. (2011) : *Type 2 fuzzy airplane altitude control: a comparative study*, IEEE Int. Conference on Fuzzy Systems, Taipei, pp. 2170 – 2176.

[136] Zanetti, R. ; de Mars, K. J. (2013) : *Joseph formulation of unscented and quadrature filters with applica-*

tions, AIAA Journal of Guidance, Control and Dynamics, vol. 36, pp. 1860 – 1863.

[137] Zhang, Y. ; Jiang, J. (2008) : *Bibliographical review on reconfigurable fault tolerant control systems*, Annual Reviews in Control, vol. 32, pp. 229 – 252.

[138] Zhang, B. ; Mao, Z. ; Liu, W. ; Liu, J. (2015) : *Geometric reinforcement learning for path planning of UAV*, Journal of Intelligent and Robotics Systems, vol. 77, pp. 391 – 409, DOI 10. 1007/s10846 – 013 – 9901 – z

[139] Zhang, B. ; Tang, L. ; Roemer, M. (2014) : *Probabilistic weather forecasting analysis of unmanned aerial vehicle path planning*, AIAA Journal of Guidance, Control and Dynamics, vol. 37, pp. 309 – 312.

[140] Zhang, B. ; Liu, W. ; Mao, Z. ; Liu, J. ; Shen, L. (2014) : *Cooperative and geometric learning algorithm (CGLA) for path planning of UAV with limited information*, Automatica, vol. 50, pp. 809 – 820.

[141] Zhangchun, T. ; Zhenzhou, L. (2014) : *Reliability based design optimization forthe structure with fuzzy variables and uncertain but bounded variables*, AIAA Journal of Aerospace Information, vol. 11, pp. 412 – 422.

[142] Zhou, K. ; Doyle, J. C. (1998) : *Essentials of Robust Control*, Prentice Hall.

第6章　总　　结

智能自主飞行器的研究是一项一直在进行的创新型研究。自主性的一个共同点是根据相关任务来区分功能。例如,有些任务是针对飞行器的,有些是适用于任务层面的。飞机层面的自主性包括飞机自主稳定和飞行控制,机动飞行和基本自动降落。任务层面的自主性包括自动导航、轨迹规划、任务目标决策、飞行规划突发事件、动态轨迹管理和碰撞/障碍规避。

为了进行该项研究,必须为概念的设计和仿真设定一定的要求。要对控制器设计和性能进行评估,精确的飞机模型是必不可少的。软件架构展示了一个多环控制结构,其中内环控制器控制飞机稳定,而指导外环控制器的设计使其能够控制飞机的运动学,并提供路径跟踪能力。路径跟踪的问题可以描述为使飞机沿着所期望的轨迹飞行,同时跟踪可能依赖于路径所需的速度变化曲线。碰撞/障碍规避是感知和规避系统的另一个重要组成部分,而机载智能则用来监控其健康状况,并防止超出飞行包线以保证安全。无人机的健康状况取决于它的气动载荷、执行器运行状态和结构疲劳情况。无人机中用来维护操作包线内特定的飞行参数的各种技术都属于包线保护。无人机与载人机相比更具有攻击性,所以对智能自主飞行器的飞行包线保护非常重要,而且由于没有飞行员,因此必须实现自动化。最后,重要的是保证任务规划算法在计算时间和解决方案成本方面的确定性。本书介绍了多种可用于上述课题的方法。

自主飞行器专业在未来会得到快速发展,目前是21世纪世界航空行业增长最快的领域。无人技术将在许多不同的能力领域继续发展,如数据密集性更显著的多源传感器、多任务能力、学习、适应和脱离人工控制运行。自动任务执行要求具备传感、感知、分析、沟通、规划、决策和执行的能力,以实现针对系统功能的任务目标。如果能够利用任务学习,智能自主飞行器能够提出针对自身的改进策略,依据该策略飞机可以选择自己的行为。未来的智能自主飞行器将从自动控制发展到自主控制。自动和自主的区别与任务结果有关系,甚至在任务过程中任务结果都会有差别,并需要偏离预先规划的任务。自主飞行器的软件一般是嵌入式、并行的,并且必须保证系统属性,如安全性、可靠性和容错性。目前,急需将新软件应用的构建作为可重用构件的一部分。对于许多任务和应用,仍然存在的主要问题是机器实时完成决策周期的能力受限。在这种情况下,实时是由任务时间常数来描述,任务时间常数驱动当前应用的决策过程。这就涉及系统理论、控制理论、人工智能、任务和飞行规划以及自主飞行器控制方面的学习和研究。目前,这些技术正在迅速发展。